OCEANIC
HISTORIES

海洋史

[美] 大卫·阿米蒂奇（David Armitage）

[澳] 艾莉森·巴什福德（Alison Bashford）

[斯里兰卡] 苏吉特·西瓦迅达拉姆（Sujit Sivasundaram）　主编

吴莉苇　译

格致出版社　上海人民出版社　CAMBRIDGE

译　序

　　本书据称是"剑桥海洋史"丛书的开山之作。读者看到书名的第一个想法多半是："海洋史"的内涵是什么？与"海洋学"或者"海上丝绸之路史""海运史"等我们已经知道的概念有何不同？此书的导论便致力于澄清该问题，通篇按照为何要写海洋史和如何写海洋史这两个问题来组织。咬紧牙关读完导论后，不仅会发现，"海洋史"全不像我们望文生义时可能想到的东西，而且还会带着几分惊喜之心和振奋之情发现，"海洋史"作为一个研究领域或许能为看待世界提供新的视角和前景，让我们能在广阔尺度上重新书写对历史时间性的感受和对人类主体及陆生主体的感受。因为它宣告自己是世界史书写的另一种方式，是从占主流的"疆域中心论"传统历史书写中的"逃离"。

　　能够实现这场"逃离"的物理基础是海洋确实具有的构建或串联世界史的能力，彼此连通的海洋提供了让世界看似一体的方式，全球化就发生在一个海洋世界上，当今各领域的具有全球影响力的议题几乎没有能够脱离海洋的。实现这场"逃离"还需要认识论的基础，而世界史的叙事已经受到海洋挑战，最直接的挑战是对时间性的认知，惯有历史分期经常追随领土和主权决定论，与大洋大海的流动历史不匹配。海洋史通过回避陆地逻辑而做到了跨国家性和跨时间性，可以大大质疑世界史中的权威分期，还可以破坏用民族国家利益俘虏海洋区域或开辟地缘政治势力范围这类行为。认识论上的这种变化目前恐怕更多地静静躺在海洋史从业者的头脑中，但通过这样的作品，就可以让更多人感受到这一新认识角度的益处和必要性。那么海洋史要如何书写呢？导论的主要内容用于回答这个问题，因此读者们无论如何也要耐心读完此章。

导论之外的 11 章书写了 11 个海洋，固然都是大家熟悉的，但也有很多同样熟悉的海洋未被纳入此书，因为书的目标不是确立某种结构，而是追求成为不同尺度和不同透镜的汇编之作，故此内容选择倾向于范围广泛而非数量详尽。至此我们或许能约略猜测，各章的书写方式大概不是简单地建立事件的时间序列。确实，书中各章的研究综述成分要大于具体研究的成分：印度洋、太平洋、地中海这三章全以研究综述为主；大西洋、红海这两章中研究综述和作者对研究架构的设想平分秋色，同时表现作者关于该领域发展方向的问题意识；南海、日本海、波罗的海、南大洋这四章属于该区域之历史的概述，而从历史叙述中凸显的问题意识可谓作者最关心的问题意识；黑海、北冰洋这两章则是历史概述和历史编纂学展望相结合。这样的书写方式其实是一部旨在树立概念和方法并指明问题意识的书应该要做的。

海洋史在世界的历史研究中是个新领域，但也已积累了可观的成果，这从书中涉及的参考文献便能窥见。中国读者想必绝大多数对这个领域十分陌生，因此，全书这种以研究概述为主的书写方式很适合对"海洋史"一头雾水又急于去把握概貌并寻找更多线索的读者。另外，此书虽然是在展示一个前沿学术领域的风貌，但全书并无拗口或费解的概念、范式或论证方式，并非特供专业人士阅读，任何有意于扩展认识世界之角度和思路的人都可以放手阅读。

我作为读者，掩卷之际产生的基本感受是，立足海洋的另类世界史书写的确让人从不同角度看到了世界，也的确让人对很多站在疆域角度习以为常的观念产生省思，强调联结性而非系统性和结构性的意识虽非海洋史所独有，但海洋确乎是表达此种意识的上好场所。翻译以及阅读的过程中，便有如在同时目睹海洋的连通性（技术上的连通，对经济贸易的联结和对不同区域人类的联结）和大多数海洋的悲剧色彩（人类与环境、生态的悲剧，人类与人类的悲剧），突出这种相互冲撞的视角，其实包含了作者们的关怀重点和立场。历史学家能用貌似冷静的叙述唤起普通人的情感，同时也留下了针对历史学家的提示。比如，一种历史编纂学的诞生就意味着某种有意义且定会立刻引起争论的叙事。再如，狭隘的民族国家主义或民族主义（如今常称为"民粹主义"的那种），不仅是种想象，还是近代（甚至当代）多数悲剧的起因或根源。"民族国家认同"会造成人民分裂，这乍看是个悖论，因为与伐髓洗脑的进步叙事的教导违和。但这是事实。又如，要更多思考世界主义的复杂性、它的真实内涵和它的必要性。还有，历史学家有时需要沉默地等待，等待对一种历史的书写成为可能，或者也等待一种历史成为可能，比如站在海洋立场上的真正联结的世界史。

　　我于 2019 年 8 月完成此书的翻译，因为种种原因，一拖便是四年，2023 年方才重启出版进程。2019 年时，海洋史对我固然是新事物，对中国的历史学界也普遍新鲜。中国史研究先天缺乏关注海洋的动机，就算有过一些打着"海洋史"名号的作品，实则也是传统的海事史或属于中西交通史的一部分。国内世界史研究虽然已经有了从政治史、国别史独盛向百花竞放发展的趋势，但介入水体研究的应该罕见。但是就在这四年间，情况有所变化，"东亚海域"开始成为复旦大学文史研究院一群学者的单独研究对象，2019 年 6 月复旦大学文史研究院与东京大学东洋文化研究所合办"世界史中的东亚海域"国际学术研讨会，2019 年年底算是复旦大学文史研究院"东亚海域史研究创新团队"的成立时间，随后的 2020 年至 2024 年，他们以读书会、工作坊和学术研讨会的形式积极活动，俨然形成一个东亚海域史研究方向和研究基地。至少从文史研究院提出的研究宗旨和概念界定来看，他们有志于把这片海洋当作主体和观察中心，试图跳出"疆域中心论"视角，研究重心落在与这片海洋有关的国家和族群的互动网络（比如参见董少新：《近代早期东亚海域与物质文化交流》，载董少新、李庆新主编：《海洋史研究（第 22 辑）：海洋与物质文化交流专辑》，2024 年版）。这样看来，便与本书的理念多有契合，于是本书可能竟因为延迟出版而摆脱了一个单纯只供开阔眼界的"孤家寡人"地位。它在今日的中国学术语境下有了更切实和更有针对性的借鉴与启发之效。总之，我乐见此书能嵌入中国历史学界，乐见海洋史思维能够令中国旧有的涉及海事的历史研究焕发新颜，也乐见以复旦团队为嚆矢的东亚海域史研究能嵌入世界史一种新的研究视野中。

不可否认，鉴于中国的地理环境，海洋史研究在中国无论如何也成不了主战场，也始终有很多人会质疑，异域史研究对于中国史研究除了有些缥缈的"借鉴"效用，还能有什么实质性作用。其实这种疑问原本不该出现在历史研究领域，但既然它是一个实存的问题，我们可以借用海洋史的思维来回答它。我们期待并发掘日常世界的联结性，难道对于塑造自己头脑中的知识和理念的联结性就没有兴趣吗？我们承认已有一个地球村，难道还要对不围绕中国的知识和研究感到见外，这些东西还要因为出身而不能纳入我们当下的土壤和环境？若说中国的中国史和世界史之间尚存在暗自互斥的纠葛，那就正类似本书中苏吉特·西瓦迅达拉姆对印度洋的描绘，某种知识在这个区域既带来聚焦点，也造成分歧。能不能克服这些分歧或斥力，既在于当事者的见识和抱负，也在于能否不因实际的利益纠纷而收缩心胸。

对个体而言，打破知识和学科的界限并没想象中那么困难。不管选择哪个具体时间和空间作为知识的起点，只要你确定自己追求的是知识而非学科，并且不惮于扩大阅读范围和学习范围，跨学科和多元视角就是应有之义，毕竟在这个互联互通的世界里，获取来自远方的和关于远方的消息，并不存在顽固的物理限制。另一方面，多元视角并不必然妨碍国家认同，因为，人是地球上独享思维能力的存在体，天生倾向于理解事物，故此破除人为设立的知识屏障，让人能在更广阔、更多元知识的参照下更好地理解和反省个体存在，这只会提升人的主体意识和认同意识。

吴莉苇

2019 年 12 月 23 日初稿

2024 年 6 月 8 日补记

目 录 | C O N T E N T S

第三部分　极地

亚历山德罗·安东尼洛（Alessandro Antonello），墨尔本大学（University of Melbourne）历史与哲学研究学院麦肯齐（McKenzie）博士后研究员。他在澳大利亚国立大学（Australian National University）获得博士学位，并在俄勒冈大学（University of Oregon）做过博士后研究。

大卫·阿米蒂奇（David Armitage），哈佛大学（Harvard University）历史学劳埃德·布兰克费恩（Lloyd C. Blankfein）讲席教授，悉尼大学（University of Sydney）历史学名誉教授，剑桥大学圣凯瑟琳学院（St Catharine's College, Cambridge）名誉成员。撰写与编纂 16 部书，包括 *Civil Wars: A History in Ideas* (2017), *The History Manifesto*（合著，2014), *Pacific Histories: Ocean, Land, People*（合编，2014), *Foundations of Modern International Thought* (2013)，*The British Atlantic World, 1500–1800*（合编，第二版，2009), *The Declaration of Independence: A Global History* (2007) 及 *The Ideological Origins of the British Empire* (2000)。

艾莉森·巴什福德（Alison Bashford），新南威尔士大学（University of New South Wales）历史学教授，关于世界史、环境史和科学史的多部著作的作者及编者。最近的作品有 *The New Worlds of Thomas Robert Malthus*［2016，与乔伊丝·E. 查普林（Joyce E. Chaplin）合著］及 *Quarantine: Local and Global Histories*（编，2016）。她是英国国家学术院（British Academy）院士，也是格林威治国家海事博物馆（National Maritime Museum, Greenwich）前董事。2013—2017 年间任剑桥大学（University of Cambridge）帝国与海军史维尔·哈姆斯沃斯（Vere Harmsworth）讲席教授。

阿莱克西丝·达登（Alexis Dudden），康涅狄格大学（University of Connecticut）历史学教授。她的著作包括 *Troubled Apologies among Japan, Korea, and the United States* (2008) 与 *Japan's Colonization of Korea* (2005)。她的作品也频现于《赫芬顿邮报》(*Huffington Post*)、《异议报》(*Dissent*) 和《纽约时报》(*The New York Times*)。达登是万海和平奖（Manhae Peace Prize）2015 年得主。她当前的研究项目 *The State of Japan: Islands, Empire, Nation* 依据岛屿意涵的国际性变化来分析日本的领土争议。

斯特拉·格瓦斯（Stella Ghervas），亚拉巴马州伯明翰大学（University of Alabama Birmingham）历史学助理教授及哈佛大学历史系助理。她的诸多出版作品包括 *Réinventer la Tradition: Alexandre Stourdza et l'Europe de la Sainte-Alliance* (2008)，是书获法兰西学院（Académie Française）基佐奖（Prix Guizot），还有 *Conquering Peace: From the Enlightenment to the European Union*，即将由哈佛大学出版社出版。她目前正在研究 18 世纪俄国扩张迄今黑海地区的跨国界史。

莫莉·格林（Molly Greene），普林斯顿大学（Princeton University）历史学教授，并在该校西格希腊研究中心（Seeger Center for Hellenic Studies）任职。她的工作集中在希腊人历史和奥斯曼治下的希腊人世界。她最新的作品 *The Edinburgh History of the Greeks, 1454–1768: The Ottoman Empire* (2015) 是对奥斯曼帝国的概述，焦点是苏丹的希腊人臣民。

乔纳森·米兰（Jonathan Miran），西华盛顿大学（Western Washington University）伊斯兰教史与非洲史副教授。他的兴趣领域是东北非洲穆斯林社会史和红海及西印度洋史。他是 *Red Sea Citizens: Cosmopolitan Society and Cultural Change in Massawa* (2009) 的作者。他最新的文章见于《伊斯兰法律与社会》（*Islamic Law and Society*）、《非洲史杂志》（*The Journal of African History*）、《历史罗盘》（*History Compass*）和《奴隶制与废奴》（*Slavery & Abolition*）等刊物。

迈克尔·诺斯（Michael North），恩斯特·莫里茨·阿恩特·格莱夫斯瓦尔德大学（Ernst Moritz Arndt University Greifswald）近代史教授兼系主任。他之前任教于汉堡（Hamburg）、基尔（Kiel）、比勒费尔德（Bielefeld）和罗斯托克（Rostock）的诸所大学。他的作品有 *From the North Sea to the Baltic: Essays in Commercial, Monetary and Agrarian History, 1500–1800* (2006), *The Baltic: A History*（英译本，2015）及 *Zwischen Hafen und Horizont: Weltgeschichte der Meere* (2016)。

苏吉特·西瓦迅达拉姆（Sujit Sivasundaram），剑桥大学世界史教授，研究领域为太平洋和印度洋，尤其是 18 世纪和 19 世纪。他的作品有 *Islanded: Britain, Sri Lanka and the Bounds of An Indian Ocean Colony* (2013) 及 *Nature and the Godly Empire: Science and Evangelical Mission in the Pacific, 1795–1850* (2005)。2012 年，他因英国青年学者杰出研究贡献而获得菲利普·利华休姆奖（Philip Leverhulme Prize）。他是《历史杂志》(*The Historical Journal*) 的编辑及皇家历史学会（Royal Historical Society）会员兼顾问。

斯韦克·梭林（Sverker Sölin），斯德哥尔摩瑞典皇家理工学院（KTH Royal Institute of Technology, Stockholm）科学、技术及环境史系环境史教授，也是瑞典皇家理工学院环境人文实验室的联合创建人。他在历史上气候变迁之科学与政治、地球及田野科学史等领域著述颇丰，研究重心为北极圈。*The Future of Nature: Documents of Global Change* (2013) 与 *The Environment — A History* (2018) 都 是 与 利比·罗宾（Libby Robin，澳大利亚国立大学）和保罗·瓦尔德（Paul Warde，剑桥大学）在环境专业知识史方面长期合作的产物。他也是瑞典非虚构作家奖得主，最新著作（2017）讨论人类世（Anthropocene）的历史与政治。

埃里克·塔格里阿科佐（Eric Tagliacozzo），康奈尔大学（Cornell University）教授，主要讲授东南亚研究。他的作品有 *The Longest Journey: Southeast Asians and the Pilgrimage to Mecca* (2013) 和 *Secret Trades, Porous Borders: Smuggling and States along a Southeast Asian Frontier, 1865–1915* (2005)，以及最新的 *The Hajj: Pilgrimage in Islam* (2016)。他是康奈尔大学比较穆斯林社会项目的负责人，也是刊物《印度尼西亚》（*INDONESIA*）的主编。

导论　书写世界海洋史

苏吉特·西瓦迅达拉姆　艾莉森·巴什福德　大卫·阿米蒂奇

1992 年在里约热内卢召开的地球高峰会议[1]上首提"世界海洋日"，2008 年的联合国大会将其正式确定为纪念日。"世界海洋日"的提议包含这样一种见解——海洋对人类是至关重要的事物："我们的雨水、饮用水、天气、气候、海岸线、我们的许多食物甚至我们所呼吸的空气中的氧气，最终都由大海提供和管制。"在努力令"世界海洋日"变得有意义方面，海洋的往昔（它其实是一份共享的海洋遗产）也占据显著位置，联合国声明，在整个历史上，大洋与大海通过贸易和运输将世界上的人们联结起来。[1]凭借该努力，海洋显然替联合国做了各种涉及话语权的工作，提供了让世界看似一体的方式。确实，联合国的材料在世界上的各个海洋和单数的"世界海洋"之间不断且明显地转换。例如，"世界海洋日"一方面旨在让人注意，"世界上的各个海洋——它们的温度、化学、洋流和生命——如何驱动了令地球为人类所宜居的各式全球系统"。[2]另一方面，以布鲁塞尔为基地的子机构世界海洋网（Réseau Océan Mondial）坚定地设想一个单数海洋——世界海洋。其章程明确称，海洋学家的全球性网络的关键目标

---

1 又称"联合国环境与发展会议"，简称 UNCED。——译者注

是"为了实现一个世界海洋的健康与多产,并鼓励对这个世界海洋资源的可持续利用"而工作。[3]还有更直接的,单数且共享的一个"世界海洋"在"同一个地球,同一片海洋"的口号下推动着联合国教科文组织(UNESCO)下属的政府间海洋学委员会(Intergovernmental Oceanographic[1] Commission)。[4]

《海洋史》一书既分析世界上的多个海洋,也分析单数的世界海洋,但将双方都引入对话,将各个大洋和大海置于世界历史之内,并通过外洋区域和近海区域来展望世界历史。各章呈现了历史学家们关于印度洋(Indian Ocean)、太平洋(Pacific Ocean)和大西洋(Atlantic Ocean),关于北冰洋(Arctic Ocean)和南大洋(Southern Ocean)以及世界上一些主要大海——地中海(Mediterranean)、黑海(Black Sea)、日本海/朝鲜东海(Sea of Japan/Korea's East Sea)[2]、波罗的海(Baltic)、红海(Red Sea)和南海(South China Sea)的评估。人们可能会猜想有其他章节,比如关于加勒比海(Caribbean)、爪哇海(Java Sea)、北海(North Sea)或里海(Caspian Sea)的。不过,作为首部出自众多作者的汇编式综述,本书的目标倾向于广泛而非详尽,涵盖广阔却非巨细靡遗。

本书的大多章节都会率先体现历史编纂学目标。它们力图简明扼要地表现这些大洋与大海的人类过往和自然过往如何在时间之流中被架构、书写、呈现和争议,它们现在立足何处,它们未来的前景可能是什么。有些大海与大洋,特别是太平洋、大西洋、地中海与印度洋,有着斑驳陆离且枝桠纷出的历史编纂学;其他一些如红海、黑海和南大洋则因传统较短而需要在这个阶段处理更多史实,而非进行历史编纂学的重构。每章都在其领域的前沿展开工作,哪怕讨论所用的时间轴和术语因各片海域而异。不过,我们在各个案例中都能看到,每个海洋题目的历史学术研究之建立和产生影响都几乎是在"世界海洋日"

---

1 原文为 Intergovernmental Oceanic Commission。据该机构官方名称改。——译者注

2 朝鲜半岛的人称呼日本海为东海,所以此书提到该海域都是两个名称并置。——译者注

作为一个国际利益的主题而浮现的一代以前。

将书中各章按序阅读并撰总而论，则它们简明扼要地表现出作为知识模式的历史学和地理学如何开始关联到海洋及长时段下海洋与陆地的关系。在21世纪初促进一种期望中之“新海洋学”（new thalassology）的举措中，常常假定地中海模式在海洋史中的优越性，并时常把费尔南·布罗代尔（Fernand Braudel）的作品作为胚芽而提及。[5]最近，于21世纪初在制度上大获全胜的、以哈佛历史学家伯纳德·贝林（Bernard Bailyn）为先锋的大西洋史成为又一个有影响力的形象。[6]不过，本书贯穿始终的一个主题正是批评该谱系并对之进 3
行语境重构，要展现思想者、叙事者和历史学家如何在基于欧美的海洋学术研究兴起之前的漫长时期里书写地中海（亦扩及大西洋）以外的海洋。我们的多数作者都把关于年鉴学派和大西洋、关于布罗代尔和贝林的历史编纂学置于一个全然不同的、经常起源于20世纪之前很久的知识生态之内。有些作者也展现出，为了产生关于其他水域（如北冰洋或红海）的历史编纂学，该如何抑制这些流行趋势。[7]而书中呈现的比如关于太平洋和印度洋的较长谱系，也质疑那种它们衍生自大西洋或地中海或理应从彼处汲取灵感的主张，并强有力地提出，它们凭自身实力而“应当被视为对海洋进行历史记录的原始模式”。[8]

对影响力的重校和另一种灵感的复活不仅应对此处涉及的特定海洋史有效，也应对地中海史和大西洋史的未来有效。作者们因着头脑中的这些修正而承认并充分考虑了以下事实：覆盖20世纪90年代和21世纪头十年的海洋史撰写加速化，同环境敏感性及全球敏感性平行，并常与之交织，此种敏感性带来诸如一场“地球峰会”的事务，且首先带出一个“世界海洋日”。有此考量，故本书提供现今可得的关于海洋史历史编纂学之独特时间轴与发展模式的最全面的、有比较性和批评性的描摹。[9]鉴于对海洋史起源的误解，本书也考虑了现在通读这些彼此分离的文献能得出什么。

《海洋史》凭其各色篇章而旨在回答如下问题：各种世界历史、世界各海洋和一个世界海洋之间的历史关系与历史编纂学关系是什么？

（这也将成为由本书所肇始之"剑桥海洋史"丛书那可资增广益闻的关注点。）海洋史学家，尤其是那些扎根于一种海事学术研究传统的，经常在一部按地理和经济而配置的世界史中要求一项特别权益——叙说日渐被广大的水路联结也日渐被因水路而可行之交换与商贸联结的一个地球的历史性地缘经济。这是一条海洋史的路径，循着这条路径宽泛地讲，则全球化就发生在一个海洋世界上，该世界通过（但肯定不唯一通过）欧洲的海上帝国和滨海城邦彼此间的商业关系以及它们同世界各部分的区域海上贸易者、劳工及航海者的商业关系而强有力地联结。[10]

《海洋史》在关注欧洲海上帝国作为世界史之驱动者和渠道这一角色的同时，也重视另一种世界史传统——用自有术语将注意力集中在外欧洲世界的书写传统。[11]例如，我们的作者审视了以中国为中心的南洋、海上马来人世界、阿拉伯和印度之间的航海贸易者以及南大洋上来殖民的和本地的捕鲸人和海豹猎人。[12]对于这两类世界史传统，有些学术研究正是近海性的，而其他部分更具外洋气息。我们后文将提出这些相接近又有重叠的路径之间的一些差异以及协同。

许多近期研究大洋大海的历史学家把自己的工作认同于跨国家历史书写的传统。这毋庸惊诧，因为这些大洋大海无一匹配任何单一政体，而走向它们的历史代表了一种从占主流的"疆域中心论"传统历史书写中的"逃离"。[13]但"跨国家"是否为海洋史之内容与方法的最佳指标呢？恐怕不是，尤其是因为，我们总是能在"跨国家"的中心找到国家。[14]在许多方面更有用或至少一样有用的是，考虑海洋史如何成为跨"地方"研究。[15]远隔重洋的各个滨海社会之间共享类似组织形式的程度常常大过它们与左近内陆社会间的共享度。[16]沿海贸易中心在全球地理脉络中操作，不是与国家或其他政体的资本，而主要甚至唯一地与其他地方性港口城市。这些港口有许多是漫长的近代时期里世界历史交汇时的关键城址，比如广州、瓦尔帕莱索（Valparaiso）、开普敦（Cape Town）、马尼拉（Manila）、佛罗伦萨（Florence）或新加坡（Singapore）。这些港口拥有构成世界史的跨地方历史。但与此同时，后文有一些作者突出了面对海洋的四海为家之人如何被与他人断绝关系，致使历史学家把港口和贸易中心置于更广阔的海洋语境成为必然之需。港口包容了许多各异的历史，比如关于游历港口的劳工的历史，关于在这个港口转运之货品的历史，关于在港市摆摊的技师、日志作者和活动家的历史，还有关于 19 世纪和 20 世纪漫游各港口将海上旅行与城市发展视觉化的帝国摄影师们。[17]

将海洋史研究概念化为地区或区域（以及跨地区和跨区域）研究恐怕也不错，尽管该路径隐然有着冷战式的学术意味和政治意味。这常常就是总划归给海洋的"世界"或"各世界"的意味——"印度洋世界""太平洋世界"或"大西洋世界"，宛如由关于政治共同体甚或文明的观念所界定的战略竞技场。为此，很该回想起来，一个"大西洋世界"和一个"太平洋世界"的概念是第二次世界大战期间战略思想的产物，也是着眼战后重建的外交计划的产物。[18]近期的政治和经济关注点制造出平行指示符，比如"印度洋-太平洋"，或者给波罗的海和黑海赋予新的地缘政治重要性，以之为国际合作区域。[19]此类对"世界"和地区的命名法固然暗示出一种对整合的潜在偏爱，但它们的复数性（体现此类世界的一种多元性）折射出它们之间和它们内部的分割甚至竞争。

关于大洋与大海的意识形态史在针对它们的命名而产生的没完没了的地缘政治较量与认识论较量中表现最突出。这些可以折射出外人的反应，比如外人对南海的反应被视为相对冷静或"太平"，而外人对黑海的反应被认为若非危险的（*Axeinos*）[1] 就是好客的（*Euxinos*）。[20]也可以是一次插入文化形貌的尝试——注意一下围绕将印度洋改名为"亚非"海的争论。[21]有时，水体的名称清晰地指出主权，倘若说这主权是有争议的，比如日本海／朝鲜东海，还有中国南海。[22]有时人们通过推论的方式这么做，标出一个方向，因此就有了假定的中心，

6

---

1 黑海的希腊文名称是 *Pontos Axeinos* 或 *Pontos Euxinos*。*Axeinos* 和 *Euxeinos* 是一对反义词，分别指不好客与好客。——译者注

比如"南洋"这样的名称——南，就是从帝制中国的立足点看去的南方，又如"朝鲜东海"（从朝鲜看去为东），还有"南大洋"，在南极洲北面但在澳大利亚南面。大西洋命名史则指出了关于世界及在世界上的一种地中海视角——这片海洋在环围整个陆地的赫拉克勒斯之柱以远，如阿特拉斯（Atlas）[1] 般擎起天空。但是大西洋在长时段世界史中有一种被削弱了的同时又更重大的功能，由这个角度看，它在几个世纪里从担当环围整个陆地的大洋转换成将"旧世界"同"新世界"分开的大洋。类似地，地中海逐渐从担当希腊人–罗马人活动区的世界中心迁移为仅是众多大海之一，没了假定中的优先权或优势，流淌入（单数的）世界海洋。而且，对 19 世纪之前的阿拉伯人和穆斯林观察家而言，它当然不是"地中海"，"地中海"一词 19 世纪才因着各种欧洲语言而进入阿拉伯语。[23]

区域命名法在水域和陆地空间之间切换，这也构成一部奇异历史，是全球"水陆两栖史"的一部分。[24]例如，"澳大利亚"变成那块大陆的名称（部分归因于 1801 年和 1803 年对它的海上环游），然而在一些早期海图上，是这块大陆东面的海洋被冠名"大澳大利亚"（Greater Australia），或者有时冠名"澳大拉西亚"（Australasia）。[25]太平洋诸岛中这个主要群岛开始被用环绕它们的水域命名——"大洋洲"（Oceania），现在这是联合国区域术语中的正式名称。[26]另一个例子是，古代术语"*Mare Aethiopicum*"在 19 世纪的世界地图上仍以"the Ethiopic Ocean"[2] 的形式在使用。随着时间流逝，它变成南大西洋，然后在 19 世纪后期被纳入一个整体性的、几乎从北极伸到南极的大西洋中。[27]而现代"埃塞俄比亚"（这个地区）转移到非洲之角（the horn of Africa），离印度洋比距大西洋近得多——讽刺的是，它是内陆国家。对应来看，可以好奇地注意一下，我们这颗表面 70% 都是海洋的星球怎么会被命名为地球。它在这方面是已知行星中的例外，虽然

---

1 此处要求读者注意大西洋的名称 Atlantic Sea 与 Atlas 的关系。——译者注

2 两个词的意思都是"埃塞俄比亚洋"。——译者注

太阳系之内和太阳系以外还有其他有海洋的星球，哪怕这些地外"水世界"（比如火星上的或土星卫星上的）此刻仍非历史学家的研究所能及。[28]

本书各章虽然以大洋和大海划分，但清楚指明了彼此之间在（单数的）世界海洋语境下的流动运动，以及它们的历史和物质形态如何紧密纠葛。因此，印度洋的历史与红海的历史相联结，红海的历史与地中海的历史相联结，地中海的历史变成了大西洋的历史，大西洋的历史变成了太平洋的历史，太平洋的历史变成了南海的历史，以此类推。然而奇妙的是，物理距离最遥远的两个海洋——北冰洋与南大洋——在制度上和历史编纂学上都密切结合在"极地史"和"极地研究"这样的标题下，比如在《极地研究杂志》(Journal of Polar Studies)中，又如在剑桥斯科特极地研究所（Scott Polar Research Institute）。相应地，我们这里也把它们连起来。[29]

如海事历史学家所展现的，直接体验（单数的）世界海洋——东半球、西半球、北半球和南半球的水域——的是和平年代与战争时期环游世界的人、商人型水手、捕鲸人和海军。而且如环境史学家所讨论的，（单数的）世界海洋也属于在海洋中畅游、喂食与迁徙的哺乳类和鱼类。[30]"世界海洋"作为水文学家的一项研究事业，自 20 世纪 60 年代以来已经对海洋学至关重要。[31]它也成为一个高度政治化的实体，既与环保人士的全球生态学有联系，也与资本主义的全球史有联系。有人主张，（单数的）世界海洋是令商业全球化的世界体系可行的自然实体。[32]而且关于商业全球化的世界史依赖于各种各样能穿越大海并在海上生活的人类巧思与能力。

军舰的与海洋的

把大海变成家园的挑战是人类长期不懈的追求。这个追求的固着性来自海洋看起来生命那么丰富，却仍然不适合我们这个物种。在海洋上冒险长久以来被看作某种不自然的、违背我们这种陆生生物命运的事，船难和溺死是与狂妄自大相称的报偿。[33]人类能游泳，但仅此而已。游泳本身有一部跨文化历史，包括16世纪诸如弗兰西斯·德雷克（Francis Drake）这样的欧洲探险家试图吓跑袭击他们的太平洋岛民游泳者。[34]自罗马衰落至19世纪，西方大部都有一种针对游泳的积极成见。与大海同行的追求意味着，那些穿越世界海洋广袤地带的人扮演着英雄角色。这一挑战现在同一种关于水生人类之未来的预言相结合。正如一组作者所评论的，用此种方式构想大海之举被性别化了："那么海洋能否被认为是万物的一个源泉，有一种母性的崇高？"[35]

如果这就是人类与大海约会时的张力，那么船只就充当着居住实验的载体：如何在船上生活；如何在此类空间中创造、提炼或转化社会与文化准则；如何在一艘船上对囚犯、水手或"当地人"发号施令；如何控制一艘船，令之运载物资、思想、自然和人穿越地域；如何从甲板上并"穿过海滩"对一块新发现的土地宣布并生动表达一种文化，或就是如何在水上与其他国家开战。船只仿佛在事实上、在社会层面上，也常在法律层面上变成土地漂流的碎片。[36]由于船只被赋予一个名字和一部传记，也会初次下水和停运，同时有旗帜、证件和国籍，所以它类似于一个海上的人。有很多关于土著居民误把欧洲船只当作鸟和岛屿的故事，体现出把船只作为生命体来演绎；它们透露出欧裔美洲人的投射和自我神话，也同样多地透露出土著居民的宇宙论。把以大海为家所面临的众多困难同把船只定义为古典"异质空间"的福柯式标签并置而观，则毋庸惊诧，航运的史诗般时刻已经被作为人类往昔的所谓转折点而加以庄严纪念。[37]

兹举一例，即纪念葡萄牙人近代早期"大发现"的过度自信的船形纪念碑"航海纪念碑"（Padrão dos Descobrimentos），它位于欧洲的一个最西点，是特茹河（River Tagus）在里斯本流入大西洋的那个位置。这座纪念碑起源于1940年一场名为"葡萄牙人的世界"的展览，展览之举办是为庆祝葡萄牙民族国家于1140年诞生，庆典又与该

国的威权主义新政体相呼应。[38]纪念碑在 1960 年为配合航海家亨利
(Henry the Navigator) [1] 的忌辰而被建成永久形式。纪念碑矗立在玫
瑰色的石头和水泥上，形似一艘葡萄牙卡拉维尔帆船（caravel）[2]，上
面刻着一群追随航海家亨利的人，亨利站在船头，摆出一副热切渴望
大海的姿势。纪念碑本身牢牢扎根海岸，但它从陆地延伸到水中。若
说这艘船是以其物理装置来表达像座桥似的含义，那么类似的解读也
对另一座将"发现"加以史诗化的船形纪念碑敞开，这就是澳大利亚
昆士兰州（Queensland）鸸鹋公园号称"呼啸船"的那座，它于 1970
年为了詹姆斯·库克（James Cook）的 200 周年 [3] 而建。此处发挥作用
的因素是风——船只被设计成当有风吹过时而"呼啸"。[39]倘说成功
的航行就从这些元素上呼之欲出并将之驯化，以便在海上生活及横穿
大海，那么像这样的船形纪念碑还是环境标志就很稀奇了。

　　此类纪念碑其实充当着船只所扮演之多方冲突角色的证据。因为
也有船形纪念碑代表的不是成绩，而是大规模的死亡。一个例子是爱
尔兰梅欧郡穆瑞斯克（Murrisk, County Mayo）的国家饥馑纪念碑，又
称"棺材船"。[40]这是一件青铜雕刻品，上面有在索具间穿梭的骷髅
人体，用来纪念那些离开爱尔兰奔赴新世界的人。它是爱尔兰政府为
纪念大饥馑 150 周年而建。此纪念碑用通俗易懂的方式，表现鲨鱼群
为了从船上扔下去的死尸而跟在诸艘"棺材船"后面。[41]关于中央航
路（Middle Passage）[4] 的那些纪念碑也指出，船只承载的是关于奴役、
暴力、灭绝人性和死亡的记忆。此类纪念碑的一个例子是，一艘贩奴
船构成南卡罗来纳州（South Carolina）议会所立之非裔美洲人纪念碑

---

1 亨利王子是葡萄牙航海事业的领导者和推动者，所以美称为"航海家亨利"，也有译为
"航海王子亨利"的。——译者注

2 也因其结构而被称为三桅帆船。——译者注

3 文中未仔细说明，其实是指库克发现澳大利亚 200 周年，他于 1770 年 4 月 19 日抵达澳大
利亚东南海岸。——译者注

4 指欧洲—非洲—美洲—欧洲这个三角贸易航路中从非洲到美洲的那一段，这是大量运载黑
人到美洲为奴的一段。——译者注

的一部分。如果说这是船只的记忆，那么本书要问，历史学家应该如何从一个世界海洋的视角回归到这艘船？

要开始这样一项事业，则与人类关注船只的五花八门维度相抗衡就很重要。船只既充当过在海上生活的实验场所，也充当过死亡的空间，波涛下的水下坟墓不断令公众着迷的程度一如令考古学家着迷。现代性不折不扣就是舶来的，同样也毫不夸张是"船难"来的。[42]船只是环境的投影，哪怕是船只的纪念碑都能透露这一点。它们也是有法律身份的人格，甚至作为人物演出，正如世界各地诸多海事博物馆所保存的精美船头装饰人像所明示的。船只是物质品兼人造品，且正如一些新学术研究所提醒的，它们可以被贸易和交换，甚至在此过程中改换文化意义——日本人的舢板可以变成美属夏威夷人的船只。[43]作为物品，它们是需要劳动力来生产和维护的合成物；正是因为这个理由，原住民社群可以劫掠一艘在他们的海滨失事的船只，只拿走他们认为有价值和他们希望回收利用的东西。从帆船过渡到轮船，以及日益集装箱化，使得航运如此成功，以致它尽管是全球贸易的主要渠道，（与空中旅行或陆上旅行相较而言）却隐然有了一条生命。[44]然而这不应导致历史学家忘记，船只仍会辜负人和泄漏（例如泄漏原油和垃圾）。此外，船只成了一场"世界狩猎"的媒介。[45]例如在南大洋，这场狩猎始于海豹和鲸的贸易。那场世界狩猎起因于人类开发海洋资源的欲望，而如后文所力陈，这欲望反过来为科学、商业和外交的关注点以及赋以秩序的规划提供了动力。[46]

关于航海的社会史、政治史、法制史、经济史及社会文化史便于此同环境史相联结，重要的是要坚持这些历史编纂学的协同创制之力。否则，关于船只的历史就会被当成仅是航运技术和科技的历史或只是战争史，而这样的历史不触及船只在人类和海洋之间加以干预的复杂性，也不触及船只如何充当实现权力和服从的激烈场所。正如一个近期论点所言，船只是考察"运输"和全球性联结及脱钩的最佳对象，它也可作为全球微观史的一个题目。[47]倘若如此，则这"运输"发生在地点和领土之间以及介质之间。这种转化的显见之处也在于，船只能如何说出民族主义者的理想化，也就同样能说出人类境遇的脆弱性；船只能如何代表一些被表现为人类最伟大胜利的成绩，也就同样能代表一些可怕的灾难。于是印度政府可以将自己的造船文化当作一道民族主义防波堤而弘扬，如葡萄牙政府从前所为一样。与此同时，在日本海中，被称为"幽灵船"的船只能继续载着朝鲜的难民抵达日本的海岸，而另一艘轮船"梅瑞迪斯胜利"号（Meredith Victory）则因为在朝鲜战争期间的人道主义救援而被作为"奇迹之船"纪念。[48]

想要削弱许多海事历史编纂学的帝国、军事和民族国家倾向，则重要的是要强调，在世界史中交织着多少不同的航海文化和造船文化。虽然以前的历史学家否认非西方社会的海事文化或视之为观赏性的，或者把对船只的评估作为小冰期的进步衡器，但我们的作者却突出以下事实，即相遇经常是船只与船只的相遇，多过是船只与海滩的相遇。太平洋的联体独木舟与它们所遇到的帆船相比，尺寸和能力都不可小觑，它们与欧洲船只可相媲美。与此同时，滨河缅甸人的战船胜过了第一次英缅战争（1824—1826）时期投入战争的第一艘轮船"狄安娜"号（Diana）。[49]我们的作者还进一步解构了一些诸如穆斯林恐惧海洋的刻板印象，或对中国"帆船"和印度洋"单桅三角帆船"（dhow）的类型化标签，展示出此种分类在多大程度上是殖民产物，它下面覆盖了范围令人眼花缭乱的制造传统和造船传统。[50]与海洋的约会范围广阔得令人惊讶，就连那些一度被选来扮演不惯航海者的帝国（如奥匈帝国和俄罗斯帝国），现在也被视为海上国家。[51]

船坞地址正迅速崛起为世界历史编纂学的一个关键话题，牵出诸如现代化、科学交流、移民、劳工和资本主义的问题。直到19世纪初期，像威尼斯兵工厂这等的船坞都还构成世界上最大的工厂[52]——如尼尔森[1]的旗舰"维多利亚"号（Victory）这样一艘船的生产线就可以赢得比当今一家工厂大得多的资本投入。反过来，从制造和销毁的循环来追溯船只，确实是一种追踪（比如南亚与阿拉伯间的）木材长

---

1 英国海军上将霍雷肖·尼尔森（Horatio Nelson）。——译者注

途贸易的方式，而且为了确定博物馆所保存的船只部件的起源与历史，对木材的研究也已开展至今。[53]南海的造船技术历史悠久，推动着中国人对东南亚的参与，尤其要考虑重要的宋代。在南大洋，来自美国与法国的海豹猎人的造船活动被视为对大英帝国主权的公然冒犯。在这两例中，造一艘船的能力都是一种塑造政权的方式，而且奇特的是，它也是在陆地定居和宣示权力的标记，甚至它就是对那块土地的所有权要求。

海洋环境与生态

对人类及其航海船只的研究长期以来就是海事史的定义。但该领域同海洋史的关系是什么呢？它们固然以明确且重要的方式而相重叠，但我们提出，表现突出的点在于一种环境路径。环境史帮助由来已久的关于人类、船只和探索的历史编纂学转去分析各个要素（风、潮汐、洋流）、海洋生命（哺乳类、鱼类、甲壳类、鸟类、植物）和人类（在海里和海上）活动之间的复杂关系。换言之，海洋史要求对彼此有着各种复杂关系的水生行为者和海上行为者一视同仁。

这一路径在内容和方法上都是生态学的，并探讨人类生活和非人类生命在过去的结合点。海洋充满了有机体，有些对人类而言仍像中世纪和近代早期地图中那些异想天开的海兽般陌生。海事史和经济史已经载录了对海洋哺乳类、鸟类和鱼类的海事兴趣及研究兴趣，也经常依赖于此，而环境史学家则已载录了人类对海洋生态的影响。[54]捕鲸史和捕鱼史尤其重要，经常为世界史计划作铺垫，这些历史追溯捕鲸人，而捕鲸人跨越世界海洋追踪鲸。[55]捕鲸史确实**就是**跨越时间和地点的世界史，从近代早期巴斯克人（Basque）在拉布拉多（Labrador）捕鲸，到日本捕鲸人在南极洲（Antarctic）水域捕鲸——鲸在自己的栖息地，人类则离乡背井。捕鲸作为一个环境议题也已经催生了一部特别的国际历史，即政府间关于捕鲸产业和该产业科学依

14

据的规范史。[56]有时，令国际条约和协议烦恼的是历史悠久的本地及原始捕鲸实践，而历史研究和人类学研究都在确立捕猎的持续权利方面有着特殊影响力，有时还会复苏捕猎的权利。例如，美国西北海岸的马卡人（Makahs）1999年用捕鲸叉捕获一头雌性灰鲸并将之带上岸，为70年来首例。那是曝光率极高的事件，是与国际捕鲸委员会（International Whaling Commission）成功谈判的结果，并依据传统狩猎的证据和历史。[57]

那么，环境史就帮助拓宽了海事史的范围。对海洋的研究同样也把环境史从传统的立足土壤的考虑中加以提升和扩大。20世纪20年代到60年代之间的地理和历史学术研究显然吸收了大海与大洋，第一代自命为"环境史家"的人倾向于让陆地优于海洋，土重于水。历史分析聚焦于过度垦殖，开辟森林，以陆地为基地之物种的灭绝，旧世界与新世界之生物群、微生物和农作物的"野生性"与交流。当进入水域时，淡水总体上胜过咸水。河流肯定早就在环境史语料库之内被调查过了[58]，湖泊在某种程度上亦然，这个焦点恐怕标志着垂范后世的北美大湖区生态研究的影响力。不过，环境史慢慢转向了海洋，这一重新定位受到对土地环绕湖泊这一兴趣加以反转的直接指引，即反转为海洋环绕土地。[59]截至20世纪90年代后期，随着历史学家更广泛地宣称，世界史的空间和尺度应当立足海洋的自然边界而重新定向，则环境史的一个子学科——承认以海洋作为该学科的探讨对象——已经成形。[60]然而直到21世纪，学者们才把海洋投入历史，揭示出海上的变化，一如该领域的早期先驱们勾勒陆地上的变化。[61]

环境史上的海洋转向指明更大范围的文化与政治转变，在此转变中，"蓝色"某种程度上胜过了"绿色"。"蓝色人文"已经令相近领域——文学研究与文化研究——的学者们忙于制造一场聚焦过去与现在关于大海、想象力和文化产品的丰富谈话。[62]一门新兴的"海洋社会学"早已浮现[63]，而海洋史或能从关于世界的绿色历史中汲取灵感，共同呈现一部关于世界的蓝色历史。[64]在此脉络中，有一场以太平洋为中心的聚焦于鱼类资源管理的"蓝色革命"，要与农业的"绿色革命"相颉颃。[65]更宽泛地说,一颗"蓝色地球"的理念已经获得一个货真价实的支点,这个意象同有着洲际距离及差异性的立足土地的"绿色"政治相比,可以更容易地统一(并简化)一个被深刻割裂的世界政体。这在很大程度上是因为一种海洋导向的蓝色环保论在事实上有单数并共享的世界海洋可供调度,"为了蓝色地球的未来而共同行动"。[66]此种由联合国所明确的用法源自"一个世界"理念(出自政治领域)和"一个地球"理念(出自环保领域),并将两者合并。联合国部署和推进这两个理念由来有自,于是就有了"世界海洋日"。

水域空间

因此,海洋在世界史上为各种类型关于想象力、支配力和物质交换的计划充当着关键性空间。将世界上各片海洋连起来的波涛其实能代表这些空间活动的多样性。对于科学家,波涛可以被描述为种群、系统、事件、失控怪兽、海啸以及能吞噬海岸或者可锻并可控的形态。它们既被描绘为雄性,也被描绘为雌性。对于作家,它们是恐怖和灵感的源泉。如一位学者所评论:"波涛是现象学的-技术的-数学的-政治的-法制的对象。"[67]它们现在被用作气候变化的指示器(气候变化是否会生成高度更醒目的海浪?),甚至有对于把北半球的科学用于研究南半球波涛的怀疑论——南半球的海浪日晒程度高于北半球的,海洋连通性大于北半球的,因此浪更高。就人类把海洋设想为一道边界而言,波涛也位居中心。它们是水下世界的边境,并且撞击着海滩的交汇点。一位冲浪者清楚地知道,冲浪所乘的浪涛是精神、身体和大海的"会聚"或"集成"。[68]考虑到波涛总是在形成的行为中,而且作为一个对象物,又与全套人类的框架、预测模型和紧张经验密切纠葛,因此把一道浪涛理论化为一个空间的困难就是一部比较海洋史著作面对的显著事实。

坐落于本书中的海洋就如穿越海洋的波涛,在客体性、碎片性、内在连贯性以及跨大洋的联结、开放与封闭之间振荡。从 20 世纪 40 年代的布罗代尔到 21 世纪初期的贝林，许多海洋史学家，尤其是研究地中海和大西洋的，已经强调了海洋是陆地、人群、文化和环境之中的连通器。近些年来，海洋史学家则转而聚焦于解集作用，从构成地中海自然史的多元微观环境到为印度洋想象出的"成百视域"。[69]本书收集的许多篇章遵从的路径是苏吉特·西瓦迅达拉姆在他关于印度洋的一章中提出的"穿越空间与时间的修正主义者的多元论"，而另外一些篇章并行不悖地强调海洋空间的地缘政治，尤其像红海、黑海或波罗的海那样的海洋空间，它们的海滨更易于被帝国势力捕获，被置于诸如奥斯曼人、荷兰人、瑞典人或俄罗斯人霸权力量的临时统治下；又如南海，在 20 世纪"那个从前自由通航的流动空间被深深刻成各势力范围"。[70]

《海洋史》不打算为此原因而将世界各海洋本质化为或归类为彼此分割的空间，也不会让全球性空间尺度优先于微观区域尺度，让整个海洋优先于小海，让船只优先于港口，或让内海优先于公海。取而代之的是，它追求成为并汇编成博采众长的历史学家作品集，这些历史学家都对适用于他们主题的不同尺度和透镜有兴趣。尽管就整体而言，他们的主题是全方位的，但他们的论证是在同那些研究夹在海洋间之区域的其他学者对话，这些区域如新加坡及马六甲海峡（Malacca Straits）、波斯湾（Persian Gulf）、塔斯曼海（Tasman Sea）、孟加拉湾（Bay of Bengal）或英吉利海峡／拉芒什海峡（English Channel/La Manche）和苏伊士运河（Suez Canal）。[71]确实，我们期望关于此类"窄海"——海湾与海峡、水道与三角洲，同样还有其他闭合的、中间地带的、联结性的和居间性的水体——的历史能在未来吸引更多历史学关注。空间与尺度就像水的波动，不断浮现，然后又彼此融合。 *18*

尽管在历史上彼此纠缠，但这些海洋的每一个都肯定有不同的历史编纂学要旨，例如人类学化的太平洋，或被视为"最后一片大洋"的边界化的南大洋。它们甚至被以不同颜色呈现，从北极的白冰到使

"红海"成为一个名字的中世纪绘图。这些海洋的水的盐分有变化,从地中海的高盐分(缘于同河流和雨水注入淡水的速率相比,其蒸发率更高)到南极的低盐分(因为冰川融化)或波罗的海的黑水(它有许多排污河)。无论如何,在考虑(单数的)世界海洋的这些空间和它们的内部关系时,采用近期所称的"流动本体论"是有帮助的,这种概念认为,沿海边疆是由陆地、淡水和咸水构筑起来的边缘体,并且就生物多样性和人类与非人类之协作制度而言是世界上最富饶的区域。[72]按对称原则,流动本体论应当不止用于思考沿海,还应用于思考从船只到(单数的)世界海洋的系列空间,两栖王国便在这种空间上伸展。

海洋史通过此种路径而修正了世界历史编纂学中的传统空间考量。想想这个经典问题:从外太空的角度看去,全球史是否有危险?这个问题带有"垂直性在方法论上有至高性"的暗示,但若从海底考虑该问题,看过去便判若云泥。海事史太频繁地忽视作为地基的海床。在此脉络下,海事史就出演为在一个波澜不惊的扁平海面上的水平运动,这是不折不扣的没能洞穿表层之下的肤浅角度。从水下历史学家(也加上近期关于山区和高海拔地带的历史)的观点来说,垂直轴应当被重新加入,而非摈弃,而且海平面应当被看作在空间上有变化和起伏的,正如海底洋流和湍流显山露水之时。[73]因此,关于海底王国和水下王国的海洋史就是"自下"书写历史的一种新方法。[74]

换种视角,以海洋为焦点也批评了地区研究如何坍缩为关于次大陆和巨大陆块的历史,它们忽视这些陆地的水域边缘,反过来便没能考虑法律和政府的形态或关于种族和宇宙论的思想与实践在近代的水际边区如何具体化,例如在清帝国的或18世纪南亚各后续政权的水疆。这对于考虑像红海这样一个海域如何仅仅变成(被地区研究学者分别考虑之)两个区域间的交通走廊是切题的。[75]

于是,考虑海洋就为当前历史编纂学的全球化转向增加了更多的维度、平面和视角,同时能把空间当作人类和非人类的串联器来考虑。在世界史中有一个造成巨大争论的特别主题,即联结的性质。就此而言，海洋史的兴起同后殖民主义相交错，后者是对帝国和民族国家的批评，导致尝试在受支配者之间找寻一种共同的交流依据。这在诸如"黑人大西洋"、作为"诸岛之海"的太平洋或"庶民"印度洋这类精心炮制的论述中宛然可见。[76]然而对此种连通性的强调会因为优先考虑四海为家之人和运动的易变性，多过考虑在一个地方的被奴役者或（为欧洲船只工作的）勤劳的印度水手，而走到其目标的对立面。它会使一个与被限制、被征服和特殊的内陆断了联系的交流与互动的空间有了国籍。

对此种批评的一个回应是，追踪当法律和政权对海洋确立了协议，当舆图制作人着手用指南针和探测水深的装置来勾勒海洋时，流动边疆如何演化为更离散的边区。正如一组作者所写："海岸丧失了作为边缘地带的特质而成为一个边区。"[77]在此种叙事中，联结转头走向对立面（且往回走也一样），而且这次与海洋及其击打碰撞的波涛的空间性步调很齐。水陆两栖地带在其关系性和嵌入性上是可变的。那么，如何构想联结性的边界和终点呢？最新世界历史编纂学为了回应对它的批评而产生的一个关键关注点因此也位于海洋史的中心。[78]在本书中，将会令人振奋地看到，地中海经历着反复的整合与分解，甚至在现代性中"消失"，或看到印度洋是叙事者们曾力图为之创造统一性的一个空间，尽管他们的努力持续受到多元化的挑战。[79]进一步而言，诸如"明代缺口"（Ming Gap）1 这样的理论尽管受到批评，但据说在指中国-东南亚关系的不稳定节奏时仍然有效。[80]

长久以来，海洋都被简单设想为，要么是死的和没历史的，要么就不可避免地被陆地环围的凝视当作他者。这一传统确实在诸如北冰洋这片海域发挥了特别作用。[81]海洋的空间性常被说成西方或欧洲的传统。不过注意，乾隆皇帝 1793 年对乔治三世（George III）写道："咨尔

20

---

1 该理论于 20 世纪 50 年代提出，基于在婆罗洲岛大部所发现的明代青花瓷数量少于文莱出土的。后来的研究表明，整个明代，东南亚的中国瓷器数量以明前期的为主，后期有节律性变化，海禁政策的效果从瓷器出土上能体现出来，同时东南亚制造的瓷器在这个阶段兴起。——译者注

国王，远在重洋。"[1][82]若说在陆地和海洋之间制造边际之举同海洋不固定亦无用的假定相关联，那么这并非所有文化都必然共享的一个比喻。例如，太平洋岛民的谱系传统视他们的岛屿为从海洋中升起的生命体。对阿伊努人（Ainu）来说，在日本海/朝鲜东海上的重要阶段都从属于海神瑞彭（Repun）。[83]但海洋史的任务与其说是理所当然强加人类的条框，如法律、政府和隐喻，不如说是追踪在流动地带浮现的空间性仍如何携带着波涛的干扰。（单数的）世界海洋不是易于居住的、容易被研究的或可以流畅叙述的一系列空间。在此意义上，海洋难于捉摸的特质就是它自己的历史代言人，这一点应当时刻谨记，哪怕现代化造成在水域划制边界。

海洋制图学是此种边界划制的一个关键机制，并力图给水这一可变的介质强加静态性。海洋地图的成功依赖于可被假定为无变化的地理学的观点与特征。本书许多篇章都恰恰以此种方式追踪科学制图学的展开。例如，书中讲到，南海到了19世纪和20世纪从自由海向着领海变换。[84]但尽管对波浪起伏的海洋的静态观点兴起，制图仍系于船只移动的道路。近期研究显示，船只的性质如何影响了由之产生的描记图；船只本身就是制图学的科学仪器。[85]与此同时，海洋绘图也关乎追踪太平洋上的迁移并处理来自海上的民族志谜题。[86]倘然如此，而且如若以船只为基地的科学绘图是既关于人类缺席也关于人类移动的操演行为暨疏解行为，那么欧洲水手所制作的地图需跟后文要讨论的中国探险家、阿拉伯水手或罗马制图员所制作并留下的具有同等表现力的航海指南、领航图和仪表盘并置而观。

西方制图学向海外的传播从不具备令自己摆脱既有传统的能力，它的触角也尚未普遍，尽管格林威治标准时间是普遍的。因为，从南海到极地的涉及海洋之合法管理体制的国际争论都继续存在，历史地

---

1 英文直译的意思是"我没忘记你那个岛的孤远，被插一脚的大海这废物从世间隔离"，乾隆诏书中唯一提到英国位置的就是"远在重洋"，比较一下可知翻译后的差距。作者以此论述中国也有认为海洋空洞的传统，但其实从诏书本文是看不出这一点的。相应章后注有作者采用的英译来源。——译者注

图和接触的证据也仍然都被用作在场、领土要求和主权的证据。换言之，海洋史包括重要的新工作，从制图的范畴延伸至囊括各种认知海上空间的方法，尤其因为它们回应了那种认为是欧洲帝国主义者和后来的民族主义者命名了世界上诸多海洋的批评。在此意义上，后文诸章也把海洋制图同其他海洋知识组装在一起，那些知识的范围从关于气象和天空的知识到关于自然史和自然灾难的叙述，比如围绕神秘的沉没大陆利莫里亚（Lemuria）和亚特兰蒂斯（Atlantis）而起的争论。在所有这些领域，都有认知方式的错综编织。

海洋的历史时间性

最后，历史分期如何受到海洋史的影响，以及反过来，我们如何给海洋史分期？尽管历史学家叹息民族国家框架占支配地位，但有个奇特的事实，历史"时代"有时以一种黑格尔式的回路，被海洋或穿过海洋盆地之世界史的进步所明确，从"地中海时代"经大西洋时期到了"太平洋时代"。"太平洋时代"或"太平洋世纪"是最突出的例子，表现出分期已经发生在一个海洋上，且人类活动的新类型和新的张力都在其上。[87]大西洋史学家类似地将一个介于15世纪后期和19世纪早期之间的大西洋时代等同于现代性本身。在其他场合，世界史中的权威分期已经被研究海洋的历史学家严重质疑。例如，基尔提·乔杜里（Kirti Chaudhuri）的《印度洋的贸易与文明》(*Trade and Civilisation in the Indian Ocean*, 1985)将其研究的时期定为7世纪中叶"伊斯兰教兴起以来"，从而挑战了关于1500年后由欧洲人扩张所主导之海上贸易与交通的世界历史编纂学。[88]惯有的历史标记经常出自王朝和外交，罕能被舒服地转绘为关于大洋与大海的流动历史。历史分期经常追随领土和主权决定论[89]，海洋史通过回避这种逻辑而在尺度上不仅能做到跨国家，也能做到跨时间。一个结果是，它们可能有成效卓著的破坏性，尤其是在反对用民族国家利益俘虏海洋区域或反对开辟地缘政治势力范围方面用作防线，不管是在后苏联时代的竞技场上，还是在亚洲势力（比如对印度洋）的区域竞争中。

这些水域的大多数在有其历史学家之前，就有了自己多重的历史，大多可回溯几千年而非几百年，正如人类在太平洋、红海、南海和黑海以及其他海上的持续移民和流动性所展示的。如后文许多篇章所证明，大洋大海的深度历史为历史性理解提供了较好的框架，而非更适合诸如现代性和启蒙这类欧洲中心论范畴。从（后者）这种陆地角度出发，"不被允许有记录的海洋"貌似就在历史和时间之外。[90]这是暗藏在将本初子午线安置于近海的长期系列企图之后的宣言，本初子午线曾历经东大西洋和白令海峡，于19世纪后期最终安置在格林威治。[91]即便那时，海洋也滑脱了现代主义者普遍时间网的约束。几乎过了一个世纪，时区才从陆地扩展到海上，"大洋与大海直到1920年仍没有时间"。[92]

海洋可能直到最近都在形式上没有时间，但它们被卷入多种时间性。大洋大海的许多研究者宣称自己的研究有长时段抱负，不是捡取阿拉伯宇宙志学者的传统叙述，就是明确或含蓄地召唤布罗代尔。这对某些海洋空间而言有着良好理由和适用度，但对其他海洋而言就明显不能涵纳非西方文化下的不可通约的时间性。[93]例如，太平洋的人类史挑战了历史学家，让他们用一些全然不同的时间术语去思考——同时采用几万年（人类移入巴布亚新几内亚和澳大利亚大陆用的时间）、七八百年［人类横穿波利尼西亚（Polynesia）用的时间］、五百年（欧洲人海上通航用的时间）和两百年（欧洲人殖民化用的时间）。同样意味深长的是，对已成过去及穿越海洋之时间的理解被一些岛民从总体上和谱系上加以重新计算了，这对思量海洋往昔的历史学家是一项富有成效的挑战。即使在大西洋这个最有时限性的海洋上，被奴役的非洲人所体验的时间也同他们的主人和那些从他们的劳动中获益的人所体验的大相径庭。大西洋如同平行地带，是一个有多重历史的海洋，而非只有单一历史的海洋。[94]海洋就这样成为时间尺度相竞争以及多重历史相磋商的舞台。对它们加以划分和定义的人为努力都只是竹篮打水，无论是镌刻领海线，或借助条约地带或日期变更线来分割它们，还是沿赤道线将它们一分为二。

还很醒目的一点是，海洋被用作预言未来的场所。对海平面上升的沉思不仅仅是近期的现象。借助灾变论者和进化论者的地质学模型而进行的围绕陆地与海洋之长期关系的科学争论引起了争议，因为它们也是对未来的一份宣言。[95]与此同时，据说要发生在海上的未来的冲突因着殖民者/被殖民者这一轴线而格外显眼；土著居民在面临陆地政治威胁时、在去殖民化的时期里或者当面对关于进步和改善的殖民叙事时，曾把海洋当作期望的地平线和想象力的空间。[96]曾经绕过海洋——从空中旅行到太空旅行——的未来导向的新技术，总是通过隐喻的、比较的、命名的或路线的方式返回海上，甚或通过它们所提供的海洋新意象而返回。[97]当前对气候难民和极端天气事件的关注，以及人类世的概念提出之后关于前路的争论，还有正在展开的气候研究与后殖民主义的交叉，都将充实海洋史。[98]因此，考虑海洋问题就开启了一种可能性，让我们能在广阔尺度上重新书写对历史时间性的感受和对人类主体及陆生主体的感受，同时还能在历史编纂学之中及以外欣赏未来时间的开阔前景。

24

结　论

《海洋史》为了对一系列水陆两栖地带加以比较和并置而走向大海，这些地带此前从未被带到一起。这不是为了比较而进行的比较学学科练习，毋宁说它是被投身于水之历史编纂学的目标所激励，这水曾被大范围分隔。水之历史编纂学尽管有着明确的内在关联、空间纠葛和人类及非人类的连通性，却彼此相隔遥远。此种疏离化的产生是因为帝国、民族国家、地区研究、土著认同和国际主义的各种政治。它的发生也是因为历史编纂学的操作方法轻易就把它们自己弄成了一个个世界——海洋世界和其他世界。

后文各章的布局突出通览海洋历史编纂学的一条新路线。我们阻止自己以地中海开局，倒是从印度洋、太平洋和大西洋这三大洋入手，由此带来一份新的历史编纂学舆图，给它们安排了一个粗糙的历史顺序，是为了试图整合它们，也是为了取代大西洋模型而支持其他海洋模型。随后本书通过海洋配对而开展，也怀抱一个目标——避免地理决定论和从虚假的欧洲普遍性或地中海普遍性铺展叙事。这个部分新颖的并置关系（例如南海与地中海、红海与日本海）的设计旨在突出，即使穿越广阔的地理空间，也有着历史编纂学的相似性；同时较为传统的黑海与波罗的海的配对将令两个区域间的比较可行，这两个区域最近都经历了在一个世纪或更久的历史分裂之后恢复完整的政治努力。最后，结尾部分北冰洋和南大洋的对话令本书回归到两个常常在制度上和智性上联系起来的海洋，尽管它们以最遥远的距离彼此分隔。本书的读者和使用此书的教师当然能为了自己的意图而重新安排这些篇章。无论如何，我们希望我们的海洋改组能令他们脱离传统轨辙，并提出关于他们的海洋和他们的历史的新视野。

后文要叙述的各海洋既联结又脱钩，在空间上与微观生态学和微观地理学相互交织，一如在全球层面。以类似的方式，我们期待由本书所启动的丛书将致力于更深远的空间群——港口与船只、海峡、海湾和岛屿以及水下世界。所有这些——船只与飞机，电报线与导弹，难民与移民，海参与鲸，季风与厄尔尼诺，洋流与水下风暴——都跨越本书中的海洋（在海上也在海下）而旅行。总而言之，这些海洋构成了我们星球的水视域，也构成一个历史编纂学视域。

我们的计划是跨学科的，并站在历史角度在方法论上兼容并包。这一点在后文中通过历史自身如何在时间中伸展而清晰体现，由此说明海洋历史编纂学的起源历时悠久又多头并进，并与地理学、制图学、天文学、民族志、气候研究和自然史相互重叠。虽然后文综述的海洋历史编纂学各个子领域都是带着一种有其自身独特气息的批评意识而发展起来的，但里面一直有也会继续有对概念和方法的借取。这种借取间或对原始问题的显现有害，而有时无法越出（例如大西洋、印度洋、太平洋和地中海历史的）分界线来谈话，就会关闭主题和地区。因此，批判性地思考这些海洋的关联性和它们之成为自身，就是最要紧的事，让我们能超越过分简单化和二分法的僵局；此僵局质疑，世界历史编纂学是否会令所有东西都坍塌成一，或制造新的关于帝国、区域和民族国家之差异的格栅。以此种方式考虑海洋的世界历史编纂学时，也要考虑我们这个时代的环境政治及其需要把世界海洋当作一个整体和一个公域思考的内涵。本书与"世界海洋日"所公开宣布的精神保持一致，代表了一份既对复数的大海大洋也对单数的海洋本身的历史编纂学承诺。

26

👍 深入阅读书目

军舰史、海事史和海洋史在整个 20 世纪都有出产，而且其实早在 20 世纪 90 年代，关于这些领域的历史编纂学反思和元历史便因印度洋史家的带领而出现了，见 K. N. Chaudhuri, "The Unity and Disunity of Indian Ocean History from the Rise of Islam to 1750: The Outline of a Theory and Historical Discourse", *Journal of World History*, 1 (1993): 1–21。

海洋有重新架构世界历史之学术研究的潜能，这种考虑在 21 世纪第一个十年里突然兴盛起来，见 Bernard Klein and Gesa Mackenthun, eds., *Sea Changes: Historicizing the Ocean* (New York, 2004); Rainer F. Buschmann, "Oceans of World History: Delineating Aquacentric Notions in the Global Past", *History Compass*, 2 (2004): 1–10。

环境史同海上世界之早期联系，见 W. Jeffrey Bolster, "Opportunities in Marine Environmental History", *Environmental History*, 11 (2006): 567–597。

凯伦·维根（Kären Wigen）召集并主编了刊于《美国历史评论》上的被多方引用的论坛: *American Historical Review*, 111 (2006): 717–780, "Oceans of History"，该专辑考虑地中海（Peregrine Horden and Nicholas

Purcell）、太平洋（Matt Matsuda）和大西洋（Alison Games）。也见 Gelina Harlaftis, "Maritime History, or the History of *Thalassa*", in Harlaftis, Nikos Karapidakis, Kostas Sbonias and Vaios Vaipoulos, eds., *The New Ways of History: Developments in Historiography* (London, 2010), pp. 211–238; Rila Mukherjee, "Escape from Terracentrism: Writing a Water History", *Indian Historical Review,* 41 (2014): 87–101; Michael Pearson, "Oceanic History", in Prasenjit Duara, Viren Murthy and Andrew Sartori, eds., *A Companion to Global Historical Thought* (Chichester, 2014), pp. 337–350。

与此同时，研究印度洋和马来人海上世界的历史学家提供了关于内容与方法的重要集体声明，包括 Rila Mukherjee, ed., *Oceans Connect: Reflections on Water Worlds across Space and Time* (Delhi, 2013); Antoinette Burton, Madhavi Kale, Isabel Hofmeyr, Clare Anderson, Christopher J. Lee and Nile Green, "Sea Tracks and Trails: Indian Ocean Worlds as Method", *History Compass,* 11, 7 (July 2013): 497–535。

有两份关键刊物自始至终都在不断呈现和挑战海事史的边界：*The Journal for Maritime Research*，格林威治国家海事博物馆 1999 年创办；*International Journal of Maritime History*，最初是国际海上经济史学会（International Maritime Economic History Association）的喉舌刊物。前者的一份特辑最近带来对海事史和海洋史的性别分析：Quintin Colville, Elin Jones and Katherine Parker, eds., "Gendering the Maritime World", *Journal for Maritime Research,* 17 (2015): 97–181。

文化地理学家、政治地理学家和人文地理学家贡献了重要的历史作品，包括 Philip Steinberg, *The Social Construction of the Ocean* (London, 2001)，该作者探查了海洋法的地理学。也见 Jon Anderson and Kimberly Peters, eds., *Water Worlds: Human Geographies of the Ocean* (Farnham, 2014)。

关于陆地/海洋的联结，见 Alison Bashford, "Terraqueous Histories", *The Historical Journal,* 60 (2017): 253–272; Michael N. Pearson, "Littoral Society: The Concept and the Problems", *Journal of World History,* 17 (2006): 353–373; Jerry H. Bentley, Renate Bridenthal and Kären Wigen, eds., *Seascapes: Maritime*

Histories, Littoral Cultures and Transoceanic Exchanges (Honolulu, HI, 2007); Donna Gabaccía and Dirk Hoerder, eds., *Connecting Seas and Connected Ocean Rims: Indian, Atlantic, and Pacific Oceans and China Seas Migrations from the 1830s to the 1930s* (Leiden, 2011)。

专门讨论海岸线的，见 John R. Gillis, *The Human Shore: Seacoasts in History* (Chicago, IL, 2012)。聚焦捕鱼和渔民的，见 Charu Gupta and Mukul Sharma, *Contested Coastlines: Fisherfolk, Nations and Borders in South Asia* (New Delhi, 2008)。

关于世界史与海洋史之关系的近期研究，包括比较方法，见 Nile Green, "Maritime Worlds and Global History: Comparing the Mediterranean and Indian Ocean through Barcelona and Bombay", *History Compass,* 11, 7 (July 2013): 513–523; Michael N. Pearson, "Notes on World History and Maritime History", *Asian Review of World History,* 3 (2015): 137–151。

海洋文化史研究正在增加，包括对一种新的"蓝色人文"的呼唤，例如 Steven Mentz, "Toward a Blue Cultural Studies: The Sea, Maritime Culture and Early Modern English Literature", *Literature Compass,* 6, 5 (September 2009): 997–1013; Hester Blum, "The Prospect of Oceanic Studies", *PMLA,* 125 (2010): 770–779; Charlotte Mathieson, ed., *Sea Narratives: Cultural Responses to the Sea, 1600–Present* (London, 2016)。

注　释

[1] "整个历史上，大洋与大海对于贸易和运输来说都是至关重要的渠道"；世界海洋日背景，见联合国网页 www.un.org/en/events/oceansday/background.shtml（2017 年 2 月 28 日访问）。

[2] 世界海洋日背景，见联合国网页 www.un.org/en/events/oceansday/background.shtml（2017 年 2 月 28 日访问）。

[3] 世界海洋网章程，2006 年 1 月 28 日，见 www.worldoceannetwork.org/wp-content/uploads/2014/01/WON-STATUT-2006-ENG.pdf（2017 年 2 月 28 日访问）。

[4] Intergovernmental Oceanic Commission, UNESCO, *One Planet, One Ocean* (Paris, 2017).

[5] 思考与批评见 W. V. Harris, ed., *Rethinking the Mediterranean* (Oxford, 2005); Peregrine

Horden and Nicholas Purcell, "The Mediterranean and 'the New Thalassology'", *American Historical Review,* 111 (2006): 722–740; Molly Greene, "The Mediterranean Sea", 本书后文。

[6] David Armitage, "The Atlantic Ocean", 本书后文。

[7] Sverker Sörlin, "The Arctic Ocean", Jonathan Miran, "The Red Sea", 本书后文；也见 Alexis Wick, *The Red Sea: In Search of Lost Space* (Oakland, CA, 2016)。

[8] Sujit Sivasundaram, "The Indian Ocean", 本书后文；引文出自 Alison Bashford, "The Pacific Ocean", 本书后文。

[9] 一份较早的不够详尽的努力见 Peter N. Miller, ed., *The Sea: Thalassography and Historiography* (Ann Arbor, MI, 2013)，当前尝试长时段扫视的事业，可见 Michael North, *Zwischen Hafen und Horizont: Weltgeschichte der Meere* (Munich, 2016), Christian Buchet, gen. ed., *La mer dans l'histoire/The sea in history,* 4 vols. (Paris and Woodbridge, 2017)。

[10] Philip de Souza, *Seafaring and Civilization: Maritime Perspectives on World History* (London, 2001); Daniel Finamore, ed., *Maritime History as World History* (Gainesville, FL, 2004); David Cannadine, ed., *Empire, the Sea and Global History: Britain's Maritime World, c. 1760–c. 1840* (Basingstoke, 2007); Maria Fusaro and Amélia Polónia, eds., *Maritime History as Global History* (St John's, Newfoundland, 2010); Lincoln Paine, *The Sea and Civilization: A Maritime History of the World* (New York, 2013); Ingo Heidbrink, Lewis R. Fischer, Jari Ojala, Fei Sheng, Stig Tenold and Malcolm Tull, "Forum: Closing the 'Blue Hole': Maritime History as a Core Element of Historical Research", *International Journal of Maritime History,* 29 (2017): 325–366.

[11] K. N. Chaudhuri, *Trade and Civilisation in the Indian Ocean: An Economic History from the Rise of Islam to 1750* (Cambridge, 1985); Wang Gungwu and Ng Chinkeong, eds., *Maritime China in transition, 1750–1850* (Wiesbaden, 2004); Markus P. M. Vink, "Indian Ocean Studies and the 'New Thalassology'", *Journal of Global History,* 2 (2007): 41–62; Engseng Ho, *The Graves of Tarim: Geneaology and Mobility across the Indian Ocean* (Berkeley, CA, 2006).

[12] Eric Tagliacozzo, "The South China Sea", Sivasundaram, "The Indian Ocean", Jonathan Miran, "The Red Sea", 以及 Alessandro Antonello, "The Southern Ocean", 本书后文。

[13] Rila Mukherjee, "Escape from Terracentrism: Writing a Water History", *Indian Historical Review,* 41 (2014): 87–101; Isabel Hofmeyr, "The Complicating Sea: The Indian Ocean as Method", *Comparative Studies of South Asia, Africa and the Middle East,* 32 (2012): 584–590.

[14] C. A. Bayly, Sven Beckert, Matthew Connelly, Isabel Hofmeyr, Wendy Kozol and Patricia Seed, "*AHR* Conversation: On Transnational History", *American Historical Review,* 111 (2006): 1441–1464.

[15] "跨地方"研究在海洋史范围内使用的一个范例，见 Matt Matsuda, *Pacific Worlds: A History of Seas, Peoples, and Cultures* (Cambridge, 2012)。

[16] Michael N. Pearson, "Littoral Society: The Concept and the Problems", *Journal of World History,* 17 (2006): 353–374.

[17] Arndt Graf and Chua Beng Huat, eds., *Port Cities in Asia and Europe* (London, 2009); Haneda

Masashi, ed., *Asian Port Cities, 1600–1800: Local and Foreign Cultural Interactions* (Singapore, 2009); Brad Beaven, Karl Bell and Robert James, eds., *Port Towns and Urban Cultures: International Histories of the Waterfront, c. 1700–2000* (Basingstoke, 2016); Nile Green, "Maritime Worlds and Global History: Comparing the Mediterranean and Indian Ocean through Barcelona and Bombay", *History Compass* 11, 7 (July 2013): 513–523; C. A. Bayly and Leila Tarazi Fawaz, eds., *Modernity and Culture: From the Mediterranean to the Indian Ocean, 1890–1920* (New York, 2002).

[18] Arnold Ræstad, *Europe and the Atlantic World,* ed. Winthrop W. Case (Princeton, NJ, 1941), Fairfield Osborn, ed., *The Pacific World* (Washington, DC, 1945).

[19] Rory Medcalf, "The Indo-Pacific: What's in a Name?", *The American Interest*, 9, 2 (November–December 2013): 60–65.

[20] O. H. K. Spate, "'South Sea' to 'Pacific Ocean': A Note on Nomenclature", *Journal of Pacific History,* 12 (1977): 205–211; Mark Peterson, "Naming the Pacific", *Common-place*, 5, 2 (January 2005): www.common-place-archives.org/vol-05/no-02/peterson/index. shtml (2017 年 2 月 28 日访问); François de Blois, "The Name of the Black Sea", in Maria Macuch, Mauro Maggi and Werner Sundermann, eds., *Iranian Languages and Texts from Iran and Turan* (Wiesbaden, 2007), pp. 1–8; Bashford, "The Pacific Ocean", Stella Ghervas, "The Black Sea", 本书后文。

[21] Michael N. Pearson, *Port Cities and Intruders: The Swahili Coast, India, and Portugal in the Early Modern Era* (Baltimore, MD, 1998); Michael N. Pearson, *The Indian Ocean* (London, 2013), p. 14.

[22] 见本书后文 Tagliacozzo, "The South China Sea", Alexis Dudden, "The Sea of Japan/Korea's East Sea"；同样也见 Si Jin Oh, "An Identity Aspect to the 'Wars' of Maps in East Asia: Focusing on the East Sea/Sea of Japan Name Debate", *Korea Observer,* 48 (2017): 57–83。

[23] Greene, "The Mediterranean Sea", 本书后文。

[24] Alison Bashford, "Terraqueous Histories", *The Historical Journal,* 60 (2017): 253–272; Hester Blum, "Terraqueous Planet: The Case for Oceanic Studies", in Amy J. Elias and Christian Moraru, eds., *The Planetary Turn: Relationality and Geoaesthetics in the Twenty-first Century* (Evanston, IL, 2015), pp. 25–36.

[25] National Library of Australia, *Mapping Our World: Terra Incognita to Australia* (Canberra, 2013).

[26] Bronwen Douglas, "*Terra Australis* to Oceania: Racial Geography in the 'Fifth Part of the World'", *Journal of Pacific History*, 45 (2010): 179–210.

[27] Luiz Felipe de Alencastro, "The Ethiopic Ocean – History and Historiography, 1600–1975", *Portuguese Literary & Cultural Studies,* 27 (2015): 1–79.

[28] Jan Zalasiewicz and Mark Williams, *Ocean Worlds: The Story of Seas on Earth and Other Planets* (Oxford, 2014), ch. 9, "Oceans of the Solar System".

[29] Sörlin, "The Arctic Ocean", Antonello, "The Southern Ocean", 本书后文。

[30] Ryan Tucker Jones, "Running into Whales: The History of the North Pacific from below the Waves", *American Historical Review,* 118 (2013): 349–377.

[31] Richard Carrington, *A Biography of the Sea: The Story of the World Ocean, Its Animal and Plant Populations, and Its Influence on Human History* (New York, 1960); William A. Anikouchine and Richard W. Sternberg, *The World Ocean: An Introduction to Oceanography* (London, 1981).

[32] Peter Jacques, *Globalization and the World Ocean* (Oxford, 2006).

[33] Hans Blumenberg, *Shipwreck with Spectator: Paradigm of a Metaphor for Existence,* trans. Steven Rendall (Cambridge, MA, 1997).

[34] Nicholas Orme, *Early British Swimming, 55 BC–AD 1719* (Exeter, 1983), p. 49.

[35] David Lambert, Luciana Martins and Miles Ogborn, eds. "Currents, Visions and Voyages: Historical Geographies of the Sea", *Journal of Historical Geography,* 32 (2006): 484.

[36] Lauren Benton, *A Search for Sovereignty: Law and Geography in European Empires, 1400–1800* (Cambridge, 2010).

[37] Michel Foucault, "Of Other Spaces", *Diacritics,* 16 (1986): 27.

[38] Ellen W. Sapega, "Image and Counter-image: The Place of Salazarist Images of National Identity in Contemporary Portuguese Visual Culture", *Luso-Brazilian Review,* 39, 2 (Winter 2002): 48–50.

[39] Ros Bandt, "Taming the Wind: Aeolian Sound Practices in Australasia", *Organised Sound,* 8 (2003): 198–199.

[40] Emily Mark-Fitzgerald, *Commemorating the Irish Famine: Memory and the Monument* (Liverpool, 2013).

[41] Marcus Rediker, "History from below the Water Line: Sharks and the Atlantic Slave Trade", *Atlantic Studies,* 5 (2008): 285–297.

[42] Steve Mentz, *Shipwreck Modernity: Ecologies of Globalization, 1550–1719* (Minneapolis, MN, 2015).

[43] Hans Konrad Van Tilburg, "Vessels of Exchange: The Global Shipwright in the Pacific", in Jerry H. Bentley, Renate Bridenthal and Kären Wigen, eds., *Seascapes: Maritime Histories, Littoral Cultures and Transoceanic Exchanges* (Honolulu, HI, 2007), pp. 38–52.

[44] Marc Levinson, *The Box: How the Shipping Container Made the World Smaller and the World Economy Bigger* (Princeton, NJ, 2006).

[45] John F. Richards, *The World Hunt: An Environmental History of the Commodification of Animals* (Berkeley, CA, 2014).

[46] Antonello, "The Southern Ocean", 本书后文。

[47] Martin Dusinberre and Roland Wenzlhuemer, eds., "Special Issue: Being in Transit: Ships and Global Incompatibilities", *Journal of Global History,* 11, 2 (July 2016).

[48] Dudden, "The Sea of Japan/Korea's East Sea", 本书后文。

[49] 比较 Satpal Sangwan, "Technology and Imperialism in the Indian Context: The Case of

Steamboats, 1819–1839", in Teresa A. Meade and Mark Walker, eds., *Science, Medicine and Cultural Imperialism* (London, 1991), pp. 61–64。

[50] Greene, "The Mediterannean Sea", and Sivasundaram, "The Indian Ocean", 本书后文。

[51] Alison Frank, "Continental and Maritime Empires in an Age of Global Commerce", *East European Politics and Societies,* 25 (2011): 779–784; Julia Leikin, "Across the Seven Seas: Is Russian Maritime History More than Regional History?", *Kritika: Explorations in Russian and Eurasian History,* 17 (2016): 631–646.

[52] Frederic Chapin Lane, *Venetian Ships and Shipbuilders of the Renaissance* (Baltimore, MD, 1934); Robert C. Davis, *Shipbuilders of the Venetian Arsenal: Workers and Workplace in the Preindustrial City* (Baltimore, MD, 1991).

[53] 见 Alastair J. Reid, *The Tide of Democracy: Shipyard Workers and Social Relations in Britain, 1870–1950* (Manchester, 2010); 孟买船坞见 Frank Broeze, "Underdevelopment and Dependency: Maritime India during the Raj", *Modern Asian Studies,* 18 (1984): 429–457; 中国船坞见 Benjamin A. Elman, *On Their Own Terms: Science in China, 1550–1900* (Cambridge, MA, 2009), pp. 370–386。

[54] Paul Holm, Tim D. Smith and David J. Starkey, eds., *The Exploited Seas: New Directions for Marine Environmental History* (Liverpool, 2001); W. Jeffrey Bolster, "Opportunities in Marine Environmental History", *Environmental History,* 11 (2006): 567–597; Kathleen Schwerdtner Máñez and Bo Poulsen, eds., *Perspectives on Oceans Past: A Handbook of Marine Environmental History* (Dordrecht, 2016).

[55] 对全球捕鲸的分析见 J. N. Tønnessen and A. O. Johnsen, *The History of Modern Whaling,* trans. R. I. Christophersen (Berkeley, CA, 1982), 及 Richard Ellis, *Men and Whales* (New York, 1991)。

[56] Ray Gambell, "International Management of Whales and Whaling: An Historical Review of the Regulation of Commercial and Aboriginal Subsistence Whaling", *Arctic,* 46 (1993): 97–107; D. Graham Burnett, *The Sounding of the Whale: Science and Cetaceans in the Twentieth Century* (Chicago, IL, 2012).

[57] Joshua L. Reid, *The Sea is My Country: The Maritime World of the Makahs, An Indigenous Borderlands People* (New Haven, CT, 2015), pp. 271–279.

[58] Richard White, *The Organic Machine: The Remaking of the Columbia River* (New York, 1995).

[59] Richard H. Grove, *Green Imperialism: Colonial Expansion, Tropical Island Edens, and the Origins of Environmentalism, 1600–1860* (Cambridge, 1995); John R. McNeill, "Of Rats and Men: A Synoptic Environmental History of the Island Pacific", *Journal of World History,* 5 (1994): 299–349; Lill-Ann Körber, Scott MacKenzie and Anna Westerståhl Stenport, eds., *Arctic Environmental Modernities: From the Age of Polar Exploration to the Era of the Anthropocene* (Basingstoke, 2017).

[60] Jerry H. Bentley, "Sea and Ocean Basins as Frameworks of Historical Analysis", *Geographical*

Review, 89 (1999), 215–224; Martin Lewis and Kären E. Wigen, *The Myth of Continents: A Critique of Metageography* (Berkeley, CA, 1997).

[61] Jeffrey Bolster, "Putting the Ocean in Atlantic History: Maritime Communities and Marine Ecology in the Northwest Atlantic, 1500–1800", *American Historical Review*, 113 (2008): 19–47; Bolster, *The Mortal Sea: Fishing the Atlantic in the Age of Sail* (Cambridge, MA, 2012).

[62] Steven Mentz, "Toward a Blue Cultural Studies: The Sea, Maritime Culture and Early Modern English Literature", *Literature Compass*, 6, 5 (September 2009): 997–1013; Hester Blum, "The Prospect of Oceanic Studies", *PMLA*, 125 (2010): 770–779; Susan Gillman, "Oceans of *longue durées*", *PMLA*, 127 (2012): 328–334; Blum, ed., "Special Issue: Oceanic Studies", *Atlantic Studies*, 10, 2 (April 2013): 151–227; John Gillis, "The Blue Humanities", *Humanities*, 34, 3 (May/June 2013): 10–13; Tricia Cusack, ed., *Framing the Ocean, 1700 to the Present: Envisaging the Sea as Social Space* (Farnham, 2014); Kerry Bystrom, Ashley L. Cohen, Elizabeth DeLoughrey, Isobel Hofmeyr, Rachel Price, Meg Samuelson and Alice Te Punga Somerville, "ACLA Forum: Oceanic Routes", *Comparative Literature*, 69 (2017): 1–31.

[63] John Hannigan, "Toward a Sociology of Oceans", *Canadian Review of Sociology*, 54 (2017): 8–27.

[64] Clive Ponting, *A Green History of the World: Environments and the Collapse of Great Civilizations* (London, 1991).

[65] 此提议的例子可见 Gregory T. Cushman, *Guano and the Opening of the Pacific World: A Global Ecological History* (Cambridge, 2013), pp. 289–296, 及 Md Saidul Islam, *Confronting the Blue Revolution: Industrial Aquaculture and Sustainability in the Global South* (Toronto, 2014), 当然还有其他。

[66] UNESCO, *One Planet, One Ocean*.

[67] 这一段遵照 Stephen Helmreich, "Waves: An Anthropology of Scientific Things〔2014年摩尔根讲座（Lewis Henry Morgan lecture）〕", *HAU: Journal of Ethnographic Theory*, 4 (2014): 273。

[68] Jon Anderson, "Merging with the Medium: Knowing the Place of the Surfed Wave", in Anderson and Kimberley Peters, eds., *Water Worlds: Human Geographies of the Ocean* (Farnham, 2014), pp. 73–88.

[69] Nicholas Purcell and Peregrine Horden, *The Corrupting Sea: A Study of Mediterranean History* (Oxford, 2000); Sugata Bose, *A Hundred Horizons: The Indian Ocean in the Age of Global Empire* (Cambridge, MA, 2006).

[70] 本书诸章：Sivasundaram, "The Indian Ocean", Miran, "The Red Sea", Ghervas, "The Black Sea", Michael North, "The Baltic Sea", 引文出自 Tagliacozzo, "The South China Sea", p. 115。

[71] Peter Borschberg, *The Singapore and Melaka Straits: Violence, Security and Diplomacy in the 17th Century* (Singapore, 2010); Lawrence G. Potter, ed., *The Persian Gulf in History* (Basingstoke, 2009); Neville Peat, *The Tasman: Biography of an Ocean* (North Shore, NZ, 2010); Sunil Amrith, *Crossing the Bay of Bengal: The Furies of Nature and the Fortunes of Migrants*

(Cambridge, MA, 2013); Renaud Morieux, *The Channel: England, France and the Construction of a Maritime Border in the Eighteenth Century* (Cambridge, 2016); Valeska Huber, *Channelling Mobilities: Migration and Globalisation in the Suez Canal Region and Beyond, 1869–1914* (Cambridge, 2013).

[72] John Gillis and Franziska Torma, "Introduction", in Gillis and Torma, eds. *Fluid Frontiers: New Currents in Marine Environmental History* (Cambridge, 2015), p. 9, 及 Jon Anderson and Kimberley Peters, "'A Perfect and Absolute Blank': Human Geographies of Water Worlds", in Anderson and Peters, eds., *Water Worlds,* pp. 3–19 (引文出自 p. 12)。关于海洋之历史地理学和政治地理学的作品，也见 Philip Steinberg, *The Social Construction of the Ocean* (Cambridge, 2001), 及 David Lambert, Luciana Martins and Miles Ogborn, eds., "Currents, Visions and Voyages: Historical Geographies of the Sea", *Journal of Historical Geography,* 32 (2006): 479–493。

[73] Michael S. Reidy, "From Oceans to Mountains: Constructing Space in the Imperial Mind", in Jeremy Vetter, ed., *Knowing Global Environments: New Historical Perspectives on the Field Sciences* (New Brunswick, NJ, 2010), pp. 17–38.

[74] 关于欧洲人在水下的发现，见 Rebekka von Mallinckrodt, "Taucherglocken, U-Boote und Aquanauten—Die Erschließung der Meere im 17. Jahrhundert zwischen Utopie und Experiment", in Karin Friedrich, ed., *Die Erschließung des Raumes: Konstruktion, Imagination und Darstellung von Räumen und Grenzen im Barockzeitalter* (Wiesbaden, 2014), pp. 337–354; Helen Rozwadowski, *Fathoming the Ocean: The Discovery and Exploration of the Deep Sea* (Cambridge, MA, 2008)。

[75] Miran, "The Red Sea", 本书后文。

[76] Paul Gilroy, *The Black Atlantic: Modernity and Double Consciousness* (Cambridge, MA, 1993); Epeli Hau'ofa, "Our Sea of Islands", *The Contemporary Pacific,* 6 (1994): 147–161; Clare Anderson, *Subaltern Lives: Biographies of Colonialism in the Indian Ocean World, 1790–1820* (Cambridge, 2012).

[77] Gillis and Torma, "Introduction", in Gillis and Torma, eds., *Fluid frontiers,* p. 9.

[78] Sujit Sivasundaram, "Towards a Critical History of Connection: The Port of Colombo, the Geographical 'Circuit' and the Visual Politics of New Imperialism, ca. 1880–1914", *Comparative Studies in Society and History,* 59 (2017): 346–384.

[79] Greene, "The Mediterranean Sea", Sivasundaram, "The Indian Ocean", 本书后文。

[80] Tagliacozzo, "The South China Sea", 本书后文；Roxanna M. Brown, *The Ming Gap and Shipwreck Ceramics in Southeast Asia: Towards a Chronology of Thai Trade Ware* (Bangkok, 2009)。

[81] Sörlin, "The Arctic Ocean", 本书后文。

[82] 乾隆皇帝写给乔治三世的信（1793），见 Edmund Backhouse and J. O. P. Bland, *Annals and Memoirs of the Court of Peking* (London, 1914), pp. 322–331, 相关研究见 Henrietta Harrison, "The Qianlong Emperor's Letter to George III and the Early-twentieth-century Origins of Ideas about Traditional China's Foreign Relations", *American Historical Review,* 122 (2017): 680–701。

［83］Dudden, "The Sea of Japan/Korea's East Sea", 本书后文。

［84］Tagliacozzo, "The South China Sea", 本书后文。

［85］关于该题目的经典文章，见 Richard Sorrensen, "The Ship as a Scientific Instrument in the Eighteenth Century", *Osiris,* 11 (1996): 221–236。

［86］Bronwen Douglas, *Science, Voyages and Encounters in Oceania, 1511–1850* (Basingstoke, 2014).

［87］Pekka Korhonen, "The Pacific Age in World History", *Journal of World History,* 7 (1996): 41–70.

［88］Chaudhuri, *Trade and Civilisation in the Indian Ocean.*

［89］Kathleen Davis, *Periodization and Sovereignty: How Ideas of Feudalism and Secularization Govern the Politics of Time* (Philadelphia, PA, 2008).

［90］Herman Melville, *Moby-Dick* (1851)，引自 Blum, "Terraqueous Planet", p. 25。

［91］Charles W. J. Withers, *Zero Degrees: Geographies of the Prime Meridian* (Cambridge, MA, 2017), pp. 29–37, 159–167.

［92］Vanessa Ogle, *The Global Transformation of Time, 1870–1950* (Cambridge, MA, 2015), pp. 87–88.

［93］Damon Salesa, "The Pacific in Indigenous Time", in David Armitage and Alison Bashford, eds., *Pacific Histories: Ocean, Land, People* (Basingstoke, 2014), pp. 31–52.

［94］Walter Johnson, "Possible Pasts: Some Speculations on Time, Temporality, and the History of the Atlantic Slave Trade", *Amerikastudien/American Studies,* 45 (2000): 485–499.

［95］Sujit Sivasundaram, "Science", in Armitage and Bashford, eds., *Pacific Histories,* pp. 237–260.

［96］Tracey Banivanua Mar, *Decolonisation and the Pacific: Indigenous Globalisation and the Ends of Empire* (Cambridge, 2016).

［97］Frances Steele, "Maritime Mobilities in Pacific History: Towards a Scholarship of Betweenness", in Gijs Mom, Gordon Pirie and Laurent Tissot, eds., *Mobility in History: Themes in Transport* (Neuchatel, 2010), pp. 199–204.

［98］Dipesh Chakrabarty, "The Climate of History: Four Theses", *Critical Inquiry,* 35 (2009): 197–222.

第一部分 大 洋

第一章　印度洋

苏吉特·西瓦迅达拉姆

印度洋属于历史记忆中最长寿的空间之一，而当前对该大洋历史
编纂学的爆发式关注应当在此语境下加以阐释。驱动近期印度洋史学
的关键措辞是"多孔性、渗透性、连通性、弹性，以及空间与时间之
界限与边界的开放性"。[1]此种措辞反映出，当前的印度洋史学家多
么喜爱跨越民族国家单元和区域单元的边界（尤其是非洲、中东和亚
洲的这些边界划分，它们在 20 世纪因民族主义者或冷战政治而产生），
而把印度洋作为一种更具共鸣性的制图法，用来取代它们。这些措辞
也反映出近期的印度洋史已经怎样跨越了时间分水岭，那些分水岭是
从前贴给这个海洋的标签——"伊斯兰海""近代早期印度洋"和"不
列颠湖"——所固有的。不过，印度洋史中这种穿越时间与空间的修
正主义者的多元论符合关于该海洋的长时段叙事。

过去几世纪里，印度洋的叙事者站在东方和西方的无数种文化视
角上。本章首先要声明，印度洋的这一历史编纂学没有清楚的开端，
也不是在一条线性轨迹下循着地理学、时间性或条理性的道路操作。
尽管有历经几个世纪且现在再度出现的长期易变性，还是有些人力图
把印度洋定义和包裹为一个整体。但就如本章证明的，他们的努力不
得不妥协于层累的遗产和被遗忘的历史、脱钩的场所和相邻水域的拉

扯。换言之，尽管试图走向结构主义或一个"印度洋史学派"，但如后
32 文各节所示，此类努力都没立足这些水域论述贸易、劳工、环境、知
识和近代形态。

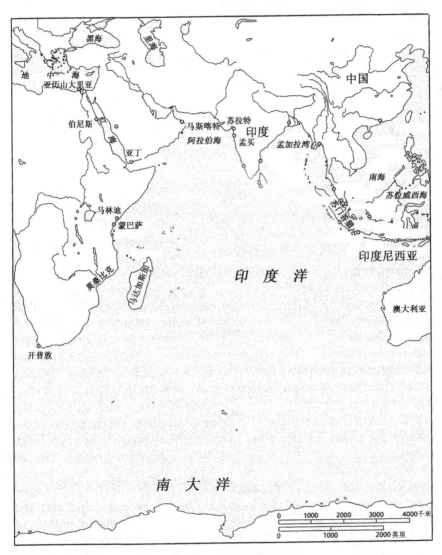

地图 1.1 印度洋

找到一个单一印度洋"体系"、环境模式或社会形态，然后又把

所有这些分割成彼此冲突的伊斯兰教各派或区别明显的环境带，或者确实超越了奴隶制和契约制的对立，移步将该海洋同大西洋和太平洋重新联系起来，并重新插入种族、法制和国家建设，当历史学家在上述活动之间变换游移时，前路肯定在于敞开拥抱众多历史编纂学中的印度洋。那么，上文引述的关键措辞中或许能加上它们的对立措辞。因此本章致力于以下问题：为何在印度洋的历史时期上亦在关于印度洋的历史叙述中，从印度洋会看到结构、人群、思想和事物在有孔化身和有边界化身之间变换？它始于关于印度洋之历史和地理的历史。

印度洋的叙事者

到公元前 2000 年时，红海、波斯湾和印度河流域（Indus Valley）的各沿海社群间已有接触。在印度洋另一端，从公元前 3000 年前后，就有移民从中国的台湾去往菲律宾（Philippines）并南下东南亚，从大约公元前 1500 年起，再继续前去密克罗尼西亚（Micronesia）和波利尼西亚，并以苏拉威西海（Sulawesi Sea）为主要交通站点。南亚商人、马来人水手、佛教僧侣和对远洋贸易感兴趣之国家的最终浮现，比如波斯的萨珊王朝（Sassanians）、印度的笈多王朝（Guptas）和东南亚的扶南王国，在 1 世纪给印度洋树了一块模板，早于伊斯兰教自中东向南和向东的日益扩张。中东和中国之间取道印度洋而接触，这在各定居点的设立上一目了然：海南有一个 748 年设立的波斯人聚落，大约同时期，广州有一个阿拉伯人和波斯人混住的侨民区。9 世纪的中国船只也造访波斯湾。[2]

对苏贾塔·博斯（Sugata Bose）来说，印度洋从没有成为一个"体系"，而差不多是个有着"成百视域"的经济、政治和文化"竞技场"，而且空间与时间在那里都是相交叉的。[3]这肯定也适用于关于印度洋史的历史。就算最早的贸易与移民史也会推翻地理学意义上的印度洋边界，将印度洋同地中海和太平洋连起来。将该大洋同西面连起来的资源中有着连通印度洋同罗马帝国的内容，例如《厄立特里亚海领航书》(*Periplus Marae Erythraensis*，又名《印度洋水手指南》)，其作者可能是一个生活在 1 世纪中叶的希腊人，以位于埃及的红海海岸上的港口伯尼斯 (Bernice) 为基地，曾旅行到南印度的潘地亚王国 (Pandya)，而潘地亚王国作为回礼又派遣一支使团出访罗马，以鼓励贸易商造访其地。又有公元前 150 年前后以亚历山大里亚 (Alexandria) 为基地的天文学家托勒密 (Claudius Ptolemy) 撰写的《地理学指南》(*Hephegesis Geographike*) 1，此书对东南亚表现出特殊兴趣，还记载了远至中国边疆的详细信息。这些早期资源中，印度洋的不明确性当然显而易见——这些资源应当被归类为希腊罗马著作、亚历山大里亚著作，还是如一位重要的东南亚主义者所写，依赖于"全套在印度和斯里兰卡的港口听来的故事"？[4]

　　尽管有这种确定无疑的维度多样性，处理该大洋的人们还是力图把它作为一个单元来覆盖。近期一项了不起的发现——一部以阿拉伯文手写的 11 世纪埃及宇宙志论著《科学奇巧与眼见奇观之书》(*The Book of Curiosities of the Sciences and Marvels for the Eyes*)——便支持这么做。作者不详，但该书可能源于法蒂玛王朝 (Fatimid caliphate)。书中第二卷或第二篇大力倚重托勒密，并含一张印度洋地图，同一张地中海及里海地图并置；还有西西里 (Sicily) 地图、塞浦路斯 (Cyprus) 地图、北非各港口地图和五张河流地图，包括尼罗河 (Nile)、幼发拉底河 (Euphrates)、底格里斯河 (Tigris)、阿姆河 (Oxus) 和印度河。有趣的是，印度洋被呈现为一个闭合的、对称的和椭圆的绿卵形，许多山峰差不多像树一样从中冒出芽来。它对密闭性的表现出类拔萃。如该发现的两位权威研究人士所写："闭合的印度洋这一概念可能直接出自托勒密，他揣度中国海岸向南延伸而非洲海岸向东延伸，于是它们最终连在一起。"[5]

---

1 即托勒密那本常被称为《地理学》的书。——译者注

图中画的印度洋分成东部和西部两部分。[6] 对充当交通站点的岛屿格外留意，比如刁曼岛（Pulau Tioman）和尼科巴群岛（Nicobar islands），它们是前往中国途中的停靠站；又如桑给巴尔岛（Zanzibar），在图中被写为 Unjuwa［讲斯瓦希里语（Swahili）的安古迦岛（Unguja）的变体］，画成海中一个矩形盒状。各港口被画成在海中犬牙交错，比如亚丁（Aden）和一座火山，"昼夜燃烧"，可能是印度尼西亚的喀拉喀托火山岛（Krakatau）。虽说该地图证明了对印度洋作为一个综合空间的理解，但这个空间早就是多元化和历史化的，因为先前的古典资源以及穆斯林水手和商人早就提供了关于它的知识，且穆斯林水手和商人正是成就这幅地图的消息提供方。把这份资料同《厄立特里亚海领航书》或《地理学指南》一起考虑，则印度洋的闭合性隐藏着关于知识传承的更为复杂的历史。

《科学奇巧与眼见奇观之书》在印度洋中央位置画了一个想象中的岛屿"萨兰迪布"（Sarandib），列在"异教徒群岛"标题下，相当于今天的斯里兰卡岛，在归属于托勒密的那些地图中被称为"塔普罗贝内"（Taprobane），且它的面积被夸大成现今这个岛屿的 14 倍：

> 它由两位国王统治，居住着各个民族的成员。那儿有一座名叫阿尔拉浑（al-Rahūn）[1] 的山，就是亚当（从天堂）跌落之处，愿真主赐福于他……地球表面上没有哪个国家比得上萨兰迪布的财富。它的人民在各个海上航行……[7]

到了 15 世纪早期，受命"欲耀兵异域，示中国富强"[2] 的穆斯林太监郑和第三次来到斯里兰卡。他在南部的加勒港（Galle）召集了一个集市来展示中国产品，有烛台、漆器、丝绸、瓷器、纺织品以及佛像和香炉。[8] 一块纪念碑被立在加勒，碑文提到上文所说的神圣兰卡

---

1 意为"亚当之巅"。——译者注

2 出自《明史·郑和传》。作者引用的是英文研究作品，故未言出处。——译者注

山（Lankan Mountain）[1]。很重要的是，这篇碑文被以波斯文、泰米尔文（Tamil）和中文三种文字镌刻，三种语言下的报施对象分别是伊斯兰之光（Light of Islam）、毗湿奴（Vishnu）和佛世尊，正与印度洋的多元性合拍。中文碑文中提到给锡兰山寺庙的布施品包括金五千钱、银五千钱、各色纻丝五十匹。在颂扬佛世尊的文字中写道："比者遣使诏谕诸番，海道之开，深赖慈祐，人舟安利，来往无虞，永惟大德，礼用报施。"[9]

1405—1433 年间由明朝第三位皇帝永乐帝所资助的郑和七下西洋，也可能是从东方看待印度洋的最佳例子，能与西方的阿拉伯宇宙志所提供的角度相平衡。郑和的活动例证了中国人努力争取一条海上丝绸之路，这从郑和的船号称"宝船"便可见一斑。[10]它们也示范了明朝对中国"海盗"的统治权，例如在巨港（Palembang），5 000 名本地华人在郑和初下西洋时被杀。尽管郑和是最著名的，但还有其他 12 位中国舰队司令为了类似的事业驶入印度洋。[2] 加勒碑文固然表示出对印度洋的这一视角有着多元性，但类似《科学奇巧与眼见奇观之书》，它仍是涵括这一广袤海洋、将之框定为一个单元并对之课行朝贡关系的一种尝试。[11]虽说郑和常常被分析为是一个海上先锋，但他没发现任何新东西。他依赖于那些"印度尼西亚人、印度人或阿拉伯人在过去一千年里"早已知道的东西，而且也的确是中国人早已知道的。[12]这并非观念意义上的开端。

由于 1500 年之前的这些制图学和历史学靠借取它们的先辈而穿越这片海洋漫游着，所以进入近代晚期[3]，不言而喻地，这片海洋会作

---

1 中文里叫锡兰山。——译者注

2 意义不明，也许是指郑和船队中的分踪船队。——译者注

3 近代晚期（late modern），与前文出现过的近代早期（early modern）对应，指 19 世纪、20 世纪。在世界史的时段划分中，"近代"和"现代"同义，都是 modern，但在中国史的分期中，"近代"和"现代"两个术语被规定为不同含义。因为此书是世界史眼光，所以凡出现 late modern/modern，都统一译为"近代晚期 / 近代"，除了有体现"现代化"含义的地方（包括 modernity）才出于习惯译为"现代性 / 现代化"。——译者注

为一个历史意识和地理思想的空间而被重新提起。例如，20世纪早期的泰米尔学者们回顾一个日期不定的往昔，在那样的往昔，他们的故土横越印度洋。[13]生物地理学家菲利普·斯克莱特（Philip Sclater，1829—1913）把利莫里亚改造为"伊勒莫里亚"（Ilemuria），或称库玛丽（Kumari）的领土或大陆。库玛丽是位少女，在一些作者笔下，她那沉没大陆的特点是，由女王们统治。1903年，对泰米尔语历史书的作者苏亚那拉亚纳·萨斯特里（Suryanarayana Sastri）来说，这块陆地从科摩罗角（Cape Comorin）延伸到凯尔盖朗群岛（Kerguelen Islands），从马达加斯加（Madagascar）延伸到巽他群岛（Sunda Islands），包括苏门答腊岛（Sumatra）和爪哇岛（Java）。[14]在马德拉斯大学（University of Madras）泰米尔语教授塞杜·皮莱（R. P. Sethu Pillai）的文学演绎中，圣贤依兰格·阿迪加尔（Ilango Adigal）如此对这海洋说："啊，淘气的海洋！……唉！你吃光我们的土地！你喝干我们的河流！你耗尽我们的山脉。"泰米尔学者把这个事件记作海啸，表明"遭海洋掠夺"。[15]在这些对利莫里亚的泰米尔演绎中，时间本身瓦解了，潘地亚的往昔同关于泰米尔民族的近代概念相交织。随着利莫里亚从欧洲移到印度并跨越印度洋，这在很多方面都成为一个流动的故事，但它是从波涛中升起的宣示主权、渴望和所有权的故事之一。它并非孤独一枝，例如，2004年印度洋海啸的余波中，托勒密式的关于塔普罗贝内的观念（如上文所述是一个被大大扩充的岛屿）在斯里兰卡被讨论，并与佛教纪年并置，以激起如下问题：不义的政府会定期引发重新调整斯里兰卡面积的海潮吗？[16]

　　如果说来自南亚、中国和中东的这些参与证明了附着于印度洋的意义寿命悠长并有着年代学上的共振，也证明了如何让一个单义的意义空间和一块多义的地理遗产彼此互搏，那么成问题的是，印度洋历史编纂学的起源只追溯到20世纪中叶。相应地，第一波印度洋史在20世纪50年代和60年代来临，继之是20世纪80年代因年鉴学派分析和世界体系分析交融而产生的成果。第一波浪潮据说归功于毛里求斯档案学家奥古斯特·图森特（Auguste Toussaint）和澳大利亚水手、摄影师、作家兼环游世界者阿兰·维利尔斯（Alan Villiers）；而在第二波浪潮中有基尔提·乔杜里、迈克尔·皮尔森（Michael Pearson）和肯尼斯·麦克弗森（Kenneth McPherson）。[17]尽管图森特批评维利尔斯不是个历史学家，但维利尔斯和图森特的文本共享一个类似的叙事轮廓。图森特把"利莫里亚的模糊年龄"搁置一旁，而从"公元前2300年前后"的埃及开始，并以第二次世界大战结束。[18]两人都有对印度洋的显著浪漫化。[19]图森特受到印度洋是一个能将东方与西方相联系之空间的鼓舞，在结尾时敦促全球秩序要有"一种新平衡"。该书结尾引室利阿罗频多（Sri Aurobindo）"在关于印度洋的古典文学之中"一语，并假定了一个越来越向"种族混合"移动的世界。"白澳"（White Australia）和种族隔离的南非都是过去的东西了。不如说应当有"刻不容缓的印度洋社群之形成及大洋洲世界人民中的谅解"。[20]

像这样的历史记录是旅行文本，是预测书和预言书，也是关于地点、岛屿和路线的技术摘要及地理测绘。它们固然肯定受到新的蒸汽技术甚至空中技术的影响，但仍是虚构的想象；是当旧帝国的世界正在褪色之际，通过定义印度洋的历史而创建一个新未来的尝试。比如维利尔斯下面这段话：

> 飞越印度洋时，我用头脑中的眼睛——一如我在战争时期不得不做的——看到辉煌往昔伟大序列中的一些穿过这些阳光灿烂的蔚蓝水域。我看到奇异的埃及船只出港前去蓬特（Punt）。我看到中国帆船，数以千计的阿拉伯人、印度人和波斯人的单桅三角帆船，东方的细长快速帆船（prau）以及希赫尔（Shihr）和拉姆（Lamu）的缝合船……这是最后的演出，因为喷薄的烟雾早已显露在西方地平线，而更远处，几千只干瘦的棕手正在刮着苏伊士的沙子。异象消退了。在我下方很远处，一艘有着2万吨位的巨大轮船用她不经心的船首抽打着潺潺流水的温柔水浪，船上有一个巨大又笔直且丑得离奇的货堆。现在是1951年，我身边的收音机正在用一种单调又没感情的声音播报朝鲜的战事，澳大利亚、新西兰和伦

38

敦的码头罢工，英国的一场节庆和美国的巨大军备需求。[21]

这样一场跨越印度洋的飞行完全与印度洋几个世纪以来用于重新思考空间、时间和文明的潜力一致，尽管这次的新展望是借由空中旅行完成的。较为"专业"的印度洋历史编纂学那迟来的开端可能就这样溶解在此处所讲的故事中了，这故事把印度洋说成一个流动易变的意义空间，但又是一个从多个起始点尝试对其要求所有权的空间，这些尝试无一完全成功。进入 20 世纪，印度洋避开了某种单一文化或一组特权叙事者的历史统治权。

贸易商与劳工

如果说 20 世纪中叶关于印度洋的专业历史中有某个聚焦点，那它就是关于如何刻画这片海洋之贸易世界的特征的争论。两位聚焦印度的历史学家基尔提·乔杜里和阿欣·达斯笈多（Ashin Das Gupta）的不同重心非常好地阐释了相互竞争的传统。乔杜里在把东印度公司当作一个有经济学逻辑的机构书写过后，转向了印度洋。[22]他反复向费尔南·布罗代尔致敬。达斯笈多则不是以欧洲人的扩张开篇，而是先聚焦于以马拉巴尔（Malabar）海岸为基地的亚洲水手商人，从他们与葡萄牙人及荷兰人的相遇入手。

在达斯笈多那里，据说欧洲的影响起初微不足道。毋宁说港口与社群的复苏系于亚洲内部贸易随着新近实现集中化的政体——如特拉凡科（Travancore）——而改组。相应地，"葡萄牙海上帝国逐渐成为亚洲中世纪贸易结构的一部分"，而继之而来的荷兰人"开展贸易时很像任何有可供投资之充实资本的亚洲商人会做的那样"。[23]达斯笈多尽管认为英国人在解说该故事的尾声时扮演了重要角色，但他热心于追溯印度各政体的衰弱、贸易盈利能力的变化和商人社群的贫困化，比如在他关于苏拉特（Surat）的书中。与乔杜里的定量化和系统化截然不同，达斯笈多通过定位本地代理人而转向贸易中的人类面孔。在苏拉特的案例中，穆拉·阿卜杜尔·厄弗尔（Mulla Abdul Ghafur）作为全部东西的标准衡器而矗立，他是位船主、商人、布霍拉（Bhora）[1] 人，他的身家可能与一个欧洲公司势均力敌，而且他在 17 世纪后期转而反对荷兰人，宣告要讨伐"弗朗机"，因为他们对包括他本人与朝圣者船只在内的印度人船只进行海盗劫掠。[24]

当乔杜里按着时间回溯并充实他的架构时，他搬出瓦斯科·达伽马（Vasco da Gama）的影响力并写出了葡萄牙人对于系统控制香料贸易的渴望，这渴望与路牌制——给印度人船只颁发通行证并且"重新分配企业"——关联，后来荷兰人也有这种系统性控制的渴望，荷兰人被吸引到南亚既为了棉布，也为了靛蓝、硝石、丝绸、肉桂和胡椒。荷兰人与英国人带来的革新建立在一个共同的结构形态上。这就是世界范围内的合股公司，而且在印度，它表现为"一个主要定居点或工厂，坐落在一些重要的印度港口或其附近，有一些附属站点设在生产大量出口货物的内陆"。一些荷兰基地位于苏拉特、科钦（Cochin）、普里卡特（Pulicut）、纳加帕蒂南（Negapatam）、穆西里帕蒂南（Musilipatam）和胡格里（Hugli），英国人当然也在马德拉斯、孟买（Bombay）和加尔各答（Calcutta）建立了他们的核心基地，构成"让公司贸易独立于本地统治者政治势力之通盘计划的"一部分。在乔杜里看来，如果存在贸易的回潮，那不是因为本地的政治变化，而是因为 18 世纪欧洲人乘着拉丁美洲白银东风的参与。强调质量控制和定期交货，令这个时期有着独具一格的新奇性。所有这些导向 1757 年普拉西之战（Battle of Plassey）这一顶点，乔杜里视该次战斗为"革命"。[25]

变迁的动力是否系于欧洲人的统治，以及欧洲人到来时出现贸易回潮的理由是什么，两位学者在这些方面有分歧，但他们共享着印度洋世界是一个单元这一承诺。乔杜里撰写从"伊斯兰教兴起

---

1 苏拉特的一个地方。——译者注

到 1750 年"的勾连着"印度洋各文明"的资本主义世界经济的"生命周期"时，借助了世界体系论者伊曼纽尔·沃勒斯坦（Immanuel Wallerstein），且按他所说，超越了布罗代尔而走向一种更纯粹的结构主义。这个方案的支点是伊斯兰教从亚历山大里亚向广州的传播，但也包含建立了跨欧亚帝国的"中亚游牧民"的移民，以及中国的影响扩及印度洋。[26]它被总结为"伊斯兰教、梵语印度、东南亚各社会，最后还有儒家中国"的结合。[27]与此同时，达斯笈多写的是一个"高度中世纪的"印度洋。他捡取商人所扮演的弹性十足的角色，把 1500—1800 年这个阶段看作一个"伙伴关系时代"。[28]不无关联的是，东南亚历史编纂学已经呈现出该区域从 1400 年到 1650 年已在体验一个"商业时代"，随后则是去商业化的时代，而还有人把 1400—1800 年看作一个"亚洲时代"，这期间全球贸易的支点在印度洋。[29]

倘说把印度洋当作一个全球化地域的归类法产生自关于印度的作品，那么近期的路径就是力图把它掰成颗粒，离开关于印度洋的"系统"。这样做的一个方式是让编年史伸展到 20 世纪，绕开关于欧洲人帝国影响力的问题："大约从 1800 年到 1930 年，已经存在的区域间网络被利用、塑形、重组，并被弄成有利于西方资本和更强大之殖民政权的样子，但从未被撕裂过。"[30]为了论证此点，就要追踪这个世界里的外来商人、放贷人、士兵和劳工，他们工作在正规帝国的探测之下，也在其探测之外。近期一项构思精良的针对 18 世纪中叶到 19 世纪早期的研究中，古吉拉特（Gujarati）商人将他们的人脉扩展到莫桑比克（Mozambique），为他们的纺织布料找到非洲消费者，并能巧妙地预测消费者对款式和图案的口味变化，于是就超过了欧洲贸易商。这些商人用布料换取的回报有象牙，但也有奴隶。[31]

不过扩展编年不是唯一路线。另一个相关联的方法是转向新地理学和较小海域。例如在孟加拉湾，到了"商业时代"之后的阶段，先前的联结被转变了，但没转变成单一式样。17 世纪后半叶，由于东南亚的农业扩张，能看到与中国的商业联系加强。[32]与这种增强同步，马来人各朝廷同北印度莫卧儿（Mughal）的各港口脱钩了，这

40

41

是欧洲企业侵蚀的一个结果。不过来自南印度的穆斯林如马来卡雅人（Maraikkayar）甚或是阿富汗人，仍令次大陆与东南亚连通。在孟加拉湾的北端，若开（Arakan）和勃固（Pegu）不再是印度和东南亚彼此走向双方腹地的交通站点。荷兰人于 17 世纪末期占领了孟加锡（Makassar）和万丹（Banten），构成侵害，但他们的控制在西边更远处不那么明显。埃里克·塔格里阿科佐令这故事向前发展，"直到 17世纪，东南亚统治者们整体上不得不更操心自己那些互相残杀的斗争，多过操心欧洲人的角逐，但到了 18 世纪 60 年代，英荷在该区域的竞争（因为英国人要求自由贸易而被强化）放出了一只从事领土征服的新妖怪"。[33]

　　一个类似的层累化故事现在也从波斯湾浮现出来。在这里，阿拉伯商业和印度商业之间由来已久的关系网（因为诸如海湾对木材、棉布和稻米的需求和印度对马匹、丝绸和椰枣的需求而绑在一起）被重新配置，但也不是没给新的后续政权留下空间，最显著的恐怕当属阿曼苏丹国（Omani sultanate），该国踏着欧洲商业的浪涛进入 19 世纪。波斯湾的商业大潮大约在两个帝国正在衰落的转折时期到来，即被卡扎尔王朝（Qajars）取代的萨法维王朝（Safavids），以及奥斯曼帝国（Ottomans）。到了 18 世纪末期，这股大潮中包括了珍珠、毛纺品和鸦片这类依凭海路的贸易。它依赖于阿曼马斯喀特（Muscat）和马托拉（Mutrah）数量日增的印度商人社群和放贷人。[34]这项贸易要求有劳动力，主要是来自东非的奴隶，他们也经由这片海洋而来。阿曼与桑给巴尔增进政治结盟，令奴隶贸易从中获益。[35]奴隶制本身因为海湾的这些海上贸易而被再造，从主要是家务奴隶和农业奴隶变换为同采珠、港口装卸、单桅三角帆船或其他出洋船只的船务等工种挂钩。

　　海湾的奴役行为干净利落地把我们带向印度洋研究中一个有关联的争论主题。若说乔杜里和达斯笈多是在地中海历史编纂学的影子下操作，那么大西洋的推力和拉力在如何刻画印度洋劳工特征的争执中就明显可见。该领域起初坚持，印度洋奴隶制在形式和特征上都与大西洋奴隶制区别显著。相应地，自由和不自由之间的差异在印度洋上模糊不清，大多劳工都是因为欠债而变成奴隶。奴隶所承担之工作的范围据说比在大西洋的更广阔，而且通常是非农业性质的，"帝制马达加斯加的搬运工有时能获得一笔令寻常非奴隶羡慕的收入"。[36]这意味着重大叛乱是例外情况，且人们力图改革而非瓦解束缚。在此框架下，印度洋的奴隶制无法"在'开放'体系和'封闭'体系这样的术语下被充分理解，这两种体系各自的特征是，前者将奴隶吸收到主流社会中，后者将奴隶排除出主流社会"。事实上，印度洋世界的女性奴隶可以通过当妻妾而获得地位擢升，高于女性农民。关于印度洋奴隶制的编年学暨地理学有所不同。它将海上路线和跨越大陆的路线连起来并从"公元纪年之前"一直运行到 20 世纪，甚至到当今。在 19 世纪的殖民地废奴运动时期，由于阿曼人、梅里纳人（Merina）[1]、埃塞俄比亚人和埃及人政权的扩张，印度洋的奴隶制在数值表达上扩大了。[37]尽管该论证的意图是将印度洋从大西洋模式中开释出来，并注重多样性，但在实践中它也用一般化结论抹平了印度洋内部的差异性，比如称"对大多数印度洋的非洲和亚洲居民来说，首要目标是安全、食物和庇护，而非一种抽象的自由概念"。[38]换言之，它在乔杜里式的好恶方面借用了结构主义。[39] *43*

不同作品都在寻求令特定地点的奴隶制类型多样化。例如关于好望角殖民地（Cape Colony）[2]的作品。17 世纪和 18 世纪荷兰东印度公司（Dutch East India Company）领导下的好望角资本主义秩序的兴起，有赖于大批跨越印度洋从马达加斯加和莫桑比克、东南亚、南亚及东非买来的奴隶。然而在大众记忆中，此种多样性经常是缺失的，人们使用统一性标签如"有色的"或特征化表达"好望角马来人"（Cape Malay）[3]，抹除了这些范畴之下人群的多样性。与那些希望对奴隶在印度洋所受高压加以文饰的人的见解相反，"诸多农庄被隔离在一

---

1 在马达加斯加掌握统治权的那个族群。——译者注

2 Cape Colony 是 the Cape of Good Hope 的别称。——译者注

3 好望角有大量来自荷属东印度即今日印度尼西亚的人，他们被称为 Cape Malay。——译者注

个男性奴隶数量大大超过男性殖民者的社会，导致地方层次的控制和高压程度可以既暴力又极端"。由此生成的抵抗行动有时会利用伊斯兰教，且经常包括逃跑。反过来，奴隶制文化扩展到偏远环境中，将科伊桑人（Khoisan）劳工也纳入其中，并采用了一种种族政治。[40]荷属开普敦的奴隶格外集中，与荷属港口如巴达维亚（Batavia）或科伦坡（Colombo）的人口分布相仿。让人有兴趣的是，在18世纪的开普敦，来自南亚的、后来则是来自东南亚的奴隶数量超过了来自马达加斯加的。[41]关于18世纪末期开普敦奴隶贸易史的更新作品将此现象置于一个从西南印度洋延伸到巴西与欧洲的网络中。葡萄牙贸易商，同样还有法国和西班牙的从业者为好望角的定居者供应奴隶，此项贸易越过了英国的殖民监管和废奴主义者的观念体系而一直运作到19世纪。鉴于帕特里克·哈里斯（Patrick Harries）早前在该领域是反大西洋主义者，他使用一个大西洋色彩的概念将此描述为一条"跨大西洋中央航路"，这就引人侧目了。[42]

44 　　考虑19世纪30年代，则关于印度洋奴隶制就有另一个争论谱系，而且它先于地中海及大西洋历史编纂学的推拉而存在。在这个时期，人道主义者们质问，印度洋的契约劳工是否构成奴隶制的一种新类型。1826—1920年间，超过100万印度契约劳工在甘蔗、咖啡、可可、橡胶和茶叶种植园服务。与奴隶制的这种比较在直到20世纪70年代的历史编纂学措辞中都得到呼应 [最突出的是在休·廷克（Hugh Tinker）的《奴隶制的一种新体系》(*A New System of Slavery*, 1974)中]，生出"一定程度的概念自洽"。[43]在此框架下，劳工们像奴隶般被牺牲掉，而且他们在加勒比海填补了奴隶制留下的缺口。进一步的修正意见则力主，他们的合同模式与17—18世纪在美洲采用的欧洲人契约仆役相仿，该意见不妨说是对此种操作有所赞同。[44]不过现在清楚了，契约劳工的测试案例不在大西洋，而在毛里求斯，这块殖民地在这整个时期里接收的契约劳工数量最大——关于契约制的历史学术研究的集中点在毛里求斯。[45]在这里，南亚的奴隶制模式、种姓社会和农耕社会的纽带被装入契约制中。此外，新兴的作品显示，（英国）

东印度公司如何在 18 世纪后期和 19 世纪早期试验使用华工，经由槟榔屿（Penang）和广州，并延伸至圣赫勒拿岛（St Helena）和特立尼达岛（Trinidad），由此确立了南亚契约制的模板。这又一次将印度洋的劳工实践史向东远远拉伸，而非伸入大西洋。

　　较新的作品不去比较和对比大西洋的奴隶制与契约制，而是揭示出各种劳工类型的中间地带——复原被解放的奴隶和学徒、迁移模式、乘船的旅程、性别化的生活，还有契约劳工、印度水手[1]和罪犯的"次级声音"。[46]从讨论知情、权益和受害状态转向讨论话语、支配、经验和文化，带来有罪状态和契约制在一个印度人所共享之精神世界里运行的引人入胜的论证——因为必须要在船上共享饮食和起居，所以海上行程是污水（kala pani），意即种姓污染。用这个术语描述离开印度的契约化旅程，是因为该术语作为一个指示印度人罪犯运输的符号而流通。[47]梅根·沃恩（Megan Vaughan）关于 18 世纪毛里求斯劳工的历史则采用不同的视角，力图不在各范畴中搅浑水，而是超越奴隶制／契约制的二分法来研究，此书的目的是复原学徒制，那里的奴隶们在 1834 年废奴后仍被系于主人六年，然后变成小地主，直到在印度契约劳工数量激增的过程中以及忘记自身非洲人和马达加斯加人往昔的过程中被边缘化或"克里奥尔化"[2]。此书与关于好望角的作品如出一辙，试图在契约制历史编纂学能轻易覆盖地表太多部分或被用作代表所有东西的一派景色中，将劳工的文化空间多元化。[48]

　　这些路径替代量化考虑，并让人回忆起达斯笈多如何聚焦于贸易史中之个体，复原了最近被称为"次级传记"的很大程度上始于海事语境中的东西。现在人们感兴趣的是工人们借以从码头转去船只、从农场转去港口的那种在范畴之间移动和运用创新中介的能力。[49]空间的和文化的地理学正在被翻个底朝天。通过交换网络中的节点，在选取劳工记忆的文化资源时，用中国取代印度，强调南亚而非东南亚，

45

---

1 Lascars，特指在欧洲船只上服务的印度水手，本章的"印度水手"都是此义。——译者注
2 Creole，指一种欧洲语言和其他语言混合成的语言。——译者注

或重新聚焦非洲而不是南亚，历史学家们既在摆脱大西洋，也在走向大西洋，或在改换联结的历史。种植园较少被看作一个单义的复合体，而海洋被作为劳工的一根羽轴加以近距离观看。印度水手在整个印度洋上和其他地方都在操作船只，船只范围从太平洋的捕鲸船到前往明古鲁（Bengkulu）、槟榔屿和安达曼群岛（Andaman islands）的罪犯运输船，也到拿破仑战争期间的战舰。在帆船时代，这些船包括来往东印度的贸易船和"乡土船"（印度制造的船只）。到了轮船时代和世界战争时代，印度的海上工人——最近被描述为"印度最早的全球化工人"——穿越世界旅行，为种族、民族国家和帝国导航并下定义，还质问着关于全球化的术语。[50]他们的政治声音和抗议正被证明关乎近期利害——在18世纪80年代和印度人叛乱之间，出海商船上大约发生过30场严重骚乱，它们可以被归类为印度水手哗变。[51]转而又有更惊人的印度港口烧船景象，这被报告为19世纪前半叶印度水手行动的结果。1847年一份被烧船只目录中有以下条目：

> "孟买城堡"号（The ship Bombay Castle）：船长，弗雷泽（Frazer），1846年5月27日于桑戈尔岛（Sangor Island）被烧毁，一直烧到天亮，船长、乘客和大多船员被公司的船只救出。航向中国，载运棉布，约半夜时分发现起火；有充分理由相信，损失这艘精良船只是由于部分船员的残忍行为。死了几个人，而印度水手们上了救生筏。[52]

总之，撰写如印度布匹、波斯湾珍珠或流动劳工这类商品的经济史的人都时不时力图将印度洋统合为一个体系，或者要统一这个海洋上的贸易与劳工；但其他人却把印度洋拉开，分割它和它的人民，坚持需要令特定网络去中心化，为此回归暴力和叛乱的焦点，或转而看向印度洋之外的更新线路。热衷于像上文所述那般阐释一种资源，这可以代表关于印度洋贸易史或劳工史的更宽泛问题——是殖民视野和殖民影响力，还是多元地理、多元中介和多元时间？对贸易和劳工的报告中有一种典型的不安定，这在印度洋历史的其他各个方面也显而易见。

知识与环境

要从历史编纂学角度给印度洋加边框还是去边框，这两方面的冲突可以从印度洋的环境史角度解读。印度水手所熟知的季风将印度洋分开，而同时将印度洋更远的各个角落连接起来，此事实可以解释给印度洋加载一个整体视野的困难度。季风在整个印度洋世界都被命名为 monsoon——阿拉伯语称 mawsim，印地语称 mosum，斯瓦希里语称 msimu。这个名称描述了在两个时期里刮过印度洋的风的变化，与陆地和海洋的热度差异有关，也同雨季到来有关。从 4 月到 8 月的西南季风期会看到风向北刮，席卷南亚和东南亚，而东北季风反向运行，令南航的船只加速。属于所谓第二波浪潮期间的两位重要印度洋史家以略有差异的方式描述了季风。对迈克尔·皮尔森来说，它是印度洋"深层结构"的一部分，以可预测的模式"限定了运动"。[53] 而对肯尼斯·麦克弗森来说，"在中东、东非和澳大利亚，有幅员广阔的土地未受季风系统影响"。毋宁说季风将印度洋世界划分成截然不同的景观、气候与动植物生态。[54] 这些反过来又生成区别明显的模式——早期的定居模式、游牧模式和狩猎–采集模式。随着欧洲人到来，季风又生出了在印度洋设立基地和据点的需要，好让船只得到修整并能面对下一阶段的疾风。

就海洋自身而言，航行知识聚焦在季风这个难题上。出自阿拉伯世界的一位早期重要航海权威是阿曼朱尔法（Julfar）的艾哈迈德·伊本·马吉德（Ahmad ibn Majid），1504 年前后去世。伊本·马吉德的航海手册是为了便于背诵而设计成的韵文体加散文体。他的父亲与祖父都是专业的海上领航员"mu'allim"（导师），在一段（可能错误的）演绎中，是伊本·马吉德于 1498 年带领瓦斯科·达伽马从马林迪（Malindi）到卡利卡特（Calicut）。不管怎样，伊本·马吉德提供了阿拉伯航海科学成就的一个详赡例子，跑在欧洲科学突破之前。对伊本·马吉德来说，季风指示的不是风的系统，而是从一个港口驶向另一个港口的日期或时间。[55] 如伊本·马吉德这样的领航员采用的是一年 365 天的太阳历，围绕波斯新年前后而设计——波斯在春分日庆祝新年，相应地，伊本·马吉德建议从亚丁启程前去东非要在第 320 天到第 330 天之间。[56] 在仪器帮助下日益进步的非凡技术对这种导航至关重要。例如伊斯兰世界的罗盘、测星仪、纬度仪和水平仪，水平仪是一个角质或木制的矩形，有一根线贯穿中央而保持水平。领航导师们通过阐释风和地理、瞄准陆地并在北极星的指导下认出纬度，决定航线并沿途做必要的改正。伊本·马吉德在列出一些对找寻航路至关重要的标志时写道：

> 读者呐，要知道航行于大海有许多原则。领会它们吧：首先是关于二十八宿、恒向线、路线、距离、*bāshīyat*[1]、测量纬度、（陆地）标志、太阳与月亮运行路线、风与它们的季节、海洋的季节以及船只器械的知识。……也值得向往的是，你应当知道所有海岸和它们的登陆情况，以及它们各种各样的参考物，如泥浆、草木、野兽或鱼、海蛇和风。你应当考虑潮汐、洋流和每条路线上的岛屿，确保所有器械都就位。[57]

历史编纂学中关于航海知识以及引申开的关于其他自然知识的核心争论之一就是，欧洲对那些已知知识加以改变的程度。长久以来，人们都相信季风线路被欧洲人粉碎了，最早是希腊人，然后葡萄牙人的到来导致印度洋航海知识所有尚存的东西都被一扫而空。不过现在又有人声称，知识在多个方向上的传递造成了"融合"。[58] 马可·波罗

---

1 该词意义不明，原文亦未译为英文，只是照录。——译者注

（Marco Polo）13 世纪后期的返航旅行得到阿拉伯小船的帮助；瓦斯科·达伽马 1499 年带了一只水平仪回葡萄牙；16 世纪的葡萄牙地图显示出阿拉伯的影响；还有证据表明在阿拉伯人和中国人之间有着跨越印度洋的知识通道。印度有一番复原被遗忘之航海史的尝试，例如德里（Delhi）的印度国家博物馆"海上遗产长廊"对船只建造的赞颂。人们在此没有看到对融合论的献身，却看到据称属于次大陆的原始海上知识被用作当代民族主义的防波堤。展厅将这个民族的"回溯到近 4 000 年前的海事史"弄成一只"神话、古代文本和考古发现的万花筒"来介绍，提出一个论据称，"从历史角度看，欧洲人在海事科学上的影响是相当晚近的"。[59]它将印度人"首次知道船只"的日期定为公元前 3000 年的哈拉帕文化（Harappa culture）。它包括对马拉地人（Maratha）航海战术的一份报告和表现希瓦吉（Shivaji）[1]的舰队在道拉德·汗（Daulat Khan）司令指挥下进击英国人的立体模型。该展厅还供给观众关于印度海军之巩固的一份报告。

　　历史学家基于一种较稳妥的学术眼光而看到，船只建造加上航海知识，在各种印度洋文化之中既造成聚焦点，又造成分歧。尽管事实上在整个印度洋世界中造出的船只种类繁多，但有一种船只出来代表所有船只。那就是单桅三角帆船。欧洲人把"单桅三角帆船"用作总括式范畴，将此类船只当作阿拉伯人的典范。然而阿拉伯人自己是先根据他们出海船只船体的形状，然后根据尺寸来命名的，所指的船只有一系列，且单桅三角帆船也可以是来自印度和斯瓦希里海岸的船只。[60]在阿拉伯世界和印度洋诸多港口，柚木或椰子木被用于制造船体，带来印度柚木输出这一重要贸易的兴起。造一艘船时，木材被用椰壳纤维或芦苇绳子缀合起来，不用铁件或螺钉。阿拉伯船配有棕榈叶织成的大三角帆，在阿拉伯文学中被比拟为一头鲸的鳍或喷水花。[61]把印度洋视觉化为单桅三角帆船的天下是轻而易举的，但同时中国帆船、南亚和东南亚带舷外支架的独木舟（有时被一并归为细长

_49_

1　17 世纪后期印度的一位武士国王。——译者注

快速帆船[1]）以及印度尼西亚的戎克船（jong）也在水道上定期来往。透过实物小船看向寺庙壁画、艺术、涂鸦、纪念石、硬币和印章，则透露出再现船只的传统多得眼花缭乱。[62]造船被证明是滨海社会一道丰沛的意义溪流，例如芭芭拉·沃森·安达亚（Barbara Watson Andaya）所出色刻画的，在印度尼西亚，家庭关系被用船上生活的术语来表达，且在苏拉威西，"建造船只是男人和女人结合的写照，人们认为，船主和他的妻子应该在龙骨榫合之前就有性关系，这样能确保好运"。[63]

季风通道和在季风中航海包括观察自然的周期，正如伊本·马吉德的航海学触及了从鱼到星辰的所有事物。既然如此，则关于欧洲人影响力的历史编纂学争论也扩至关于海岸环境的报告。学者们现在运用植物考古学、民族植物学和气候研究而坚持认为，印度洋从公元前第三个千年[2]之前就是一个植物多样并有农业交流的地带，早于欧洲人的植物学。人们提出，蜀黍、珍珠粟、龙爪稷、豇豆和扁豆在公元前2200年一场"干旱事件"——这次事件削弱了季风——时分或之后从非洲移入印度次大陆。在另一条道路上，芋头、薯蓣和香蕉可能构成了从东南亚岛屿向非洲转移的又一系列。[64]掌握季风就能使标本的运输加快步伐并集中力量。

到了葡萄牙人与荷兰人的时代，印度海岸再度成为实验田。1565年在果阿（Goa）出版的加西亚·德奥尔塔（Gacia d'Orta）的《印度医药简述》（*Coloquios dos simples e drogas a cousas medicinas da India*）与1678—1693年间问世的（从见习军官升为荷兰司令的）龙石庄园的亨德里克·范里德（Hendrik van Rede tot Drakenstein）的12卷著作《马拉巴尔的花园》（*Hortus Malabaricus*）是在印度海岸地带完成的欧洲植物学主要作品中的两部。如理查德·格罗夫（Richard Grove）所力陈，这两部经典作品追根究底是"本地文本"，"它们的内在远非欧洲人作

---

1 此处术语是 perahu，与前文出现过的 prau 同类。——译者注
2 原文只写 the third millennium，没有 BCE，但这显然不符实情，且下文出现了 2200 BCE，故推测是遗漏了 BCE。——译者注

品，实际上是中东和亚洲民族植物学的编纂之作，在很大程度上按照非欧洲人的准则来组织"。[65]更进一步，印度洋各岛屿变成采集、改良和传递欧洲人的自然发现物的场所，程度之深，以致格罗夫力争，正是在毛里求斯，"早期的环境争论才获得最详尽的形式"。[66]对一帮法国的重农学派和浪漫派以及后来的英国博物学家而言，毛里求斯这个印度洋岛屿之地提供了从事一项受控实验的布景，可以将森林砍伐和欧洲人殖民化的影响记录在案。

这些自然主义者们[1]立足于一项吸引人的思想传承。从更大范围看，植物园即一个体现植物管理专门知识之中心场所的思想起源于"古代伊朗的（Iranian）、巴比伦的（Babylonian）、伊斯兰的、中亚的、莫卧儿的和欧洲的传统"。[67]在另一块岛屿实验田——斯里兰卡，英国植物园于 1821 年由亚历山大·穆恩（Alexander Moon）在佩拉德尼亚（Peradeniya）建立，继内陆王国康提（Kandy）陷落后不久，选址在一座佛寺花园。[68]印度洋植物史中一个特别兴趣点是媒介人的角色，即一个穿越大洋各地并将相竞争的知识体系联系起来的人物。在近期一份涵盖了不为人熟知的英国东印度公司 17 世纪生涯的多姿多彩叙述中，马德拉斯充当了植物和医药的交换枢纽——驻地外科医生从公司的船只上获得标本，并给遍布大洋的采集员发布指示，与马尼拉、开普敦和巴达维亚保持交换。担当结缔组织的是一个诸如外科医生萨缪尔·布朗恩（Samuel Browne）这样的人物，他同时为莫卧儿的机构和东印度公司的机构工作，在一位泰米尔医师的帮助下于旅行途中采集植物。他的标本现在存于汉斯·斯隆植物馆（Hans Sloane Herbarium），标本上贴有写在一条棕榈叶上的泰米尔名称。[69]

"融合"与"混合"是描述如上资源的有诱惑力的词语，但这些词语因为取代了近代知识形成中的权力关系而受到挑战。一种替代做

---

1 此处和上文"博物学家"都对应 naturalists，但上文强调了 English naturalist，所以译为博物学家；该词还指法国的自然法学派，重农主义也属于此类；因为该处显然有统称上文几类人的意思，所以取"自然主义者"义项。——译者注

法是与当代的敏感性共舞，由此评价观察者如何在合作与抗拒的观念之间移动。另一种做法则是概览殖民知识不断演进和改变的形式，这系于军事性劫掠和战争的周期、变化着的关于国家地位的观念（与公司关联还是与王室关联），以及在跨越印度洋的英国知识复合体中变化着的媒介形式——从婆罗门学者和讲本地话的教师，到僧侣和英国化的精英或葡萄牙人与荷兰人的后裔。从海洋视角看，知识与殖民主义的关系在轮船来临的时刻得到很好的测试。比如史丹福·莱佛士（Stamford Raffles）的书吏阿卜杜拉·本·阿卜杜尔·卡迪尔（Abdullah Bin Abdul Kadir，1797—1854），他在新加坡担任辅助传教士和其他外国人的语言教师，有时也被认可为近代最早的马来作家之一。这番认可罔顾阿卜杜拉本人的印度洋传统，他是来自南印度纳格雷（Nagore）的一个泰米尔人的儿子，还有着来自也门（Yemen）的祖先。[70]阿卜杜拉在新加坡和马六甲之间不断往返以探访家人，1854年于麦加（Mecca）朝圣期间去世。阿卜杜拉1841年访问了一艘轮船，即卷入中国鸦片战争的"塞索斯特里斯"号（Sesostris）。他在以马来语写的关于该船的文本中使用他所知的东西来理解这一新奇东西。比如他写道，轮船上的火不是像马来人取火那样从木头上冒出："煤炭看上去像一块岩石或石头，有光泽并坚硬，并且仿佛是从地上或从山上取出来的。"船的速度仿佛是陆地上六七百匹马拉的速度。他评论说，加农炮的炮弹像他的头那么大。他把"塞索斯特里斯"号描绘为是"真主因为人的思想和进取心而赐予人的一件礼物"，这说法恐怕是关于他如何按照既有的思考方式来措置新机器的终极指示器。[71]

　　新技术的力量改变了遍及印度洋的全球化的速度与强度，而且这些技术还被这片海洋周缘的海上居民们出于自身意图并在自己的精神世界里挪用。这一点不是用来证明欧洲人的全面影响或融合论与混合论的，而是用于分析，历史参与者如何欣赏知识传统之间的差异乃至不同船只的重要性。他们理解近代的加速，也表明了在替代事物间移动的能力，同时将有聚合力的自然知识缀合为一。

　　如果有一种在海上漂流的知识因为轮船的出现而加速发展，那就是伊斯兰教。伊斯兰教抵达东南亚的时间难以界定，但从 7 世纪中叶起就有伊斯兰教徒在那里现身。10—12 世纪之间，阿拉伯使节们访问过苏门答腊的室利佛逝（Srivijaya）朝廷，马六甲随着统治者拜里迷苏刺（Paramesvara）改宗，从 15 世纪起直到陷落于葡萄牙人时都是一个伊斯兰教的贸易国家。[72]伊斯兰教在唐代抵达更靠东的中国。它随着穆斯林贸易商的定居点而在南亚海岸地带传播，这些贸易商时常也是船主，与统治当局结盟，比如古吉拉特的乔卢基王朝（Caulukya dynasty of Gujarat，941—1297）。不过现代化轮船的到来加速了这个旧模式，最显著的就是麦加朝圣活动。阿卜杜拉是成千上万在 19 世纪和 20 世纪踏上麦加朝圣之旅的东南亚人之一。倘说葡萄牙人与荷兰人的植物学文本可以是"本地化的"，那么麦加朝圣活动按一种解读是"殖民化的"，这就令人好奇了。它是政府赞助并由英国人、荷兰人和其他人因为担心次第而来的反殖民主义与霍乱而加以规范的活动，同时欧洲海运公司把控制主要朝圣路线当作一项业务，在空运来临之前所采取的措施是部署船队，并让更多阶层的人民能以较低花费进行麦加朝圣。[73]在麦加朝圣备忘录这类朝圣史研究者的关键资料中，个人朝圣如同植物学史，都是带着跨骑不同概念的能力而浮现，能清晰地说出关于自我塑造的叙事，并能越出殖民政权的全景敞视控制而移动。 ₅₃

　　如果宗教知识也像自然知识那样，通过在新技术的语境下重铸旧货而变得现代化，那么一些关于印度洋之近代早期及近代伊斯兰教的顶尖学术研究便把它作为文本、语言和印本那样的东西而着手处理，力求追溯一种"天下化"（ecumene）的浮现。各伊斯兰教文学网据说包括了故事、诗歌、谱系、历史和条约，加上支持此类活动的赞助人、作者和受众，把口头同印本相联结，把文本同操演相联结，并使得阿拉伯语能被译为一系列本地方言或反其道而行。罗内特·里奇（Ronit Ricci）借用谢尔登·波洛克（Sheldon Pollock）的"梵语国际大都市"，于近期通过追踪《千问书》（*Book of One Thousand Questions*）而定位了一座"阿拉伯语国际大都市"，此书叙述阿卜杜拉·伊布努·萨拉姆（Abdullah Ibnu Salam）从犹太教改宗伊斯兰教，并从 10 世纪起被翻译成波斯语、乌尔都语（Urdu）、泰米尔语、马来语、爪哇语、巽他语和布吉斯语（Buginese）等多种语言。[74] 稍后，奈尔·格林（Nile Green）在 19 世纪后期孟买港口生机勃勃的市场中定位伊斯兰教，力主孟买作为轮船的旅行目标有如今日迪拜（Dubai）作为飞机旅行的目标，"它的铸铁印刷机生产波斯语、阿拉伯语、英语、乌尔都语、马来语和斯瓦希里语的书籍……其规模之大，使穆斯林能发现这个共同体的集体一致性，或者知晓他们首先是'印度人'"。[75] 但让人感兴趣的是，最突出的教训在于，轮船在孟买制造出大量有竞争性的改革主义的及习俗性的伊斯兰教形式，而非制造出一个标准，并且这些信仰是一种宗教经济的一部分，此宗教经济被范围大得让人头昏的家族商行、企业家和作家们所滋养，生成了作为一种商品的个人化的返魅，而非生成全球尺度上的技术祛魅。从一种截然不同的地理优势角度看去，被称为"文字海洋"的东西似乎要着眼于马达加斯加语如何遭遇基督教来考虑，要着眼于马达加斯加、毛里求斯和波旁（Bourbon）[1] 以及科摩罗群岛（Comoros archipelago）和好望角的皈依者当中造就出一个能读写本地语言的圈子来考虑。[76] 重要的是，这种语言学空间不是简单的"克里奥尔的"；克里奥尔化同来自故土即马达加斯加主岛之实践的持续滋养并存。

　　知识和环境在印度洋纠缠交错，因为风与海浪，因为扭曲了它们关系的技术交流，也因为相遇的加速和在这片水域上所知的东西被快速序列化。但是旧的并未消失，新的也并非不掌权。本土性和殖民性的关联中有着无法预料的矛盾；并非所有东西都搅和成融合的、混合的或克里奥尔的，但在一个紧张并有竞争性的接纳过程中，交织的知识可以包含另类的线索和形式。

1　留尼旺（Réunion）的旧称。——译者注

近代形态

如果说，研究知识和宗教的历史学家们为着长期持续性对阵现代化和混合化对阵区别化而争论，那么对希望投身于近代印度洋的社会史学家来说，世界主义就是一条关键线路。港口城市被视为"体现亚洲大同主义的精华场所"。[77]界定世界主义的一种方式就是概览"边界的跨越"，或者尝试立足地方性或跨国家性来构思一个超越族群、教派、国籍和社会差异的整体。[78]据说在印度洋的港口城市，有一个全球化的公共领域在第一次世界大战影响于此之前达到高峰，而更新的作品将此故事推进到两次世界大战之间的时期。[79]东南亚主义者声称，此种公共领域取决于地方精英被吸收进统治实体、出版的发展、新闻的转播和对翻译的狂迷。这些领域在具有改革意愿和志愿性的社团与运动中——比如与鸦片、契约或女性地位有关的——很明显。它们扩展到能容纳中国戏曲、印度歌舞和爵士乐。其结果就是"普天之下皆为善邻"以及市民社会的轮廓从水面上升起。[80]

在阿拉伯和东非海岸上有三个港口或能阐明海上世界主义，即桑给巴尔、蒙巴萨（Mombasa）和亚丁。在这三例中，港口成为内陆和海洋之间的厚重联系。桑给巴尔作为种植园以及象牙、柯巴脂、兽皮和劳工贸易的服务站点，从 1890 年被变成英国保护国之时直到第一次世界大战期间都有着不受限的外来移民，它吸引阿曼的阿拉伯人定居者及政治精英，印度放贷人和贸易商，来自哈德拉毛（Hadhramaut）、科摩罗群岛和马达加斯加的渔民与贸易商，来自东非和其他地方的各式奴隶及前奴隶，外加欧美商人阶层。[81]1890 年，它自夸有 50 座清真寺，在神学上分属逊尼派沙斐仪教法学派（Sunni-Shafi'i）、艾巴德派（Ibadi）和什叶派（Shi'a）。[82]亚丁的故事则是个有容乃大的故事，珍妮特·埃瓦尔德（Janet Ewald）概述了令人眼花缭乱的"跨海人"，最早是来自南亚、东非或阿拉伯高原的，他们跨越了自由或不自由、船只和码头以及社会等级的边界，并不时经过亚丁游历世界。[83]与此同时，蒙巴萨于 20 世纪伊始从陆地商队搬运工和印度洋小船之间

55

的中枢转变为肯尼亚—乌干达（Kenya-Uganda）铁路的终点站，并且1903年和1913年间来到此地的轮船数量也翻番。它作为一个衰败中的内陆农业区吸引来劳工在码头工作，而新来的人们导致伊斯兰社群直到20世纪后期都在反复重新界定自我和他者。[84]然而在这些转变之中有一个当今学者所无法颂扬的故事，那就是关于种族谅解的遗留问题，它在殖民官僚结构和公共仪式中被重申。在桑给巴尔，由来有自的阿拉伯中心主义持续强劲，被英国人通过阿曼精英实行的间接统治所权威化，导致族群紧张，并借1964年革命反弹，彼时因为占人口多数的非洲人起义反抗苏丹，桑给巴尔丧失了阿拉伯人口的1/4或更多，不是死亡就是逃离。[85]

在印度洋的中心地带有一个港口叫科伦坡，它是又一个目睹族群张力爆发的水域边缘场所，例如1983年的暴乱，它被当作该岛内战开始的标志。20世纪初期的这座港口是一块吐露实情的透镜，从中可以看出后来这段历史。科伦坡在一个层面上是世界主义的。[86]它的知识阶层将西方模式与习俗同宗教复兴主义、温和节制以及对本地语言的兴趣相结合。这令较狭隘的种族性/宗教性民族主义没有出路。[87]但是若从该港口的基础结构来接近这段社会史，则20世纪的头十年看上去相当不同。[88]港口的成长带来资本的重组，要塞的一个显著部分和科伦坡的北部区域对中产阶级和市民居民而言变得无法忍受。他们把自己美丽的宅邸搬到南部以逃离煤炭、噪声和为了迎合港口过境运输而雨后春笋般涌现的店铺。在旧址上出现了贫民窟或"租赁园区"。于是发展出一个分化型城市，一边是更富裕和更有绿意的南部及其最被珍视的肉桂园行政区（今天的富人区科伦坡7区），另一边是更贫穷的北部。港口工人是工人阶级罢工行动的核心代言人，这类罢工于20世纪20年代开始露头。1919年，港口工程师部门的工人们为了八小时工作日而请愿，次年有5 000名煤炭"苦力"罢工。1927年，13 000名港口工人竞起效仿，其中5 000人是运煤工。[89]这座港口被分化的历史在此成为一面镜子，折射出这座隔离化的城市的历史，以及更一般性的阶级和身份的历史。

因此，印度洋的社会形态在非此即彼的呈现中移动，不是和平的、睦邻的，就是暴力的、隔离的。世界主义并非独自在场。将这些颇有差异的历史编纂学推动力结合起来，这符合近期在印度洋知识史上的突破。在一个现在耳熟能详的故事中，圣雄甘地（Mahatma Gandhi）在南非的思想源于对帝国"公民身份"的承诺，与印度商人们的困境有关系，他作为一名律师代表这些商人，而且这些商人希望能保持他们在本地等级体系中的地位。代替"公民身份"到来的是超出帝国范围的印度"民族国家"的模板，该模板将海外印度人涵纳到一个"大印度"之中。[90]换而言之，甘地参照非洲（尤其还有非洲"本地人"的地位，他排斥他们）和发生在南非的事件而校正了一种关于印度性和印度主权的构想，这些事件包括 1906—1914 年间的非暴力不合作抗议、入狱、"布尔"（Boer）战争（战争导致他动员救护车后备队支援英国人），还有他与其他社群比如华人的社会关系。重要的是别把视线固定在甘地身上，因为此类宽广如海洋的和离散式的见解在非洲海岸的其他印度人当中也清晰可见。不过，此种知识分子的视野有局限。根据最近一项论证，世界主义思想地带需要被领回到特定的"宗教、哲学和伦理传统"，不能瞄准诞生自欧洲的当今自由派的世界主义来解读。这一有针对性的批评建基于阿布·卡拉姆·阿扎德（Abul Kalam Azad，1888—1958）的职业生涯，他是学者、记者兼基拉法特运动（Khilafat）的活动家，既研究伊斯兰法也研究西方哲学，还通晓多种语言。一方面，他致力于印度国会关于印度民主制的愿景和整个欧亚大陆反殖民主义政治的愿景，但另一方面，他又支持沙特阿拉伯人1925 年征服汉志（Hijaz）。[91]

在理解自我、主权和社会在世界主义同更为根深蒂固且更区域化之形式间的可延展性时，关注统治和法律是至关重要的。正如研究近代早期的历史学家们所证明的，印度洋是法律上有争议的空间，在以陆地为基地的政体和海上欧洲帝国之间造成冲突。[92]近期关于海盗行径的研究透露出这番剧烈斗争的丰富细节。在 19 世纪的印度洋，凭着轮船和火器，暴力导向了"海盗"，暴力浮现自法律、自由贸易、重商主义和市民港口社会，也批准随意承诺这些东西。[93]恪守法律的军事化体制在这片海洋的岛屿场所格外明显，而且"孤岛化"是一项政府规划，与遣送回国、流放或监禁关联。安达曼群岛正是展示此故事的一串岛屿，它们现在位于光彩夺目的跨学科色调中。这些岛屿在殖民阶段开始时的典型特征是，食人族住在那里，或者那里是海盗行径猖獗之所。进入 19 世纪 50 年代，英国东印度公司把在这些岛屿上精心策划的海盗行径视为对自己主权的威胁。在孟加拉湾活动——可能是在寻找燕窝——的马来人和华人被归为"背信弃义"一类。[94]

　　安达曼群岛与同类相食及海盗行径同俦，使该地成为理想的罪犯流放地。在 1858 年印度人叛乱之后，200 名被定罪的叛变者和谋反者来到此地；截至 20 世纪 30 年代，有差不多 80 000 名刑事罪犯被运到这些岛屿，还有 1 000 名政治犯。[95]布莱尔港（Port Blair）臭名昭著的蜂窝监狱能够轻易触发福柯式的监狱路径，不过最近的文献却把人们的注意力引到这些岛屿上社群的多样性。除了罪犯，本地社群被大大削弱，还有不是罪犯的垦殖者来这里从事农业和当劳工。故事到了第二次世界大战时变得更为复杂，那时安达曼群岛被日本人占领并在 1943 年被苏巴斯·钱德拉·博斯（Subhas Chandra Bose）[1] 造访。"于是，安达曼群岛有了一段复杂又纠葛的历史，它们构成统治、高压和流动性之网络中心的一处并仍在其中保有一席之地。"换言之，迁移与联结固然重要，但却没有一网打尽，因为直到当今，随着别处的新来者蚕食本地人民的土地，分类、定居和分化的各种形式在这些岛屿上仍继续发挥作用。当博斯来访时，他因为站在"自由印度"和看到三色印度国旗而欢欣鼓舞。不过，他是否知晓日本人对岛民犯下的包括折磨与强奸在内的暴行，这问题依旧在争论中。这些沿着不同轴线——岛屿-大陆、被殖民者-殖民者、定居者-本地人——进行的令气氛紧张的历史永远在场，既非全然福柯式的，也非全然世界主义的。

---

1 第二次世界大战期间的印度民族主义者，为了除掉英国人在印度的统治而希望借助纳粹德国与日本的力量。——译者注

在结束关于（横贯社会、思想、法律和政府的）近代形态的这一节时，安达曼群岛是观察另一系列资源的理想场所。印度洋各个场所被证明是争论视觉语法并撰写"物品传记"的绝佳地点，可以利用物质文化作为一种方法来接触现存文本所缺失之历史。因为这些场所是近代时期收藏家们的逐猎之地，这些收藏家还包括旅行者、摄影师、科学家，以及因为献身于文化救助和岛屿作为实验室之功用而充满积极性的人类学家。社会人类学家暨应该算是结构功能主义创始人的拉德克利夫–布朗（A. R. Radcliffe-Browne）于1906—1908年间在安达曼群岛展开他的博士论文研究并采集物品。与专家采集活动并行的，是各式安达曼人生产供销售的仿古物品，这些人住在有着文明外观的殖民地"住家"里。[96]在此脉络下，聚焦于物质文化也能反思性别和性。考虑一下巨大的安达曼人同性恋照片图库，它们大多在1890—1895年间由殖民地行政长官暨印度海军前军官莫里斯·威代尔·波特曼（Maurice Vidal Portman）拍摄。对波特曼来说，"对色情化的土著人身体进行审美和测量就汇集了殖民者关于控制的断言和关于失控的不良幻想"。[97]争论中的世界主义及其局限也应当包括性和自我形态之模式这两者的交织。

穿越印度洋的航线不止一条

作为对印度洋这片水域之效用的终篇展望，我转向毛里求斯这个岛屿，该岛在殖民地居民和劳工抵达之前都荒无人烟。然而火山湖圣水湖（Grand Bassin）现在被当作一个圣址，成千上万印度教信徒蜂拥而至。在一种始于19世纪90年代的传统下，人们坚持认为该湖泊穿越大洋同印度的恒河相连，因此称其为"恒河之湖"（Ganga Talao）。在大众故事中，印度教神祇湿婆（Shiva）和他的妻子帕尔瓦蒂（Parvati）乘一艘船飞天巡游世界时停在毛里求斯。湿婆带着恒河，又不小心将一些圣水溅入火山口，于是产生了圣水湖。1972年，来自恒河的水被注入此湖。圣水湖阐明了塑造印度洋的持续工作——通过想象、宗教和知识，通过劳工和贸易的扩散，也通过离散社群的建立，比如那些出身于毛里求斯南亚契约劳工的社群。圣水湖将万古长新的过往同现代性的快速变化勾连起来。今天，巨大的雕像、朝圣者和游客都在湖岸上摩肩接踵。[98]

60   基于构成圣水湖朝圣之旅的那些要素的精神，本章概览了三个大标题之下的印度洋历史编纂学：贸易与劳工，环境与知识，还有近代社会、知识形态与物质形态。在每个类别下，对印度洋的观看都显得是在系统化和多元化的剧烈缠斗之下，在外国入侵者和长时段遗产的剧烈缠斗之下，在世界主义者的努力和对自我、种族与身份之献身的剧烈缠斗之下，也在控制它和缺少控制它的剧烈缠斗之下。值得注意的是关于印度洋之意识的长寿。不可能指出一个单一时刻，在此时刻诞生了印度洋历史编纂学，或该时刻可充当印度洋之意义的概念化开端。且不论方法和有利角度，也不论阿拉伯航海家、南亚商人或中国探险家，有一个亘古常在的问题贯穿印度洋历史编纂学，那就是，这个大洋带给思维的是一个结构还是许多视域？是一个大洋还是在夜晚穿行的众多船只？是令人纠结的网络还是各种脱钩与被遗忘的遗产？

    可以轻而易举坚持将印度洋呈现为如下故事之一：融合的知识，世界主义者的社交能力，长时段的迁移和贸易，或欧洲帝国主义的影响。若说通过对印度洋史学家们进行综述能有所收获，那就是发现没有关于该大洋的单一书写模式能够在这片波涛和它的航行者中幸存下来。其他水域如地中海、太平洋和大西洋的拉扯，尽管成问题，但都阻止了印度洋与它的邻居们分家。反过来，印度洋令关于岛屿、海湾和海峡的历史兴起，示范了更加颗粒化的路径。印度洋通过次第而来的溶解和凝聚而戏谑它的叙事者们，从不显得是一个可被轻易隔离或标准化的主体。因着关于抵抗、自我塑造、知识保护和未来预知的各种神话般想象，它充当了施展权力的空间。倘若几个世纪来研究该海洋的历史学家们可称未来之鉴，那么毋庸置疑，印度洋历史编纂学将继续生气勃勃。

👉 深入阅读书目

关于印度洋长时段历史的一部出色入门著作，见 Edward Alpers, *The Indian Ocean in World History* (Oxford, 2014)；及较早的 Michael Pearson, *The Indian Ocean* (New York, 2003)。涉及近代时期的一部重要作品见 Sugata Bose, *A Hundred Horizons: The Indian Ocean in the Age of Global Empire* (Cambridge, MA, 2009)。关于一个较小海洋的长时段历史，见 Sunil Amrith, *Crossing the Bay of Bengal: The Furies of Nature and the Fortunes of Migrants* (Cambridge, MA, 2013)。

关于采用更颗粒化模式的近期路径，传记类的见 Clare Anderson, *Subaltern Lives: Biographies of Colonialism in the Indian Ocean World, 1790–1820* (Cambridge, 2012)；岛屿类的见 Sujit Sivasundaram, *Islanded: Britain, Sri Lanka and the Bounds of an Indian Ocean Colony* (Chicago, IL, 2013)；读写能力类的见 Ronit Ricci, *Islam Translated: Literature and Conversion and the Arabic Cosmopolis of South and Southeast Asia* (Delhi, 2011)，也见 Pier Larson, *Ocean of Letters: Language and Creolization in the Indian Ocean Diaspora* (Cambridge, 2009)，还有 Isabel Hofmeyr, *Gandhi's Printing Press: Experiments in Slow Reading* (Cambridge, MA, 2013)。

从南亚到东南亚依次而来的伊斯兰教与印度洋之关系史的入门书，见 Nile Green, *Bombay Islam: The Religious Economy of the West Indian Ocean, 1840–1915* (Cambridge, 2011)，及 Eric Tagliacozzo, *The Longest Journey: Southeast Asians and the Pilgrimage to Mecca* (Oxford, 2013)；也见很有影响的 Engseng Ho, *The Graves of Tarim: Genealogy and Mobility across the Indian Ocean* (Berkeley, CA, 2006)。

印度洋的帝国史，见 Kerry Ward, *Networks of Empire: Forced Migration in the Dutch East India Company* (Cambridge, 2009)，及 Thomas Metcalf, *Imperial Connections: India in the Indian Ocean Arena, 1860–1920* (Berkeley, CA, 2007)。

印度洋大离散的入门著作，见 Sana Aiyar, *Indians in Kenya* (Cambridge,

61

MA, 2015)。

　　印度洋贸易世界的关键争论，可见 Kirti N. Chaudhuri, *Asia before Europe: Economy and Civilisation in the Indian Ocean from the Rise of Islam to 1750* (Cambridge, 1991); Ashin das Gupta, *The World of the Indian Ocean Merchant 1500–1800: Collected Essays* (Delhi, 2001); Jeremy Prestholdt, *Domesticating the World: African Consumerism and the Genealogies of Globalization* (Berkeley, CA, 2008); Pedro Machado, *Ocean of Trade: South Asian Merchants, Africa and the Indian Ocean c.1750–1850* (Cambridge, 2015)。

　　环境史与科学史，见 Richard Grove, *Green Imperialism: Colonial Expansion, Tropical Island Edens and the Origins of Environmentalism* (Cambridge, 1995)，及 Anna Winterbottom, *Hybrid Knowledge in the Early East Indian Company World* (Basingstoke, 2016)。

　　劳工史，见 Richard Allen, *Slaves, Freedman and Indentured Laborers in Colonial Mauritius* (Cambridge, 1999); Megan Vaughan, *Creating the Creole Island: Slavery in Eighteenth-century Mauritius* (Durham, NC, 2005); G. Balchandran, *Globalizing Labour? Indian Seafarers and World Shipping, c.1870–1945* (Oxford, 2012); Aaron Jaffer, *Lascars and Indian Ocean Seafaring, 1780–1860* (Woodbridge, 2015)。

　　印度洋的社会史，见 Abdul Sheriff and Engseng Ho, eds., *The Indian Ocean: Oceanic Connections and the Creation of New Societies* (London, 2014)，及 H. P. Ray and E. A. Alpers, *Cross Currents and Community Networks: The History of the Indian Ocean World* (Oxford, 2007)。

注 释

[1] Marcus Vink, "Indian Ocean Studies and the 'New Thalassology'", *Journal of Global History*, 2 (2007): 52. 其他有用的评论见：Isabel Hofmeyr, "The Complicating Sea: The Indian Ocean as Method", *Comparative Studies of South Asia, Africa and the Middle East*, 32 (2012): 584–590; Sebastian Prange, "Scholars and the Sea: A Historiography of the Indian Ocean", *History Compass*, 6, 5 (2008): 1382–1393。

[2] 关于印度洋早期历史的更多细节，见以下出色概述：Edward Alpers, *The Indian Ocean in World History* (Oxford, 2014)。

[3] Sugata Bose, *A Hundred Horizons: The Indian Ocean in the Age of Global Empire* (Cambridge, MA, 2009).

[4] 对于这些文本的东南亚解读，见 John N. Miksic, *Singapore & the Silk Road of the Sea, 1300–1800* (Singapore, 2013), pp. 34–37。

[5] Yossef Rapoport and Emilie Savage-Smith, "Medieval Islamic View of the Cosmos: The Newly Discovered Book of Curiosities", *The Cartographic Journal*, 41 (2004): 256.

[6] 关于该地图及注解，见 *An Eleventh-century Egyptian Guide to the Universe*, ed. and trans. Yossef Rapoport and Emilie Savage-Smith (Leiden, 2014), pp. 156–160, 443–446。

[7] *An Eleventh-century Egyptian Guide,* eds., Rapoport and Savage-Smith, p. 481.

[8] Edward L. Dreyer, *Zheng He: China and the Oceans in the Early Ming Dynasty, 1405–1433* (New York, 2007), p. 33; Sally K. Church, "Zheng He: An Investigation into the Plausibility of 450-ft Treasure Ships", *Monumenta Serica,* 53 (2005): 1–43.

[9] Lorna Dewaraja, "Cheng Ho's Visits to Sri Lanka and the Galle Trilingual Inscription in the National Museum in Colombo", *Journal of the Royal Asiatic Society of Sri Lanka,* 52 (2006): 64.

[10] Miksic, *Singapore,* p. 193.

[11] 关于朝贡体制，见 Dreyer, *Zheng He,* ch. 3。

[12] Dreyer, *Zheng He,* p. 30.

[13] 本段基于 Sumathi Ramaswamy, *The Lost Land of Lemuria: Fabulous Geographies, Catastrophic Histories* (Berkeley, CA, 2004)。

[14] Ramaswamy, *The Lost Land,* p. 130.

[15] Ramaswamy, *The Lost Land,* pp. 142–143.

[16] 见 Chanuka Wattegama, "Seven Historical Tsunamis"，重刊于 http://indi.ca/2005/01/seven-historical-tsunamis/footnote (2017 年 1 月 24 日访问)。

[17] 关于作品编年，见 Vink, "Indian Ocean Studies", 42–43。

[18] Auguste Toussaint, *History of the Indian Ocean,* trans. June Guicharnaud (London, 1961), p. 12.

[19] Alan Villiers, *The Indian Ocean* (London, 1952), pp. 13–15. 维利尔斯将印度洋同另外两个大洋比肩：它"总之是对帆船最友善的""最有趣的"且格外风平浪静，因为被"环围如湾"。

[20] Toussaint, *History of the Indian Ocean,* pp. 243–244, 248, 246.

[21] Villiers, *The Indian Ocean,* pp. 239–240.

[22] Kirti N. Chaudhuri, *The English East India Company: The Study of an Early Joint-stock Company 1600–1640* (London, 1965).

[23] Ashin Das Gupta, *Malabar in Asian Trade, 1740–1800* (Cambridge, 1967), pp. 11, 18.

[24] Rudrangshu Mukherjee, "Ashin Das Gupta: Some Memories and Reflections", in Rudrangshu Mukherjee and Lakshmi Subramaniam, eds., *Politics and Trade in the Indian Ocean: Essays in*

Honour of Ashin Das Gupta (Delhi, 1998), pp. 6–18.

[25] Kirti Chaudhuri, "European Trade with India", in Tapan Raychaudhuri and Irfan Habib, eds., *The Cambridge Economic History of India,* Vol. 1 (Cambridge, 2010), pp. 391, 392, 395.

[26] Kirti N. Chaudhuri, *Asia before Europe: Economy and Civilisation in the Indian Ocean from the Rise of Islam to 1750* (Cambridge, 1991), p. 382; Kirti N. Chaudhuri, *Trade and Civilisation in the Indian Ocean* (Cambridge, 1985), pp. 3–4.

[27] Kirti N. Chaudhuri, "The Unity and Disunity of Indian Ocean History from the Rise of Islam to 1750", *Journal of World History,* 4 (1993): 1–21, 8.

[28] Subrahmanyam, "Introduction", 9.

[29] Prange, "Scholars and the Sea".

[30] Bose, *A Hundred Horizons,* p. 14.

[31] Pedro Machado, *Ocean of Trade: South Asian Merchants, Africa and the Indian Ocean c.1750–1850* (Cambridge, 2015). 关于非洲在印度洋经济中的情况，也见 Jeremy Prestholdt, *Domesticating the World: African Consumerism and the Genealogies of Globalization* (Berkeley, CA, 2008)。

[32] Jos Gommans, "Trade and Civilization around the Bay of Bengal, c. 1650–1800", *Itinerario,* 19 (1995): 82–108.

[33] Eric Tagliacozzo, "Trade, Production and Incorporation: The Indian Ocean in Flux, 1600–1900", *Intinerario,* 26 (2002): 81.

[34] Patricia Risso, "India and the Gulf: Encounters from the Mid-sixteenth to the Mid-twentieth Centuries", in Lawrence Potter, ed., *The Persian Gulf in History* (Basingstoke, 2009), pp. 189–203.

[35] Robert Carter, "The History and Prehistory of Pearling in the Persian Gulf", *Journal of the Economic and Social History of the Orient,* 48 (2006): 151; William Gervase Clarence-Smith, ed., *The Economics of the Indian Ocean Slave Trade in the Nineteenth Century* (New York, 1989).

[36] Gwyn Campbell, "Introduction: Slavery and Other Forms of Unfree Labour in the Indian Ocean World", in G. Campbell, ed., *The Structure of Slavery* (London, 2004), pp. xi, 下文材料来自同书 , pp. xxiv, xi, ix。

[37] William Gervase Clarence-Smith, "The Economics of the Indian Ocean and Red Sea Slave Trades in the Nineteenth Century: An Overview", *Slavery and Abolition,* 9 (2008): 3.

[38] Campbell, "Introduction", p. xvi.

[39] 见 Campbell, "Introduction" 开篇关于影响力的句子。

[40] Nigel Worden, *Slavery in Dutch South Africa* (Cambridge, 1985), p. 4; Worden and James Armstrong, "The Slaves", in Richard Elphick and Hermann Gilliomee, eds., *The Shaping of South African Society, 1652–1840* (Middletown, CT, 1989), pp. 107–183; Markus Vink, "'The World's Oldest Trade': Dutch Slavery and Slave Trade in the Indian Ocean in the Seventeenth Century", *Journal of World History,* 14 (2003): 131–177.

[41] Nigel Worden, "Indian Ocean Slaves in Cape Town, 1695–1807", *Journal of Southern African Studies,* 42 (2016): 1695–1807.

[42] Patrick Harries, "Middle Passages of the Southwest Indian Ocean: A Century of Forced Immigration from Africa to the Cape of Good Hope", *Journal of African History,* 55 (2014): 173–190.

[43] Hugh Tinker, *A New System of Slavery: The Export of Indian Labour Overseas, 1830–1920* (London, 1974); Richard Allen, "Re-conceptualizing the 'New System of Slavery'", *Man in India,* 92 (2012): 226.

[44] 见 David Northrup, *Indentured Labour in the Age of Imperialism, 1834 –1922* (Cambridge, 1995)。

[45] Richard Allen, *Slaves, Freedman and Indentured Laborers in Colonial Mauritius* (Cambridge, 1999); Marina Carter, *Servants, Sirdars and Settlers: Indians in Mauritius, 1834–1874* (Oxford, 1995).

[46] 例如从爱丁堡大学一项研究计划"变成苦力"（Becoming Coolies）中产生的作品，www.coolitude.shca.ed.ac.uk/ (2017 年 1 月 24 日访问）。

[47] Clare Anderson, "Convicts and Coolies: Rethinking Indentured Labour in the Nineteenth Century", *Slavery and Abolition,* 30 (2009): 101.

[48] Megan Vaughan, *Creating the Creole Island: Slavery in Eighteenth-century Mauritius* (Durham, NC, 2005), ch. 10.

[49] Janet Ewald, "Crossers of the Sea: Slaves, Freedmen and Other Migrants in the Northwestern Indian Ocean, c. 1750–1914", *American Historical Review,* 105 (2000): 69–91.

[50] G. Balachandran, *Globalizing Labour? Indian Seafarers and World Shipping, c.1870–1945* (Oxford, 2012), p. 8.

[51] Aaron Jaffer, *Lascars and Indian Ocean Seafaring, 1780–1860* (Woodbridge, 2015), p. 18.

[52] "Ships and Vessels Burnt", *The Nautical Magazine and Naval Chronicle* (London, 1847), p. 590.

[53] Michael Pearson, *The Indian Ocean* (Abingdon, 2003), p. 19.

[54] Kenneth McPherson, *The Indian Ocean: A History of People and the Sea* (Delhi, 1993), p. 9.

[55] G. R. Tibbetts, *Arab Navigation in the Indian Ocean before the Coming of the Portuguese* (London, 1971), pp. 361–362.

[56] Abdul Sheriff, "Navigational Methods in the Indian Ocean", in David Parkin and Ruth Barnes, eds., *Ships and the Development of Maritime Technology in the Indian Ocean* (London, 2002), pp. 212–213.

[57] Tibbetts, *Arab Navigation,* p. 77.

[58] Sheriff, "Navigational Methods", pp. 207, 223.

[59] 这基于 2015 年 12 月展览长廊给的评注。

[60] George F. Hourani, *Arab Seafaring in the Indian Ocean in Ancient and Early Medieval Times,* rev. John Carswell (Princeton, NJ, 1995), ch. 3.

[61] Hourani, *Arab Seafaring,* p. 103.

[62] H. P. Ray, "Shipping in the Indian Ocean: An Overview", in Parkin and Barnes, eds., *Ships,* pp. 1–27.

[63] Barbara Watson Andaya, "Oceans Unbounded: Transversing Asia across 'Area Studies'", *The Journal of Asian Studies,* 65 (2006): 681.

[64] Haripriya Rangan, Judith Carney and Tim Denham, "Environmental History of Botanical Exchanges in the Indian Ocean World", *Environment and History,* 18 (2012): 311–342.

[65] Richard H. Grove, "Indigenous Knowledge and the Significance of South-west India for Portuguese and Dutch Constructions of Tropical Nature", in Richard H. Grove, Vinita Damodaran and Satpal Sangwan, eds., *Nature and the Orient: The Environmental History of South and Southeast Asia* (Delhi, 2000), p. 192.

[66] Richard Grove, *Green Imperialism: Colonial Expansion, Tropical Island Edens and the Origins of Environmentalism* (Cambridge, 1995), p. 9.

[67] Grove, *Green Imperialism,* p. 13.

[68] Sujit Sivasundaram, "Islanded: Natural History in the British Colonization of Ceylon", in David Livingstone and Charles W. J. Withers, eds., *Geographies of Nineteenth-century Science* (Chicago, IL, 2011), pp. 123–148.

[69] Anna Winterbottom, *Hybrid Knowledge in the Early East India Company World* (Basingstoke, 2016), p. 119.

[70] Abdullah Bin Abdul Kadir, *The Hikayat Abdullah,* annotated and trans. A. H. Hill (Kuala Lumpur, 2009). 关于阿卜杜拉更多的信息，可见 Diana Carroll, "The 'Hikayat Abdullah': Discourse of Dissent", *Journal of the Malaysian Branch of the Royal Asiatic Society,* 72 (1999): 91–129; Amin Sweeney, "Abdullah Bin Abdul Kadir Munsyi: A Man of Bananas and Thorns", *Indonesia and the Malay World,* 34 (2006): 223–245。

[71] "Teks Ceretera Kapal Asap", in Amin Sweeney, ed., *Karya Lengkap Abdullah bin Abdul Kadir* (Jakarta, 2006), Jilid 2, pp. 275, 278.

[72] 一些情况介绍见 Alpers, *The Indian Ocean,* ch. 3；也见 M. C. Ricklefs, *Mystic Synthesis in Java: A History of Islamization from the Fourteenth to the Early Nineteenth Centuries* (Norwalk, CT, 2006)。

[73] Eric Tagliacozzo, *The Longest Journey: Southeast Asians and the Pilgrimage to Mecca* (Oxford, 2013); John Slight, *The British Empire and the Hajj 1865–1956* (Cambridge, MA, 2015).

[74] Ronit Ricci, *Islam Translated: Literature, Conversion, and the Arabic Cosmopolis of South and Southeast Asia* (Delhi, 2011). 也见以下重要作品：Engseng Ho, *The Graves of Tarim: Genealogy and Mobility across the Indian Ocean* (Berkeley, CA, 2006)。

[75] Nile Green, *The Religious Economy of the West Indian Ocean, 1840–1915* (Cambridge, 2011), p. 3.

[76] Pier Larson, *Ocean of Letters: Language and Creolization in the Indian Ocean Diaspora* (Cambridge, 2009).

[77] Tim Harper and Sunil Amrith, "Sites of Asian Interaction: An Introduction", *Modern Asian Studies,* 46 (2012): 250.

[78] 对界定有所帮助的资料，见 Sugata Bose and Kris Manjapra, eds., *Cosmopolitan Thought Zones: South Asia and the Global Circulation of Ideas* (Basingstoke, 2011), Introduction。

[79] 关于该论证，见 Tim Harper, "Empire, Diaspora and the Languages of Globalism, 1850–1914", in A. G. Hopkins, ed., *Globalization in World History* (London, 2002), pp. 141–166；关于从该时期向后延伸到两次世界大战之间的新著，见 Su Lin Lewis, *Cities in Motion: Urban Life and Cosmopolitanism in Southeast Asia, 1920–1940* (Cambridge, 2016)。

[80] Harper, "Empire, Diaspore and the Languages of Globalism", p. 157.

[81] Abdul Sheriff, ed., *The History and Conservation of Zanzibar Stone Town* (London, 1992)；尤见 Garth Andrew Myers, "The Early History of the 'Other Side' of Zanzibar Town", pp. 30–45。

[82] Anne Bang, "Cosmopolitanism Colonised: Three Cases from Zanzibar, 1890–1920", in Edward Simpson and Kai Kresse, eds., *Struggling with History: Islam and Cosmopolitanism in the Western Indian Ocean* (London, 2007), pp. 167–188.

[83] Ewald, "Crossers of the Sea", pp. 69–91.

[84] Fred Cooper, *On the African Waterfront: Urban Disorder and the Transformation of Work in Colonial Mombasa* (New Haven, CT, 1987).

[85] Jonathon Glassman, *War of Words, War of Stones: Racial Thought and Violence in Colonial Zanzibar* (Bloomington, IN, 2011).

[86] Michael Roberts, Ismeth Raheem and Percy Colin-Thomé, *People in between* (Ratmalana, Sri Lanka, 1989), p. 108.

[87] Mark Frost, "'Wider Opportunities': Religious Revival, Nationalist Awakening and the Global Dimension in Colombo, 1870–1920", *Modern Asian Studies,* 36 (2002): 937–967.

[88] Sujit Sivasundaram, "Towards a Critical History of Connection: The Port of Colombo, the Geographical 'Circuit' and the Visual Politics of New Imperialism, 1880–1914", *Comparative Studies in Society and History,* 59 (2017): 346–384.

[89] Kumari Jayawardena, *The Rise of the Labor Movement in Ceylon* (Durham, NC, 1972), pp. 218–219, 286ff.

[90] Isabel Hofmeyr, *Gandhi's Printing Press: Experiments in Slow Reading* (Cambridge, MA, 2013); Claude Markovits, *The Un-Gandhian Gandhi: The Life and Afterlife of the Mahatma* (London, 2004).

[91] John M. Willis, "Azad's Mecca: On the Limits of Indian Ocean Cosmopolitanism", *Comparative Studies of South Asia, Africa and the Middle East,* 34 (2014): 574–581.

[92] Lauren Benton, *A Search for Sovereignty: Law and Geography in European Empires, 1400–1900* (Cambridge, 2010), pp. 137 ff.

[93] S. H. Layton, "Hydras and Leviathans in the Indian Ocean World", *International Journal of Maritime History,* 25 (2013): 213–255.

[94] Aparna Vaidik, *Imperial Andamans: Colonial Encounter and Island History* (Basingstoke, 2014), pp. 47 ff.

[95] 这依据 Clare Anderson, Madhumita Mazumdar and Vishvajit Pandya, eds., *New Histories of the Andaman Islands: Landscape, Place and Identity in the Bay of Bengal, 1790–2012* (Cambridge, 2016), p. 4，下文的引文出自 p. 8，也见 Clare Anderson, "Entangled Struggles, Contested Histories: The Second World War and after", pp. 62–94。

[96] Claire Wintle, *Colonial Collecting and Display: Encounters with Material Culture from the Andaman and Nicobar Islands* (New York, 2013).

[97] Satadru Sen, "Savage Bodies, Civilised Pleasures: M. V. Portman and the Andamanese", *American Ethnologist*, 36 (2009): 207.

[98] 一些细节见 V. Govinden, "Subjects of History: Gokoola and Jhumun Giri Gosye, Indentured Migrants to Mauritius", *Man in India*, 92 (2012): 333–352。

第二章　太平洋

艾莉森·巴什福德

大西洋史家有个习惯，认为太平洋研究的特征是迟到，是在立足
于年鉴学派的地中海学术研究之后开始成形的一个领域，也晚于受布
罗代尔激发之大西洋世界的分析。然而此种历史编纂学序列不准确，
通常还泄露出历史学家自身对有关太平洋事物的迟缓阅读。以一种方
式衡量，太平洋在 19 世纪后期和 20 世纪早期被日本的、德国的还有
讲英语的学者纳入地缘政治的历史脉络中。[1]拉丁美洲的太平洋历史
研究在 20 世纪早期也已可见，有些是因着北美学者的翻译和采纳而可
见。[2]以另一种方式衡量，则从 20 世纪 20 年代起，太平洋开始展现
为太平洋地区专业化历史教学部门的中心。例如拉尔夫·S. 凯肯达尔
（Ralph S. Kuykendall）在他的基地马诺阿（Manoa）广泛出版关于夏
威夷（Hawai'i）和西北太平洋的作品。[3]以新西兰为基地的约翰·比
格尔霍尔（John Beaglehole）撰写了《探索太平洋》（*Exploration of the
Pacific*，1934），详述从麦哲伦（Magellan）环球航行到库克环球航行
的西班牙人、荷兰人、法国人和英国人的探险。[4]比格尔霍尔的书在
那时被评价为，400 多页的篇幅堪称广泛，但对波利尼西亚视角关注不
够（讽刺的是由一位立足夏威夷的古物学家评价）。[5]这评价不出我们
所料，但此种历史书不该靠边站。既然我们阅读早期年鉴学派的历史

地理学作品时，既视之为囿于时代的作品，也视之为尚且有用的二手研究，那么同样，20世纪20年代和30年代的诸多太平洋地理历史书经仔细阅读后也会有收获。[6]因此，倘把太平洋历史理解为后来者或是年鉴学派的衍生物，那就是没能领会，年鉴学派实为一种更加广阔的包括海洋的历史地理学之一部分。简而言之，太平洋那时正被历史化为20世纪早期地理学趋势之一部分，布罗代尔的地中海正属于同一趋势。

不过，太平洋学术研究中有一个非常特别的要旨。早期的历史地理学与海事史都同一个兴盛中的毗邻领域——大洋洲人类学——相交叉。马林诺夫斯基（Malinowski）和米德（Mead）对南太平洋的文化分析以及博阿斯（Boas）和亨特（Hunt）对北太平洋的文化分析那时正在人类学中掀起方法论意义上的革命。他们的探查建基于较早的民族学与历史学交汇的研究，那些研究刻画了著名的波利尼西亚人的独木舟之旅，他们从萨摩亚（Samoa）和汤加（Tonga）到夏威夷、拉帕努伊（Rapanui）和奥特亚罗瓦（Aotearoa）/新西兰。[7]例如阿尔弗雷德·考特·哈顿（Alfred Cort Haddon）的《太平洋文化史》(The Cultural History of the Pacific，1924) 一文引出其专著《大洋洲独木舟》(*Canoes of Oceania*，1936—1938)，此文肯定被视为早期太平洋历史作品，是把这些海上之旅几乎奉为典范加以铺陈之学术传统的一部分。[8]或者再举一例，特·兰吉·希罗阿 [Te Rangi Hiroa，即彼得·巴克爵士（Sir Peter Buck）] 20世纪30年代后期开始问世的作品，用他自己的话说，"依据来自关于人类与岛屿之创造的波利尼西亚神话的证据，也依据来自关于伟大航海祖先及其航行之传说与传统的证据"讲述历史。[9]在这类作品中，大西洋人类学**就是**历史，因为波利尼西亚人的谱系将往昔排序并系统化，也因为文化和语言在广袤海洋空间上的传递意味着文化在变化的时间中传递和在代际传递。而且，基于17世纪、18世纪和19世纪的数以千计海上探险报告的历史作品常常也是人类学导向的，因为这些资料本身就是人类学的，它们首先详述了外来欧洲人同全太平洋人民之间的关系。

　　这个早期学术文库一方面被地理学深深拉扯，另一方面被人类学深深拉扯，在一个特别的音调上调谐了太平洋历史书写。那么多重要的大洋洲历史学家过去（恐怕现在仍然）在毗邻的学科里受训和实践，这并非巧合：20 世纪 60 年代有艺术史家伯纳德·史密斯（Bernard Smith），70 年代有地理学家斯贝特（O. H. K. Spate），80 年代有民族志学家格列格·德宁（Greg Dening），而从 90 年代以来，有好些杰出人类学家在这些学派下受训，且他们的作品仍然是大洋洲历史学的重大组成。那么，关于大洋洲的历史作品很难说是迟到者，而且除了把这一丰富传统看作包括大陆周缘之更宽泛太平洋历史的核心，我们也几乎不能把它看成别的。太平洋历史编纂学远非一个后继者，而应被当作将海洋历史化时的一个原创模式。

太平洋编年

　　海洋与海上交通要道在波利尼西亚史和关于太平洋区域的深度史上都扮演中心角色。堪称智人第一个主要海上交通要道的地方是从巽他古陆到莎湖（Sahul）陆架，前者至晚于 5 万年前首度出现，后者在当时将今天的新几内亚、澳大利亚和塔斯马尼亚（Tasmania）连起来。大约 8 000 年前，海平面上升，令新几内亚、澳大利亚和塔斯马尼亚彼此分离，在这三个岛屿上制造出不同类型的隔绝。海水的上升与下降，水与陆地的连接与分离，在太平洋区域的人类历史和自然历史上都时不时被当作关键事件。[10]这只是从一个方面表明，太平洋历史编纂学的前景不仅是地理现象，还是地质现象和海洋学现象。而且，从历史编纂学角度出发，事关澳大利亚土著人民历史的古代移民还常被同更晚近的太平洋移民分离开来，后者是约始于 6 000 年前从今日台湾岛向密克罗尼西亚、美拉尼西亚和波利尼西亚迁移的所谓"南岛人"（Austronesians）。波利尼西亚人后裔中的"拉皮塔"（Lapita）社会沿着吹向东南的风探索岛屿，迁移到汤加和萨摩亚，并最终到了遥远的目

67

75

的地拉帕努伊（300—400 年），而在另一个方向上到了奥特亚罗瓦 / 新西兰（可能是 1300 年）。波利尼西亚人乘联体独木舟完成的广阔航行，如今已接连几代位于太平洋海洋史和海事史的中心。[11]我们知道，长途旅行在 1300 年前后式微且随后停止，过了几个世纪之后，西班牙人与葡萄牙人才开始在太平洋上探险和贸易。而且，令各处波利尼西亚人之间得以重新联结且令（大洋洲）土著人同毛利人（Māori）[1] 形成我们迄今所知之新联结的，不是葡西人的活动，却是又过一个世纪后法国人与英国人的航海。

关于太平洋岛屿上的联结与重新联结之声明的得出，都是通过谱系证据、语言证据，且日益多地通过基因证据。[12]"南岛人"这个名称主要是语言学意义上，而相关的"拉皮塔"文化是考古学意义上的，基于从近大洋洲到远大洋洲发现的独特陶器。[13]联结也早就在岛民们的谱系和起源故事中被追踪和争论。在此类研究中，谱系间或被当作证据——作为一种原始资料，但有时被当作历史——作为一种二手资料、借助代际讲述 / 重述对往昔进行的系统化排序。例如特·兰吉·希罗阿详述了哈瓦基（Hawaiki）——海上的起源之地。口头叙述在波利尼西亚社会中被当作历史来讲述并重述，而且当首次被以翻译撰写的形式呈现时，无疑是被作为历史呈现的，正如约翰·怀特（John White）的多卷本《毛利人古代史》（*Ancient History of the Maori*，1887—1891）。[14]因此我们在太平洋区域发现了关于口头叙述、记忆资料和常见的基于文本的资料如何且多么卓有成效地结盟的开创性方法论作品。[15]不同体裁这番诱人的混合，加上接触往昔的多种路径，使太平洋史成为一个就单单思考何为历史而言的富足领域。《太平洋历史杂志》（*Journal of Pacific History*）创刊时（1966），首卷文章一方面处理历史分期，另一方面处理历史方法，此举顺理成章。[16]

对人类在太平洋上迁移的调查挑战了（甚至还可能搞糊涂了）传统的世界历史编年。优先考虑大约公元前 1 万年时发生的从狩猎-采集

---

1 属于波利尼西亚人。——译者注

到农耕的"第一次农业革命",并且把书面语言当作"文明"的必备条件,意味着立足口传的社会和狩猎-采集经济是没有变化的,因此或者有较短的历史,或者就没有历史。然而澳大利亚土著居民的所谓史前史既是一部至少5万年的历史,又是一部近代史,后者是指其与跨越托雷斯海峡(Torres Strait)来到澳大利亚北部的孟加锡渔夫的接触(约始于1500年)以及与沿太平洋海岸航行之英国和法国探险队的接触(约始于1770年)。而且所谓的波利尼西亚古代史包括了相当晚近的从1300年起的定居新西兰史。怀特的"古代"史其实立足于19世纪60年代到70年代那一时期的证据。[17]当太平洋区域是参照点时,则传统上定义为"史前史"的时期就既有一个相对晚近的过往,也有一个遥远的过往。于是,"深度史""史前史"和"古代"史就在太平洋被向前拉,并折叠为近代史,产生了不合传统的问题与困难。[18]

太平洋地理

太平洋以其漫长的时间性和广袤的地理吸引了对大尺度感兴趣的历史学家,以及对以区域化或地理化方式而非国家性或政治性方式组织系统性历史之可能性感兴趣的历史学家。正如地理学家唐纳德·弗里曼(Donald Freeman)在一项此类研究中所声明的,太平洋的范围令人敬畏。它最近也很时髦。[19]太平洋历史学家们所面临的任务之一是识别和应对人类在这区域的海上景观及陆地景观中活动的众多方向。关于太平洋的多元制图学,包括关于太平洋的一套套名字——Te moana nui a Kiwa(纪和大洋,波利尼西亚/毛利语)、Océanie(大洋洲,法语)、Mar del Sur(南海,西班牙语)、El Oceano Pacifico(太平洋,葡萄牙语)、the Great Ocean(大洋,英语)、Stille Ocean(平静洋,德语)、the South Sea(南海,英语)——标志着多种多样的出发点,每个都有伴生的认识论。确实,太平洋这么大,历史行为人和研究他们的历史学家们(像航海家那般)用来定位自己业务的四个轴枢方

69

位，既令人混淆，也同等程度地有用。例如，如果我们以太平洋中心（就当是夏威夷吧）为坐标，则以美国为坐标的"西北太平洋"（Pacific North West）实际上是太平洋的东北部分。一个又一个研究者徒劳无功地试图统合西南太平洋与（上述）西北太平洋。类似地，巴尔沃亚（Balboa）所说的"mal del sur"（南海）因着这片海域的伟大航海家詹姆斯·库克而从北极尽头的冰川伸展到南纬 67 度的南极圈冰川。[20]不过方位上的此类混淆实际上标志着某种更有意义的东西——有着不折不扣差异的关于太平洋知识的定向、立场与本体论。罗盘和天文刻度盘上有多少度数，太平洋就有多少轴线。有六条轴线格外得到认可，于此用来在一个广袤非凡的历史编纂学海洋中固定我们。

第一，对太平洋岛民而言，该海洋北起夏威夷，南至新西兰，西极密克罗尼西亚的帕劳（Palau）与关岛（Guam），东尽波利尼西亚的拉帕努伊。对于一位波利尼西亚航海家，比如伴随库克从事第一次航行的著名瑞亚堤亚人（Rai'iatean）图帕伊（Tupaia），太平洋以他家乡的岛屿为中心按同心圆方式环绕着。此种定位方式近来被描绘为"波利尼西亚三角"。第二，有一条历史上的和历史编纂学上的东西轴线贯穿大洋中央，从阿卡普尔科（Acapulco）到马尼拉。号称马尼拉大帆船或西班牙大帆船的那些船只于 1565—1815 年间一年航行数次，将墨西哥开采的白银换成菲律宾华商出售的丝绸、瓷器和香料。世界上的海洋经济和沿海经济变得同麦哲伦-埃尔卡诺（Elcano）的首度环球航行较少关联，而较多与西班牙—中国的贸易关联，此变化意味深长。马尼拉是近代早期世界的一个关键贸易中心。[21]

不过值得注意的是，西班牙大帆船错过了或避开了图帕伊后来绘入地图的所有岛屿。这些岛屿在第三条太平洋轴线中被勾连起来，那已是 18 世纪，彼时欧洲水手们（捕鲸人、英法海军探险队、商业航运公司）将海上东南亚（荷兰东印度公司和马来人世界）、新荷兰（New Holland）[1]和新西兰的海岸同南太平洋诸岛和南美洲沿海联系在一起。

---

1 澳大利亚北、西、南的部分区域。——译者注

我们可以从库克的《南海或太平洋海图》(*Chart of the Great South Sea or Pacific Ocean*) 中看出这条覆盖广阔的太平洋轴线。[22]库克在航行于该 *70* 领地的过程中，开始知晓位于该南海[1]中心的文化政体："我们要怎么叙述这个让自己在这广袤海洋上伸展得那么远的民族呢？"[23]他感知到一种广阔无垠的波利尼西亚人的地理和历史，并对此心生敬畏，哪怕是因为他自己的航行才令构成大洋洲的那些岛屿恢复了相互联系。[24]

"Océanie"（大洋洲）一词于 1812 年被首次定名，并作为一个地缘政治区域和学术区域而持续使用。不过它在观念地图和海图上落脚都花了些时间。大洋洲常常包含澳大利亚、新几内亚和塔斯马尼亚，也包含波利尼西亚、美拉尼西亚和密克罗尼西亚，这是联合国依旧采用的一种地缘政治界定法。19 世纪，一些立足区域的地理学家（以及书面史书）也将南极洲的水域和岛屿包括进来，正如立足霍巴特（Hobart）的亚历山大·艾兰德（Alexander Ireland）在《大洋洲简明地理与历史，或澳大拉西亚、马来西亚、波利尼西亚和南极洲简明报告》(*The Geography and History of Oceania Abridged, or, A Concise Account of Australasia, Malaysia, Polynesia, and Antarctica*，1863) 中所为。[25]而且奇怪的是，在其他 19 世纪地图中，被称为近大洋洲和远大洋洲的地方被画成小澳大利亚和大澳大利亚，而澳大利亚大陆依然保持旧称"新荷兰"。

第四，有一部北太平洋历史和地理，从东亚向北伸展成一个弧形，吸收了堪察加半岛（Kamchatka）、白令海峡（Bering Strait）、阿留申群岛（Aleutian islands）、阿拉斯加（Alaska）以及位于英属哥伦比亚（British Columbia）的号称西北太平洋的那部分。这是太平洋沿海地带，延伸到下加利福尼亚（Baja California）、上加利福尼亚（Alta California）和形成新西班牙（New Spain）北段的各个本地社会，它们也有着历史联系。在太平洋的该区域，中国的、俄国的、西班牙的、英国的及后来美国的水手们尤其为了接近本地毛皮贸易商也为了对其

---

1 此"南海"指太平洋，见上文所述。——译者注

施加影响而打斗。多次科学考察也在此区域开展，方式如同早前的南太平洋航行。瑞恩·塔克·琼斯（Ryan Tucker Jones）重新定位了人们熟悉的论俄国与北太平洋之自然史及科学调查的英法历史编纂学。[26]大卫·伊格勒（David Igler）的研究《大海洋》（*The Great Ocean*, 2013）详述了北太平洋周缘以及一条从广州经夏威夷到美洲的跨太平洋航路如何兴盛，这部分由于捕鲸和捕鱼，很大程度上由于毛皮贸易，后来则因为运输往来加利福尼亚的淘金客。他的作品正当其时地将南美和北美沿海地区整合进太平洋史。[27]

伊格勒的书标记出第五个主要的地理 / 历史方向，即所谓的环太平洋地区（Pacific rim），此建构常见于同岛屿之间的困难学术关系及政治关系中。这颗星球上最大的海洋也制造出最长的海岸线，此地形提供了对太平洋的另一种也是更近期的理解方式。[28]它常被学者用来分析美国同东亚的地缘政治关系，也包括太平洋战争，还有中国内地、中国香港、日本和美国之间联系日益密切的经济。[29]另一个版本则将北美和南美的沿海囊括到一部"泛太平洋"历史中。这承认了有地缘政治意味的"周缘"在政治-文化领域里被彻底改造。许多社团和非政府组织都基于此地形而着眼区域来组建，从泛太平洋科学大会（Pan Pacific Science Congresses，1920 年创建）到太平洋关系研究所（Institute of Pacific Relations，1925 年创建），再到泛太平洋妇女协会（Pan Pacific Women's Association，1928 年创建）。[30]这些泛太平洋实体的第一场会议和组织中心统统在夏威夷，这并非偶然。此现象同夏威夷的波利尼西亚历史无甚瓜葛，除了在古物学家的意识中与后来游客们的意识中，而与夏威夷作为显眼的东西交叉路口（但又是一个美国主权牢不可破的路口）的新兴地位关系更大。夏威夷作为一个 20 世纪早期多族群范本的神话能被安稳地提出，只因为它是美国领土。

最后，历史学家们在一条垂直轴线上理解太平洋，那就是在海洋学和气象学意义上，从海床的深度到它骚动的洋面再到它上方的信风。人类和他们的物质文化在海洋下面终结，而海上考古就变成所有海洋史的一个关键毗邻学科。大洋里的海洋哺乳动物和鱼类既供养人

类，也变成一种可供提取的有价值资源，且历史学家们已经把水生生 72
命——金枪鱼、鲨鱼、珊瑚、鲸、海狮、儒艮、龟类——作为经济史、
生态史和科学史来分析。[31]最近，太平洋已经被从一种另类"下方"
来历史化，标志着对"水下"历史的更宽广兴趣。[32]波涛之下的单一
太平洋海盆构成一个地质学上的统一体，此现象令那些力图将波涛表
面和波涛上方令人目眩的文化与政治多样性系统化的历史学家感到安
心。[33]但这一辽阔水上空间有着在时间长河中对人类和非人类有类
似影响的其他划分——北太平洋洋流、太平洋南赤道洋流及秘鲁寒流。
厄尔尼诺这一气候学和气象学上的现象已经成为标记太平洋地区时间周
期甚至历史时期的方式。[34]在20世纪30年代的历史地理学中如此普
遍的环境决定论可能以一种有气候觉知的新型历史编纂学的式样回归。

海事史、帝国史与后殖民史

太平洋历史已经引发了世界上一些最值得注意的海事史——关
于船只、技术、航海方法和海事文化的研究。[35]土著居民的小船与
航海方法令海事史家如此着迷，有如它们令18世纪欧洲访客着迷那
般。[36]联体独木舟、航位推测技术、观察偏西风在占优势的信风之间
的变换以及天文导航，这些都继续构成太平洋的海事知识，也同样是
历史学、文献学和博物馆展览的主题。虽然有一些对太平洋上蒸汽技
术的显著研究[37]，但"帆船时代"才能偷走公众的、博物馆学的和海 73
事考古学的太平洋调查兴趣，讲述和重述关于太平洋的遥远地理学故
事引出如下东西：英国皇家海军的"邦蒂"号（Bounty）哗变，无端
失踪的拉比鲁兹（La Pérouse）[1] 南海探险队，远离故土在太平洋作业
的新英格兰捕鲸人和远离故土在楠塔基特岛（Nantucket）作业的波利
尼西亚捕鲸人，同土著岛屿社群或沿海社群交好或交恶的住在海滩附

---

1 他的全名在第七章还会出现。——译者注

近的流浪者和欧洲俘虏。波利尼西亚人和欧洲人的航行都激发了场景重现（这也是历史的一种形式），也激发了对场景重现这一体裁的历史分析——它成为后来产生影响力的一种实在论者技术。[38]

太平洋历史开辟了关于帝国主义比较史以及关于西班牙人、葡萄牙人、荷兰人、法国人、英国人、德国人、美国人和日本人入侵岛屿和太平洋周缘的海量历史编纂学。海上帝国如何历经18世纪、19世纪和20世纪（通过田园经济和种植园经济）而变成陆地帝国，这产生了关于法律、条约和从海岸向内陆获取土地的丰富历史编纂学。例如，殖民主义的海岛及沿海地理学同北美的内河及湖泊导向的垦殖截然不同。太平洋也是一个属于经久不衰的、不常见的且犹有余痕的帝国主义的奇怪空间：西班牙将所罗门群岛（Solomon Islands）殖民化的失败冒险[39]，法国最后的殖民地 [新加勒多尼亚（New Caledonia）、玛贵斯群岛（Marquesas）] [40]，新西兰与澳大利亚的帝国野心 [瑙鲁（Nauru）、新几内亚、萨摩亚和南极洲] [41]，一个尽管不断被质疑但不言而喻的美利坚太平洋帝国（夏威夷、关岛、萨摩亚和菲律宾），俄国在北太平洋（对其鱼类和毛皮）的图谋，还有第一次世界大战之后令人眼花缭乱的对主权之国际重置和实验性规则模式（德国的太平洋殖民地转为日本、澳大利亚和新西兰的托管地）。例如，仅关岛一个岛屿便提炼出西班牙、美国和日本的帝国主义相继而来的历史与影响。本尼迪克特·安德森（Benedict Anderson）把在菲律宾的一次不无相似的经历描述为"历史性的晕眩"。[42]

74

土著居民与欧洲人的"第一次接触"是太平洋历史中一个格外强劲的主题，从16世纪西班牙人同查莫罗人（Chamorro）的关系，直到1930年新几内亚高原人同澳大利亚淘金客非常晚近的接触。太平洋史上的"接触"主题近来已经超出对来访者同本地人在海滩和船上发生之初始误解/理解、交换与暴力的仔细分析，而延伸到对太平洋土著居民之间互相交流的兴趣，这些土著居民有一些来自遥远的岛屿和海岸，他们的语言与文化常常相近，但也不总是相近。对于早期的且经久不息的对欧洲人全球航行的颂扬而言，太平洋海上逗留者的世界主义成为一个分析意义上的平衡锤。[43]

20 世纪 90 年代开始撰写的太平洋史中，如果不是大多，也有很多都是 18 世纪那些遭遇的后殖民修正版。例如，这种状况界定了关于库克的学术研究，尤其是在马歇尔·萨林斯（Marshall Sahlins）与嘎纳纳特·欧贝耶塞克雷（Gananath Obeyesekere）关于库克对于夏威夷人之重要意义的一场重大争论中。[44]其他历史学家则追溯了两个世纪以来关于库克的土著人记忆和口述历史。[45]重新阐释传统帝国史以便从土著视角来凸显和理解意义与观点，这种做法也被扩展运用到前几代历史学家身上，部分原因在于太平洋史这个学科是在战后去殖民化的语境下被制度化的。位于澳大利亚国立大学的世界上第一个太平洋史系的元老教授是出身剑桥的吉姆·戴维森（Jim Davidson）。他在 1950 年被任命时，是区域去殖民化运动的积极参与者，为萨摩亚人首领提独立忠告，为库克群岛（Cook Islands）、瑙鲁和新几内亚起草宪法。他在剑桥大学的博士学位论文《欧洲人对太平洋的渗透，1779—1842》（European penetration of the South Pacific, 1779–1842）可算是经典论题，但到 1967 年，他的著作《在萨摩亚的萨摩亚》（*Samoa ma Samoa*）详述了"西萨摩亚独立国家的浮现"。[46]要讲述的重要历史不是殖民化，而是去殖民化。正因太平洋历史编纂学中有过一个主旋律的"接触"，所以就如特蕾西·巴尼瓦努阿·玛（Tracey Banivanua Mar）所力争的，要有一部关于去殖民化的独有土著史[47]，以及关于从未发生的或正要显露的政治去殖民化的历史。[48]

75

经济与生态

经济史家把中国，尤其是广州拉入太平洋历史编纂学，追踪"Canton"[1] 贸易的重要性，该词是葡萄牙语转写"广东"将其拉丁化的

---

1 西方世界对广州的通称。——译者注

产物，后来又国际化了。1571 年，西班牙人从马来人首领那里夺取马尼拉，确立了一部 500 年的立足太平洋的跨大陆贸易史，亦即与大西洋世界的历史分期可相提并论。广州长期以来是世界上最大的市场，有多个港口、多次意在殖民的探险、多条贸易路线、多项岛屿产业和航运线路将太平洋地区同广州联系起来。有些经济史家力争，中国-西班牙的这项贸易变成"全球贸易诞生背后的基本推动力"。[49]在随后几个世纪里，它无疑为太平洋导向的财富创造制定了一个模板。[50]诸如斐济（Fiji）的食用海参、托雷斯海峡的珍珠贝、来自北太平洋海豹与水獭的毛皮这样的海洋商品，都通过广州人的市场流通起来并获得价值。[51]

另一组商品在岛屿和沿海陆地被生产与提取。[52]檀香木贸易在整个 19 世纪格外重要，将它所生长和被加工的岛屿［斐济、新赫布里底群岛（New Hebrides）、新加勒多尼亚与夏威夷］同交易它的太平洋周缘港口——悉尼、马尼拉、瓦尔帕莱索和广州这些主要终端市场——联系起来。移居者的殖民社会从 18 世纪后期开始创造出全新的市场。例如，从 18 世纪后期起，腌猪肉从新西兰和塔希提（Tahiti）出口，以供应澳大利亚东南地区人口增长的英国人和爱尔兰人。这些商品的提取和生产以及交易涉及欧洲人（既有住在岛上的，也有居间贸易商）同本地人之间日益复杂的谈判。在 19 世纪大多时候，一些君主制王朝的当权者都因此类贸易不断增长的重要性并凭借成功的谈判而得以巩固，比如塔希提的波马雷王朝（Pomare）与夏威夷的卡美哈梅哈王朝（Kamehameha）。[53]更晚近的采矿则将太平洋同世界经济勾连起来，尤其是在秘鲁海岸沿线各岛屿上开采鸟粪和在整个大洋洲各岛屿上开采磷酸盐。随之而来的是巨大的利润，有些利润是从岛民身上榨取来的，其争议性一如磷酸盐本身的效用，比如瑙鲁的例子。最终，太平洋岛民在 18 世纪和 19 世纪海上帝国的经济语境中恐怕比在 20 世纪全球化的语境中能更加成功地谈判。

商业交换、（资源的）提取经济和生态入侵在太平洋齐头并进。代价巨大，但彩金之一是太平洋生态史的蓬勃传统。自阿尔弗雷德·克罗斯比（Alfred Crosby）在《生态帝国主义》（*Ecological Imperialism*）中聚焦新西兰以来，太平洋恐怕是生态史和更普遍意义上的环境史被彻底运用的主要海洋区域。关于物种之间和物种内部的战斗与灭绝，关于恢复力、入侵灾难或机会繁荣的概念，各自都在立足太平洋的科学史中被加以全面发展。这部分是因为，太平洋的浩瀚无边创造出岛屿和沿海的非人类有机体居民，它们如非彻底彼此隔绝，那也肯定分开了许多代。在有些情况中，这种隔绝从进化角度看意义非凡，例如华莱士线（Wallace line）[1] 标志着塔斯马尼亚、澳大利亚和新几内亚同亚洲的分割。而对人类来讲，尽管历史焦点和历史编纂学焦点在于跨越水面的联结，但距离与隔绝也塑造着历史——与欧洲人的接触通常意味着多种不熟悉微生物的毁灭式传入。这些令不孕率、发病率和死亡率升高，并且所引入的动植物物种在有些情况下迅速改变了海洋景观与陆地景观。在太平洋区域，生态入侵长期以来都提供着一种丰富的（既是隐喻的也是实质的）概念模式，由此发展起一部确然彼此关联的环境与殖民史。[54]

运输：奴隶制、劳工、移民

　　人类的交通总属于经济史的一部分，也经常是海事史的一部分。太平洋历史悠久。欧洲水手在海军航行和商业航行中都定期从岛屿和沿海俘获成人与孩童，但是男人和女人典型地具有不同价值，并有着不同的被俘经历，前者是作为人质，后者的特色是充当不情不愿的性劳力。性商业不是偶发事件，而是海事、帝国和本地文化的一个成问题的日常面向。女人经常是男人之间充足的交换对象，而她们本人少有自由或没有自由。为此，发生在女人身上的太平洋运输一定被看作强制劳动海事史的一部分。[55]

---

1 这条线是生物地理学领域的分割线。——译者注

以奴隶为基础的种植园经济定义了大西洋史中人们的被强制运动，而太平洋上进行的高压劳动有一部定义较不明晰但仍然意义重大的历史。历史学家近期揭开了非洲人的离散从大西洋伸展至太平洋的程度——许多在加勒比海和北美被解放的或逃跑的奴隶终结在太平洋各港口上，通过刑罚体系重新进入一个阴暗的强制劳动网络的并不少见。[56]其他更系统化的（倘非正式的）奴役体系在 19 世纪的太平洋浮现，继大西洋世界废除奴隶贸易而来，且由此而产生。例如，许多新兴南美共和国在 19 世纪早期禁止奴隶劳动，给 19 世纪中叶的海鸟粪产业留下了巨大的劳动力需求。中国是跨太平洋合同劳工的来源之一。复活节岛是另一个，还是高压程度更甚的一个。大约 1 000 名拉帕努伊人和另外 1 000 名密克罗尼西亚人被强制在秘鲁采矿。从事此项贸易的肆无忌惮的船长们偶尔被带到法国和英国的法庭上[57]，审判记录加上 20 世纪 70 年代采集的拉帕努伊口述史肯定了这些仍作为"秘鲁奴隶贩子"留在记忆中的贸易商的高压。对拉帕努伊人而言，该项贸易差不多是致命性地加剧了早已存在的由传染病导致的人口下降。[58]

对于太平洋上的大多政体，从法律上（也就是政府出面）回应废奴就是批准契约式或合同式劳动制[1]——它将太平洋世界和印度洋世界联系起来。19 世纪 30 年代签订契约去加勒比海并且横穿印度洋的印度人到了 70 年代扩展至斐济。从 19 世纪 60 年代起，投机的船长们开始将美拉尼西亚男人和一些女人运往昆士兰的甘蔗种植园，这项贸易很快就开始被英国政府和殖民政府规范。[59]在这几十年里且进入 20 世纪以后，数十万日本人和中国人签订契约去夏威夷工作。[60]

在加利福尼亚、澳大利亚殖民地和新西兰奥塔戈岛（Otago）相继发现黄金，创造出进一步的流动需求，从中国内地和香港途经夏威夷横渡至旧金山（San Francisco）以及向西南到悉尼、墨尔本和但尼丁

---

1 本书有 indentured labour 和 contracted labour 两个术语，indenture 指一份更多强制性的合同，contract 则指一份合议性的合同，因此前一个术语译为"契约劳动"，后一个术语译为"合同劳动"。不过，两个术语只在此处同时出现，在书中其他地方交替出现，常常表达差不多的意思，因为那时期的劳务合同强制性都不相上下，因此才拿来与奴隶制并提。——译者注

(Dunedin) 的客运航线因此在 19 世纪 50 年代和 60 年代赚得盆满钵满。所以，太平洋水域在 19 世纪后半叶持续有船只纵横穿梭，运送合同工人和自由工人以及移民们往来。恰恰因为这么多劳工被纳入契约也被在奴隶贸易的阴影下观察（船长们和立足港口的中介们被要求保持最低标准，至少在纸面上），所以太平洋也在此时期变成一个被管制的海洋。所有这些劳工的海上运动也使得太平洋的海岸与港口成为坚定的以种族为根基之民族主义的关键场所。太平洋周缘政体——澳大利亚、新西兰、加拿大和美国——围绕劳工问题而聚结起来的"白化"抱负由反华、反印和反日政治所界定。激增的海上隔离条例和反华籍劳工／移民法律的结合，使太平洋成为一个边界控制由间歇性紧急措施转变为日常行为且最终成为常态的海洋。[61]所有这些都在海事场所并作为海事事务开展——海关、隔离区、安检、驱逐出境、拒签和众多临时条款都日渐成为太平洋诸港口的常规事务。

叠加在令太平洋这么多部分从法律上（倘若不是实际上）被分隔的这道"全球种族界限"上的，是 20 世纪后期的大离散。倘说斐济是印度人离散的一个扩展场所，那么澳大利亚、新西兰和美国就是斐济人、汤加人、萨摩亚人和查莫罗人社群现在的家园或第二家园。此类向外迁移中有一些是向着更大经济体的志愿移民。有一些则是未曾预期也不想要的。太平洋上有一部重新安置和重新定居的历史，尤其具有海洋性，或者更具体地说，具有岛屿性。采矿导致一些岛屿作为住家着实不宜居，例如大洋岛 [Ocean Island，即巴纳巴岛（Banaba）]被 80 年（1900—1979）的磷酸盐开采剥夺一空。许多巴纳巴人首先重新安置在斐济，然后又渡海到太平洋周缘。[62]现在又因为海平面上升，正出现或即将到来新一轮的重新安置。[63]

认识方式

太平洋历史编纂学的突出标记是跨文化认识论以及认识文化、自然和历史的不同方式。[64]各种宇宙论相冲撞也相融合。基督教在太平洋语境下不同凡响地重要，对抗宗教改革[1]的西班牙天主教世界延伸到菲律宾，早期因改宗运动与伊斯兰教冲突，最终创造出仍属世界上最大天主教政体之一的东西。在后续时代里，基督教各宗派和各民族——法国人及天主教徒、英国人及抗议宗、德国人及路德派——互相搅和。[65]在此过程中，认识方式、信仰方式和说话方式在彼此的关系中形成并抵拒，正如维森特·拉斐尔（Vicente Rafael）在《契约化的殖民主义》（*Contracting Colonialism*）中所展示的。[66]宗教常常是政治。伦敦传教会（London Mission Society）从最初的塔希提人基地出发工作，波马雷二世（Pomare II）1812 年的改宗使该地表现为太平洋最早的基督徒王国，也代表着那种被分析为波利尼西亚帝国主义的政治结盟类型。[67]两个世纪后，基督教成为岛屿太平洋的"传统"宗教，使该区域在全球基督教的新研究中具有重要意义。[68]

南太平洋的基督教传教活动与启蒙运动晚期的科学传播活动同时进行，也常嫁接到后者身上。太平洋有时在历史编纂学中被认为是个"实验室"，但它对自然史家而言远不止是个"田野"。[69]考虑到等待着他们的非凡生物地理学，无怪乎早期自然史家一再返回太平洋（就像后来研究他们的科学史家一样）。18 世纪和 19 世纪的许多（可能是大多）探险都有生物勘探这个明确因素，一如航海和制图这两个因素。[70]人们寻求岛民的知识，有时是盘问来的，有时是交换来的。例如，如何种植和加工新西兰"亚麻"立时有了一个替代大麻制作船帆和绳索的诱人前景。商业兴趣与采集好标本的更纯粹抱负激烈竞争，无数植物品、动物品和地质品返回到欧洲和美国的收藏库，至今还在巴黎的国立自然史博物馆（Muséum national d'histoire naturelle）

---

1 "对抗宗教改革"即 Counter-Reformation，以往常被译为"反宗教改革"。Counter 的字面意思是"对着干""反击"，若单纯译为"反……"，在中文语境下通常只凸显"反对"（anti-）的意思，却不能表达出 Counter-Reformation 实际上是天主教会面对分裂和压力而启动的一场迎头赶上、自我改革的运动，所以根据情况译为"对抗"或"对应"。——译者注

及植物园、伦敦的丘园（Kew Botanical Gardens）和柏林的自然博物馆（Museum für Naturkunder）陈列并储藏。由于太平洋是启蒙运动的"新世界"，因此认识自然界的近代方式（既有知识体系，也有知识单元）在很大程度上由这些收藏品打造。[71]

太平洋长期以来就是一个关于人类同一性和差异性之知识的生产场所，并吸引了大量撰写和改编民族志历史的学术兴趣，此类知识的生产方式与自然知识之生产相同，但牵连更重大。如布朗温·道格拉斯（Bronwen Douglas）所力主的，其中许多都可以明确化为"海上漂流民族志"。[72]关于大洋洲人类差异的大量知识——"种族"的发明——依赖于性与性别的思想。[73]而跨"种族"生殖之所以吸引研究太平洋社会的历史学家，很大程度上是因为它在过去几个世纪里如此强烈地吸引了政府和法律制定者。[74]

常有人声称，太平洋是一个欧洲人彻底"归化"土著居民且后来在 19 世纪又将土著居民"生物学化"的地方。肯定是一种特定的欧洲人的世界观发明了太平洋上的"野蛮"社会。不过，至少一开始这更多是一种狩猎-采集经济的指示符，多过是一种体现种族差异固化的生物学指示符。对"生物学化"太平洋人民的分析可能过甚其词了，且被用于歪曲报道指导 18 世纪大多报告的文化探询。这些调查报告可能也曾经如同最粗糙的后达尔文时代生物人类学那般体现轻视性、激烈性和等级性，但大多欧洲人认识太平洋文化的方式都包括探询政治-法律体制、生与死的文化、男女间的关系、语言学多样性、对精神王国的思想模式、亲属关系和历史。太平洋**已经**成为体质人类学、亦是比较解剖学的一个发展场所，就连特·兰吉·希罗阿也骄傲地讲述他测量了"424 颗纯种毛利人的头颅"。[75]但是认识人类差异的此类方式属于一个历史时期，还是一个比通常所宣称的短暂得多的时期。事实上，就在特·兰吉·希罗阿写作的当口，便有其他人类学家和生物学家从事着在理论上瓦解"种族"这一特有思想的研究。对太平洋混血人口的科学调查最终挑战了与之同时代之种族理论的可行性，尽管这些研究自身的抱负和意图不在于此。[76]

81

82

太平洋世纪

如果说，用学术术语来讲，大西洋世界既是一个区域又是一个时期（约1500—1800），那么太平洋世界也有一个时间维度。"太平洋世纪"在20世纪后期被用作一个预告性指示符——先是日本经济崛起，后是泰国、马来西亚、韩国和中国的经济崛起，据此21世纪将成为太平洋世纪。但到了20世纪行将结束时即1999年，研究国际关系的学者们早就在问："太平洋世纪究竟发生了什么？"[77]在某种程度上，太平洋世纪的思想已经过时，因为它如此明确地同日本关联。不过该思想促使经济史家重新思考太平洋，并提出了大量从前的"太平洋世纪"——不止一个，而是至少五个，正如丹尼斯·O.弗林（Dennis O. Flynn）、莱昂纳尔·弗罗斯特（Lionel Frost）和 A. J. H. 莱瑟姆（A. J. H. Latham）在他们关于16世纪以来之太平洋周缘的合编论文集中所指明的。[78]

然而回顾往事，可能仍属20世纪最堪当"太平洋世纪"。若说中国在经济上占统治地位，那么长远看去，日本在地缘政治上统治着20世纪的太平洋史。那个世纪始于对该区域的全面重新调整，日本声称自己超过俄国，然后在第一次世界大战中同英法结盟，日本帝国海军占领了德国在密克罗尼西亚的殖民地。而这场战争的结束指示出跨越太平洋的国际关系的显著变化，日本政府强硬施压反对这么多太平洋周缘国家继续实施的基于种族的移民法。这时期创建各个"泛太平洋"社团的疾风是对日本人转移至外交政策上之不满情绪的确切回应。"国际关系"这个相对新的领域有充分理由聚焦于太平洋区域。令第二次"世界"大战全球化的正是太平洋战争，而且历史学家越来越多将大战时限界定为1937年日军侵华到1945年9月在美国军舰"密苏里"号（Missouri）上举行的奇怪的日本海上投降仪式，而不是界定为1939年到1945年（5月）。[79]那是一场贯穿太平洋也在太平洋上进行的战争。各岛屿被征服（关岛）、划分（萨摩亚）和轰炸（夏威夷）。所有那些变成日本帝国一部分的海洋、陆地和人民都曾是西班牙帝国、美利坚帝国、不列颠帝国和澳大利亚帝国的组成部分，战后不得不再次从它们的解放者和管理者手中去殖民化。

　　冷战也在太平洋上进行，尤其是同核试验一起。马绍尔群岛是早期美国试验时所谓的"太平洋试验场"，太平洋显而易见的空旷稍后招致法国在太平洋环礁上进行试验。太平洋也变成反核政治的一个主要场所，既有非官方的，也有新西兰这种官方的。20世纪80年代中期的兰格（Lange）政府宣布，新西兰及其水域是"零核地带"，禁止核武器或核动力船只。1985年，绿色和平组织抗议船只"彩虹武士"号（Rainbow Warrior）被法国情报人员弄沉，强化了以太平洋为基地的一场政治僵局。[1]

　　"彩虹武士"号的那种沉没在喷气式发动机时代是不太可能发生的海上事故。而就如同其他大洋，集装箱化在太平洋运输中保留下来，实际上还增加了。全球化的基础结构在海事的极大部分都保留着，正如研究全球资本主义的历史学家所展示的。并且，大量集装箱装运的货物穿越太平洋而运输，此点现在是"世界体系"论者的最新太平洋篇章，他们总是倾向于历史性地思考。[80]正是这种运输，这些纵横交错的老波利尼西亚人的线路、西班牙大帆船的线路、捕鲸船和军舰的线路，在日常中将太平洋同世界历史以及单数的世界海洋勾连起来。

👉 深入阅读书目

　　现在有很多关于太平洋的通史，一并处理岛屿和周缘、北太平洋和南太平洋。独自撰写的关键著作包括：Matt K. Matsuda, *Pacific Worlds: A History of Seas, Peoples, and Cultures* (Cambridge, 2012); Donald B. Freeman, *The Pacific* (London, 2010)。还有 David Armitage and Alison Bashford eds., *Pacific*

---

1 该船在新西兰的港口奥克兰被炸，当时在前往抗议法国核试验的途中。事后新西兰不仅与法国交恶，还调整了外交政策，疏远美国，与南太平洋各小国建立关系，同时与澳大利亚保持密切关系，与英国的关系次于同澳大利亚的。——译者注

Histories: Ocean, Land, People (Basingstoke, 2014)。

汇集了数量巨大的岛屿信息的书，见 Brij V. Lal and Kate Fortune, *The Pacific Islands: An Encyclopedia* (Honolulu, HI, 2000)。

84　　阐释性著作，见 Paul D'Arcy, *The People of the Sea: Environment, Identity and History in Oceania* (Honolulu, HI, 2006)，及 Nicholas Thomas, *Islanders: The Pacific in the Age of Empire* (New Haven, CT, 2010)。

历史编纂学导向的研究，包括 Doug Munro and Brij Lal, eds., *Texts and Contexts: Reflections in Pacific Island Historiography* (Honolulu, HI, 2005)；Damon Salesa, "The World from Oceania", in D. T. Northrop, ed., *A Companion to World History* (Chichester, 2012), pp. 392–404; Margaret Jolly, "Imagining Oceania: Indigenous and Foreign Representations of a Sea of Islands", *The Contemporary Pacific,* 19 (2007): 508–545。

详述大洋洲地理学同种族分类历史的关联，见 Bronwen Douglas, *Science, Voyages, and Encounters in Oceania, 1511–1850* (Basingstoke, 2014)。

南北美洲海岸线上引出的太平洋历史，见 David Igler, *The Great Ocean: Pacific Worlds from Captain Cook to the Gold Rush* (Oxford, 2013); Katrina Gulliver, "Finding the Pacific World", *Journal of World History,* 22 (2011): 83–100。

西班牙人和葡萄牙人的太平洋史，见 Rainer Buschmann, *Iberian Visions of the Pacific Ocean, 1507–1899* (New York, 2014)。

太平洋上的宗教，尤其是基督教，较早的见 Niel Gunson, *Messengers of Grace: Evangelical Missionaries in the South Seas 1797–1860* (Melbourne, 1978)。还有 Doug Munro and Andrew Thornley, *The Covenant Makers: Islander Missionaries in the Pacific* (Suva, 1996); Hyaeweol Choi and Margaret Jolly, eds., *Divine Domesticities: Christian Paradoxes in Asia and the Pacific* (Canberra, 2014)。

毛利人贸易与航运的经济史，见 Hazel Petrie, *Chiefs of Industry: Māori Tribal Enterprise in Early Colonial New Zealand* (Auckland, 2006)。更广泛的经济史，见 Kenneth L. Pomeranz, ed., *The Pacific in the Age of Early Industrialization* (Farnham, 2009)。

美国的太平洋，见 Robert David Johnson, *Asia Pacific in the Age of Globalization* (Basingstoke, 2014)。

太平洋的自然史，见 Ryan Tucker Jones, *Empire of Extinction: Russians and the North Pacific's Strange Beasts of the Sea, 1741–1867* (Oxford, 2014)；John Gascoigne, *Encountering the Pacific in the Age of Enlightenment* (Cambridge, 2014)。

艺术产品和书面文化产品也得到审视，例如可见 Khadija von Zinnenburg Carroll, *Art in the Time of Colony* (London, 2014)，及 Vanessa Smith, *Literary Culture and the Pacific: Nineteenth-century Textual Encounters* (Cambridge, 2005)。

注 释

[1] Manjiro Inagaki, *Japan and the Pacific, and a Japanese View of the Eastern Question* (London, 1890); H. Morse Stephens and Herbert E. Bolton, eds., *The Pacific Ocean in History: Papers and Addresses Presented at the Panama-Pacific Historical Congress, Held at San Francisco, Berkeley and Palo Alto, California, July 19–23, 1915* (New York, 1917); E. W. Dahlgren, *Were the Hawaiian Islands Visited by the Spaniards before Their Discovery by Captain Cook in 1778?: A Contribution to the Geographical History of the North Pacific Ocean Especially of the Relations between America and Asia in the Spanish Period* (Stockholm, 1916); Guy H. Scholefield, *The Pacific, Its Past and Future, and the Policy of the Great Powers from the Eighteenth Century* (London, 1919); Karl Haushofer, *Geopolitik des Pazifischen Ozeans* (Berlin, 1924).

[2] Altamira y Crevea, "The Share of Spain in the History of the Pacific Ocean", in Morse Stephens and Bolton, eds., *The Pacific Ocean in History*; Roland Dennis Hussy, "Pacific History in Latin American Periodicals", *Pacific Historical Review*, 1 (1932): 470–476; William Lytle Schurz, "The Spanish Lake", *Hispanic American Historical Review*, 5 (1922): 181–194.

[3] Ralph S. Kuykendall, *A History of Hawaii* (New York, 1926); Kuykendall, *The Hawaiian Kingdom: 1778–1854: Foundation and Transformation* (Honolulu, HI, 1938).

[4] John Beaglehole, *The Exploration of the Pacific* (London, 1934).

[5] 书评见 H. H. Gowan, *The Washington Historical Quarterly*, 26 (1935): 302。

[6] N. E. Coad, *A History of the Pacific* (Wellington, NZ, 1926); Stephen Roberts, *Population Problems in the Pacific* (London, 1927); Thomas Dunbabin, *The Making of Australasia, A Brief History of the Origin and Development of the British Dominions in the South Pacific* (London, 1922); R. M. Crawford, *Ourselves and the Pacific* (Melbourne, 1941). 还有一部令人感兴趣的作品：J. B. Condliffe, *The Third Mediterranean in History: An Introduction to Pacific Problems* (Christchurch, NZ, 1926)。

[7] J. Macmillan Brown, *Maori and Polynesian, Their Origin, History, and Culture* (London, 1907).

[8] A. C. Haddon, "The Cultural History of the Pacific", *New Zealand Journal of Science and Technology,* 7 (1925): 101; A. C. Haddon and James Hornell, *Canoes of Oceania* (Honolulu, HI, 1936–1938).

[9] Te Rangi Hiroa [Peter Buck], *Vikings of the Sunrise* (New York, 1938), preface; Te Rangi Hiroa, *The Evolution of Maori Clothing* (New Plymouth, NZ, 1926); Peter Buck, *Anthropology and Religion* (New Haven, CT, 1939).

[10] "我现在的观点是，海水的大幅上升……是澳大利亚人类历史上最重要的事件"，出自 Geoffrey Blainey, *The Story of Australia's People: The Rise and Fall of Ancient Australia* (Melbourne, 2015), p. x。

[11] Andrew Sharp, *Ancient Voyagers in Polynesia* (Berkeley, CA, 1964); David Lewis, *We, the Navigators: The Ancient Art of Landfinding in the Pacific* (Honolulu, HI, 1972); K. R. Howe, *Waka Moana: Voyages of the Ancestors: The Discovery and Settlement of the Pacific* (Honolulu, HI, 2007); K. L. Nālani Wilson, "*Nā Wāhine Kanaka Maoli Holowa'a*: Native Hawaiian Women Voyagers", *International Journal of Maritime History,* 20 (2008): 307–324.

[12] Jonathan Scott Friedlaender, ed., *Genes, Language, and Culture History in the Southwest Pacific* (Oxford, 2007).

[13] 关于近大洋洲和远大洋洲，见 Ben Finney, "The Other One-third of the Globe", *Journal of World History,* 5 (1994): 274。

[14] John White, *The Ancient History of the Maori, His Mythology and Traditions* (Wellington, NZ, 1887–91).

[15] 见 Jocelyn Linnekin, "Contending Approaches", in Donald Denoon, ed., *Cambridge History of the Pacific Islanders,* pp. 9–14 ("History and Ethnohistory"); Niel Gunson, "Understanding Polynesian Traditional History", *Journal of Pacific History,* 28 (1993): 139–158。

[16] J. W. Davidson, "The Problem of Pacific History", *Journal of Pacific History,* 1 (1966): 5–21; Greg Dening, "Ethnohistory in Polynesia: The Value of Ethnohistorical Evidence", *Journal of Pacific History,* 1 (1966): 23–42.

[17] White, *The Ancient History of the Maori.*

[18] Jesse Jennings, ed., *The Prehistory of Polynesia* (Cambridge, MA, 1979).

[19] Donald B. Freeman, *The Pacific* (London, 2010)；对弗里曼作品的书评，见 Patrick Kirch, *The Pacific, International Journal of Maritime History,* 22 (2010): 292。

[20] James K. Barnett and David L. Nicandri, eds., *Arctic Ambitions: Captain Cook and the Northwest Passage* (Seattle, WA, 2015).

[21] Arturo Giráldez, *The Age of Trade: Manila Galleons and the Dawn of the Global Economy* (Lanham, MD, 2015).

[22] www.captcook-ne.co.uk/ccne/ exhibits/10001/index.htm (2017 年 3 月 31 日访问）。

[23] James Cook, *The Journals of Captain James Cook on His Voyages of Discovery,* ed. J. C.

Beaglehole and R. A. Skelton, 4 vols. (Cambridge, 1955), I, p. 279.

[24] Nicholas Thomas, *Islanders: The Pacific in the Age of Empire* (New Haven, CT, 2010).

[25] Alexander Ireland, *The Geography and History of Oceania Abridged, or, A Concise Account of Australasia, Malaysia, Polynesia, and Antarctica* (Hobart, 1863); Bronwen Douglas, "Naming Places: Voyagers, Toponyms, and Local Presence in the Fifth Part of the World, 1500–1700", *Journal of Historical Geography,* 45 (2014): 12–24.

[26] Ryan Tucker Jones, *Empire of Extinction: Russians and the North Pacific's Strange Beasts of the Sea, 1741–1867* (Oxford, 2014).

[27] David Igler, *The Great Ocean: Pacific Worlds from Captain Cook to the Gold Rush* (Oxford, 2013).

[28] Christopher L. Connery, "Pacific Rim Discourse: The US Global Imaginary in the Late Cold War Years", in Rob Wilson and Arif Dirlik, eds., *Asia/Pacific as Space of Cultural Production* (Durham, NC, 1995), pp. 30–56.

[29] Bruce Cumings, *Dominion from Sea to Sea: Pacific Ascendancy and American Power* (New Haven, CT, 2009); Gary Y. Okihiro, "Toward a Pacific Civilization", *Japanese Journal of American Studies,* 18 (2007): 73–85.

[30] Tomoko Akami, *Internationalising the Pacific: The United States, Japan and the Institute of Pacific Relations, 1919–1945* (London, 2002); Fiona Paisley, *Glamour in the Pacific: Cultural Internationalism and Race Politics in the Women's Pan-Pacific* (Honolulu, HI, 2009).

[31] Alistair Sponsel, "From Cook to Cousteau: The Many Lives of Coral Reefs", in John Gillis and Franziska Torma, eds., *Fluid Frontiers: Exploring Oceans, Islands, and Coastal Environments* (Cambridge, 2015), pp. 139–161; Iain McCalman, *The Reef: A Passionate History* (Melbourne, 2013).

[32] Ryan Tucker Jones, "Running into Whales: The History of the North Pacific from below the Waves", *American Historical Review,* 118 (2013): 349–377.

[33] Rainer F. Buschmann, "The Pacific Ocean Basin to 1850", in Jerry H. Bentley, ed., *The Oxford Handbook of World History* (Oxford, 2011), pp. 565–580; Jerry H. Bentley, "Sea and Ocean Basins as Frameworks of Historical Analysis", *Geographical Review,* 89 (1999): 215–224.

[34] Richard H. Grove, "The Great El Niño of 1789–93 and Its Global Consequences: Reconstructing an Extreme Climate Event in World Environmental History", *Medieval History Journal,* 10 (2007): 75–98.

[35] A. D. Couper, *Sailors and Traders: A Maritime History of the Pacific Peoples* (Honolulu, HI, 2009).

[36] Paul D'Arcy, *The People of the Sea: Environment, Identity and History in Oceania* (Honolulu, HI, 2006).

[37] Frances Steel, *Oceania under Steam: Sea Transport and the Cultures of Colonialism, c.1870–1914* (Manchester, 2011).

[38] Ben Finney, *Voyages of Rediscovery* (Berkeley, CA, 1994); Iain McCalman and Paul Pickering, eds., *Historical Reenactment: From Realism to the Affective Turn* (Basingstoke, 2010).

[39] Martin Gibbs, "The Failed Sixteenth Century Spanish Colonizing Expeditions to the Solomon Islands, Southwest Pacific: The Archaeologies of Settlement Process and Indigenous Agency", in Sanda Montén-Subías, María Cruz-Beccoral and Ruiz Martínez Apen, eds., *Archaeologies of Early Spanish Colonialism* (New York, 2016), pp. 253–280.

[40] Robert Aldrich, *France and the South Pacific since 1940* (London, 1993); Jean-Marc Regnault, ed., *François Mitterrand et les territoires français du Pacifique (1981–1988)* (Paris, 2003).

[41] Catharine Coleborne and Katie Pickles, eds., *New Zealand's Empire* (Manchester, 2015).

[42] Benedict Anderson, "First Filipino", *London Review of Books,* 16 October 1997, 22.

[43] Thomas, *Islanders*; Nancy Shoemaker, *Native American Whalemen and the World: Indigenous Encounters and the Contingency of Race* (Durham, NC, 2015); Kate Fullagar, *The Savage Visit: New World Peoples and Popular Imperial Culture in Britain, 1710–1795* (Berkeley, CA, 2012).

[44] 见 Gananath Obeyesekere, *The Apotheosis of Captain Cook: European Mythmaking in the Pacific* (Princeton, NJ, 1992); Marshall Sahlins, *How "Natives" Think: About Captain Cook, For Example* (Chicago, IL, 1995)。

[45] Anne Salmond, *The Trial of the Cannibal Dog: Captain Cook in the South Seas* (New Haven, CT, 2003); Maria Nugent, *Captain Cook was Here* (Cambridge, 2009).

[46] J. W. Davidson, *Samoa ma Samoa: The Emergence of the Independent State of Western Samoa* (Melbourne, 1967).

[47] Tracey Banivanua Mar, *Decolonisation and the Pacific: Indigenous Globalisation and the Ends of Empire* (Cambridge, 2016); C. L. M. Penders, *The West New Guinea Debacle: Dutch Decolonisation and Indonesia, 1945–1962* (Honolulu, HI, 2002).

[48] Josette Kēhaulani Kauanui, *Hawaiian Blood: Colonialism and the Politics of Sovereignty and Indigeneity* (Durham, NC, 2008); Noelani Goodyear-Ka'opua, Ikaika Hussey and Erin Kahunawaika'ala Wright, eds., *A Nation Rising: Hawaiian Movements for Life, Land, and Sovereignty* (Durham, NC, 2014).

[49] Dennis O. Flynn and Arturo Giráldez, "Spanish Profitability in the Pacific: The Philippines in the Sixteenth and Seventeenth Centuries", in Dennis O. Flynn, Lionel Frost and A. J. H. Latham, eds., *Pacific Centuries: Pacific and Pacific Rim History since the Sixteenth Century* (London, 1999), p. 14.

[50] Kenneth L. Pomeranz, ed., *The Pacific in the Age of Early Industrialization* (Farnham, 2009).

[51] Julia Martínez and Adrian Vickers, *The Pearl Frontier: Indonesian Labor and Indigenous Encounters in Australia's Northern Trading Network* (Honolulu, HI, 2015).

[52] Dorothy Shineberg, *They Came for Sandalwood: A Study of the Sandalwood Trade in the Southwest Pacific, 1830–1865* (Melbourne, 1967); Debra Ma, ed., *Textiles in the Pacific, 1500–1900* (Farnham, 2005).

［53］Brij V. Lal and Kate Fortune, *The Pacific Islands* (Honolulu, HI, 2000), pp. 204-206.

［54］Alan Moorehead, *The Fatal Impact: The Invasion of the South Pacific, 1767-1840* (New York, 1966); Alfred Crosby, *Ecological Imperialism* (New York, 1986); Tom Griffiths and Libby Robin, eds., *Ecology and Empire: Environmental History of Settler Societies* (Seattle, WA, 1997); J. R. McNeill, ed., *Environmental History in the Pacific World* (Aldershot, 2001); Iain McCalman and Jodie Frawley, eds., *Rethinking Invasion Ecologies from the Environmental Humanities* (London, 2014).

［55］Igler, *The Great Ocean,* ch. 3; Margaret Jolly, Serge Tcherkézoff and Darrell Tryon, eds., *Oceanic Encounters: Exchange, Desire, Violence* (Canberra, 2009).

［56］Cassandra Pybus, "The World is all of One Piece: The African Diaspora and Transportation to Australia", in Ruth Hamilton, ed., *Routes of Passage: Rethinking the African Diaspora* (East Lansing, MI, 2005), pp. 181-190.

［57］Grant McCall, "European Impact on Easter Island: Response, Recruitment and the Polynesian Experience in Peru", *Journal of Pacific History,* 11 (1976): 90-105; Hazel Petrie, *Outcasts of the Gods? The Struggle over Slavery in Māori New Zealand* (Auckland, 2015).

［58］Finney, "The Other One-third of the Globe", 289.

［59］Donald Denoon, "Plantations and Plantation Workers", in Denoon, ed., *The Cambridge History of the Pacific Islanders,* pp. 226-232.

［60］赴南太平洋劳工的交易数量列在 Lal and Fortune, *The Pacific Islands,* pp. 203-204 及 C. Moore, J. Leckie and D. Munro, eds., *Labour in the South Pacific* (Townsville, Qld., 1990); Tracey Banivanua Mar, *Violence and Colonial Dialogue: The Australian-Pacific Labor Trade* (Honolulu, HI, 2007)。

［61］Adam McKeown, *Chinese Migrant Networks and Cultural Change: Peru, Chicago, Hawaii, 1900-1936* (Chicago, IL, 2001); McKeown, *Melancholy Order: Asian Migration and the Globalization of Borders* (New York, 2008); Marilyn Lake and Henry Reynolds, *Drawing the Global Color Line: White men's Countries and the Question of Racial Equality* (Cambridge, 2008); Alison Bashford, "Immigration Restriction: Rethinking Period and Place from Settler Colonies to Postcolonial Nations", *Journal of Global History,* 9 (2014): 26-48.

［62］Katerina Martina Teaiwa, *Consuming Ocean Island: Stories of People and Phosphate from Banaba* (Bloomington, IN, 2014).

［63］Jane McAdam, *Climate Change, Forced Migration, and International Law* (Oxford, 2012); McAdam, "Lessons from Planned Relocation and Resettlement in the Past", *Forced Migration Review,* 49 (2015): 30-32.

［64］K. R. Howe, *Nature, Culture, History: The "Knowing" of Oceania* (Honolulu, HI, 2000); Shino Konishi, Maria Nugent and Tiffany Shellam, eds., *Indigenous Intermediaries: New Perspectives on Exploration Archives* (Canberra, 2015).

［65］Robert Aldrich, *The French Presence in the South Pacific* (Basingstoke, 1990), ch. 2; John

Gascoigne, "Religion and Empire in the South Seas in the First Half of the Nineteenth Century", in Robert Aldrich and Kirsten McKenzie, eds., *The Routledge History of Western Empires* (London, 2013), pp. 439–453.

[66] Vicente L. Rafael, *Contracting Colonialism: Translation and Christian Conversion in Tagalog Society under Early Spanish Rule* (Durham, NC, 1993).

[67] Niel Gunson, "Pomare II and Polynesian Imperialism", *Journal of Pacific History*, 4 (1969): 65–82.

[68] Lal and Fortune, eds., *The Pacific Islands*, p. 200; Manfred Ernst, ed., *Globalization and the Reshaping of Christianity in the Pacific Islands* (Suva, 2007).

[69] Roy McLeod and Philip F. Rehbock, eds., *Darwin's Laboratory: Evolutionary Theory and Natural History in the Pacific* (Honolulu, HI, 1994); Sujit Sivasundaram, *Nature's Godly Empire: Science and Evangelical Mission in the Pacific, 1795–1850* (Cambridge, 2005).

[70] John Gascoigne, *Encountering the Pacific in the Age of Enlightenment* (Cambridge, 2014).

[71] Alan Frost, "The Pacific Ocean: The Eighteenth-century's 'New World'", *Studies on Voltaire and the Eighteenth Century*, 152–153 (1976): 803–809.

[72] Bronwen Douglas, "Expeditions, Encounters, and the Praxis of Seaborne Ethnography: The French Voyages of La Pérouse and Freycinet", in Martin Thomas, ed., *Expedition into Empire: Exploratory Journeys and the Making of the Modern World* (New York, 2015), pp. 108–126.

[73] Shino Konishi, *The Aboriginal Male in the Enlightenment World* (London, 2012).

[74] Damon Salesa, *Racial Crossings: Race, Intermarriage and the Victorian British Empire* (Oxford, 2011).

[75] Te Rangi Hiroa, *Vikings of the Sunrise*, p. 16.

[76] Warwick Anderson, "Hybridity, Race, and Science: The Voyage of the *Zaca*, 1934–1935", *Isis*, 103 (2012): 229–253.

[77] Rosemary Foot and Andrew Walter, "Whatever Happened to the Pacific Century?", *Review of International Studies*, 25 (1999): 245–269.

[78] Dennis O. Flynn, Lionel Frost and A. J. H. Latham, eds., *Pacific Centuries: Pacific and Pacific Rim History since the Sixteenth Century* (London, 1999). 从 20 世纪 90 年代举行的一系列关于 "太平洋世纪" 的会议中浮现出两本书，这些会议对逼近的 "太平洋世纪" 宣言加以回应。另一部论文集是，Sally M. Miller, A. J. H. Latham and Dennis O. Flynn, eds., *Studies in the Economic History of the Pacific* (London, 1998)。

[79] Christina Twomey and Ernest Koh, eds., *The Pacific War: Aftermaths, Remembrance and Culture* (London, 2015).

[80] Paul S. Ciccantell and Stephen G. Bunker, eds., *Space and Transport in the World-system* (Westport, CT, 1998).

第三章　大西洋 [1]

大卫·阿米蒂奇

大西洋曾有一段史前时光。2 亿年前的侏罗纪（Jurassic）早期，在现今的美洲、欧洲和非洲之间既没有构成障碍物的水，也没有构成桥梁的水。这些陆块构成名叫盘古大陆（Pangea）的单一超级大陆，直到地质构造变化逐渐推动它们分离。运动持续至今，因为大西洋海盆的扩张速率约等于太平洋海盆的收缩速率，即大致每年 2 厘米。大西洋平均 4 000 千米宽、4 000 米深，宽度与深度都不及目前地球上最大的海洋太平洋，尽管其海岸线所濒临之大陆的多样性甚于太平洋与印度洋联手。[1]大西洋如今只不过是单数世界海洋的边缘。不管国际组织确切界分它的最大努力如何[2]，大西洋反正逃不了是世界历史的一部分，既是在地质时间中而言，也是在人类尺度上而论。

大西洋历史早在大西洋史家出现之前很久就存在了。有沿着大西洋海滨及在它沿海水域之内的**环绕**大西洋的各种历史。也有在大西洋各岛屿上和在其公海上的大西洋**内部**的各种历史。还有**横穿**大西洋的各种历史，始于 11 世纪挪威人（Norse）的航海，然后从 16 世纪以来在两个方向上都变成可重复的常规活动，这已是印度洋和太平洋大面

---

1 菲尔·斯特恩（Phil Stern）对本章给予敏锐评论，特此致谢。——作者注

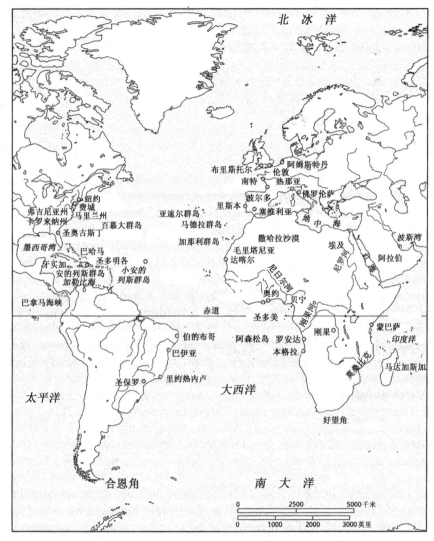

地图 3.1　大西洋

积可航行之后很久。[3]在差不多五个世纪里，这些记忆和经验组成了
多个大西洋的历史——北大西洋和南大西洋，东大西洋和西大西洋，
美洲印第安人的大西洋和非洲人的大西洋[4]，被奴役者的大西洋和自
由人的大西洋，西班牙人的大西洋和葡萄牙人的大西洋[5]，英国人、
法国人、荷兰人、克里奥尔化与混血儿的大西洋[6]，但还不是一部单

一的大西洋历史。更全面的大西洋历史于 19 世纪后期开始出现，稍后，各种各样政治性和地缘政治性的大西洋主义在两次世界大战之后蓬勃发展，但直到 20 世纪后半叶，有着自我认同的大西洋史家才开始登场。大西洋历史作为一个独立研究领域而短暂浮现要到我们这个世纪的初期，但随后海洋史和全球史又再次吞没了它。[7]

　　回顾起来，大西洋史在 21 世纪初似乎是巅峰态。我在 2002 年意气风发地宣布：“我们现在都是大西洋史家。”这句声明远播的话通常被略去其怀疑论的修改附缀而引用，后面的话是：“从大西洋研究兴趣的爆发和大西洋世界成为南美、北美、加勒比海、非洲和西欧历史学家当中的研究主题**看起来，或许应当这么说。**”[8]不到十年之间，差不多有 30 部关于大西洋史的论文集问世，同时还有数不过来的文章、学位论文和专著（不止出自历史学家）。[9]用当时一位友好批评家的话说，大西洋史“不仅仅时髦，还……显然是今日之胜者”。[10]它挑战了至晚 19 世纪后期以来便影响专业历史书写的方法论上的民族主义。它超越了民族国家界限并大大忽视领土边疆。它强调流动性和流通性，并聚焦于交换、混合、整合与沟通。它把“社群的创建、破坏和重建视为人民、货品、文化实践和思想穿越与环绕大西洋海盆运动的结果”来对待。[11]而且它是在一个由帝国界定也同样由政府界定的语境下这么做，并且在发展中的政治经济这一视角下这么做。[12]大西洋史最高的抱负是将各个有显著区别的区域联合起来，并将传统的编年史扩展为关于三四个世纪里大尺度变化的叙事。在这段繁荣年景里，对大西洋史有利的东西似乎也对更一般性的海洋史有利，甚至简单说来也对跨国家历史有利。

　　然而繁华终会落尽。大西洋史的优势地位彰明较著但却运祚短暂。原因是该领域内部程度不相上下的气力衰竭与特定性重复，再加上来自外部的日益加强的竞争。大西洋史的学术生产很难说消停了，但该领域的青春活力已经褪去，而且它作为历史编纂学灵感的地位日渐受到挑战。大西洋史最大的支持者兼倡议人、哈佛历史学家伯纳德·贝林在 2015 年评论称，大西洋史“到 2010 年时发展得如此迅速，一些

88

大西洋史家已经对大西洋世界感到厌倦，而一些基本思想也开始过时"。[13]超国家（Supranational）地区研究经历了它们自己的爆发性生长期。新的全球史以及其他海洋史开始令大西洋史黯然失色，甚至将大西洋史囊括在内。大西洋世界的疲软带来令人清醒的论断，称该领域"在艰难时期衰落"，它"肯定辜负了其早期支持者们的期许"且"该大洋不必然比非洲、美洲和欧洲诸多居民日常生活中地方的、区域的或全球的因素更具影响力"。[14]一种新的共识浮现出来。我们现在不都是大西洋史家。我们从未都是过。可能永远不会都是。[15]

在巅峰期时的大西洋史多半傲然独立。它那占统治地位的视野是全盘性的，但某种程度上是与世隔绝的。它包含着洲际的跨大洋的联结，但它对它那有容乃大的祖先持否定态度且甚少从其他大洋的历史中汲取养分。贝林 2005 年问道："大西洋史的思想是如何发展出来的？"他又回答说，"不是对费尔南·布罗代尔的地中海史概念的模仿"，他既不相信它是帝国史的扩展，也不相信它是关于相遇和探索之历史的产物。[16]如今，大西洋史甚至在同类事物中都不再是首位的，显然，地中海和印度洋挑战了大西洋作为海事地带和历史记忆空间的编年优势。[17]在大西洋史短暂地断言自身优越性之前几十年，太平洋已经生发出历史灵感，这也是一个更强势的例子。[18]而且比从前更明显的是，关于其他大海与大洋（红海与黑海，波罗的海与南海，南大洋与北冰洋）的历史编纂学不怎么受惠于大西洋历史编纂学。[19]大西洋史即将成为一个消费者，而非一个为其他大洋史提供模式的生产者。相应地，本章力图展示，在一个多元并扩散的后大西洋世界里，这些模式要为大西洋史家提供些什么。

大西洋史的成百视域

在有大西洋或大西洋史之前，已经有了"复合海洋"，由诸多被分割也不连续的大西洋构成，哪怕它们还不叫"大西洋"或没被安在大西洋这个框里。[20]直到向东移动的人们已经创造出横穿该海洋的通道之后几个世纪里，都没有西向跨越大西洋的探查，就此而言，该海洋变成"大西洋"的这段历史仍必须从欧洲和欧洲人讲起。直到 15 世纪，大多数航行都是沿着海岸进行的，致使观念上和形式上的制图学都类似于道路交通图而非航海图，更像近代早期日本人对"小东洋"的呈现，而不像对空旷太平洋的呈现。[21]在今日纽芬兰（Newfoundland）安顿下来的古代挪威人可能以为他们在非洲；克里斯托弗·哥伦布（Christopher Columbus）恐怕至死都相信他到过亚洲。他们所穿行的水域接连世界上的已知部分，但没有展示出新奇的浩瀚远景；直到 16 世纪，西班牙人的航海手册和荷兰制图学开始披露矗立在欧洲–非洲和美洲这两条边界之间的水域的完整幅度，此前它们都不会出现在地图上或欧洲人的头脑中。然而即使那时，当今海洋学家头脑中的"这个"大西洋仍长期被划分为多个子海洋区域，尤其是用赤道线把南北轴线一分为二。像墨西哥湾暖流 [Gulf Stream，18 世纪 60 年代晚期由本杰明·富兰克林（Benjamin Franklin）首次绘于地图，但无疑很早以前在水手的手艺知识中就为人熟知] 这样的洋流制造出的贯通大西洋的路线加剧了此种区分。[22]至少直到 19 世纪早期，该大洋的居民与历史研习者还不得不对付"两个大西洋"，该术语是水道测量家詹姆斯·伦纳尔（James Rennell）在 1830 年左右提出的。[23]晚至 19 世纪 70 年代，北半部（在一部来自美国的参考书中）依然可以被称为"大西洋本部"，作为同"埃塞俄比亚"部分即南大西洋的对照。[24]美国海洋学家马修·方汀·莫里（Matthew Fontaine Maury）1861 年写道："大西洋每天都有轮船横渡，太平洋一年也不会有一次。"[25]

　　因此，直到 19 世纪后期，都至少有两个大西洋。在赤道线上方的是"北海"，或者用英国人的称呼（他们的目光朝向北美），就是"西洋"。在赤道线下方，是一个大体上分离的海洋系统，它随着在非洲与南美之间往返的航行——尤其是在跨大西洋奴隶贸易的语境下——而浮现，这片海洋有多个名字："埃塞俄比亚洋"（Oceanus Ethiopicum）、

"埃塞俄比亚海"（Mare Aethiopicum）、"南方洋"（Oceano Australe）、"南冰洋"（Oceano Meridionale）或"南方大海"（Mare Magnum Australe）。这一片以巴西和安哥拉（Angola）为尽头的属于非洲人-拉丁人的大西洋是"近代时期历时最久且强度最大的强制移民"的舞台，在这舞台上，从 1556 年到巴西奴隶贸易终止的 1850 年有接近 500 万受奴役的人被从非洲向西运输。正如路易斯·费利佩·德·阿兰卡斯特罗（Luiz Felipe de Alencastro）令人信服地主张的，19 世纪中叶这个时刻标志着大西洋历史的一道主要分水岭，因为在这时候，轮船解放了水手和他们依赖风向的船只，并使得大西洋系统的北部和南部被更牢固地缝合在一起，由此一个海事系统的重要性降低了，这就是以其洋流和风向决定帆船时代旅行路线的南大西洋环流（South Atlantic Gyre）。[26]并非巧合的是，这时代最伟大的被解放者弗里德里克·道格拉斯（Frederick Douglass）的声音于 1852 年宣告："海洋不再分开各国，而是将各国连在一起。现在从波士顿到伦敦就是一场假日远足。空间相较而言被抹平了。在大西洋一侧所表达的思想在另一侧被清楚地听到。"[27]道格拉斯无疑是在想着"大西洋本部"，但他的言语日益将大西洋海盆描述为一个整体，南北及东西皆为一体。

这个整合的大西洋浮现于后解放时代和后殖民时代，倘若不太算（或可能曾经算）后帝国时代，此情使人有可能想象更大规模的大西洋史，这是就视大西洋海盆为其历史叙述之履职范围的意义而言。事实上，围绕奴隶贸易的兴衰和奴隶制及解放的历史而构建并在这时刻兴起的一种叙事，恐怕是对大西洋史自身起源而言最有前途的点。杜波依斯（W. E. B. Du Bois）的《镇压对美利坚合众国之奴隶贸易，1638—1870》（*The Suppression of the African Slave-trade to the United States of America, 1638-1870*, 1896）是这一后解放时代历史编纂学的象征物，这是一部关于黑色大西洋的史书，比社会学家保罗·吉尔罗伊（Paul Gilroy）令"黑色大西洋"这个术语流行起来早一个世纪，但吉尔罗伊把杜波依斯的概念作为一枚"有着双重意识"的透镜使用。[28]杜波依斯的研究是一个近 250 年的长时段中的洲际尺度。倘无他的书，就不能想象会有诸如 C. L. R. 詹姆斯（C. L. R. James）《黑色雅各宾派》（*The Black Jacobins*，1938）或埃里克·威廉（Eric William）《资本主义和奴隶制》（*Capitalism and Slavery*，1944）的研究。我们也不会有能将大西洋作为一个动态的、破坏性的且循环的体系来观看的最重大的单体巨视显微镜（macroscope）[1]，这就是在线跨大西洋奴隶贸易数据库（Trans-Atlantic Slave Trade Database），详细列出近 36 000 次带着多达 1 250 万人穿越该大洋的航行。[29]在能有其他任何大西洋历史之前，差不多只有一部黑色大西洋史，而且这段历史在大西洋故事的中心安放了下层民众被奴役和被强制迁徙的内容。

仿佛是为了响应这个黑色大西洋视野，20 世纪早期也短暂地浮现出一个明显白色的并有着种族紧张气氛的大西洋。这就是 20 世纪 20 年代德国政治地理学家卡尔·豪斯霍弗尔（Karl Haushofer）所设想的大西洋世界的地缘政治视野。豪斯霍弗尔现在可能更因其太平洋史的视野——对一个蓬勃中的海洋史领域而言的又一个反常早期先驱——而知名，不过这两种视野在他的杂志《地缘政治杂志》（*Zeitschrift für Geopolitik*）的篇章中同步出现。[30]在那里，大西洋世界包含南美和北美大陆以及环绕它们的海洋，加上撒哈拉以南的非洲。豪斯霍弗尔明显将这个世界同另一个有自身独立历史及命运的有影响力的领域分隔开，那就是欧洲、北非和阿拉伯半岛组成的"旧世界"。此"大西洋世界"将美洲同非洲连起来，但不同欧洲连接，因此是一个种族化和克里奥尔化的带着海洋投影的半球。[31]这个大西洋世界外在于一切曾被或将再度被设想的大西洋历史。

从大西洋视角看去，大西洋史的下一波出现在两次世界大战期间。[32]第一次世界大战临近尾声时，美国记者沃尔特·李普曼（Walter Lippmann）开始撰写关于"大西洋共同体"的东西，最初着

---

1 这个词可以直接译为"宏观"，但还有更确切的意思，指能全面观照某类事物的方法（或软件＋算法）体系，不像显微镜那样看细小的东西，也不像望远镜那样看远处的东西，而是将某事物的复杂数据放在一起，分析其在时间和空间中的含义。——译者注

眼的是北大西洋，但他后来将之扩展，包括了各个拉美国家。时值美国的孤立主义时代，他的思想遁入地下，但后来作为下一次世界大战之后所建立之大西洋共同体的背景故事而重见天日。李普曼作为大西洋主义的促进人重新出山，在美国领导建立各种国际机构——从《大西洋公约》(Atlantic Charter, 1941) 和联合国到联合国教科文组织再到北大西洋公约组织——的时代，此大西洋主义是国际主义的一种，常被当成作为整合一体之聚焦领域的大西洋史的温床。[33]从这一刻起，我们获得了"大西洋世界"作为大西洋共同体之地缘政治表达的最初概念，以及作为外交官和法律国际主义者作品中之历史实体的最初概念，但还没体现在历史学家当中。[34]到了20世纪70年代早期，"大西洋世界"这种思想首度摆脱上述出身而迁移到更宽泛的历史编纂学中。它进入新世纪才变成一个广泛传播的专门术语，2000年之后其用法在历史学作品中激增——20世纪90年代英语世界只有6篇学术论文在标题中使用该术语，但21世纪头十年有超过50篇这么用，而且从2010年以来也有类似的调用模式。[35]

第二次世界大战之后的大西洋史谱系巩固了一种包含悠久编年学和隐含式地理学的叙事。欧洲人向西扩张到海洋空间，带来以驱逐本地人民并破坏或演变他们的共同体从而令移居者的殖民化得以可行为前提的移民潮，此种移民潮最初是在欧洲大都市的监管下进行的。日益贪得无厌的奴隶贸易将易耗的劳动力泵入早期资本主义的生产体系，导致不平等性和种族统治逐步增强。当人们所感知到的政治压迫和克里奥尔人对此压迫的回应点燃了一系列"大西洋革命"并由此带来政治独立、(被用自己国家的历史改装过的) 新的民族国家形成以及受奴役者的解放 (某种程度上是美国内战的效果但晚了几十年) 时，那些等级结构并未瓦解。这是目的论者的叙事，在21世纪早期大西洋史处于运势高峰时影响了它。此种叙事在15世纪后期到19世纪头1/3这条时间线上安顿下来，但不可避免地错失了1850年的分水岭和1888年更靠后的巴西废奴，且只是事后才把海地人革命 (Haitian Revolution) 作为关键事件吸收进来。这样一部大西洋史，其编年披露出其地理仍然以赤道线以上的"本部"大西洋为中心，出于无心或有意，但仍然不加承认。

这是一部北大西洋历史，也是一部地中海式的现代化史，在欧洲人的扩张和早期工业化之间绷紧，并受到由革命和解放（既是个人的也是政治的）解除压迫这一解放故事的影响。在法国历史学家雅克·戈德肖（Jacques Godechot）及其美国合作者帕尔默（R. P. Palmer）笔下，此政治叙事制造出关于现代西方文明的一部历史，而大西洋位于其中心。然而大西洋自身更像一个洞而非一个中心。1955 年他们在罗马提交的初稿论文《大西洋的难题》(Le problème de l'Atlantique) 刻画了一个没有海洋的大西洋世界，就像帕尔默重要的独撰作品《民主革命时代》(*The Age of the Democratic Revolution*，1959—1964)，他们合写的论文很难说是对大西洋史作为海洋史的一份贡献，尽管戈德肖本人曾在 1947 年用法文写过首部大西洋海事史。[36] [首批英文大西洋史书是由两位水手作家、美国人莱昂纳德·奥斯维特（Leonard Outhwaite）和澳大利亚人阿兰·维利尔斯撰写并在 1957 年出版的，是牢牢聚焦于北大西洋的通俗作品。[37]] 20 世纪 50 年代受费尔南·布罗代尔激发的近代早期西属大西洋（Hispanic Atlantic）的研习者——比如维托里诺·麦哲伦·格迪尼奥（Vitorino Magalhães Godinho）、于埃·夏努（Huguette Chaunu）和皮埃尔·夏努（Pierre Chaunu）以及弗雷德里克·毛罗（Frédéric Mauro）——要将地中海模式运用到大西洋及其区域，哪怕布罗代尔本人认为他们的作品"武断"，没能达成他的全盘性抱负。[38]结果是，大西洋史的这些头像后来罕被作为该领域的发起者而引用，倒乐于采用帕尔默这般对大西洋**本身**兴趣寥寥的旱地耕作的历史学家。

直到有着自我意识的大西洋史在 20 世纪 90 年代后期和 21 世纪初呈爆发式发展之前，学术研究都很大程度上在第二次世界大战后凿出的水渠里流淌。这些知识管道将大西洋史引入位于 15 世纪后期至 19 世纪早期之间的从遭遇到解放之编年序列中的帝国史和国家史。重要的例外是那些研究奴隶贸易之长效动力的非洲史学者，比如追随杜波依斯的菲利普·科廷（Philip Curtin）以及他的后继者，他们的工作必然肯定了大西洋史已确立的历史分期，但这个分期更深层地渗入南大西洋的语境，也渗入非洲，它更坚实地将加勒比海整合进大西洋史之内，而且（尤其在葡萄牙和大不列颠）它聚焦于被国家性实体所驱动的一种奴隶体制，而该种体制的范围无疑又超出国家且是洲际性的。[39]

20世纪后期对大西洋史的挑战是三重的。首先，整合大西洋史的各条支流，如政治的、经济的和文化的，黑色大西洋和白色大西洋，国家史和跨国家史；其次，针对传统的编年界限和地理界限施压；最后，定义该领域的身份认同，同时不将之与其他历史探询区域切断。大西洋史在21世纪初的快速成熟及同等迅速的分解只是部分程度地恰当应对了那些挑战。诚然如研讨班和会议、专著与论文的激增所证明的，正当历史学家们开始日渐怀疑一个民族国家框架是否足够捕捉他们所感兴趣的既有地方性又有全球性的诸多进程时，大西洋史提供了一条有扩展空间的整合路径。紧随论著作品的爆发（以教科书和概论的形式，因为大西洋史成为一个分布广泛的教学领域）而浮现的重大综合体巩固了此种整合趋势，尤其是通过将黑色、白色和"红色"（或本地）大西洋结合成一种多元族群叙事。[40]它们在豁开"19世纪中叶"这道看似顽固的屏障方面不够成功——两个大西洋正是在那个时期最终联合为一个单一的沟通体系，并继续（至少在编年学上）标志着大西洋史的外部边界。集中于19世纪后期大西洋经济的关注早期全球化的历史学家们、美国内战时期的研习者们，以及注意6 500万欧洲人于1839年到1930年间横穿大西洋移动的移民史学者们，把这时期解说为"长大西洋"（long Atlantic）。[41]然而被艾玛·罗斯柴尔德（Emma Rothschild）称为"适时的地方主义"的东西被证明比空间上的地方主义更有回弹力，而且这个较长的大西洋在历史编纂学上仍有待确立。[42]

关于定义大西洋史的第三个挑战直到大西洋史位于成功巅峰时，依然众说纷纭地悬而未决。为了确立它的身份认同，有些历史学家

（比如贝林）专注于谱系，要发现它们的祖先并展示它们的血统，哪怕代价是限制了原创性而肯定了连续性。作为回应，其他人（包括我本人）转向形态学，去展示大西洋史各相关品系当中的家族相似度。[43]这些共同努力可能短暂地塑造了该领域的路线，恰当它的身份被再度归入更宽阔的历史探询之流以前。有时候，向前走的最佳道路是向后看。在本章接下来的篇幅里，我将为大西洋史提出三条新路线，借鉴近期更广义的海洋史，并依据我早前的努力来剖析该领域。

大西洋史的（另外）三个概念

15 年前，我提出大西洋史的三个概念，用以解剖既有的路径并强调该领域的前瞻性道路，它们是**环**大西洋史（circum-Atlantic history）、**跨**大西洋史（trans-Atlantic history）和**沿**大西洋史（cis-Atlantic history）。[44]我用"环大西洋史"指"大西洋作为一个（内外）交换和（内部）互换、流通和传送之特定地带的历史"，简而言之，是作为跨国家历史的大西洋史。[45]"跨大西洋史"是在帝国之间、民族国家之间和类似的共同体或形态（比如城市和种植园）之间"通过比较而得以辨别出的大西洋世界的历史"，亦即，作为国家间的、地区间的或（按我们现在会用的词汇）政体间（inter-polity）的历史的大西洋史。[46]"沿大西洋史"则构成"任何特定地方——一个民族国家、一个政权、一个区域甚至一个具体机构——与更广义大西洋世界之关系的历史"，或者说是被构想为地方史甚至是微观史的大西洋史。[47]

该类型学并未穷尽所有，并且我打算让这三个范畴彼此加强：环大西洋史令跨大西洋史成为可能，且两者都依赖于沿大西洋史；反过来，沿大西洋史萌生自环大西洋史和跨大西洋史的联结与循环。当时以及此后的许多年里，它们都足够容纳作为大西洋世界之历史而开展的工作体量，此大西洋世界在很大程度上是对照着海洋之间的联结和全球性联结而定义的，被构想为一个包含多块大陆的全盘体系，并被

97

视为波涛上方的和毗邻大西洋及在大西洋内之所有土地上的经验总和。到了现在，它们看起来不再像从前那般完善，尤其是因为它们大体是根据大西洋史内部的既有实践而归纳推导出的。

过去十年里海洋史的演变暗示出拓展我最初三分法的迫切需要，要考虑在大西洋史之内和之外的更晚近发展，要为大西洋史本身设想新的远景。带着这些目标，容我在我的原始三元组之外提出大西洋史另外的三个概念：

> 1. 亚大西洋史（infra-Atlantic history）——大西洋世界次级区域的历史。
>
> 2. 下大西洋史（sub-Atlantic history）——大西洋世界的水下历史。
>
> 3. 外大西洋史（extra-Atlantic history）——大西洋世界的超区域历史。

我在本章后半部分的目标是用取自大西洋史及其历史编纂学邻居的例子描述每一路径，说明这些路径的重要性，并提出各路径如何能把大西洋史拉入同其他海洋史的更密切也更富有成效的对话中。这三个新的概念补充我早前的三分法，但并不替代它们。将它们并置而论，则它们能提供新颖的方法来重新激活大西洋史这个领域，并增进它同其他历史分析区域的整合。

亚大西洋史

亚大西洋史是沿大西洋史的反转，是"关于该海洋作为一个有别于任何组成该海洋之较狭义的特定海洋性地带舞台的历史"。[48]该路径与整合性路径形成对照，不聚焦于那些更明确和边界更突出的流入或紧邻这个更大海洋的区域，而聚焦于那些有其自身完整性的区域，如岛屿和群岛，滨海和海滩，海峡、海湾和自成一体的小海。它是关于居住在这些次级区域的人民的历史，他们靠海为生，或在沿海和岛屿水域追逐海洋生物。这不是一个作为沿大西洋史聚集体的大西洋，因为没人假定那些地方应当被联结到一个更大的交流回路上。这个大西洋也不是一个"世界"或一个"体系"，反而是一系列区别明显的空间，也是从它们之中浮现的竞争性视野。把格列格·德宁归于太平洋史的一个特征演绎一下，则它是在大西洋**中**的历史，而非**属于**大西洋的历史。[49]

亚大西洋史从毗邻的海洋史中汲取灵感，那些海洋史也力图将更宽广的海洋分解成它们自身的组分。正如乔纳森·米兰在本书中关于红海的一章所评论，"大多数海上空间与生俱来就是被割裂的、碎片化的且不稳定的舞台"；他以此肯定了佩里格林·霍尔登（Peregrine Horden）和尼古拉斯·珀塞尔（Nicholas Purcell）的论点，后两人认为地中海应当被从布罗代尔式的综合论中解脱出来，把它分解成诸多狭域生态学，或者也肯定了苏贾塔·博斯那种支持印度洋舞台上可见到令人目眩的各式"成百视域"的类似声明。[50]已经有人提出，在一个民族主义、民粹主义和反全球化复苏的时代，全球史的未来既在于叙述分解，也在于叙述整合。[51]在此种眼光下，一个支离的大西洋同一个协调的大西洋所能披露的一样多。这是因为，它更能反映特定经验，而不是跌入欧洲中心论的陷阱或辉格党教义（whiggism）的陷阱，前者假定大西洋是欧洲人保留地或欧洲人的创意，后者以大西洋的整合不可避免甚至不可逆转为前提假设。

亚大西洋史首先可踏遍大西洋的岛屿而发现。这番搜寻把我们带回"大西洋／亚特兰蒂克"这个术语自身的一个可能词根。公元前355年前后，柏拉图在《蒂迈欧篇》中设想了岛屿帝国亚特兰蒂斯，位于地中海这个"蛙塘"以外的西洋中，在消失于一场灾难性的洪水之前正与雅典人打仗。欧洲人在大西洋的最早航行给柏拉图的神话假以新的可信面貌，或者至少假以讲述同美洲之早期联系时的有用性，哪怕亚特兰蒂斯后来成为印度洋中利莫里亚的一个西方对等者，利莫里亚是一个沉没的超级强国，后来的多种身份认同围着它打旋。[52]向西探索大西洋的第一个有记载人物是接近与柏拉图同时代的岛际航行家、马萨利亚 [Massalia，即马赛（Marseille）] 的皮提亚斯（Pytheas），他在公元前 4 世纪航行到大不列颠岛、奥克尼群岛（Orkney）和设得兰群岛（Shetland），甚至还可能到了冰岛（Iceland）。[53]之后很久，大西洋都是想象中的群岛王国——幸运群岛（Fortunate Isles）、圣布伦丹岛（St Brendan's Isle）、七城之岛（the Island of the Seven Cities）、天涯海角（Ultima Thule）[1]，等等，直到欧洲人获悉它确乎是一个被许多岛屿结构所镶饰的海洋，北有奥克尼和设得兰，海中央有加纳利群岛（Canaries）和亚速尔群岛（Azores），加勒比海中还有大小安的列斯群岛（Greater and Lesser Antilles）。[54]所有这些岛屿在跨大西洋接触形成之前都有自己的亚大西洋史，且它们的居民会继续活在这种历史中，哪怕当他们已经更深地卷入一个新出现的大西洋世界后。

大西洋逐渐作为一个**有**岛屿的海洋进入焦点，但它是否也是一个**属于**岛屿的海洋呢？太平洋研究促成了这一问。[55]在太平洋史中，属于岛屿的海洋这一范式表达出土著居民关于依恋性和重要性的意识，它重新构造了外来者所贬低的大量东西，同样重新构造了"地球这个空旷区间"里土地的缺乏或重要性。[56]像波利尼西亚航海家那种辽阔的殖民航行（把岛屿变成穿越广袤海洋的垫脚石），在大西洋中没有土著对应物。由加纳利群岛到亚速尔群岛的岛屿再加上大西洋上海风所构成的"大西洋的地中海"，很难与这些媲美，哪怕加勒比海诸岛和毗邻的南北美洲沿海地区可以宣称是一个"跨洋地中海"，甚至一个"大西洋的大洋洲"，只是规模比太平洋中任何东西都小很多。[57]直到刚进入 20 世纪之时，诸如阿森松岛（Ascension Island）、特里斯坦–达库尼亚群岛（Tristan da Cunha）和圣赫勒拿岛这些土地仍彼此相隔遥远也远离五大洲，而且在 18 世纪大多时候，圣赫勒拿岛都是通往印度洋

---

1 字面意思是"终极图勒"，"图勒"是指极北之地的地名。——译者注

的门户，同时福克兰群岛（Falkland Islands）"打开了……通往太平洋的可行性"。[58]这些是在大西洋**中**的岛屿，却不怎么**属于**大西洋。

在大西洋、其岛屿和环绕它的大陆**之间**居中调停的是大西洋的海岸与海滩。所有海事活动都始于这些陆海相接的区域，但它们在大西洋史之内的潜能才刚刚开始被探索。[59]海滩在太平洋历史编纂学之内拥有特殊地位，它是关于文化相遇的隐喻，也是上演互相理解与误解的空间，还是身份认同被持续重塑的空间。[60]海滩在大西洋历史编纂学中还没有发挥启明功能，可能由于后来欧洲人对海边的想象是，它是休闲和娱乐、审美和竞技的地方。[61]通过从事亨利·大卫·梭罗（Henry David Thoreau）一语双关喊道的"**在海边**……走下岸，让你的路线直通大西洋里"，在"海洋只是一个更大湖泊"之处寻找更多地方性和有边界的研究对象，亚大西洋史可能恢复这些空间的重要意义。[62]此处的要点是人类同自然物（尤其是鱼类这样富含蛋白质的资源）之间的互动及陆地同海洋的互动，实为缩微版的海洋史。

关于边疆和边陲地带的历史很大程度上都是陆地史，并坐落于大陆内部，但审视"咸水边疆"有着巨大潜力，尤其非洲从 15 世纪早期起而美洲（既有加勒比海的，也有美洲大陆的）从 16 世纪早期以来，在这种边疆地带就有新来者和当地人的相遇。（内外）交换和（内部）互换（继之而来的常是冲突与驱逐）首先发生在这种阈限空间，同样，本地人住所被转变成垦殖者的滩头堡以在海上保护自己或将其势力扩展到陆地，例如在北美东海岸沿线 17 世纪发生的。[63]"美洲海岸堪称曾是欧洲最早的新世界边疆"，而且该思想可以环绕大西洋世界边缘而扩展，尤其是沿着其西海岸。[64]

亚大西洋史也能扩展到早期互动时刻以外。在最初的相遇期和占领期之后，欧洲势力力图将新的领土与臣民整合进他们的主权和权力网络中。帝国的网络总是不完整的，因为走廊和飞地构成的一块混杂物导致帝国的渗透不完整，且像任何网络一样，造出的孔洞跟连线一样多。在大西洋世界内部，海岸、河流、河口与岛屿是帝国苦心经营之地，在大陆边缘和像西印度群岛这样的群岛上，直至 19 世纪都是帝国与帝国之间针对有争议的"政体间微观区域"面对面竞逐控制权的地方。[65]当在这种颗粒层级上审视微观区域时,亚大西洋史展示出,大西洋史的联结性和整合性这两个通常被假定有种选择性亲和力的特征只不过是偶然相关——被卷入大西洋网络当中并不必然就成为一个牵连更甚的大西洋世界的一部分。不过亚大西洋史可能依旧显得是表面文章,正是"表面文章"一词的字面意义。如同大西洋史的大多种类,它始于陆地和海洋表面,并由那里出发向上和向外建造。为了深入,我们需要考虑"**下大西洋**"史。

下大西洋史

下大西洋史是自下而来的历史,不是指该措辞作为精英以下阶层之历史的传统社会历史学意义,而就是指发生在"水平线之下"或"波涛之下"的历史。[66]"下大西洋"这个术语似乎浮现于 19 世纪中叶这个关键时刻,那时两个大西洋因为轮船航行来临而日渐联合,且电报首次将大西洋两岸连了起来。比如《牛津英语词典》关于"下大西洋"的最早例子来自 1854 年和 1875 年,分别是"下大西洋电报"(subatlantic telegraphy)和"下大西洋电缆企业"(subatlantic cable enterprise)。[67]比较近的时期,依据加勒比海思想家如爱德华·格里桑(Édouard Glissant)和已故的德里克·沃尔科特(Derek Walcott),该词被调用来覆盖"作为历史记忆宝库的下大西洋"王国。[68]下大西洋史能覆盖所有这些意义和更多意义,指示大西洋波涛之下的世界——它的洋流、海床和水,也有海洋生态系统的居民、人类与大西洋自然界的互动,以及在这海洋自身**之内**发生的历史。[69]

下大西洋史补救了"来自大西洋史的……一个探询范围:该海洋自身"的令人震惊的缺失,这个海洋被看成"一个单一海洋单元,一个因人类在具体子区域之不同速率的活动而加以区分的巨大生物区域"。[70]它可以是亚大西洋史的一个附属,作为对该海洋特定部分及其同动物、陆地和人类之互动的审视，这个路径在杰弗里·博尔斯特 (Jeffrey Bolster) 关于西北大西洋渔场的富有启发性的历史研究中得到示范。[71]海洋可以显得不受时间影响，是那些（用布罗代尔式的术语讲）宛如其浪巅上之事件泡沫的东西深沉又亘古不变的舞台。作为对照，下大西洋史披露作为一个多变且移动之实体的海洋的历史，该实体被人类的活动所转变（例如由于过度捕捞或污染），也被气候变迁这类更影响全局的进程所转变。相应地，下大西洋史令大西洋史同作为整体的环境史更充分地结盟。[72]

下大西洋史也应包含该大洋下面之活动的历史。大西洋水生动物迁移数量的规模不及太平洋的，比如以鲸、鱼类和鳍足类而论；人类为逐猎这些生物而进行的迁移和定居没能形成一部程度有似太平洋此种人类史的大西洋史。[73]然而人类长期以来就进入大西洋的北极高纬度范围狩猎鲸，并且对鱼干中蛋白质的需求决定了北大西洋的航海和定居模式以及 18 世纪纽芬兰同加勒比海（为了给被奴役的人们供应食品）之间的殖民联系。[74]因此，获取哺乳动物和鱼类的通道在几个世纪里塑造了大西洋的整合形态，一如这个海盆的信风和洋流在轮船来临前所为。许多大西洋史想当然地认为，这个海洋及其居民驱动了这些发展。未来的大西洋史家想要**看着**这个海洋，也想要穿越它，以辨析它真实的历史维度。

关于这个海洋之海洋资格的意识也形成下大西洋史的部分。因为大西洋世界的多数白人居民直到 19 世纪早期都共享着一种后罗马时代的针对游泳的偏见，"很可肯定，印度人和黑人在游泳和跳水这样的艺术方面胜过所有其他人"。基于该理由，非洲人、非裔美洲人和本地美洲人在大西洋水下知识的收集方面处于前沿，例如在牙买加 (Jamaica) 为恢复汉斯·斯隆爵士的标本而工作，潜水采珠，或从失事船只上抢救物品。[75]他们也更可能沦为凶猛动物如鲨鱼的牺牲品："鲨鱼和奴隶贸易从一开始就同路。"[76]更一般地说，大西洋地理学到 16 世纪后期已经合情合理地广为人知，而大西洋的海洋学和水文地理学到 18 世纪后期才刚开始被探索。在此之前，尽管渔夫和水手拥有对

104

大西洋的风和水及其动物居民的粗浅理解，但对这个海洋的探索限于沿海水域。大西洋的第一次深海试探来自 1773 年挪威海上的英国皇家海军舰艇"赛马"号（Racehorse），但在深海上的重大科学工作直到 19 世纪后期才开展，由 1872—1876 年"挑战者"号（Challenger）的远征揭幕。[77]声呐的发明使更深入的调查得以进行，并在 20 世纪 50 年代带来玛丽·萨普（Marie Tharp）和布鲁斯·希森（Bruce Heezen）图绘大西洋中脊的伟大成就，这不仅是下大西洋史的突破性进展，也是新兴的板块构造理论的突破性进展。[78]半个多世纪以后，就如世界上众多其余深海，大西洋仍留下大范围未图绘领地，这是一个等待科学探索的洋内空间，但也在等待历史调查的成熟时机。

105　　大西洋波涛之下的世界此时可说是很不发达的形态。但是，随着海洋史日益深刻地被环境史塑造，它可能会繁荣。大西洋的非人类历史只能扩展，对它的历史研究不仅止于其他生物，还有它的水和风以及它们反过来如何同人类活动互动，正如我们从关于加勒比海飓风的近期作品中已经看到的。[79]与此同时，波涛下的世界——失事船只、淹死的人和对深度的想象——已经吸引着文学注意力。[80]水下王国恐怕是大西洋史的最后边疆，但其他海洋历史编纂学中波涛以下历史的进展暗示，它的时间也快来了，尤其是当它同正浮现的其他领域关于海洋开采、管理和治理的作品相结合时。[81]当这一天到来时，下大西洋史会成为另一种将大西洋史同毗邻海洋史结合起来的方法。为了看到这种联动转向的希望，我们现在终于要转向我的第三个也是最后一个附加概念——**外大西洋史**。

外大西洋史

　　外大西洋史是通过大西洋与其他大洋大海的联系来讲述的大西洋历史。[82]大西洋在东侧穿过直布罗陀海峡（Straits of Gibraltar）向地中海敞开，在西岸，巴拿马运河（Panama Canal）开凿之前，将它与太平洋分隔开（或连起来）的只不过是最窄处不到 80 千米的巴拿马地峡。一如太平洋，大西洋是巨型海洋传送带（the Great Ocean Conveyor Belt）的一部分，且其气候服从于厄尔尼诺 / 南方涛动（Southern Oscillation）的变动。[83]大西洋的最南端连着太平洋、印度洋和南大洋；而且由于气候变化和冰川消融，拓宽着的西北通道很快就会通过北冰洋再把大西洋同太平洋连起来。如下大西洋史所披露的，也如本书反复证明的，各海洋之间的海洋学连接确保了任何把它们分开的企图都是人为的且有局限的。有一个关于海洋的迷思，一如关于大陆的迷思。[84]打破此类迷思的方法就是承认那种连续性。海洋是连着的。[85]大西洋史同许多其他海洋史有联系。如果孤立地看它，则它自己的历史可能就只显得是反复无常的亚大西洋史。而且，倘若大西洋大到无法捕捉某些历史进程，那它肯定也小到无法包含那些在海洋之间的、跨区域的和在全球的尺度上操作的东西。

从 15 世纪以来，历史行为人从没把大西洋误会为一个不连续的海洋王国。对哥伦布而言，后来作为大西洋知名的海洋是通往亚洲的一个门户，是日渐受到奥斯曼帝国封锁的地中海航线与跨大陆线路的替代线路。他那些在 16 世纪、17 世纪和 18 世纪寻求西北通道的后继者们也类似地假定大西洋没有边界也不被陆地封闭。在整个近代早期世界，环游世界的四海为家之士——水手、士兵、商人、神职人员、朝圣者和诸如此类的人——在地中海、大西洋和印度洋这些海洋世界之间移动。[86]从地中海和大西洋各岛屿载着各式大宗产品和各式强制劳动力穿过这海洋的奴隶贸易者和种植园主们假定，气候将大西洋畔的美洲同环绕地中海的南欧与北非陆地连接起来，就像鼓吹进口葡萄酒、橄榄油和丝绸之替代商品的理查德·哈克卢伊特（Richard Hakluyt）、约翰·洛克（John Locke）和其他人所假定的那样。随着在墨西哥和秘鲁大规模地开采银矿，第一个日不落帝国——西班牙君主国——变成近代早期全球化中首个循环回路的载体，从 1571 年到 1815 年以马尼拉大帆船作为其传送带。[87]当菲律宾由新西班牙的总督辖区管理时，连在 16 世纪后期都显而易见，西属大西洋世界已经扩展到遥跨太

107 平洋。其实在欧洲各国眼里，北美大陆直到 18 世纪都依然是大西洋世界和太平洋世界之间的地缘政治桥梁。[88]

帝国的政治经济和跨国贸易公司类似地塑造了大西洋和其他海洋区域之间的联系。英国东印度公司若无其在大西洋的前哨圣赫勒拿岛，就不可能在印度洋呼风唤雨；而它的苏格兰后继者、17 世纪后期短命的苏格兰非洲和东西印度群岛贸易公司（Company of Scotland Trading to Africa and the Indies）提出一个以达连地峡（Isthmus of Darién）[1] 为中心的包括两个半球的全球贸易视野（为此该公司俗称达连公司）。[89]在苏伊士运河开凿之前，好望角是大西洋和印度洋之间的轴枢，那里是帝国相连且大洋交接的"海洋客栈"，直到 1869 年，这两个海洋世界都不能明确区分。[90]像稻米、靛蓝和面包果这类商品从印度洋和太平洋移植到大西洋，作为垦殖者和被奴役者的主要食品，也作为洲际商贸产品；美国革命前夕被倒入波士顿湾的茶叶是用东印度公司船只运到北美的中国茶叶。后来，尤其是解放运动之后，对劳动力的需求把中国工人和印度工人拖入该区域，令大西洋迁移加入 19 世纪和 20 世纪早期的全球流动与运输回路。[91]直到 20 世纪，大西洋才被认为是个自成一体的"世界"并与在更大范围里构想的全球史明

108 显不同。现在是时候让它与那个更宽广的历史重新联结，是时候把大西洋史带出近百年的孤独。

* * * * *

亚大西洋史、下大西洋史和外大西洋史这三种较新的大西洋史都能既从时间上也从空间上拓展和深化大西洋史，在时间上超出了它默认的限于近代早期史的边界，在空间上包括它的表面下、横贯它的水面和对作为一个整体的世界海洋的更广泛触及。通过从其他海洋史汲取方法和灵感，它们（这三种概念）完全能帮助大西洋历史编纂学进

---

1 位于加勒比海最南端。——译者注

入一场更卓有成效也更持久的同海洋史的对话。它们也能为近些年来困扰大西洋世界的该领域的一些疲软症提供疗救之方。如若大西洋史当真有未来，则它的未来就是从海洋史透镜看过去的世界史之子集。[92]我们现在都是全球海洋史家，就连我们当中公然自认的大西洋主义者也是。

👉 深入阅读书目

    在现有海洋史中，大西洋史有着格外多的手册、丛书和综论。要体会近年来该领域的演变和巩固，可以循序阅读以下作品：Jack P. Greene and Philip D. Morgan, eds., *Atlantic History: A Critical Appraisal* (Oxford, 2009); Nicholas Canny and Philip Morgan, eds., *The Oxford Handbook of the Atlantic World, 1450–1800* (Oxford, 2011); Joseph C. Miller, Vincent Brown, Jorge Cañizares-Esguerra, Laurent Dubois and Karen Ordahl Kupperman, eds., *The Princeton Companion to Atlantic History* (Princeton, NJ, 2015); D'Maris Coffman, Adrian Leonard and William O'Reilly, eds., *The Atlantic World* (Abingdon, 2015)。

    从大西洋史较早的繁荣中产生的重要汇编作品包括：David Armitage and Michael J. Braddick, eds., *The British Atlantic World, 1500–1800* (Basingstoke, 2002; 2nd edn, 2009); Horst Pietschmann, ed., *Atlantic History: History of the Atlantic System, 1580–1830* (Göttingen, 2002); Wim Klooster and Alfred Padula, eds., *The Atlantic World: Essays on Slavery, Migration, and Imagination* (Upper Saddle River, NJ, 2005); Jorge Cañizares-Esguerra and Erik R. Seeman, eds., *The Atlantic in Global History, 1500–2000* (Upper Saddle River, NJ, 2007); James Delbourgo and Nicholas Dew, eds., *Science and Empire in the Atlantic World* (New York, 2008); Toyin Falola and Kevin D. Roberts, eds., *The Atlantic World, 1450–2000* (Bloomington, IN, 2008); Bernard Bailyn and Patricia L. Denault, eds., *Soundings in Atlantic History: Latent Structures and Intellectual Currents, 1500–1830* (Cambridge, MA, 2009)。

我在 2002 年评论说，大西洋史尚未到"因上千教科书而死"的地步；此后很快出现的文本大大有助于推动该领域前进，其中包括：Douglas R. Egerton, Alison Games, Jane G. Landers, Kris Lane and Donald R. Wright, *The Atlantic World: A History, 1400–1888* (Wheeling, IL, 2007); Thomas Benjamin, *The Atlantic World: Europeans, Africans, Indians and Their Shared History, 1400–1900* (Cambridge, 2009); Karen Ordahl Kupperman, *The Atlantic in World History* (Oxford, 2012); John K. Thornton, *A Cultural History of the Atlantic World, 1250–1820* (Cambridge, 2012); Catherine Armstrong and Laura M. Chmielewski, *The Atlantic Experience: Peoples, Places, Ideas* (Basingstoke, 2013); Anna Suranyi, *The Atlantic Connection: A History of the Atlantic World, 1450–1900* (Abingdon, 2015)。

大西洋史如今也有充足的关于该领域及其命运的简约好用的综述，尤见 Bernard Bailyn, *Atlantic History: Concept and Contours* (Cambridge, MA, 2005); John G. Reid, "How Wide is the Atlantic Ocean? Not Wide Enough!", *Acadiensis,* 34 (2005): 81–87; Trevor Burnard, "Only Connect: The Rise and Rise (and Fall?) of Atlantic History", *Historically Speaking,* 7 (2006): 19–21; Alison Games, "Atlantic History: Definitions, Challenges, and Opportunities", *American Historical Review,* 111 (2006): 741–757; Jorge Cañizares-Esguerra and Benjamin Breen, "Hybrid Atlantics: Future Directions for the History of the Atlantic World", *History Compass,* 11, 8 (August 2013): 597–609; Richard J. Blakemore, "The Changing Fortunes of Atlantic History", *English Historical Review,* 131 (2016): 851–868; Michelle Craig McDonald, "There are Still Atlanticists Now: A Subfield Reborn", *Journal of the Early Republic,* 36 (2016): 701–713。

关于大西洋史同其他（海洋的和全球的）历史相贯通之可能性在扩大的踪迹，可见 David Eltis, "Atlantic History in Global Perspective", *Itinerario,* 23 (1999): 141–161; Donna Gabaccia, "A Long Atlantic in a Wider World", *Atlantic Studies,* 1 (2004): 1–27; Philip J. Stern, "British Asia and British Atlantic:

Comparisons and Connections", *William and Mary Quarterly,* 3rd ser., 63 (2006): 693–712; Paul W. Mapp, "Atlantic History from Imperial, Continental, and Pacific Perspectives", *William and Mary Quarterly,* 3rd ser., 63 (2006): 713–724; Peter A. *110* Coclanis, "Atlantic World or Atlantic/World?", *William and Mary Quarterly,* 3rd ser., 63 (2006): 725–742; Lauren Benton, "The British Atlantic in Global Context", in Armitage and Braddick, eds., *The British Atlantic World, 1500–1800* (2nd edn.), pp. 271–289; Nicholas Canny, "Atlantic History and Global History" 及 Peter A. Coclanis, "Beyond Atlantic History", in Greene and Morgan, eds., *Atlantic History,* pp. 317–336, 337–356; Emma Rothschild, "Late Atlantic History", in Canny and Morgan, eds., *The Oxford Handbook of the Atlantic World, 1450–1850,* pp. 634–648; Douglas R. Egerton, "Rethinking Atlantic Historiography in a Postcolonial Era: The Civil War in a Global Perspective", *Journal of the Civil War Era,* 1 (2011): 79–95; Kate Fullagar, ed., *The Atlantic World in the Antipodes: Effects and Transformations since the Eighteenth Century* (Newcastle upon Tyne, 2012); Cécile Vidal, "Pour une histoire globale du monde atlantique ou des histoires connectées dans et au-delà du monde atlantique?", *Annales HSS,* 67 (2012): 391–413; Paul D'Arcy, "The Atlantic and Pacific Worlds", in Coffman, Leonard and O'Reilly, eds., *The Atlantic World,* pp. 207–226; Christoph Strobel, *The Global Atlantic 1400 to 1900* (Abingdon, 2015); John McAleer, "Looking East: St Helena, the South Atlantic and Britain's Indian Ocean World", *Atlantic Studies,* 13 (2016): 78–98。

注 释

[1] Jan Zalasiewicz and Mark Williams, *Ocean Worlds: The Story of Seas on Earth and Other Planets* (Oxford, 2014), pp. 54, 56–57.

[2] International Hydrographic Bureau, *Limits of Oceans and Seas,* 3rd edn. (Monte Carlo, 1953), pp. 13, 18–19; Shin Kim, *Limits of Atlantic Ocean,* International Hydrographic Organization, Special publication, 23 (Seoul, 2003).

[3] Kirsten A. Seaver, *The Frozen Echo: Greenland and the Exploration of North America, ca. A.D. 1000–1500* (Stanford, CA, 1996).

[4] Paul Cohen, "Was There an Amerindian Atlantic? Reflections on the Limits of a Historiographical Concept", *History of European Ideas,* 34 (2008): 388–410; Thomas Benjamin, *The Atlantic World: Europeans, Africans, Indians and Their Shared History, 1400-1900* (Cambridge, 2009); John K. Thornton, *A Cultural History of the Atlantic World, 1250-1820* (Cambridge, 2012); Jace Weaver, *The Red Atlantic: American Indigenes and the Making of the Modern World, 1000-1927* (Chapel Hill, NC, 2015).

[5] John H. Elliott, *El Atlántico español y el Atlántico luso: divergencias y convergencias* (Las Palmas de Gran Canaria, 2014).

[6] 论"大西洋的克里奥尔人",见 Ira Berlin, *Many Thousands Gone: The First Two Centuries of Slavery in North America* (Cambridge, MA, 1998); Jorge Cañizares-Esguerra and Benjamin Breen, "Hybrid Atlantics: Future Directions for the History of the Atlantic World", *History Compass,* 11, 8 (August 2013): 597–609。

[7] Karen Ordahl Kupperman, *The Atlantic in World History* (Oxford, 2012); Christoph Strobel, *The Global Atlantic 1400 to 1900* (Abingdon, 2015).

[8] David Armitage, "Three Concepts of Atlantic History" (2002), in David Armitage and Michael J. Braddick, eds., *The British Atlantic World, 1500-1800,* 2nd edn. (Basingstoke, 2009), p. 13(着重号为笔者所加)。评论见 Trevor Burnard, "Only Connect: The Rise and Rise (and Fall?) of Atlantic History", *Historically Speaking,* 7 (2006): 19–21; Brian Ward, "Caryl Phillips, David Armitage, and the Place of the American South in Atlantic and Other Worlds", in Ward, Martyn Bone and William A. Link, eds., *The American South and the Atlantic world* (Gainesville, FL, 2013), pp. 8–44。

[9] Bernard Bailyn, "The International Seminar on the History of the Atlantic World, 1500–1825: A Report to the Mellon Foundation on the Seminar's Work and Accomplishments, 1995–2013" (Cambridge, MA, 2013), p. 12.

[10] Peter A. Coclanis, "*Drang Nach Osten*: Bernard Bailyn, the World-island, and the Idea of Atlantic History", *Journal of World History,* 13 (2002): 170.

[11] J. H. Elliott, "Atlantic History: A Circumnavigation", in Armitage and Braddick, eds., *The British Atlantic World, 1500-1800,* p. 259.

[12] Sophus Reinert and Pernille Røge, eds., *The Political Economy of Empire in the Early Modern World* (Basingstoke, 2013).

[13] Bernard Bailyn, "Hot Dreams of Liberty", *New York Review of Books,* 62, 13 (13 August 2015), 50(引文)。

[14] Patrick Griffin, "A Plea for a New Atlantic History", *William and Mary Quarterly,* 3rd ser., 68 (2011): 236; Richard J. Blakemore, "The Changing Fortunes of Atlantic History", *English Historical Review,* 131 (2016): 867.

[15] Michelle Craig McDonald, "There are Still Atlanticists Now: A Subfield Reborn", *Journal of the Early Republic,* 36 (2016): 701-713,基于近期英文刊物的出版模式而提供了更乐观的

看法。

[16] Bernard Bailyn, *Atlantic History: Concept and Contours* (Cambridge, MA, 2005), pp. 4–6.

[17] Molly Greene, "The Mediterranean Sea"; Sujit Sivasundaram, "The Indian Ocean", 本书。

[18] Alison Bashford, "The Pacific Ocean", 本书。

[19] 见本书中乔纳森·米兰、斯特拉·格瓦斯、迈克尔·诺斯、埃里克·塔格里阿科佐、亚历山德罗·安东尼洛斯韦克·梭林的相关章节。

[20] Fernand Braudel, *The Mediterranean and the Mediterranean World in the Age of Philip II*, trans. Siân Reynolds, 2 vols. (London, 1972–1973), I, p. 18; Barry Cunliffe, *On the Ocean: The Mediterranean and the Atlantic from Prehistory to AD 1500* (Oxford, 2017); Patricia Pearson, "The World of the Atlantic before the 'Atlantic World': Africa, Europe, and the Americas before 1850", in Toyin Falola and Kevin D. Roberts, eds., *The Atlantic World, 1450-2000* (Bloomington, IN, 2008), pp. 3–26; Benjamin Hudson, ed., *Studies in the Medieval Atlantic* (Basingstoke, 2012).

[21] Marcia Yonemoto, "Maps and Metaphors of the 'Small Eastern Sea' in Tokugawa Japan", *Geographical Review*, 89 (1999): 169–187.

[22] Joyce E. Chaplin, "The Atlantic Ocean and Its Contemporary Meanings, 1492–1808", in Jack P. Greene and Philip D. Morgan, eds., *Atlantic History: A Critical Appraisal* (Oxford, 2009), pp. 36–39; Chaplin, "Circulations: Benjamin Franklin's Gulf Stream", in James Delbourgo and Nicholas Dew, eds., *Science and Empire in the Atlantic World* (Abingdon, 2007), pp. 73–96.

[23] James Rennell, *An Investigation of the Currents of the Atlantic Ocean, and of Those Which Prevail between the Indian Ocean and the Atlantic,* ed. Jane Rodd (London, 1832), p. 60；关于"两个大西洋"见同上，pp. 69–70。伦纳尔的书是身后问世。

[24] George Ripley and Charles A. Dana, eds., *The American Cyclopædia: A Popular Dictionary of General Knowledge,* 16 vols. (New York, 1873), II, p. 69, 引自 Luiz Felipe de Alencastro, "The Ethiopic Ocean – History and Historiography, 1600–1975", *Portuguese Literary & Cultural Studies,* 27 (2015): 2。

[25] Matthew Fontaine Maury, *The Physical Geography of the Sea and Its Meteorology* (1861), ed. John Leighly (Cambridge, MA, 1963), p. 37.

[26] Alencastro, "The Ethiopic Ocean", 1, 6; Kenneth Maxwell, "The Atlantic in the Eighteenth Century: A Southern Perspective on the Need to Return to the 'Big Picture'", *Transactions of the Royal Historical Society,* n.s. 3 (1993): 209–236.

[27] Frederick Douglass, "What to the Slave is the Fourth of July?: An Address Delivered in Rochester, New York, on 5 July 1852", in *The Frederick Douglass Papers, Series One: Speeches, Debates, and Interviews,* ed. John W. Blassingame, 5 vols. (New Haven, CT, 1979–1992), II, p. 387.

[28] W. E. B. Du Bois, *The Suppression of the African Slave-trade to the United States of America, 1638-1870* (New York, 1896); Paul Gilroy, *The Black Atlantic: Modernity and Double Consciousness* (Cambridge, MA, 1993).

[29] www.slavevoyages.org/（2017 年 3 月 31 日访问）; David Eltis and David Richardson, *Atlas of the Transatlantic Slave Trade* (New Haven, CT, 2010)。

[30] 豪斯霍弗尔的视野，见 Alison Bashford, "Karl Haushofer's *Geopolitics of the Pacific Ocean*", in Kate Fullagar, ed., *The Atlantic World in the Antipodes: Effects and Transformations Since the Eighteenth Century* (Newcastle upon Tyne, 2012), pp. 120–143。

[31] 见 *Zeitschrift für Geopolitik*, 1, 4 (1924) 中的世界地图，复制于 William O'Reilly, "Genealogies of Atlantic History", *Atlantic Studies,* 1 (2004): 79。

[32] 关于这些大西洋史谱系的更多信息，见 Sylvia Marzagalli, "Sur les origines de l' 'Atlantic history': paradigme interprétatif de l'histoire des espaces atlantiques à l'époque moderne", *Dix-huitiéme Siècle,* 33 (2001): 17–31; O'Reilly, "Genealogies of Atlantic History"。

[33] 大西洋史这种谱系的经典报告，见 Bailyn, *Atlantic History,* pp. 6–30。

[34] Arnold Ræstad, *Europe and the Atlantic World*, ed. Winthrop W. Case (Princeton, NJ, 1941); Ræstad, *Europe and the Atlantic World* (Oslo, 1958); Claude Delmas, *Le monde Atlantique* (Paris, 1958); Robert Strausz-Hupé, James E. Dougherty and William R. Kintner, *Building the Atlantic World* (New York, 1960).

[35] 第一部标题中使用"大西洋世界"的英文论著似乎是 K. G. Davies, *The North Atlantic World in the Seventeenth Century* (Minneapolis, MN, 1974)。JSTOR 收录的文章中标题含"大西洋世界"一词的似乎为以下比率：20 世纪 70 年代（1），80 年代（2），90 年代（6），21 世纪头十年（52），2010—2016 年（32）。

[36] Jacques Godechot, *Histoire de l'Atlantique* (Paris, 1947); R. R. Palmer and Jacques Godechot, "Le problème de l'Atlantique du XVIII e au XX e siècle", in *Relazioni del X Congresso Internazionale di Scienze Storiche (Rome, 4-11 Settembre 1955)*, 6 vols. (Florence, 1955), V, pp. 175–239; Palmer, *The Age of the Democratic Revolution: A Political History of Europe and America, 1760–1800*，导论为大卫·阿米蒂奇撰写 (Princeton, NJ, 2014)。

[37] Leonard Outhwaite, *The Atlantic: A History of an Ocean* (New York, 1957); Alan Villiers, *Wild Ocean: The Story of the North Atlantic and the Men Who Sailed It* (New York, 1957). 维利尔斯也写了一部关于印度洋史的早期作品：*The Indian Ocean* (London, 1952)，也见西瓦迅达拉姆写的本书第一章"印度洋"第 37–38 页的介绍。它们的派生作品是 Simon Winchester, *Atlantic: A Vast Ocean of a Million Stories* (London, 2010)。

[38] Vitorino de Magalhães Godinho, "Problèmes d'économie atlantique: Le Portugal, flottes du sucre et flottes de l'or, 1670–1770", *Annales ESC,* 5 (1950): 184–197; Huguette Chaunu and Pierre Chaunu, *Séville et l'Atlantique, 1504-1650*, 8 vols. (Paris, 1955-1959); Frédéric Mauro, *Le Portugal et l'Atlantique au XVII e siècle, 1570-1670: étude économique* (Paris, 1960); Alencastro, "The Ethiopic Ocean", 35–37.

[39] Philip Curtin, *The Atlantic Slave Trade: A Census* (Madison, WI, 1969).

[40] 尤其见 Benjamin, *The Atlantic World*，及 Thornton, *A Cultural History of the Atlantic World, 1250-1820*，也见本章"深入阅读书目"中的导读。

［41］ Kevin H. O'Rourke and Jeffrey G. Williamson, *Globalization and History: The Evolution of a Nineteenth-century Atlantic Economy* (Cambridge, MA, 1999); Douglas R. Egerton, "Rethinking Atlantic Historiography in a Postcolonial Era: The Civil War in a Global Perspective", *Journal of the Civil War Era,* 1 (2011): 79–95; Robert E. Bonner, "The Salt Water Civil War: Thalassological Approaches, Ocean-centered Opportunities", *Journal of the Civil War Era,* 6 (2016): 243–267; Donna Gabaccia, "A long Atlantic in a Wider World", *Atlantic Studies,* 1 (2004): 10–12.

［42］ Emma Rothschild, "Late Atlantic History", in Canny and Morgan, eds., *The Oxford Handbook of the Atlantic World, 1450–1850,* p. 647；例外见 Daniel T. Rodgers, *Atlantic Crossings: Social Politics in a Progressive Age* (Cambridge, MA, 1998)，以及 Falola and Roberts, eds., *The Atlantic World, 1450–2000,* pp. 275–358 第四部分（Globalization and its discontents）关于 20 世纪大西洋世界的文章。

［43］ Bernard Bailyn, "The Idea of Atlantic History", *Itinerario,* 22 (1996): 19–44，修订扩充见 Bailyn, *Atlantic History,* pp. 1–56; O'Reilly, "Genealogies of Atlantic History"; Armitage, "Three Concepts of Atlantic History"。

［44］ Armitage, "Three Concepts of Atlantic History", 17–29.

［45］ 该术语的源泉是 Joseph Roach, *Cities of the Dead: Circum-Atlantic Performance* (Cambridge, MA, 1996)。

［46］ 我采用了劳伦·本顿（Lauren Benton）和亚当·克鲁娄（Adam Clulow）作品中的"政体间"这一术语，例如 Benton and Clulow, "Legal Encounters and the Origins of Global Law", in Jerry H. Bentley, Sanjay Subrahmanyam and Merry E. Wiesner-Hanks, eds., *The Cambridge World History,* VI, 2: *The Construction of a Global World, 1400–1800 CE: Patterns of Change* (Cambridge, 2015), pp. 80–100。

［47］ Lara Putnam, "To Study the Fragments/Whole: Microhistory and the Atlantic World", *Journal of Social History,* 39 (2006): 615–630. 关于有自我意识的沿大西洋史的例子，可见 Stephen K. Roberts, "Cromwellian Towns in the Severn Basin: A Contribution to Cis-Atlantic History?", in Patrick Little, ed., *The Cromwellian Protectorate* (Woodbridge, 2007), pp. 165–187; Daniel Walden, "America's First Coastal Community: A Cis- and Circumatlantic Reading of John Smith's *The Generall Historie of Virginia*", *Atlantic Studies,* 7 (2010): 329–347; Steven A. Sarson, *The Tobacco-plantation South in the Early American Atlantic World* (Basingstoke, 2013)。

［48］ Armitage, "Three Concepts of Atlantic History", 18.

［49］ Greg Dening, "History 'in' the Pacific", *The Contemporary Pacific,* 1 (1989): 134–139；比较 Blakemore, "The Changing Fortunes of Atlantic History": 862，论大西洋"中"的历史而非"属于"大西洋的历史可能伴随而来一种"丧失寻找跨越边界或一个大西洋尺度上之联结的推动力的风险"。

［50］ Miran, "The Red Sea", 本书，p. 171; Peregrine Horden and Nicholas Purcell, *The Corrupting Sea: A Study of Mediterranean History* (Oxford, 2000); Sugata Bose, *A Hundred Horizons: The Indian Ocean in the Age of Global Empire* (Cambridge, MA, 2006)。

[51] Jeremy Adelman, "What is Global History Now?", *Aeon Magazine* (2 March 2017): https://aeon. co/essays/is-global-history-still-possible-or-has-it-had-its-moment（2017 年 3 月 31 日访问）。

[52] *Plato's Atlantis Story: Text, Translation and Commentary,* ed. Christopher Gill (Liverpool, 2017); Pierre Vidal- Naquet, *The Atlantis Story: A Short History of Plato's Myth,* trans. Janet Lloyd (Exeter, 2007), pp. 56–62; Sumathi Ramaswamy, *The Lost Land of Lemuria: Fabulous Geographies, Catastrophic Histories* (Berkeley, CA, 2004).

[53] Barry Cunliffe, *The Extraordinary Voyage of Pytheas the Greek* (London, 2001).

[54] John R. Gillis, *Islands of the Mind: How the Human Imagination Created the Atlantic World* (Basingstoke, 2004)；比较 Andrew Jennings, Silke Reeploeg and Angela Watt, eds., *Northern Atlantic Islands and the Sea: Seascapes and Dreamscapes* (Newcastle upon Tyne, 2017)。

[55] Paul D'Arcy, "The Atlantic and Pacific Worlds", in Coffman, Leonard and O'Reilly, eds., *The Atlantic World,* pp. 207–226; Damon Salesa, "Opposite Footers", in Fullagar, ed., *The Atlantic World in the Antipodes,* pp. 283–300.

[56] Epeli Hau'ofa, "Our Sea of Islands" (1993), in Hau'ofa, *We are the Ocean: Selected Works* (Honolulu, HI, 2008), pp. 27–40; R. G. Ward, "Earth's Empty Quarter? Pacific Islands in a Pacific World", *The Geographical Journal,* 155 (1989): 235–246.

[57] Felipe Fernández-Armesto, *Before Columbus: Exploration and Colonisation from the Mediterranean to the Atlantic, 1229–1492* (Basingstoke, 1987), p. 152; David Abulafia, "Mediterraneans", in W. V. Harris, ed., *Rethinking the Mediterreanean* (Oxford, 2005), pp. 82–85; John R. Gillis, "Islands in the Making of an Atlantic Oceania, 1500–1800", in Jerry H. Bentley, Renate Bridenthal and Kären Wigen, eds., *Seascapes: Maritime Histories, Littoral Cultures, and Transoceanic Exchanges* (Honolulu, HI, 2007), pp. 21–37. 关于加勒比海，比较 Joshua Jelly-Schapiro, *Island People: The Caribbean and the World* (New York, 2016), pt. II, "The Lesser Antilles: Sea of Islands"。

[58] John McAleer, "Looking East: St Helena, the South Atlantic and Britain's Indian Ocean World", *Atlantic Studies,* 13 (2016): 78–98; George Anson, *A Voyage around the World, in the Years MDCCXL, I, II, III, IV,* ed. Richard Walter (London, 1748), p. 92, 引文见上书第 79 页关于福克兰群岛的部分。关于更一般意义上岛屿的重要性，经典作品仍是 Richard H. Grove, *Green Imperialism: Colonial Expansion, Tropical Island Edens, and the Origins of Environmentalism, 1600–1860* (Cambridge, 1995)。

[59] 更一般性的灵感，见 Alison Bashford, "Terraqueous Histories", *The Historical Journal,* 60 (2017): 253–273。

[60] Greg Dening, *Beach Crossings: Voyaging across Times, Cultures and Self* (Carlton, Vic., 2004).

[61] Alain Corbin, *The Lure of the Sea: The Discovery of the Seaside in the Western World, 1750–1840,* trans. Jocelyn Phelps (Cambridge, 1994).

[62] Henry D. Thoreau, *Cape Cod* (1865), ed. Joseph J. Moldenhauer (Princeton, NJ, 1988), pp. 92, 98.

[63] Andrew Lipman, *The Saltwater Frontier: Indians and the Contest for the American Coast* (New

Haven, CT, 2015).

[64] John R. Gillis, *The Human Shore: Sea Coasts in History* (Chicago, IL, 2012), p. 91.

[65] Lauren Benton, *A Search for Sovereignty: Law and Geography in European Empire, 1400–1900* (Cambridge, 2010); Jeppe Mulich, "Microregionalism and Intercolonial Relations: The Case of the Danish West Indies, 1730–1830", *Journal of Global History,* 8 (2013): 72–94; Benton and Mulich, "The Space between Empires: Coastal and Insular Microregions in the Early Nineteenth-century World", in Paul Stock, ed., *The Uses of Space in Early Modern History* (Basingstoke, 2015), p. 152.

[66] Marcus Rediker, "History from below the Water Line: Sharks and the Atlantic Slave Trade", *Atlantic Studies,* 5 (2008): 285–297; Ryan Tucker Jones, "Running into Whales: The History of the North Pacific from below the Waves", *American Historical Review,* 118 (2013): 349–377.

[67] *OED,* s.v., "Sub- Atlantic".

[68] James Delbourgo, "Divers Things: Collecting the World under Water", *History of Science,* 49 (2011): 162；德里克·沃尔科特诗歌中的 "由非洲人的死亡构成的下大西洋统一体"，同上书，第167页。

[69] 更一般性的，见 John Gillis and Franziska Torma, eds., *Fluid Frontiers: New Currents in Marine Environmental History* (Cambridge, 2015)。

[70] Jeffrey Bolster, "Putting the Ocean in Atlantic History: Maritime Communities and Marine Ecology in the Northwest Atlantic, 1500–1800", *American Historical Review,* 113 (2008): 21, 24.

[71] Jeffrey Bolster, *The Mortal Sea: Fishing the Atlantic in the Age of Sail* (Cambridge, MA, 2012).

[72] 一篇重要概论，见 J. R. McNeill, "The Ecological Atlantic", in Canny and Morgan, eds., *The Oxford Handbook of the Atlantic World, 1450–1850,* pp. 289–304。

[73] Jones, "Running into Whales".

[74] David J. Starkey, "Fish and Fisheries in the Atlantic World", in Cofffman, Leonard and O'Reilly, eds., *The Atlantic World,* pp. 55–75; Peter E. Pope, *Fish Into Wine: The Newfoundland Plantation in the Seventeenth Century* (Chapel Hill, NC, 2004); Christopher P. Magra, *The Fisherman's Cause: Atlantic Commerce and Maritime Dimensions of the American Revolution* (Cambridge, 2009).

[75] Delbourgo, "Divers Things"; Kevin Dawson, "Enslaved Swimmers and Divers in the Atlantic World", *Journal of American History,* 92 (2006): 1327–1355; Melchisédec Thévénot, *The Art of Swimming: Illustrated by Proper Figures with Advice for Bathing* (London, 1699), sig. [A11] ʳ, 引文见同上，1333。

[76] Rediker, "History from below the Water Line", 286.

[77] Richard Ellis, *Deep Atlantic: Life, Death, and Exploration in the Abyss* (New York, 1996); Helen Rozwadowski, *Fathoming the Ocean: The Discovery and Exploration of the Deep Sea* (Cambridge, MA, 2005); R. M. Corfield, *The Silent Landscape: The Scientific Voyage of HMS Challenger* (Washington, DC, 2005); Michael S. Reidy, *Tides of History: Ocean Science and Her Majesty's*

Navy (Chicago, IL, 2008); Reidy and Rozwadowski, "The Spaces in between: Science, Ocean, Empire", *Isis,* 105 (2014): 338–351.

[78] Bruce C. Heezen, Marie Tharp and Maurice Ewing, *The Floors of the Oceans*: I, *The North Atlantic,* The Geological Society of America, Special paper, 65 (1959); Hali Felt, *Soundings: The Story of the Remarkable Woman Who Mapped the Ocean Floor* (New York, 2012).

[79] Greg Bankoff, "Aeolian Empires: The Influence of Winds and Currents on European Maritime Expansion in the Age of Sail", *Environment and History,* 23 (2017): 163–196; Matthew Mulcahy, *Hurricanes and Society in the British Greater Caribbean, 1624–1783* (Baltimore, MD, 2009); Stuart B. Schwartz, *Sea of Storms: A History of Hurricanes in the Greater Caribbean from Columbus to Katrina* (Princeton, NJ, 2015).

[80] Steve Mentz, *At the Bottom of Shakespeare's Ocean* (London, 2009); Mentz, *Ship Wreck Modernity: Ecologies of Globalization, 1550–1719* (Minneapolis, MN, 2015).

[81] John Hannigan, *The Geopolitics of Deep Oceans* (Cambridge, 2016).

[82] 彼得·考克莱尼斯（Peter Coclanis）把这种称为"大西洋联结史"（Conjuncto-Atlantic history），见 Coclanis, "Atlantic World or Atlantic/World?", *William and Mary Quarterly,* 3rd ser., 63 (2006): 739。

[83] Zalasiewicz and Williams, *Ocean Worlds,* p. 89.

[84] Martin W. Lewis and Kären E. Wigen, *The Myth of Continents: A Critique of Metageography* (Berkeley, CA, 1997); Philip E. Steinberg, *The Social Construction of the Ocean* (Cambridge, 2001).

[85] Kären E. Wigen and Jessica Harland-Jacobs, eds., "Special Issue: Oceans Connect", *Geographical Review,* 89, 2 (April 1999); Rila Mukherjee, ed., *Oceans Connect: Reflections on Water Worlds across Time and Space* (Delhi, 2013).

[86] Alison Games, "Beyond the Atlantic: English Globetrotters and Transoceanic Connections", *William and Mary Quarterly,* 3rd ser., 63 (2006): 675–692; Games, *The Web of Empire: English Cosmopolitans in an Age of Expansion, 1560–1660* (Oxford, 2008); Emma Rothschild, *The Inner Life of Empires: An Eighteenth-century History* (Princeton, NJ, 2011).

[87] Dennis O. Flynn and Arturo Giráldez, "Born with a 'Silver Spoon': The Origin of World Trade in 1571", *Journal of World History,* 6 (1995): 201–221.

[88] Paul W. Mapp, *The Elusive West and the Contest for Empire, 1713–1763* (Chapel Hill, NC, 2011).

[89] Philip J. Stern, "British Asia and British Atlantic: Comparisons and Connections", *William and Mary Quarterly,* 3rd ser., 63 (2006): 693–712; Stern, "Politics and Ideology in the Early East India Company-State: The Case of St. Helena, 1673–1696", *Journal of Imperial and Commonwealth History,* 35 (2007): 1–23; Douglas Watt, *The Price of Scotland: Darien, Union and the Wealth of Nations* (Edinburgh, 2006).

[90] Kerry Ward, "'Tavern of the Seas'? The Cape of Good Hope as an Oceanic Crossroads during the Seventeenth and Eighteenth Centuries", in Jerry H. Bentley, Renate Bridenthal and Kären

E. Wigen, eds., *Seascapes: Maritime Histories, Littoral Cultures, and Transoceanic Exchanges* (Honolulu, HI, 2007), pp. 137–152; Gerald Groenewald, "Southern Africa and the Atlantic World", in Coffman, Leonard and O'Reilly, eds., *The Atlantic World*, pp. 100–116.

[91] Madhavi Kale, *Fragments of Empire: Capital, Slavery, and Indian Indentured Labor Migration in the British Caribbean* (Philadelphia, PA, 1998); Adam McKeown, "Global Migration, 1846– 1940", *Journal of World History*, 15 (2004): 155–189; Donna R. Gabaccia and Dirk Hoerder, eds., *Connecting Seas and Connected Ocean Rims: Indian, Atlantic, and Pacific Oceans and China Seas Migrations from the 1830s to the 1930s* (Leiden, 2011); Reed Ueda, *Crosscurrents: Atlantic and Pacific Migration in the Making of a Global America* (New York, 2016).

[92] 正如近些年里各类历史学家所力主的，如 Coclanis, "*Drang Nach Osten*"; Coclanis, "Atlantic World or Atlantic/World?"; Lauren Benton, "The British Atlantic in Global Context", in Armitage and Braddick, eds., *The British Atlantic World, 1500–1800,* 2nd edn., pp. 271–289; Canny, "Atlantic History and Global History"; Cécile Vidal, "Pour une histoire globale du monde atlantique ou des histoires connectées dans et au-delà du monde atlantique?", *Annales HSS,* 67 (2012): 391–413。

第二部分　大　海

第四章　南海

埃里克·塔格里阿科佐

　　南海是全球史中最繁忙的水域之一；就算它的近代地缘政治重要性依旧无可置辩，它的血统也是古老的。很少有海洋空间能像这片特定水体一样，凭一个区域本身就制造出那么多冲突。不过，中国与东南亚各式政体间（既由贸易也由政治接触）相联结的历史，其稳定性和影响力都大大高于任何更晚近的充满地缘战略纷扰的历史。在差不多 2 000 年间，古代的朝贡使团穿过南海这片温和水域而旅行，而且有持续不断的船流传送着思想、物质和人员，让东亚世界和东南亚世界进入互相对话中。在轮船旅行于 19 世纪中叶认真开展之前，此类交通中的大多数都随着天气的自然节奏而进行，季风在一年当中规定好的时间里推着船只向北和向南。许多学者都用整体性术语描述该系统的动力，给我们一种关于覆盖几千千米开放水面上的海洋联结机制的思想。[1]本章的目标是考虑这些建立于长时段之上的模式，并质询在当今时代把南海搞成国际冲突代名词之前，南海在其历史上大多数时候是种什么地位。

　　本章第一部分考虑最早时期及中世纪穿越这一辽阔水体的联结，彼时中古中国（尤其在唐代和宋代）开始特地注意东南亚的热带政体，并开始留下关于它们的相对大小和在南海最尽头之位置的记录。这种接触最终被程序化地纳入"朝贡贸易",这是一种中国与其大多数邻邦打造出的特定互动模式,无论这些邻国在本质上是陆地国家还是海洋国家。第二部分质询,随着更大一群行为人开始通过该空间并因他们的在场而塑造南海的命运,可以被我们(在西方语境下)称为近代早期南海的那地方的动力变化。阿拉伯人、波斯人、日本人和其他航海人民都对这段历史有贡献,但欧洲人(有着众多民族外观,如葡萄牙人、西班牙人、荷兰人、法国人和英国人)的到来才造成最大影响,哪怕此种影响未被即刻感知到,而要比"接触时期"之初晚得多。倒数第二部分描述,随着越来越多散布于南海周围的人民被带入南海拓宽着的经济怀抱(尤其通过交易有环境因素的产品),作为接触加速之后果而发展起来的新模板。此种贸易的一个后果是南海的生态变了,而政治配置也变了。最后一部分考虑,随着环绕南海的土地开始由各类行为人提出领土要求,且那个从前自由通航的流动空间被深深刻成各势力范围,由此而来的作为政治性征服与合并之后果的新安排。

早期与中世纪的模板:作为一个区域的南海

南海的贸易和接触动力上溯古代。汉代的中国编年史首先提到公元前 140 年同南洋国家的偶发式贸易,《汉书·地理志》列出这些早期接触,既发生在中国人船上,也发生在外国人船上。不过到了六朝时期(219—580)和唐代(618—906),此类交通似乎大多数来自中东,阿拉伯和波斯的沿海居民专门携带来自印度洋的体积小、价值高的货品(比如树脂和香料),越过东南亚和南海这一通道,上行至中国海岸。不过,中国人继续循着海上联系网而旅行,不管船主是谁。高僧法显(337—422)就是这样一个寄旅之人,他勾勒出了印度和南苏门答腊岛的佛教徒社群,他恐怕也是第一个有记载的登陆婆罗洲岛(Borneo)的中国人。[2]

同时期,那个法显发现自己身在其中的更大世界也开始沿着相反方向、向北穿越南海，派遣贸易使团去中国，爪哇使团于 430 年首次抵达中国，且一个世纪后，中国名录上的已知地方统治者扩展为六个。[3]7 世纪，室利佛逝崛起，将这些接触具体化为有规范的贸易，将季风气候下的森林产品推向北方，从中国换回陶瓷、锣和仪式用旗帜这类物品。[4]中国旅行学者义净在这个世纪将尽之际仍旅居东南亚时编写了《南海寄归内法传》和《大唐西域求法高僧传》[1]，前所未有地扩充了中国对该区域的知识。[5]正是在最早这几个世纪里，中文资料中出现了关于东南亚人传统和风俗的首批原始民族志素描。[6]

116

不过要到了宋代（960—1279），中国人同东南亚的海上贸易才实质性地成长为一项重要的国家产业。这场新生得益于几个相互关联的因素。首先，商业在这些年里得到制度化，东部沿海和东南沿海的许多重要港口都设立了市舶司，而杭州、明州、广州和泉州是主要的活动场所。这使得贸易商被纳入官方的保护和管辖之下，也被纳入朝廷精明的税收体制下。其次，朝廷官员也被派往海外，去复兴旧的商业接触并鼓励新建联系，他们充分配备了能体现皇帝们优容之心的礼物，而皇帝们期望的回报是实质性的南海生态贡品。复次，宋朝廷也在南方省份福建和广东开始了野心勃勃的造船计划，于是出洋帆船会充分配备最先进的导航、回声测深和定向技术。这项新产业的成长使得穿越南海的接触发展到一种前所未见的程度。最后，在这些南方沿海省份也鼓励建造瓷窑，为中国提供了一项出口产业，用以支付正从东南亚这些地方灌入北方的体量增长的生物群。道教（及相伴随的对香木、象牙和珍珠贝这类仪式用具之需）在宋代的复兴是此类货品逐渐流入的一个原因。[7]王赓武界定了另一个因素，即新兴休闲阶层的成长，他们指望着享受有珍禽、春药和宝石的精英式生活的风雅。[8]南洋的生态产品也越来越多地被整合进中国的药书，牛黄、犀角、玳瑁和樟

117

---

1 原文是对义净作品地理范围的英译，直译过来是"关于 671—695 年在印度和马来群岛奉佛之佛教徒区域的记录"，只有一本，实际上义净撰写的此两部书都包含南海和西域史地，《南海寄归内法传》后还附《重归南海传》。——译者注

脑这些地方性产品分别 [1] 被用作退热药、止痛药、利尿药和补药。[9]福建路市舶提举赵汝适在《诸蕃志》(1225) 中写道，许多此类货品（如檀香木和沉香木）是从南洋直接运来的。[10]商贸增长如此快，以致该朝代初始时 [2]，全国 1/5 的岁赋收入来自这些进出口交换，而到了宋末，仅南海货品的税收就占帝国政府可支配资金的 1/10。[11]

从中国穿越南海航行到东南亚的商人们希望以实物换取这类货品，这刺激出海外华人贸易的一个海上"黄金时代"。唐代末期的 878 年，广州许多穆斯林居民被杀，这打击了该地区的远距离阿拉伯海运，但与此同时，中国帆船建造上的技术革新将中国人的船只猛然投入出洋贸易的最前沿。宋代中期，中国帆船能运载 600 吨货物和 300 位商人加船员下南海航行，这样的船只超过 100 英尺长，最宽处的船梁和型深可达 30 英尺。[12]随着这些旅行变得越来越频繁，船长们获得了专门化的知识，关于各个城市间的距离、当地潮汐的涨落、暴风与台风的频繁度，以及有危险的浅滩与礁石的位置。交广方向（"东海线"）至少有两条主要线路能将一艘贸易帆船带去东南亚，以寻求该区域的产品。[13]这两条线路都是在冬季乘东北季风离开中国，第一条线路沿着中南半岛的海岸线向南移动，然后经过婆罗洲岛和菲律宾北归。[14]第二条线路 [是米尔斯（Mills）从《武备志》的地图中破获的] 是反方向 [3] 直线穿越南海的线路，在吕宋岛（Luzon）、民都洛岛（Mindoro）、米沙鄢群岛（Visayas）和苏禄岛（Sulu）停靠，然后迂回下行至婆罗洲岛的北部。[15]在两种情况下，中国帆船似乎都较少依赖地图而较多依赖领航书或航迹图（航海指示），此类文本有 14 世纪和 15 世纪出版的样品（比如 1304 年《南海志》和马欢的《瀛涯胜览》），提供了非常详细的说明。[16]

---

1 虽然作者用了"分别"，但以上四种物质和下面四种药剂的对应关系并不准确。——译者注

2 出现 1/5 的数据是南宋高宗时期，原文为 1/50，但现有研究告诉我们的是 1/5，且 1/50 并不值得稀奇。关于北宋的海上进口贸易。没有突出数字。作者显然是笔误。——译者注

3 与第一条线路的回航线路相对的"反方向"。——译者注

过去半个世纪里沿着（比如）婆罗洲岛海岸完成的考古工作已经为我们绘出一幅图景，表明这些同中国的最早接触如何帮助南海沿岸上上下下组织社会。此类证据中的一个显著部分是冶金方面的。砂拉越三角洲（Sarawak Delta）加上文莱（Brunei）看来是卷入国际商业网的最早区域之一，证据是该区域发掘出的尤属唐宋时期的人造品。几十年前，汤姆·哈里森（Tom Harrison）和他所领导的砂拉越博物馆发掘组在加昂河（Sungei Ja'ong）遗址和邦基山（Bongkisam）遗址找到了陶器、坩埚和墓地以及中国的串钱，还有与佛教密宗般配的金质小雕像。[17]现存陶瓷（按照可确定的年代序列分布于彼此连接的三角洲各遗址）始于 8 世纪早期，然后大致在元朝灭亡时期（1368）自贸易轨道中消失。基于该种证据（或这个时期之后陶瓷缺乏这一证据），学者们假定，在东南亚卷入跨南海对华贸易方面，存在一个"明代缺口"。他们指出，在旧都［哥达巴图（Kota Batu）[1]］周围海岸沿线出土了大量同一时期的明清瓷器。[18]然而自这些 20 世纪 60 年代的发掘以来所做的深入调查在某种程度上稀释了"明代缺口"论，因为三角洲地带发掘出了宋代以后的出口瓷器，尽管其数量依旧少于宋代及以前的。[19]不过，关于中国人／东南亚人沿海聚落节奏的推测仍很大程度停留在原则上，例如婆罗洲岛沿海最早的遗址既有位于文莱的，也有位于砂拉越三角洲的，稍后有向着砂拉越的重大转移，到明朝建立时，文莱又最终重获主导地位。

文莱恰好位于南海的主要贸易线路上，它与其周围环境似乎从很早开始就对中国人有着一种有象征意义。浡泥（中文对该城／区域的音译）在 517 年的中国正史中就被提及（这可能是中文里最早可确定的对文莱的记载，因为法显的确切日程尚不明朗）。随后在 522 年、616 年、630 年和 690 年分别提及，表明中国人与该城邦的接触历经几个世纪在增加，无论这些接触的确切性质会是什么。[20]到了

¹¹⁹

---

1 是文莱的旧都。此处关于"明代缺口"言说含糊，确切意思参见导论中有关"明代缺口"的译注。——译者注

977 年，两位穆斯林特使作为"文莱王"的大使出现在中国朝廷，如宋代编年史所言，这带来两个王国之间的首度**直接**接触。[21]穆斯林方面的中国／东南亚互动持续到 13 世纪后期蒙古人崛起时，如文莱城外一位中国商人的墓地碑刻（这可能是全东南亚发掘出的最早的中文碑刻）所示，上写"蒲公之墓"（显然"蒲"是"Abu"的汉化，这是一个来自福建泉州的伊斯兰化中国人[1]）。墓碑上的日期是 1264 年。[22]

明朝开国皇帝命人专篇著录东南亚的贡品性质及与东南亚的贸易关系，与《明史》中列印的常规公告分开。到了此时，南海早就成为重要的生态收藏品仓库，因此对中国朝廷变得很重要。[23]参加郑和东南亚船队航行的费信在《星槎胜览》中描述了良好关系，而 14 世纪[2]早期的编年史家汪大渊（在其《岛夷志略》中）也对贸易的富足印象深刻，还特地列出玳瑁、金沙和香木的出口。[24]关于此种高度重视的最后证据立在南京城郊的一片墓园里，1408 年一支东南亚使团的领袖被葬在其中，他死于因不服北方水土而感染的一种疾病。中国皇帝闭朝三日，指派这位大使[3]的一些亲属留居中国，世代守墓。[25]当 15 世纪初有更多使团抵达时（预示着南海东部和南部的各个地方统治者的联合），该区域早就对中国朝廷至关重要。中国人知道，苏禄海的扩展区域是南洋最活跃的区域之一，是这一舞台上各种各样土特产的展示市场。[26]

变化的模式：近代早期的南海

16 世纪，一个新的刺激物开始缓慢改变南海的贸易与政治接触，这个刺激物标志着早期商业关系的变化，也标志着一种适合一个萌生中之复杂世界的新体系的开端。欧洲船只开始既在中国也在东南亚着

---

1 注释引了墓碑发现者傅吾康的英文论文，但可能对其中文意有误解。傅吾康文中，蒲公被推断为阿拉伯人后裔，因此这里称为"伊斯兰化中国人"并不妥当。——译者注
2 原文作 15 世纪早期，有误，汪大渊是 14 世纪前半叶人，且他并非编年史家。——译者注
3 死者为浡泥王，并非一般使臣。——译者注

陆，起初只有一些葡萄牙人的克拉克帆船（carracks）[1]和卡拉维尔帆船，但后来贸易者、探险家和一系列海上政体（英国、西班牙与荷兰）的代表们鱼贯而来。[27]所有这些国家最终都拿出高压政策，因为每个都试图推进商贸来充实自家遥远的国库。明朝一份1530年的奏折讲述了事态演变到危险境地，乌云早已压境。[28]这份奏折的焦灼口气肯定有正当理由，因为从前向中国运输贡品的大量东南亚政体，现在都在应付各个欧洲势力更有进取心的贸易推力。这肯定是一场渐变。但沿着南海海上通道扩散的一般性的暴行和掠夺最终改变了海上线路的性质。在各政体传统上都参与该项贸易的东南亚这边，经过长时间后，这些变化已经彰明较著，并将整个区域许多居民过日子的方式也囊括在内。

上文已经展示，通过一系列文章和朝廷记录，东南亚早已为中古中国人所知，那些记载将该区域在宋元时期国际海上轨道中的成长列表记录。这些公告写以朝贡记录的形式，没有告诉我们多少有关整个区域之城市的特色，更少提到南海因着与中国贸易而发生的城市化情况。[29]从前述任职泉州的市舶提举赵汝适那里，我们肯定知道了东南亚一些港口的城墙是木材所建，而且人口可能相当多。这些东西暗示出本地存在伐木业，不仅为了造城墙，也为了建住宅。[30]由于这类事发生的幅度能让中国编年史家注意到，并且还在这些议题上特地加以评论，则此类城市化活动的规模应当很大，也有诸如砍伐森林这类伴生后果。还有其他中国资料声称，那地区的国王们在正式场合穿戴中国丝绸，而且那里长期以来还有同中国贸易者异族通婚的现象。[31]所有这些描述给了我们关于发生在该区域之长期进程的有用线索，而且看来注定足够重要，才被远方的中国观察家收入文档。

然而，只有在17世纪初西方观察家到来之后，才就南海贸易如何刺激该区域各城市的逐渐城市化留下了更可靠的描述。威尼斯编年史家安东尼奥·皮加菲塔（Antonio Pigafetta）于16世纪20年代初造访东南亚，时当麦哲伦死于菲律宾之后，他留下了关于成长中的港口的

1 宽身大帆船。——译者注

目击报告，连同跨区域贸易的标志。皮加菲塔的船间或遇到船舷上饰有黄金的本地人船只，还领着他们通过砖墙（暗示存在砖窑）进入大炮防守的宫殿。[32]为了让他们舒适，铺了靠垫和地毯，而丝绸服饰和中国旗帜是寻常之物，本地开采的黄金与宝石亦然。宫殿的窗户能映出卫兵的密集方阵，他们都配备着"短剑和盾牌"，大象则行进到接待大厅，把中国瓷器作为礼物抛出。[33]来自中国的货币有时还在整个区域用于支付，中国的度量衡时常也规范着区域港口市场上的交易。[34]

半个世纪之后，西班牙人嵌入了南海的几个部分，所以一份作者不详的西班牙人报告就城镇性质的苏丹国的活力给了我们更多信息，在此是战略性信息。[35]由于贸易半径在拓宽中，一些城市现在用沉重的铸铁浇筑自己的炮弹，实际上是从铁矿石含量充裕并易于开采的近海岛屿进口原料。也在锻造鱼叉、较短的矛和长矛，使当地冶金工业保持活跃，而火药从中国商人那里进口，通常经过暹罗。接下来一些年里，西班牙船只将袭击、占领并最终降伏大量南海港口，但对我们的意图而言，最重要的是要告知，前沿技术和物质财富在各地方城市的积累都是通过对华贸易中的区域性接触。冶金、采矿和获取稀有金属都以日新月异的规模发生着，因为东南亚港口对它们本地环境的运用既有建设性意图，也有防御性意图。

中国访客和中华臣民是南海各港口人口平衡的一个关键部分，这些港口都在中国南面。在 16 世纪后期和 17 世纪早期的编年史中，他们的面目是领航员、船长、胡椒商人和大使，也有在逃的欠债人和奴隶。[36]到了 18 世纪后期，与北方的"姐妹商业中心"如澳门的更大规模商贸发展起来了，大量船只定期在这两个区域间往返，从事着划算的东南亚自然出产物贸易。[37]英国东印度公司一位文书威廉·米尔本（William Millburn）在几十年后（1813 年）评论说，与中国的商贸依旧重要；同样是他又记录道，尽管西班牙银元现在是一些地区性港口的主要货币，但中国铜钱依然被接受。[38]历史悠久的贸易进口品（铁锭、玻璃器、锣和粗陶餐具）继续从中国沿海下来，都用于支付东南亚城市在其港口收集到的动植物。事实上，南海上许多转口港沿着该区域的多条河流萌发出来，担当航运中心、仓储中心、包装中心和保管中心，都至少部分地响应华人贸易。[39]在对华贸易变得无所不在之前，这些复合体是不寻常的（可能也是不必要的），现在它们最终将发展为面向南海产品之合并的多功能复合交换中心。

置身现代性：新的政治、生态和经济体系

中国人以前向南看着南海时，看到的是无政府的海上空间。越出文明的前哨而旅行会导向危险境地，这想法司空见惯；在中国行政 *124* 管理轨道之外的地区经常被描述为蛮荒之地，且彻底不开化。薛爱华（Edward Schafer）在其关于唐代异域物品的动人注解《朱雀》（*The Vermilion Bird*，1967）一书中展示了唐代如何描述越南，例如，是一个猴子尖叫、瘴气弥漫之所——被密不透风且有损健康的丛林覆盖。[40]流放是中国人关于南方边疆的描述中——从对云南西南部分（与暹罗和缅甸接壤）的描述到清代（1644—1991）对其他边疆的描述——反复出现的一个观念。就算相对"熟悉"的空间，如海上的台湾岛，也注定要成为边疆，是郑成功叛乱的场所，也是西班牙人、荷兰人与其他各式"匪徒"和"海盗"（其中有些是日本人，比如16世纪出了名的倭寇）统治之地。造访台湾岛的中国先驱家族经常是作为亡命之徒而始，但最终过了几代后在他们的移居家庭里变成精英，仍然在国体的四极之外。[41]这种模式中的许多以及它们沿着中国的南海边界留下的政治遗产和文化遗产即使现在也很重要，既是关于中国东南海岸台湾岛的，也是关于其他地方的。[42]

南海可能注定就在中国人心目中之"文明"的前哨以外，但显然那里有着可供开发的赏金。这一特定海洋的生态史正在被历史学家们缀合起来，这部生态史将南海领入一个复杂统一体，该统一体有着日益全球化的现代性。[43]最重要的一类货品是海产品。该区域的海上民族比如巴瑶族（Bajau，散布在东南亚多数地方），传统上将最大劳动

力投入自己所需的食物采集，从海中采集甲壳类动物、鱼类和海龟蛋。然而当整个 18 世纪对华贸易的重要性在南海增长时，他们也开始常被更尚武的民族逼迫从事不情愿的劳役。菲律宾南部的托索人（Taosug）（及其他群体）用他们来提供各类海洋资源，如珍珠贝、玳瑁、藤条和海参，都是中国人市以高价的东西。玳瑁和其他几种海龟——棱皮龟、绿龟和生玳瑁[1]——的壳几个世纪以前就已经从东南亚的水中北上中国贸易。到了（两位欧洲杰出旅行家 / 观察家）达尔林普尔（Dalrymple）和福瑞斯特（Forrest）于 18 世纪后期造访时，沿海居民已经把这些商品变成此项贸易中的关键支柱。[44]

珍珠贝出口到了 19 世纪揭幕之时也非常有利可图[45]，摘取上好品种珠母的珊瑚礁也是采集珍珠的珊瑚礁，经常是 30 英里宽且环绕整座小岛的珊瑚礁。[46]藤条也被收集起来装船趸运到中国南方，早期的评论者注意到，东南亚海湾此类植物蔓生，哪怕每年采摘几百吨出口，供应出去的藤条也很快就能长回来。[47]这种植物的柔韧纤维非常便宜，19 世纪后期，一匹棉制贸易布可以换取几百根藤条。[48]巴瑶族甚至变成了食盐的熟练制作人，有些通过日光蒸发海水而获得，另一些则来自用尼巴椰子烧成的灰漂白。未在本地加以利用的东西，被运往内陆贸易，换取其他中国出口产品。[49]通过这些方式，本地巴瑶族的经济穿过大小合宜的整个南海，循着全新的路线被重新打造，利益全在于从上升态的对中国海产品贸易中获得的钱财。[50]

另一件从东南亚出口并向上穿越南海到广州的重要产品是珍珠。珍珠获自软体动物珍珠蛤属珠母贝[2]，基于中国药书中的用法而被磨成

---

1 此处使用的是玳瑁的学名 Eretmochelys imbricata，指的是作为一种物种的玳瑁，中文里会称这种龟为"生玳瑁"。他处的"玳瑁"指作为宝石 / 药物的玳瑁壳（但中文通常不会加"壳"字），使用的是 tortoise/tortoise-shell 一词。这句话将 tortoise 和 Eretmochelys imbricata 并置，有重复之嫌，哪怕是想用 tortoise-shell 泛指龟甲。——译者注

2 原文是 Melegrina margarita，没有哪种具体的珍珠贝叫这个名字，头一个词指珍珠贝或珠母贝，后一个词是种加词珍珠蛤属。后文接着提到 the placuna was pounded into powder，则是说这种云母蛤被磨成粉，但云母蛤并非珍珠，也非珍珠贝，是另一种贝类（通常用其贝壳作装饰），为莺蛤目下属。——译者注

粉，较大和较好的品种则被交易，最终焊在首饰上。[51]关于欧洲人文字记录中的东南亚珍珠的品质与价值，可以远远拉回到托梅·皮雷斯（Tomé Pires）的时代，这位葡萄牙人巡游水手在1515年描述了珍珠作为"珠子"被售给中国的卖家。[52]不出几年，东南亚珍珠被贬低为劣等货，但皮加菲塔说，它们依旧值钱到可以作为赎金换回政治人质的自由。[53]不过，随后几百年里，东南亚水域的这些出口品仍在很大程度上保持了名声，因为中国文本如《皇清职贡图》把它们列入该区域最重要的产品之列。[54]中国朝廷明白，这些物品对东南亚海岸的沿海社会至关重要；西方观察者也明白此点，并最终想方设法得到了自己在这项赚钱贸易中的份额。[55]

不过，没有哪个单一产品能像食用海参那般充分阐明穿越南海的海生货品提取的机制，以及与这项提取活动伴随的政治。海参在多数东南亚岛屿附近的温和水域中找到了合宜的栖息地。该区域的海上民族从不吃这些动物，哪怕是在显著的艰难时期，然而到了19世纪，托索人的王侯组织了覆盖整个区域的苦役远征队采集海参，据估计每年有2万名海上人从事这种远征，经常以许多船只组成的船队形式。[56]海参类动物中有超过60种都是东南亚海域的土生物种，它们被按照大小、色泽和获取难度加以品质归类，分为一级、二级和三级。[57]中国偏爱灰白色的食用海参，它们通常在相当深处的珊瑚底部被找到。暗灰色和黑色的品种价值较低，但不管怎样也被吃掉。东南亚人为获取这些动物经常大费周折，澳大利亚土著居民还记得来到海岸的孟加锡人细长快速帆船的海参之旅[58]，巴瑶族神话则在颂扬智胜鲨鱼和巨型黄貂鱼的"海参英雄"。[59]托索人甚至在一些与世隔绝的岛屿上修建一系列淡水井，作为让"自由巴瑶族人"在近海搜寻海参类的鼓励措施。[60]新技术也被带到东南亚不同部分的海岸，以令采集进程更好地进行，这进一步改变了本地的生活模式。[61]沃伦（Warren）曾估计，到19世纪30年代，接近7万人（多是奴隶和被划拨出来的"海上人"）被卷入获取海产品的活动中，这些活动大多数都在苏禄苏丹的赞助下进行。[62]他们采集的几乎所有这些海洋出产最终都跨越南海的

127

温和水面，向北到达清代中国的海岸。

生态和政治的这种汇流很重要，因为它展示出海洋统治权如何变得等同于近代世界体系的财富入口，如彭慕兰（Kenneth Pomeranz）和其他人已经展示的，该种体系在这时正以指数方式扩张。[63]中国南方的沿海滩地（尤其是广东和福建）正在成为一项巨大的复杂交换活动的场所，同时一个日益贪婪的西方世界正在撬动中国对全球贸易的开口。这种贸易进程的大略纲要被称为"广州体制"，它运转了几十年，但在性质上变得越来越不对等，直到 1839—1842 年的鸦片战争最终将这种平衡向着剥削移动。在 19 世纪剩余时光及进入 20 世纪后，中国南方逐渐转变为一棵满足西方贸易利益的经济摇钱树，让鸦片涌入市场，以支付欧洲和美洲需要的品种繁多的货品。[64]西班牙人在 19 世纪最后 1/3 时期征服了菲律宾南部，终结了苏禄苏丹国作为亚洲内部一些贸易之主要传送带的角色。[65]越南沿海也在 19 世纪早期跟着进入一个非常不稳定的时期，因为西山叛乱（1771—1802）扫除了旧精英，而且该国同中国之间的海界被抛入 20 年的混乱之中。由此而来的阮朝（1802 年获取越南政权）是个儒家朝廷，在很大程度上反对贸易，但最终在那个世纪的后来时期被法国人打败，法国人 1859 年登陆湄公河三角洲，并通过 1862 年到 19 世纪 80 年代晚期的一系列步骤进而接管了整个国家。缅甸的南海沿岸继之在差不多同时期沦为保护国。[66]

更靠南的南海最尽头，吞并的动力毕竟也相似。英国人从一些小基地开始，包括 1763 年巴兰巴干（Balambangan）这个弹丸小岛，然后逐渐在该区域开拓出更大的贸易存在感，尤其是 1819 年获取新加坡之举。然而号称"海峡殖民地"（Straits Settlements）的地方被证明还不够满足在这舞台上施展身手的渴望，因为中国市场的拉力太强了，而且对于提供一个从相对安全的南海下方进入中国的入口来讲，东南亚实在太过诱人。马来半岛和婆罗洲岛的部分区域相继被英国人吞并，有时不直接，有时更直接，而 1874 年的"邦咯岛约定"（Pangkor Engagement）标志着真正的"进取政策"。[67]就在此前一年，荷兰在南海最尽头清楚展露自己的意图。1873 年起，以亚齐战争（Aceh War）

为开端，历时几个世纪的各殖民地最终开始扩张，要将我们今天称为
"印度尼西亚"的那个区域的其余大多地方纳入。[68]这些进程是政治
性的，并且通过条约而达成，但它们也极富技术专长，将新的水文地
理学技术、监督技术和军事装备技术同流行病学结合一体，全用于服
务这个国家。[69]大海最终被做了标记和以警戒线圈围，曾经大体是作
为推定中之"势力范围"的名义上存在的各帝国，现在像是离名副其
实的政体更近一步。到了 20 世纪，南海更像是个封闭的海洋，这并不
夸张。贸易和旅行依旧穿越它的海面，但地图上的分界线已在其海岸
附近设立政治性的警戒线。[70]这就是我们今日所继承的南海世界，而
且它现在构成民族国家驱动型世界的一部分。[71]

　　事实上，正是 20 世纪到 21 世纪的南海向我们展示出，这部关于
运动、贸易和政治成就的历史已经变得多么脆弱。这个广阔的海上空
间依旧船影穿梭，一如从前；事实上，现在的运输额定吨位比历史上
任何时候都大。然而现在有着领海时代要到来的迹象。中国已经对南
海中的多数岛屿（包括南沙群岛和西沙群岛）声张领土要求。该区域
的接壤国家，包括日本和东盟诸国已经通过声张自己的领土要求而做
出反应。[72]美国的海上力量试图保证国际通航的权益及由国际法庭
裁定争端的权益。海牙（Hague）偶尔对该议题发表声明，但它隔山隔
水。因为在该区域发现更多资源（包括近海石油和天然气），也因为
在跨骑海上线路的势力均衡议题上，各种图谋会继续，所以世界将拭
目以待，看此种现状会否保持。抛弃几个世纪来的自由通行和自由旅
行——这是该舞台上留下的人类互动的历史遗产，这似乎并不符合任
何利益相关方的实际利益。[73]

结　论

　　南海有一部同时有地方性和跨地方性的历史；它在数千年间是
分隔亚洲各政体的巨大空间，但也是主要的结缔组织，将这个空间编

织成一个接触和互动的单一网络。正是此一天生的悖论令这个特定海洋引人入胜。我们确实能在长时段中看到某种可称为"东亚"世界和"东南亚"世界的东西发展起来，因为在这种时期的大多时候，这些区域的政治和经济都有联系，且事实上通过向南或向北的季节性船只通道而持续维持。这些船只中有一些从事外交，令南洋各政体对中国的隶属或半隶属古老模式保持原样，也随着时间而加以规范。但更多的船只有着商业动机，在南海的北缘和南缘互相交易双方都想要的品种繁多的货品。大多数情况下，地位高且常常（就当时而言）技术含量也高的货品向南旅行，而来自东南亚（世界上生物多样性最突出区域之一）的海洋和森林的生态产品则向北旅行。双方都收到了它所渴望的某种东西，不管是帮助一个新兴且活力日胜的商业阶层获得动力的奢侈品（在中国方面），还是表明中央王国这个北方的伟大中世纪霸主对其加以册封或认可的象征地位的物品（在南洋方面）。

131　　　到了近代早期，在南海四环的水面上，这些模式中有一些开始变化。各种各样新的行为人（有些是亚洲人，有些则不是）进入这个场景带来商贸的加速发展，将旅行和接触的速率推到新高度。有族群背景的行为人大量到来，既有来自南海区域从前的边缘化部分的，也有来自南海以外的，他们也随身带来更多财富。而且他们首度开始大批量停留在该区域，而不再是在港口从事贸易的稀疏人群。这令东南亚的一些商业关系和政治关系重新排布，凭借新的阶层整合（hierarchical integration）纽带，为一些人赋权（如苏禄苏丹国），又奴役另一些人（如该区域那么多的"海上人"）。在这个地方，过去中国市场是此间大部分海上贸易的引擎，进入 18 世纪后期和 19 世纪早期，则世界市场开始变得更重要。到了这时，曾是慢慢流入该区域的一些欧洲人开始露出更加气势汹汹的一面，他们在土地上树旗帜，并对毗邻海洋最中央的一些沿海地区提出领土主张。我们已经在本章看到此种进程的开端，而且那些种子长出一种殖民主义形态和帝国形态的苦涩果实，它的不同版本从南海海岸各部分一路向下，伸展到东南亚的陆界和海界。即使现在，当我们的手指划过地图上构成现代南海各种边际线的不同颜色时，我们都还生活在那时代的遗产中。

👉 深入阅读书目

有许多研究从有趣的途径看待南海历史。Andre Gunder Frank, *ReOrient: Global Economy in the Asian Age* (Berkeley, CA, 1998) 提供了关于该区域的上好全球化视角；Takeshi Hamashita, *China, East Asia, and the Global Economy: Regional and Historical Perspectives* (New York, 2008) 从东亚角度看待该区域；Kenneth Hall, *A History of Early Southeast Asia* (Lanham, MD, 2011) 从东南亚这一侧加以完善。

关于早期，从中国优势地位看去的伟大经典之作大约是 Edward Schafer, *The Vermilion Bird: T'ang Images of the South* (Berkeley, CA, 1967)，而翻译注解之作 Frederick Hirth and W. W. Rockhill, *Chau Ju Kua: His Work on the Chinese and Arab Trade in the 12th and 13th Centuries* (Taipei, 1967, reprint of the 1911 original) 告诉我们，从 13 世纪的中国沿海场所看去，南海各政体是什么样。关于该水域自身，见经典之作 Wang Gungwu, *The Nanhai Trade: Early Chinese Trade in the South China Sea* (Singapore, reprint 2003)，及 O. W. Wolters, *Early Indonesian Commerce: A Study of the Origins of Srivijaya* (Ithaca, NY, 1974)，此开创性作品提供了东南亚的观点。

关于中世纪，Roderich Ptak, ed., *China's Seaborne Trade with South and Southeast Asia* (Abingdon, 1999) 在勾勒广泛因素方面很出色；关于船只的杰出权威是皮埃尔·伊夫·芒更（Pierre Yves Manguin），见 Pierre Yves Manguin, "The Southeast Asian Ship: An Historical Approach", *Journal of Southeast Asian Studies,* 2 (1980): 266–276; Pierre Yves Manguin, "Relationship and Cross-influence between Southeast Asian and Chinese Ship-building Tradition", IAHA Conference, Manila, 21–25 November 1983。

关于近代早期东南亚和南海作为一个区域的性质和边界的知名重大

132

争论，可见 Anthony Reid, *Southeast Asia in the Age of Commerce*, 2 vols. (New Haven, CT, 1988 and 1993); Victor Lieberman, *Strange Parallels: Southeast Asia in Global Context, 800–1830*, 2 vols. (Cambridge, 2003–2009)。作为对这些作品之完善的从中国向南看的研究，见 John Wills, *China and Maritime Europe, 1500–1800: Trade, Settlement, Diplomacy and Missions* (New York, 2010)；在更大范围上通览这时期整个亚洲海界的，见 Frank Broeze, ed., *Brides of the Sea: Port Cities of Asia from the 16–20th Centuries* (Kensington, NSW, 1989)。

采用"边疆路径"的，见 C. Patterson Giersch, *Asian Borderlands: The Transformation of Qing China's Frontier* (Cambridge, MA, 2006)；关于台湾人对事物的角度，见 Shih-Shan Henry Tsai, *Maritime Taiwan: Historical Encounters with the East and the West* (Armonk, NY, 2009) 及 Johanna Menzel Meskill, *A Chinese Pioneer Family: The Lins of Wu-feng, Taiwan, 1729–1895* (Princeton, NJ, 1979)。

关于南海沿海贸易体系的令人振奋的研究，见 Paul van Dyke, *The Canton Trade: Life and Enterprise on the China Coast, 1700–1845* (Hong Kong, 2007); Paul van Dyke, *Merchants of Canton and Macao: Success and Failure in Eighteenth Century Chinese Trade* (Hong Kong, 2016)。

从东南亚出发，很好覆盖了菲律宾世界的，见 James Francis Warren, *The Sulu Zone, 1768–1898: The Dynamics of External Trade, Slavery, and Ethnicity in the Transformation of a Southeast Asian Maritime State* (Singapore, 1981)，及 Laura Lee Junker, *Raiding, Trading, and Feasting: The Political Economy of Philippine Chiefdoms* (Honolulu, HI, 1999)。对越南和柬埔寨大陆沿海地区的很好描述，见 Li Tana, *Nguyen Cochinchina: Southern Vietnam in the Seventeenth and Eighteenth Centuries* (Ithaca, NY, 1998); Nola Cooke, Li Tana and James Anderson, *The Tongking Gulf through History* (Philadelphia, PA, 2011); Dian Murray, *Pirates of the South China Coast, 1790–1810* (Palo Alto, CA, 1987)。

¹³³ 在广阔洞察力上依旧独树一帜的是 Kenneth Pomeranz, *The Great Divergence: China, Europe, and the Making of the Modern World Economy* (Princeton, NJ, 2001)。

对于由商品本身锻造出之联结的尝试之作，见 Eric Tagliacozzo and Wen-Chin Chang, eds., *Chinese Circulations: Capital, Commodities and Networks in Southeast Asia* (Durham, NC, 2011)。

对高压降临"连起来的海"的描述，见 Eric Tagliacozzo, *Secret Trades, Porous Borders: Smuggling and States along a Southeast Asian Frontier, 1865–1915* (New Haven, CT, 2005)。

最后，对旧体制之终结的铺陈，见 Anthony Reid, ed., *The Last Stand of Asian Autonomies: Responses to Modernity in the Diverse States of Southeast Asia and Korea, 1750–1900* (London, 1997)。

注 释

[1] 关于其中一些进程的详尽陈述，见 Andre Gunder Frank, *ReOrient: Global Economy in the Asian Age* (Berkeley, CA, 1998); Takeshi Hamashita, *China, East Asia, and the Global Economy: Regional and Historical Perspectives* (New York, 2008); Kenneth Hall, *A History of Early Southeast Asia* (Lanham, MD, 2011)。这三部书分别从全球的、东亚的和东南亚的视角对待这些思想，并置而观便给我们一条如何把南海作为一个总体来思考的好路径。

[2] Paul Wheatley, *The Golden Khersonese* (Kuala Lumpur, 1961), pp. 37–41, 108. 该判断建基于惠特利（Wheatley）对地名"耶婆提"的转写，他将此地归为婆罗洲岛。

[3] O. W. Wolters, *Early Indonesian Commerce: A Study of the Origins of Srivijaya* (Ithaca, NY, 1974), p. 151.

[4] Grace Wong, *Chinese Celadons and Other Related Wares in Southeast Asia* (Singapore, 1977), pp. 81–91.

[5] Robert Nicholl, "A Study in the Origins of Brunei", *Brunei Museum Journal,* 7, 2 (1990): 26.

[6] 例如可见关于浡泥（文莱）人风俗的早期文字：现有的评论描述了一个熟练于投掷一种边缘像锯齿的小刀的民族；用剁手来惩罚谋杀犯和窃贼；在看不见月亮的夜晚祭祀祖先；执行宗教礼仪时让瓷碗在河里顺流而下；穿着用本地植物"吉贝"（kupa）和"tieh"制的衣服。John Chin, *The Sarawak Chinese* (Kuala Lumpur, 1981), p. 2 展示出，所有这些对该地区人民的早期描述有几分真实：头两个是描述文莱的穆斯林居民，第三个是写卡达央人（Kadayans），第四个是写马来诺人（Melanaus）（关于其水精灵挽回祭），第五个是关于文莱沿海的马来人村庄和达雅人（Dayak）村庄。

[7] Aurora Roxas-Lim, *The Evidence of Ceramics as an Aid in Understanding the Pattern of Trade in the Philippines and Southeast Asia* (Bangkok, 1987).

[8] Wang Gungwu, *The Nanhai Trade: Early Chinese Trade in the South China Sea* (Singapore, 2003), p. 57.

[9] Daniel Reid, *Chinese Herbal Medicine* (Hong Kong, 1987), pp. 96–97, 118, 184.

[10] Robert Nicholl, "An Age of Vicissitude in Brunei 1225–1425", *Brunei Museum Journal*, 7, 1 (1990): 8.

[11] Roxas-Lim, *The Evidence of Ceramics*, p. 28.

[12] K. K. Kwan and Jean Martin, "Canton, Pulao Tioman, and Southeast Asian Maritime Trade", in [Southeast Asian Ceramic Society, West Malaysia chapter], *A Ceramic Legacy of Asia's Maritime Trade: Song Dynasty Guangdong Wares and Other 11th to 19th Century Trade Ceramics Found on Tioman Island, Malaysia* (Kuala Lumpur, 1985), p. 52. 关于南洋贸易航海维度的其他优秀报告，见 Pierre Yves Manguin, "The Southeast Asian Ship: An Historical Approach", *Journal of Southeast Asian Studies*, 2 (1980): 266–276；Pierre Yves Manguin, "Relationship and Cross-influence between Southeast Asian and Chinese Ship-building Tradition", *IAHA Conference*, Manila, 21–25 November 1983; Pierre Yves Manguin, "Sailing Instructions for Southeast Asian Seas, 15–17 Centuries", *SPAFA Workshop*, Cisarua, West Java, 1984; J. V. G. Mills, "Chinese Navigators in Insulinde around A.D. 1500", *Archipel*, 18 (1979): 69–83; Ma Huan, *Ying-yai Shenglan: The Overall Survey of the Ocean's Shores*, trans. Feng Ch'eng-Chün (Cambridge, 1970)。

[13] Grace Wong, "An Account of the Maritime Trade Routes between Southeast Asia and China", in *Studies on Ceramics* (Jakarta, 1978), p. 201.

[14] Victor Purcell, *The Chinese in Southeast Asia* (London, 1965), p. 18.

[15] J. V. G. Mills, "Malaya and the *Wu-pei-chih* Charts", *Journal of the Malay Branch of the Royal Asiatic Society* 15 (1973): 19; Roderich Ptak, "Notes on the Word 'Shanhu' and Chinese Coral Imports from Maritime Asia, 1250–1600", *Archipel*, 39 (1990): 65–80.

[16] J. V. G. Mills, "Arab and Chinese Navigators in Malaysian Waters", *Journal of the Malay Branch of the Royal Asiatic Society*, 47 (1974): 42–51; Carrie Brown, "The Eastern Ocean in the *Yung-lo Ta Tien*", *Brunei Museum Journal*, 4 (1978): 46–58.

[17] Tom Harrisson, "Recent Archaeological Discoveries in East Malaysia and Brunei", *Journal of the Malay Branch of the Royal Asiatic Society*, 40 (1967): 141.

[18] Tom Harrisson, "A Fine Wine Pot (For Brunei)", *Sarawak Museum Journal*, 9, n.s., 13–14 (Jan.–Dec. 1959): 132; Harrisson, "The Borneo Finds", *Asian Perspectives*, 5 (1961): 253.

[19] Lucas Chin, "Trade Pottery Discovered in Sarawak from 1948 to 1976", *Sarawak Museum Journal*, 46 (1977): 25; John Guy, *Oriental Trade Ceramics in South-East Asia, Ninth to Sixteenth Centuries* (Singapore, 1986), p. 35. 这里也发现了一件福建的出口陶瓷，上刻阿拉伯文的"先知穆罕默德"，这正是为远西的穆斯林市场定制的，非常罕见。见 Pengiran Karim Pengiran Osman, "Notes on a Blue-and-white Sherd (with Arabic Inscription) Found at Kota Batu Archaeological Site", *Brunei Museum Journal*, 7 (1991): 10–21。

[20] John Chin, *The Sarawak Chinese* (Kuala Lumpur, 1981), p. 2. 对于浡泥存在时间的质问，见 J. W. Christie, "On Po-ni: The Santubong Sites of Sarawak", *Sarawak Museum Journal,* 35 (1984–1985): 80。

[21] Grace Wong, "An Account of the Maritime Trade Routes between Southeast Asia and China", in *Studies on Ceramics* (Jakarta, 1978), p. 56.

[22] Wolfgange Franke and Ch'en T'ien-fan, "A Chinese Tomb Inscription of A.D. 1264 Recently Discovered in Brunei", *Brunei Museum Journal,* 3 (1973): 91–96.

[23] Carrie Brown, "An Early Account of Brunei by Sung Lien", *Brunei Museum Journal,* 2 (1972): 219.

[24] Sin Fong Han, "A Study of the Occupational Patterns and Social Interaction of Overseas Chinese in Sabah, Malaysia" (PhD diss., University of Michigan, 1971), p. 37; W. W. Rockhill, "Notes on the Relations and Trade of China with the Eastern Archipelago and the Coasts of the Indian Ocean during the Fourteenth Century", *T'oung Pao,* 16 (1915): 266.

[25] Robert Nicholl, "The Tomb of Maharaja Karna of Brunei at Nanking", *Brunei Museum Journal,* 5 (1984): 35.

[26] Wang Gungwu, "China and Southeast Asia: 1402–24", in Jerome Ch'en and Nicholas Tarling, eds., *Studies in the Social History of China and Southeast Asia* (Cambridge, 1970), pp. 375–402; Omar Matussin and Dato P. M. Sharaffuddin, "Distributions of Chinese and Siamese Ceramics in Brunei", *Brunei Museum Journal,* 4 (1978): 59–60.

[27] John E. Wills, Jr., ed., *China and Maritime Europe, 1500–1800: Trade, Settlement, Diplomacy and Missions* (Cambridge, 2011).

[28] Victor Purcell, *The Chinese in Southeast Asia* (London, 1965), p. 22.

[29] 关于欧洲人接触到来之际东南亚港口城市之性质和维度的四种理论性讨论，见 Richard O'Connor, "A Theory of Indigenous Southeast Asian Urbanism", Research Notes and Discussions Paper, Singapore, Institute of Southeast Asian Studies, 1983; Peter Reeves, Frank Broeze, and Anthony Reid, all in Frank Broeze, ed., *Brides of the Sea: Port Cities of Asia from the 16th–20th Centuries* (Kensington, NSW, 1989)。

[30] Frederick Hirth and W. W. Rockhill, trans, *Chau Ju Kua: His Work on the Chinese and Arab Trade in the 12th and 13th Centuries* (Taipei, 1967 reprint of 1911 original), p. 63.

[31] Robert Nicholl, "A Study in the Origins of Brunei", *Brunei Museum Journal,* 7 (1989): 7; Nan Sin Feng, *The Chinese in Sabah, East Malaysia* (Taipei, 1975), p. 29.

[32] 相关注解见 Peter Bellwood and Matussin bin Omar, "Trade Patterns and Political Development in Brunei and Adjacent Areas AD 700–1500", *Brunei Museum Journal,* 4 (1980): 5–180。

[33] John Carroll, "Aganduru Moriz' Account of the Magellan Expedition at Brunei (1521)", *Brunei Museum Journal,* 6 (1985): 54.

[34] John Chin, *The Sarawak Chinese* (Kuala Lumpur, 1981), p. 7.

[35] J. S. Carroll, "Franscisco de Sande's Invasion of Brunei 1578: An Anonymous Spanish Account",

Brunei Museum Journal, 6 (1986): 47–71.

[36] 堂・胡安・德阿尔塞（Don Juan de Arce）1579 年 3 月 21 日的信，收入 Blair, ed., *The Philippine Islands,* IV, p. 195；海军上将奥利佛・范诺尔特（Olivier van Noort）1600 年 12 月 26 日的评论，收入 Pieter de Hondt, ed., *Historische beschryving der reizen of nieuwe en volkoome verzameling van de aller waardigste en zeldsaamste zee en landtogten,* 21 vols. (The Hague, 1747–1767), XVII, p. 33；同一位海军上将对 1601 年新年期间的描述，收入 *Nederlandsche reizen: tot bevordering van den koophandel na de meest afgelegene gewesten des aardkloots,* 14 vols. (Amsterdam, 1784), II, p. 240；文莱哈桑苏丹（Sultan Hassan）1599 年 7 月 27 日致西班牙总督的信，收入 Blair, ed., *The Philippine Islands,* XI, p. 120。

[37] Pierre Yves Manguin, "Brunei Trade with Macao at the Turn of the 19th Century", *Brunei Museum Journal,* 6 (1987): 17.

[38] William Millburn, *Oriental Commerce: Containing a Geographical Description of the Principal Places in the East Indies, China, and Japan, with Their Produce, Manufactures, and Trade,* 2 vols. (London, 1813).

[39] 两份出色的区域性概论，见 Anthony Reid, *Southeast Asia in the Age of Commerce,* 2 vols. (New Haven, CT, 1988–1993); Victor Lieberman, *Strange Parallels: Southeast Asia in Global Context, 800–1830,* 2 vols. (Cambridge, 2003–2009)。

[40] Edward Schafer, *The Vermilion Bird: T'ang Images of the South* (Berkeley, CA, 1967).

[41] Burton Watson, trans., *The Columbia Book of Chinese Poetry: From Early Times to the Thirteenth Century* (New York, 1984).

[42] C. Patterson Giersch, *Asian Borderlands: The Transformation of Qing China's Frontier* (Cambridge, MA, 2006); Joanna Waley-Cohen, *Exile in Mid-Qing China: Banishment to Xinjiang, 1758–1820* (New Haven, CT, 1991); Peter Perdue, *China Marches West: The Qing Conquest of Central Eurasia* (Cambridge, 2005); Shih-Shan Henry Tsai, *Maritime Taiwan: Historical Encounters with the East and the West* (Armonk, NY, 2009), ch. 2; Johanna Menzel Meskill, *A Chinese Pioneer Family: The Lins of Wu-feng, Taiwan, 1729–1895* (Princeton, NJ, 1979).

[43] 这方面最重要的史著是 James Francis Warren, *The Sulu Zone, 1768–1898: The Dynamics of External Trade, Slavery, and Ethnicity in the Transformation of a Southeast Asian Maritime State* (Singapore, 1981)，但海瑟・萨瑟兰德（Heather Sutherland）大多以论文形式发表的作品也很重要，例如 Heather Sutherland, "Trepang and Wangkang: The China Trade of Eighteenth Century Makassar, 1720s–1840s", *Bijdragen tot de Taal-, Land-en Volkenkunde,* 156 (2000): 451–472。

[44] Jennifer Elkin, "Observations of Marine Animals in the Coastal Waters of Western Brunei Darussalam", *Brunei Museum Journal,* 7 (1992): 74–80; Roderich Ptak, "China and the Trade in Tortoise-shell", in Roderich Ptak, ed., *China's Seaborne Trade with South and Southeast Asia* (Abingdon, 1999); "Doctor de Sande's Report on the Visit of the Portuguese to Brunei, August

1578", in Emma Blair, ed., *The Philippine Islands,* 55 vols. (Cleveland, OH, 1903–1909), IV, p. 221; Alexander Dalrymple, *A Plan for Extending the Commerce of This Kingdom, and of the East-India-company* (London, 1769), pp. 76–82; Thomas Forrest, *A Voyage to New Guinea, and the Moluccas, from Balambangan: Including an Account of Magindano, Sooloo, and Other Islands; and Illustrated with Thirty Copperplates* (London, 1779), p. 405.

[45] Milburn, *Oriental Commerce,* II, p. 513.

[46] Alexander Dalrymple, "An Account of Some Nautical Curiosities at Sooloo", in Dalrymple, *An Historical Collection of Several Voyages and Discoveries in the South Pacific Ocean,* 2 vols. (London, 1770), I, pp. 1–14.

[47] Alexander Dalrymple, *Oriental Repertory,* 2 vols. (London, 1793–1808), II, p. 534; Forrest, *A Voyage to New Guinea,* p. 88.

[48] Spenser St John, *Life in the Forests of the Far East,* 2 vols. (London, 1862), I, p. 403.

[49] David E. Sopher, *The Sea Nomads: A Study Based on the Literature of the Maritime Boat People of Southeast Asia* (Singapore, 1965), p. 138；关于食盐作为此种贸易之一项商品的优秀综述，见 Bernard Sellato, "Salt in Borneo", in Pierre le Roux and Jaques Ivanoff, eds., *Le sel de la vie en Asia du Sud-Est* (Bangkok, 1993), pp. 263–284。珊瑚也从文莱的沿海浅滩出口到中国，见 Ptak, "Notes on the Word 'Shanhu' and Chinese Coral Imports from Maritime Asia"。

[50] 优秀作品见 Clifford Sather, *The Bajau Laut: Adaptation, History, and Fate in a Maritime Fishing Society of South-Eastern Sabah* (Kuala Lumpur, 1997)。

[51] Warren, *The Sulu Zone,* p. 80.

[52] Tomé Pires, *The Suma Oriental of Tomé Pires: An Account of the East, from the Red Sea to Japan, Written in Malacca and India in 1512–1515, and The Book of Francisco Rodrigues, Rutter of a Voyage in the Red Sea, Nautical Rules, Almanack and Maps, Written and Drawn in the East before 1515,* trans. Armando Cortesão (London, 1944), p. 123.

[53] Ronald Bishop Smith, *George Alvares, the First Portuguese to Sail to China* (Lisbon, 1972), p. 12; Antonio Pigafetta, "The First Voyage round the World", "De Moluccis Insulis", in Blair, ed., *The Philippine Islands,* XXXIII, p. 211; I, p. 328.

[54] Geoffrey Wade, "Borneo-related Illustrations in a Chinese work", *Brunei Museum Journal,* 6 (1987): 1–3.

[55] Wade, "Borneo-related Illustrations", p. 3; Fray Casimiro Diaz in Blair, ed., *The Philippine Islands,* XLII, p. 185; Dalrymple, *A Plan for Extending,* pp. 76–82.

[56] Warren, *The Sulu Zone,* p. 70.

[57] 考尔夫（Kolff）描述了 19 世纪 30 年代和 40 年代文莱水域对食用海参分类、制备和干燥的流程，见 D. H. Kolff, *Voyages of the Dutch Brig of War Dourga,* trans. George Windsor Earl (London, 1840), pp. 172–175; 也见 Frederick Wernstedt and J. E. Spencer, *The Philippine Island World: A Physical, Cultural, and Regional Geography* (Berkeley, CA, 1967), p. 595。

[58] Leonard Andaya, "The Bugis Makassar Diasporas", *Journal of the Malay Branch of the Royal*

Asiatic Society, 68 (1995): 119–138；也见一份复合型民族志-历史研究，Gene Ammarell, *Bugis Navigation* (New Haven, CT, 1999)。

[59] Dalrymple, "An Account of Some Nautical Curiosities at Sooloo", in Dalrymple, *Historical Collection of Several Voyages and Discoveries in the South Pacific Ocean,* I, p. 12.

[60] Forrest, *A Voyage to New Guinea,* pp. 372–374; Dalrymple, *Oriental Repertory,* II, p. 530.

[61] Sopher, *The Sea Nomads,* pp. 246–247.

[62] Warren, *The Sulu Zone,* p. 73；关于这时期前后明白显示向北运往澳门的包含海参的货物，见 Pierre Yves Manguin, "Brunei Trade with Macao at the Turn of the 19th Century", *Brunei Museum Journal,* 6 (1987): 18。对这些模式的一份新概论，见 Jennifer Gaynor, *Intertidal History in Island Southeast Asia: Submerged Genealogy and the Legacy of Coastal Capture* (Ithaca, NY, 2016)。

[63] Kenneth Pomeranz, *The Great Divergence: China, Europe, and the Making of the Modern World Economy* (Princeton, NJ, 2001).

[64] Paul van Dyke, *The Canton Trade: Life and Enterprise on the China Coast, 1700–1845* (Hong Kong, 2007); van Dyke, *Merchants of Canton and Macao: Success and Failure in Eighteenth Century Chinese Trade* (Hong Kong, 2016).

[65] Laura Lee Junker, *Raiding, Trading, and Feasting: The Political Economy of Philippine Chiefdoms* (Honolulu, HI, 1999); Oona Paredes, *A Mountain of Difference: The Lumad in Early Colonial Mindanao* (Ithaca, NY, 2013).

[66] Li Tana, *Nguyen Cochinchina: Southern Vietnam in the Seventeenth and Eighteenth Centuries* (Ithaca, NY, 1998); Nola Cooke, Li Tana and James Anderson, *The Tongking Gulf through History* (Philadelphia, PA, 2011); Dian Murray, *Pirates of the South China Coast, 1790–1810* (Palo Alto, CA, 1987).

[67] J. M. Gullick, *Malay Society in the Late Nineteenth Century: The Beginnings of Change* (Oxford, 1987).

[68] Robert Cribb, *The Late Colonial State in Indonesia: Political and Economic Foundations of the Netherlands East Indies, 1880–1942* (Leiden: 1994).

[69] Eric Tagliacozzo, *Secret Trades, Porous Borders: Smuggling and States along a Southeast Asian Frontier, 1865–1915* (New Haven, CT, 2005).

[70] Eric Tagliacozzo and Wen-Chin Chang, eds., *Chinese Circulations: Capital, Commodities and Networks in Southeast Asia* (Durham, NC, 2011); Eric Tagliacozzo, Helen Siu and Peter Perdue, eds., *Asia Inside Out,* vol. I: *Changing Times* (Cambridge, MA, 2015); Eric Tagliacozzo, Helen Siu and Peter Perdue, eds., *Asia Inside Out,* vol. II: *Connected Places* (Cambridge, MA, 2015).

[71] Anthony Reid, ed., *The Last Stand of Asian Autonomies: Responses to Modernity in the Diverse States of Southeast Asia and Korea, 1750–1900* (London, 1997).

[72] 思考当今南海战略意义的最重要的学者恐怕要属迈克尔·莱费尔（Michael Leifer），对他的工作的一份有用摘要，见 Chin Kin Wah and Leo Suryadinata, eds., *Michael Leifer:*

Selected Works on Southeast Asia (Singapore, 2005)。

[73] Alice Ba, "ASEAN's Stakes: The South China Sea's Challenge to Autonomy and Agency", *Asia Policy,* 21 (2016): 47–53; Alex Calvo, "China, the Philippines, Vietnam and International Arbitration in the South China Sea", *The Asia-Pacific Journal,* 13, 43, 2 (26 October 2015): http://apjjf.org/-Alex-Calvo/4391 (2017 年 3 月 31 日访问)。

第五章　地中海

莫莉·格林

　　地中海在西方世界赫然可见，在西方历史编纂学上也赫赫有名。它是原始海，有几个理由。首先，它是希腊-罗马文明的诞生地，因此也是欧洲文明的诞生地。[1]其次，在这片海洋上的成功航行可以追溯到人类历史上很早的时期，是公元纪年开始的几千年前，而且相关的文字记录和考古记录也很丰富。这一点令地中海研究同太平洋史及大西洋史的领域截然不同。最后，从中世纪早期开始，欧洲人就形成了一种关于他们自己及欧洲同伊斯兰世界对立的观念，而据称正是地中海充当了水上边界，"将被设想为对立双方的两个群体分隔开的历史分界线"。[2]然而地中海是一道被双方例常跨越的边界，而且欧洲人间或觉得，主张地中海是个统一体要比主张它是敌对体更有利。当前的难民危机——穆斯林（居多的）难民从这个内海的南部和东部海岸穿越到北部海岸——不过是地中海一种古远动态的最新迭代版，这动态即，它是个边界，但是个被例常跨越的边界。

　　将这个海洋划分成穆斯林部分和基督徒部分，这是书写地中海历史的基本框架。20世纪早期皮雷纳（Pirenne）的论点依旧是研究中世纪史的最知名范式之一，虽说其主题现在持续受到批评；该论点主张，

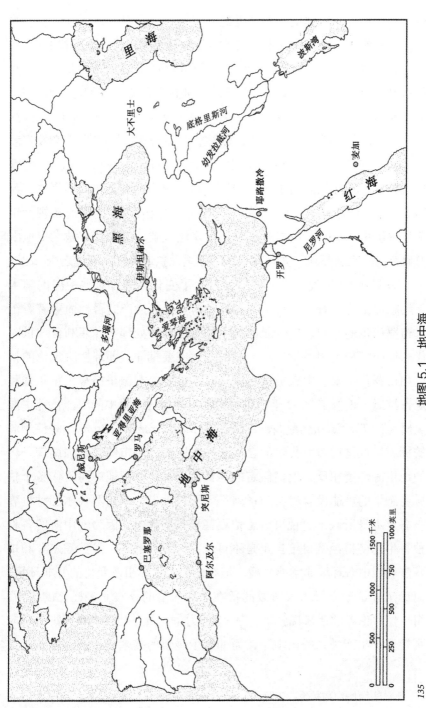

地图 5.1 地中海

135

157

136 摧毁罗马世界统一体的正是 7 世纪来到地中海的穆斯林军队。较后的一种书写地中海的趋势寻求对宗教划分轻描淡写，倘若不算置之不理，它偏好一种强调该区域之必要统一性的环境路径。这就是费尔南·布罗代尔 1949 年出版的煌煌巨著《菲利普二世时代的地中海和地中海世界》（*La Méditerranée et le Monde Méditerranéen à l'époque de Philippe II*）。布罗代尔力主，在橄榄树种植的南北界线之间，同据推测由帝国兴衰及宗教冲突爆发所带来的断裂与间断相比，环境时（environmental time）[1] 的重复和周期构造人类经验的方式更具影响力。布罗代尔此书（英译本直到 20 世纪 70 年代早期才问世）的后续影响力相当罕见。尽管它被视为年鉴学派历史书写的一项主要成就而被广泛致敬，但它没有激发出地中海研究的一个新领域，并且在很长时期里孤独地沉浸在辉煌之中。[3]

20 世纪 90 年代以来，该局面发生了变化。既有对地中海的学术兴趣总体上行情看涨，也是怀着抓紧布罗代尔遗产的目标而更着意于对布罗代尔的回归。后一股脉络下的工作力图处理对《菲利普二世时代的地中海和地中海世界》一书的两大主要批评，即环境决定论的指控和布罗代尔叙事中人类角色的相对不重要。[4]佩里格林·霍尔登和尼古拉斯·珀塞尔 2000 年出版的大部头著作《恶化中的海洋：地中海史研究》（*The Corrupting Sea: A Study of Mediterranean History*）是该领域的标志，也是对布罗代尔的自我张扬式回应。与布罗代尔强调统一化的地中海环境相反，他们假定的是极度碎片化，把地中海看作各个狭域生态学的可能没有尽头的系列。[5]不过他们分享布罗代尔那种世界被海洋本身所联结的视野，恐怕更甚于布罗代尔，因为地中海的各种独特生态使得经济自给自足是不可能的。有趣的是，虽然霍尔登和珀塞尔对地中海环境非常感兴趣，但在他们眼里，引发变化的并非环境，*137* 而毋宁说是地方行为人所做的旨在缓和风险的令农业多样化的决策。用一位评论者的话来说就是，"作者们力争，所有社会史和经济史都应直接置于生产关系的语境下，而非置于短暂的技术变化或环境变化之

---

1 环境时指历时性气候状况，表明时间与温度的关系。——译者注

语境下"。[6]将生产关系置于前景当然就是将社会关系与权力置于前景。[7]如此,这两位作者就恰当地置身于当今环境史的主流当中,即摈弃环境决定论。

其他后布罗代尔时代的地中海作品继续重视人类的作用,有时还将此推向更远。《地中海大离散:19世纪长时段下的政治与观念》(*Mediterranean Diasporas: Politics and Ideas in the Long Nineteenth Century*)的编者们写道,与贸易史和经济史这些更常见的焦点不同,"本书的原创性在于以下事实,即它把地中海看作首先是知识交流的场所"。[8]《大海:海洋学和历史编纂学》(*The Sea: Thalassography and Historiography*)的编者彼得·米勒(Peter Miller)采纳了不寻常的路径,发掘作为管理者而非学者的布罗代尔的历史。此书关注布罗代尔在高等实验研究院第六部(VIe section of École des Hautes Études)的任期,结论是,他所鼓励的计划和他所敬仰的人都对历史有着非常人类中心的路径:"这个布罗代尔不是一个认为人类生活仅属'浮尘微沫'的人。"[9]米勒书中各章都坚持文化史和经济史相交叉,终结了以往物质论者报告和认知式报告泾渭分明的格局。

在书写地中海的环境史时,像霍尔登和珀塞尔这样的历史学家能够从古典世界和中世纪世界的悠久学术传统中汲取养分,帮助他们形成自己的宣言。例如,倘若关于希腊和罗马农业的话题在西方历史传统中没有得到显著刻画,他们就无法拿来这方面的论据加以驳斥——比如按照摩西·芬利(Moses Finley)的意见,希腊和罗马的农业被推测原始粗糙。在此我们看到,将地中海作为一个环境和生态单元来对待,此举如何同更古老的地中海历史书写传统相联结,后者在本章开篇讨论过,其渊源在于地中海的古老性为欧洲历史所保有的重要意义。

138

反对地中海

与这些根基深厚的学术传统鲜明对照的是,其他学术领域抗拒那种视地中海为历史研究之合法范畴的观念。研究伊斯兰世界的人类学家和历史学家在此类批评中格外突出。这让我们要考虑一下生活在地中海南部、东部和东北海岸的穆斯林,他们与这个内海的关系完全异样。摈弃"地中海"或"地中海研究"的一个基本内容就是针对"Mediterranean"这个术语本身,以及该术语所暗含的关于穆斯林在其中之地位的意思。"地中海"是个源出希腊语的罗马/拉丁词汇。北非和黎凡特(Levant)的穆斯林直到 19 世纪都未曾使用过该词。[10]此外,同是在 19 世纪,欧洲人还将他们对该词的用法扩展到"地中海区域"这个概念中,恰当不列颠和法兰西正在确立他们对该区域的统治权。布罗代尔那个相联结的且一体化的地中海很可以说是一个被欧洲人黏合起来的海洋,而且欧洲人在整个地中海不断加强的出场与从阿尔及利亚(Algeria)到伊斯坦布尔(Istanbul)的"穆斯林"的联结相比,肯定被体验为某种更加糟糕的东西。[11]法国殖民官员以一种最致命的方式运用"地中海"类型思维,心急火燎地把阿尔及利亚的古典历史发扬为一种将他们的新征服地带转化为法国之一部分的方法。该词语同欧洲殖民主义或最低限度而言"欧洲中心主义"间的关联,是地中海史这个领域同大西洋史和太平洋史所共享的一份焦虑。例如,研究大西洋的历史学家担心他们依旧倾向于从欧洲视角看待大西洋史(不管那可能意味着什么)以及沿着帝国边界划分大西洋乃至如加勒比海这样的紧凑地区。这是个不幸的讽刺,因为水体研究的初始动机之一就是"避开民族国家的限制"。[12]

　　对中世纪的阿拉伯作家来说,这个海洋是屏障而非桥梁,它分开两个相对抗的海岸。[13]他们也不称它为地中海。对该词语的阿拉伯语翻译"al-Mutawassit"直到 19 世纪才开始被使用;它不见于任何中世纪地图,在编年史或地理文本中难得一见。[14]反过来,欧洲人视为一个海洋的东西,在阿拉伯人眼里是多个海洋:Rūmi Sea(东罗马海)、Shāmi Sea(叙利亚海)、Akhdar Sea(绿海)和 Mālih Sea(咸海)。这并不标志着反对航海努力的文化倾向,因为印度洋和红海都被视为伊斯兰世界的一部分。[15]毋宁说这源自如下事实:他们的基督徒对手们跨越地中海而来，并且自 10 世纪以降，夺回失地并又征服其他地区的战役日益成功。这些战役以中世纪的十字军东征为顶点。即使当穆斯林军队历经几个世纪设法将欧洲人逐出埃及和黎凡特，他们对海岸线的态度也依然谨慎。当马穆鲁克（Mamluks）[1] 1251 年从法国人手中夺回达米埃塔（Damietta）后，他们摧毁了这座城市的堡垒："（他们）拆除所有墙垣，将之夷为平地，以防基督徒对此城有任何利用，他们取了所有石头，把它们运往尼罗河。"[16]

该水体有多个名字的传统持续到近代早期，同样持续到这时的还有视该海洋为危险渊薮而非联结源泉的观点。考虑到欧洲人的海盗行径这一现实，以及在北非还有实打实的海军袭击，以上情况便不足为怪。马塔尔（Matar）在谈论一位 16 世纪后期的摩洛哥旅行家时评论说："对他以及其他穆斯林常见的是一个可怕海洋的形象，不是因为阿拉伯人或穆斯林对这个海洋有一种宗教式的顽固性或本能的敌意，而是因为他们害怕欧洲舰队的袭击。"[17] 在这时期，北非人搬到内陆，作为对英法轰炸滨海地带的回应，这种模式我们也能在希腊岛屿中看到，那些岛上的沿海村庄都被废弃，而宁愿安置在岛屿的腹地。[18] 在后一种情况中，袭击更可能来自天主教徒私掠船和海盗船的混编船队。

另一位研究北非的学者安德鲁·海斯（Andrew Hess）不关心穆斯林对于地中海本身的看法。然而他坚定反对有一个至少在近代早期纵贯北岸与南岸的一致化地中海世界的观念。他的著作《被遗忘的边界：16 世纪的伊比利亚-非洲边界史》（*The Forgotten Frontier: A History of the Sixteenth-century Ibero-African Frontier*）在出版当时是先驱之作，也依旧是关于地中海西部的基本文本。[19] 海斯力主，1492 年的三个事件——"对旧秩序的三个打击"——粉碎了穆斯林北非同安达卢西亚（Andalusia）之间从前那个密切接触和运动的网络。[20] 这就是哥伦布去新世界的航行、西班牙驱逐犹太人以及伊比利亚半岛上最后一个穆斯林王国格拉纳达（Granada）被击败。作为这些事件的结果，双

_140_

---

1 中世纪埃及出身奴隶的骑兵。——译者注

方（哪怕胜利的基督徒一方）都决定停止互相打斗，以利于将他们的注意力引向他处。用他的话讲："反差鲜明的（两种）地中海文明在直布罗陀海峡彼此分隔，在使节和边疆居民几乎不相来往的状态中结束了它们的整合史。"[21]结果是，"体现 15 世纪后期文化多元化的广阔地带——既有西班牙人-穆斯林的区域也有北非的基督徒-穆斯林军事边界区域——缩成一线之地"。[22]地中海西部所保留的是一道将西班牙同北非隔开的水上边界。两个彼此对抗的敌人在这道分水线上怒目相视，只剩下凶暴的创业者，比如所谓的巴巴里（Barbary）私掠船，愿意扬帆进入这些如今怀有敌意的水域。

141

奥斯曼帝国的地中海

在考虑过伊斯兰世界研究者的回应之后，让我们看一看有关联但又截然不同的奥斯曼帝国史这一领域。[23]奥斯曼主义者大多从奥斯曼商人的活动和政府对海军事务之政策的角度抓住地中海问题，当然也明白这两点都容易渐变为文化差异问题。例如，当进入海事史时，海军在公海上的英勇善战长期以来都被看作政府的活力与成功的一个基本标志，而在全球贸易中出场被作为文化开放性与久经世故的标志。尽管此类见解不再被这么频繁或公开地声明，但这种思想在学术圈子里由来有自，且该传统肯定影响到对"奥斯曼帝国和地中海"这一主题的书写：（假定中的）奥斯曼帝国在海上的软弱和对海洋的漠不关心被看作奥斯曼帝国文明自身的一份诉状。就在去今不远的 1999 年，普雷德拉格·马特维耶维科（Predrag Matvejević）在一部斩获四项欧洲文学奖的书中写道，"土耳其人来自亚洲内陆"，因此"对海洋没感觉。他们一贯更像武士而非水手"。[24]塞马尔·卡法达尔（Cemal Kafadar）在他的文章《威尼斯的一场死亡：在威尼斯共和国做生意的安纳托利亚穆斯林商人》[A death in Venice (1575): Anatolian Muslim merchants trading in the Serenissima] 中回应的正是此种类型的成见化做法，此文恰在马特维耶维科的书出版前几年发表。[25]卡法达尔通过讲述一位穆斯林商人在基督徒的威尼斯的故事，做出了远比记录一份个人生平更多的事；他所做的是把关于（据推测独属）穆斯林的畏惧海洋、仇外和缺乏商业敏锐性的文化叙事编织起来。

那么很清楚，研究奥斯曼帝国的历史学家和研究中世纪伊斯兰世界的历史学家不得不在相似的关于穆斯林与海洋的文化性变形叙事中挣扎。但这两个领域之间有显著差异，折射出这两个世界不同的地缘政治实况。从尽可能广的角度看，中世纪伊斯兰世界的商人、学者和外交官大多沿着西起西班牙的陆地线路旅行，经马格里布（Maghrib）进入埃及，然后穿越红海到阿拉伯半岛以及更远的印度洋。[26]对他们的行程而言，地中海，尤其是北岸，可谓南辕北辙。

另一方面，奥斯曼帝国1517年征服埃及时，差不多是1 000年里首度统一地中海东部的南北两岸。地中海在该帝国正中心，它作为近代早期世界最强大的穆斯林政权，卓有成效地将伊斯兰世界的权重拉扯到比7世纪倭玛亚王朝（Umayyads）建立后更靠西的地方。反观此种现实的奥斯曼史家精神抖擞地对欧洲人早在十字军东征时期就掌握了地中海并从未松手这一论断提出抗辩。事实上，地中海东部在奥斯曼帝国时期并非一个欧洲人湖泊。欧洲人（尤其是法国人）当然在场，但是将亚历山大里亚同伊斯坦布尔、将沃洛斯（Volos）同塞萨洛尼基（Thessaloniki）、将各个岛屿同伊兹密尔（Izmir）以及诸如此类地方连接起来的各条重要路线上挤满了种类繁多的奥斯曼船只。[27]

最近，奥斯曼史家已经从探讨商人迈向重新思考该政权同地中海的关系。此次重新思考聚焦于奥斯曼帝国在勒班陀（Lepanto）战败之后的时期，因为相关论据称，自此以往奥斯曼人对大海不理不睬。这番工作对于将海事史等同于海军史的狭隘举措明智地置之不理，展示出对海洋的积极参与，但不是海军事务意义上的参与，而是指对17世纪和18世纪动荡局势之有效的法律及外交回应，当时海盗行径和七年战争先后对苏丹的领海造成严重破坏。[28]

对于如何界定奥斯曼帝国的地中海（如果真能界定的话）这个棘

手问题，约书亚·怀特（Joshua White）已经给出一个非常明了的答案：奥斯曼帝国的地中海不通过其海军的行动或其居民的信仰而界定，而是由它是一个统一的法律空间这一事实界定。此言意指如下事实：在后勒班陀世界，海盗祸患波及整个地中海（类似于大西洋和印度洋上正在发生的），在遭遇海盗行径造成的问题时，外国人和奥斯曼帝国臣民同样会一再诉诸奥斯曼法律机构以求帮助。这个机构转而以既富创造性又行之有效的方式加以回应。在此我们将只考虑奥斯曼穆夫提[1]即帝国的首席教法专家在这些案件中发挥的作用。[29]

早在 1611 年，威尼斯当局就开始向穆夫提征求教法判决，以给他们针对北非人的案子增加优势，北非人正在对他们的航运造成破坏。1624 年，与地方官员合作的北非人在亚得里亚海（Adriatic Sea）和爱奥尼亚海（Ionian Sea）展开一系列格外肆无忌惮的袭击，除了其他物品，还有 700 多位威尼斯国民被掳掠为奴，这些袭击在伊斯坦布尔和威尼斯都引起了愤怒。[30]在随后的各次会谈和多个穿越地中海运动——先是奥斯曼人到突尼斯（Tunis），然后是突尼斯人到伊斯坦布尔——的代表团中，各方都寻求穆夫提的仲裁。怀特力陈，似乎通过他们的活动，伊斯坦布尔的官员（以及威尼斯人）都知道，说突尼斯人的行动违反了威尼斯和苏丹的代表们基于世俗法而交涉成的条约，这还不够。宗教问题不可避免地被提到了。北非人是做海盗，还是做圣战骑兵，在为伊斯兰圣战而战斗？

穆夫提在他所写的教法判决中告诉突尼斯人，他们的活动并非在宗教上被许可的劫掠，而且他们不仅在触犯苏丹的法律，也在触犯真主的法律。[31]尽管这一特别事件的解决之道不幸在历史记录中不明朗，但突尼斯人和威尼斯人都直接接触穆夫提，促其撰写一份可能有利于他们这方的教法判决，威尼斯人还保留了整个 17 世纪里所颁发的各教法判决的副本，这两个事实表明，帝国伊斯兰教法首席权威被认为是解决此类问题时的重要人物。考虑到奥斯曼帝国缺席于海事史和海

144

---

1 Mufti，伊斯兰教法权威。——译者注

军史这个根深蒂固的推断，那么查尔斯·约翰逊（Charles Johnson）船长 1724 年出版的解说大西洋海盗船管理方式的《海盗通史》(*A General History of the Pyrates*) 就很有启发性，书中写道："事务长的意见就像土耳其人当中的穆夫提；事务长不同意时，船长啥也干不了。"[32]

在七年战争（1754—1763）事件中，奥斯曼人根本没得到典型刻画。以至于战争中的一个奥斯曼人视角究其实来自希腊史的研究者们，他们强调了战时对希腊航运的增援，因为希腊船只中立。[33]现在清楚了，是奥斯曼人迈出决定性一步，限制英/法在奥斯曼帝国水域的敌对行动对奥斯曼人和其商人的损害。[34]在一个政府主权只扩展到从港口发射出的炮弹射程所及之地的年代，苏丹通过一系列敕谕将他的主权扩展到海上，超出了欧洲和该帝国双方的共识界限。他们这么做的理由是要在爱琴海（Aegean）上建立一个广阔地带，不许英国人和法国人在其中袭击对方船舶。除了英法互殴会造成一般性破坏，奥斯曼人格外关心的还有，奥斯曼帝国内部的海运贸易多数由法国船只承运。

由于现存格局比战争有利，因此政策倾向于惩罚英国人而保护法国人。这是因为法国人在地中海东部的存在感远比英国人稳固。奥斯曼帝国的这项新政策意味着，奥斯曼帝国的既含基督徒也含穆斯林的请愿者们——他们在搭乘法国船只时遭到袭击——能够在伊斯坦布尔得到赔偿。英国外交官在都城长时间大声抱怨这些规则，但他们服从了；在这个时期，奥斯曼帝国的商人们得到英国当局支付的好几万古鲁什（gurush，一种奥斯曼银币）的赔偿。

奥斯曼史家这些介入的重要性不仅体现在奥斯曼帝国与地中海的关系，也体现在对地中海历史自身的叙述。多米尼克·瓦列里安（Dominique Valérian）在他近期的文章《中世纪地中海》(The Medieval Mediterranean，2014) 中力主，在一个各自为阵的海洋上，通过宗教边界来规范关系的规则在中世纪已发展出来："从命名体系的多样性中产生了在地中海上规范关系的麻烦问题（和平年代和战争年代皆然）；中世纪是这些规则被发明并日渐被接受和共享的时期，大多规则持续到近代。"[35]这番阐释为奥斯曼帝国安了一个消极角色；它简单地继承

145

了一个早已就位的国际框架。新研究则证明，在地中海国际法的发展中，必须要给奥斯曼帝国一个更积极的角色。[36]

地中海与全球史

对于把地中海视为一个合法研究范畴的抗拒力也来自历史学和人类学上更广义的知识趋势。区域研究——在"知识具有文化特定性也具有历史特定性"这一论断下运作——自 20 世纪 90 年代以来受到抨击，源于世界体系遭遇的一些重大震撼：中国的崛起、柏林墙的倒塌以及全球经济的金融化。杰里米·阿德尔曼（Jeremy Adelman）在近期一篇关于全球史崛起的文章中写道："随着意识形态差异消除以及市场将世界的剩余部分重新整合成一个大集合，还存在什么根本性的差异能令讲求个别性的、排他主义者的、依赖语境的知识的存在有正当性呢？"[37]看起来关于市场的普遍法则很快就要在各个地方运行，带来类似的结果。

与区域研究陷于招架之态同时，人类学家也开始将批评眼光投向自己的学科。早在 1984 年，研究地中海的一位领军人类学家迈克尔·赫兹菲尔德（Michael Herzfeld）就严厉批评人类学家们发展出"文化区域"这个分析范畴（尽管他在几十年里都非常用心地为了让地中海成为一个合法知识范畴而奋斗）。他写道，这样一个概念鼓励成见化，而成见化是人类学这个领域所渴望之事的对立面。取而代之，他们应当专注于"密集地方化的"民族志，然后把这些研究综合成"一幅在全球范围内有效的人类肖像"。[38]在此，我们也看到了阿德尔曼所描述的对全球的强调，虽说方法论仍植根于地方。

最近，钟摆开始朝另个方向摆动了，虽说这"另个"与 20 世纪 90 年代被抛在身后的那个并不等同。地方语境有用，但更大的框架是一部全球整合的历史，而非对一个特定地方的理解。例如，有些全球史家发出警告要反对那种给整个地球强加一种虚假一致性——托马斯·弗里德曼（Thomas Friedman）那个扁平化的世界——的危险，他们主张，我们必须对"纳入整合的各种历史的多样化"更加敏感。[39] 霍尔登和珀塞尔在他们 2006 年发表于《美国历史评论》上的文章中再一次把地中海的重要性提出来，并就针对它的帝国主义、排外主义、文化和环境决定论等指控加以辩护。不过他们小心翼翼地将地中海勾连到对全球史的考虑上。他们力主，对这一内海的研究"抛出了会有助于全球史家理解世界历史各个新的构成区域实际上如何互动的问题和模式"，并且"新的区域史的最大优势在于长距离互动的研究，大大超过比较研究带来的优势"。[40]

无论如何，新的全球史能带来一个不同的方向。阿德尔曼在他关于该领域的文章中表明一种看似显而易见却尚未得到足够重视的看法：全球性的解体同众所周知的胜利整合同样是历史叙事的一部分。[41]考虑到最近的发展——如今英国之退出欧盟必须要与 1989 年柏林墙倒塌并置而观，对解体之历史进程的兴趣很可能会增长。

对此，地中海能提供很多东西，因为历史学家至少三度宣告它身为一个统一区域的结束。最早也是最著名的一次解体出现在 7 世纪，也因为皮雷纳的论点而出了名。形成鲜明对比的是，海斯《被遗忘的边界》在近代早期北非和西班牙史等特定领域之外鲜为人知。此书力主，有一条怀有敌意的边界将从前是个整体的地中海西部分隔开。[42] 海斯的默默无闻并非因为他的学术水准。毋宁说这是地中海在近代早期世界被边缘化的直接后果，因为欧洲人的探险旅程降低了地中海在世界经济中的重要性。[43]

对皮雷纳论点的批评令人信服地展示出，截至阿拉伯人在黎凡特和北非露面的时候，那里已经没什么罗马人"我们的海"（Mare Nostrum）[1] 的痕迹；地中海东半部和西半部的贸易早在 7 世纪之前便久已萎缩。对海斯的回应已经慢慢出现，而它们提出类似的关于军事征服和贸易模式的问题。不过这次的相应论证是，继 1492 年（或者 1581

_147_

––––––––––––
1 罗马人对地中海的称呼。——译者注

年，奥斯曼帝国和哈布斯堡王朝在这年的停战协议标志着两大势力在地中海之军事活动的终结）而来的不仅不是贸易的停顿，反倒是西班牙人与马格里布的商贸在近代早期有着事实性增长。[44]在这道被推测为不可渗透又充满暴力的边界的两端，都有各式角色把赎回俘虏之举作为重要的资金来源而利用，也作为一种令被明文禁止之对敌贸易正当化的方式来利用。西班牙王室将北非安放在关于该禁令的"永久例外"体制中，如果一位基督徒商人寻求一份与马格里布贸易的执照，那么"他要做的就是宣布，他将把所有利润都用于赎回基督徒，而非将之投资于将在返回西班牙后重新分配的商品"。[45]在北非一方，我们看到阿尔及尔的帕夏（Pasha of Algiers）采取步骤确保圣母赎虏会会士（Mercedarians，西班牙的赎虏宗教修会之一）[1]安全抵达阿尔及尔，指示马略卡（Majorca）总督就该区域出现的英国私掠船警示他们。哪怕当阿尔及尔在形式上是英国盟友的时期（1604 年），且圣母赎虏会会士是一个敌对国家的代理人，帕夏也采取该步骤。这位帕夏当然盯上了圣母赎虏会会士随身带来的丰厚赎金预算。[46]

关于地中海西部的新作品暗示，近代早期同之前的时期相比没有明显不同。许多个世纪里，穆斯林和基督徒都学会了如何跨越宗教分水岭来分享公共空间。外交活动和共享实践是这个后罗马时代统一体的基本建筑模块，这两方面都在北非-西班牙的关系中充分上演。[47]

这把我们带向关于地中海之消亡的第三次迭代。正如许多学者评论过的，地中海似乎随着现代性的来临而消失了，就这个内海的情况而言，传统上认为现代性来临的时间是拿破仑军队抵达之时。用瑙尔·本-叶霍亚达（Naor Ben-Yehoyada）的话讲，"在一个结束之处，另一个揭幕了"。[48]这种论证称，随着经济全球化和民族国家巩固这两方面的结合，地中海经过 19 世纪和 20 世纪后瓦解了。无论人们赞

---

1 全称 The Royal, Celestial and Military Order of Our Lady of Mercy and the Redemption of the Captives，行世之名为 Our Lady of Ransom，其成员被称为 Mercedarian friars 或 Mercedarian nuns，1218 年在巴塞罗那成立的天主教托钵修会，以赎回基督徒俘虏为任。——译者注

同与否，一些区域的全球性整合伴随着另外区域的瓦解，这肯定是个值得探索的问题。关于地中海在近代时期的一个独具一格的事实确乎凸显出来。在全球范围内，欧洲霸权的崛起在一系列遭遇（美洲的例子）或重新遭遇（比如在中国）中被人体认。而在地中海，现代性却在"**历史性分隔的话语**"之中呈现。[49]被视为现代性之家园的西北欧诸国遗忘或埋葬了它们投身地中海的漫长历史，并将地中海转变为一个历史上的他者。例如在整个 18 世纪，法国启蒙思想家们把北非转变成一块蛮荒而未知的土地，罔顾南欧诸城邦自中世纪起便一直同北非诸城邦签署条约这一事实。[50]这番他者化进程把我们带回海斯以及关于地中海之死的早期声明。地中海不可能是近代的，此观念随着历史学家寻找它消亡的时刻而被逆向投射："各种地中海历史将这海洋的死亡日期敲定为较早时期——早至进入 16 世纪之际或晚至 19 世纪开端，这不是因为它们赞同判定该海洋终结的条件，而是因为所有叙述都构筑它们自己的那个与当下对立的地中海。"[51]

我们需要一个更有自觉意识的路径。地中海是拼写全球的字谜游戏中令人尴尬的那一块；或许我们能从这份尴尬中学到点东西。为何现代性降临之际地中海看起来要消失呢？在质疑西北欧独揽近代诞生地的一次尝试中，要提议另一个候选人为现代性的承载者时，它们总是选自"远离环地中海陆地的其他近代早期的帝国核心与经济核心"。[52]可是为什么呢？并且我们应当如何理解历史性分隔这一独特话语？考虑这些问题将同时有益于地中海史与全球史。

关于世界主义

在所有三个瓦解的时刻，商业关系的破裂都同时是文化分隔的时刻。[53]但这些时刻在地中海史上是例外时刻。这个内海较多为人所知的是其从未因族群、语言及宗教界限而被妨碍的蓬勃商业生活，甚至因此而声名鹊起。多元族群、多元宗教和多元语言的商业传统是地中海那著名的"世界主义"的心脏，讨论地中海的通俗史家和院派史家都别无二致地使用"世界主义"一语。

对地中海世界主义的学术讨论面向诸多、范围广阔，但其核心是地中海中部和东部那些多元族群、多元宗教之港口城市的历史经验。这场辩论的一个基本部分是，到底有哪些城市且这概念可回溯到何时，它早于 19 世纪吗？一剂强有力的怀旧药同世界主义的观念包裹在一起；它想象这些港口城市是"都市化的、精致的且跨文化事物和平共处又其乐融融的"地方。[54]

150　　　部分地出于对这首浪漫旋律做出反应，学者们勉力逆流而上，并致力于更具批评性地看待世界主义。商人、外交官、旅行家、海盗和各式中介一贯是地中海世界里的典型世界主义人物，就因为他们是跨越边界的人。近些年里浮现的最重要的新阐释框架之一论证说，中介人不仅仅跨越边界，他们还在创造和维持自身方面具有工具性。这也意味着，这些世界主义人物不消除边界，反倒事实上依赖边界而生存。[55]率先提出该论点的是娜塔莉·罗斯曼（Natalie Rothman）2012 年的著作《经纪帝国：威尼斯和伊斯坦布尔之间的跨帝国臣民》（*Brokering Empire: Trans-imperial Subjects between Venice and Istanbul*），随后问世的关于边界跨越者的作品也被证明一样富有成果。[56]

随着威尼斯人的霸权被打破，威尼斯人不得不接受奥斯曼帝国臣民参与威尼斯共和国同地中海东部之间的贸易。关于出现在威尼斯的各色奥斯曼人的不同术语开始在政府机构制作的文件中露面。罗斯曼追踪了"黎凡特人"（Levantini）一词在威尼斯商业话语中的历史。起初被政府用来指一个特定商人群体——来自奥斯曼帝国的离散塞法迪犹太人（Sephardi Jews）1，进而囊括了所有在威尼斯贸易的奥斯曼商人。作为其语言学之旅的一部分，该词从聚焦于离散者商业活动走向指称一个具有假定的出身之地和特殊性格特质的特定人群，"黎凡特人"就是"黎凡特的本地人或居民，东方人"。[57]关键是，这一旅程的展开

---

1 西班牙、葡萄牙或北非出身的犹太人。——译者注

伴随着这些来自地中海东部的商人和财富猎人的热情参与，这些人间或渴望对着当局表现自己是"黎凡特人"，而另一些时候，他们拒绝把该术语用到自己头上，却坚持它应被施于别人。不管他们采取何种立场，他们的角色"强调了，在有差异之各种类型的接合进程和标记边界与跨越边界这一大都市实践的发展进程中，那些声称处于'居中'位置的人所操作之中介活动的重要性"。[58]威尼斯在 16 世纪和 17 世纪变成一座世界性城市；这就是说，它吸引宗教、语言和族群背景差异繁多的外国商人。他们肯定和平共处，但他们的和平共处不那么具有怀旧产业想让它有的其乐融融又精致文雅的标记，而更多地以制造边界和重申边界这个无止境的进程为标志。

　　弗朗切斯卡·特里维拉托（Francesca Trivellato）对近代早期著名的世界主义城市里窝那（Livorno）提出类似观点。[59]塞法迪犹太人被鼓励定居在该城，并被许以不同凡响的特权当作吸引因素。结果，里窝那的犹太人社区成为继阿姆斯特丹之后欧洲第二大塞法迪人聚落。[60]然而这个无情的商业社会里满是犹太人和非犹太人之间的差别意识，且各种边界既被政府当局也被社区领袖仔细监管。特里维拉托力陈，事实上正是此类边界的清明才使经济合作得以茁壮成长。[61]她警告说，地中海边界跨越者这种著名的多变角色不应被夸大其词。包括美第奇（Medici）家族在内的每个人都明白，塞法迪人在伊比利亚同商人贸易时习惯于使用基督徒假名，这是"一个照惯例被接纳的谎言，用于避开法律限制"。[62]它不意味着塞法迪商人在自身宗教认同方面多变。

　　围绕地中海世界主义的辩论之一关注近代早期的世界主义（此处讨论的两种情况）同 19 世纪（绝大多数奥斯曼）城市之间的关系。研究这两个时期的学者们倾向于从不同的传统着笔，并且罕能彼此对谈。当我们思考地中海史的未来时，把他们领到一起将是一个激动人心也值得为之的探索计划。此种合作也将对沟通该领域最棘手的分歧点之一——近代早期地中海与近代地中海间的缺口——有重大益处。

地中海墓地

21 世纪在地中海上展开着的悲剧无法让人视而不见。正在穿越地中海的难民与移民的数量简直异乎寻常。到 2015 年 8 月底，仅仅八个月之内就有大约 30 万人试图从土耳其或北非穿越地中海去往欧洲，并有 2 500 人死于这趟旅程。[63]叶霍亚达已经指出，与地中海历史研究和 21 世纪地中海之间惯常的割裂一致，还没什么人力图在该内海史上较早时期的语境下考虑这些巨大的人潮。[64]

这么多孤注一掷的人就在距离欧洲疆土几百英里的地方淹死［利比亚西海岸距离意大利的蓝佩杜萨岛（Lampedusa）只有 290 英里］，这肯定强化了如下论点：布罗代尔那个统一的地中海只有当欧洲人主宰之时才引力十足和令人瞩目。[65]当移民是从南部海岸移向北部海岸时，反响急剧不同。不过，设堡垒的欧洲并非一个新现象。例如，马赛城在 18 世纪成长为地中海最重要的港口之一，哪怕它严格排斥所有不属法国国王臣民的人。差别在于，早前时代，南海岸和东海岸的穆斯林同广阔的内陆乃至远东各点（如印度）相连接，这意味着地中海不是那么重要。现在，由于包围着非洲大部和中东的那些令人绝望的状况，穿越地中海赫然成为一条逃亡的康庄大道。布罗代尔相当正确地指出了，地中海总是受到在远离其海岸之地所展现之事件和趋势的影响。

我们已经看到，在地中海的基督徒部分和穆斯林部分之间次第发生的联结与分隔的大潮已经构造出关于这个海洋的诸多书写。同样如此的还有关于分隔与分歧的激动人心的宣告（不管是皮雷纳的论点，海斯为地中海西部设的边界，还是被推测会终结彼此连通之海上世界的民族主义的剑拔弩张）都在不断被限定和修正，以至于当前学术意见的权重落在联结一方。就算是 1492 年之后那个杀气深重的地中海西部，也被证明来到北非的商人十分乐于做生意，哪怕是同刚刚被他们武力逐出伊比利亚的穆斯林群体和犹太人群体（且反之亦然）。[66]不过，乐于做生意并不意味着世界大同的社会被渴求或已实现。

联结的历史，哪怕是置于充满敌意之更大背景下的联结，提出了如何思考地中海当前事件的问题。一方面，前所未有的海上死亡人数加上欧洲的反移民情绪，暗示着地中海现在是道边界，恐怕更甚于从前。但是，若以过去的历史编纂学为指导，则我们应当警醒，当前的危机部分地呼应了关于遍布这个内海的合法或不合法交流的长时段历史，且现在一如从前，此类计划总是需要两岸都有伙伴。

👉 深入阅读书目

对于正在发生的关于地中海统一性、长时段历史以及该海洋历史之环境／生态路径的辩论来说，无可置疑的参照点见霍尔登和珀塞尔的扛鼎之作，Peregrine Horden and Nicholas Purcell, *The Corrupting Sea: A Study of Mediterranean History* (Oxford, 2000)。另一部有影响的整体史，见 Faruk Tabak, *The Waning of the Mediterranean 1550–1870: A Geohistorical Approach* (Baltimore, MD, 2008)，是书特别聚焦于地中海的重要性在近代早期的降低。

近年出版了一些关于地中海的优秀通史：Peregrine Horden and Sharon Kinoshita eds., *A Companion to Mediterranean History* (Chichester, 2014)；David Abulafia ed., *The Mediterranean in History* (New York, 2003)。这两部书的编年范围和论题范围的广度令人叹为观止，也很有帮助，但作为关于地中海的最具通论性质的研究，它们覆盖欧洲海岸的力度超过穆斯林海岸。

关于地中海的首次浮现，见 Cyprian Broodbank, *The Making of the Middle Sea: A History of the Mediterranean from the Beginning to the Emergence of the Classical World* (New York, 2013)。

从待客风俗视角看待古代世界转变为中世纪世界，见 O. R. Constable, *Housing the Stranger in the Mediterranean World: Lodging, Trade and Travel in Late Antiquity and the Middle Ages* (Cambridge, 2003)。

154

中世纪伊比利亚继续吸引历史学家的注意力。对地中海史家而言格外富有吸引力的是 Hussein Fancy, *Sovereignty, Religion and Violence in the Medieval Crown of Aragon* (Chicago, IL, 2016)，因为它密切关注发生在位于今日北非的南部海岸的事件以及它们对伊比利亚史的重要后果。此书也处理关于边界跨越者的文献，而此点是 E. Natalie Rothman, *Brokering Empire: Trans-imperial Subjects between Venice and Istanbul* (Ithaca, NY, 2012) 的基本主题。

聚焦于跨越伊斯兰教和基督教之女性的，见 Eric Dursteler, *Renegade Women: Gender, Identity and Boundaries in the Early Modern Mediterranean* (Baltimore, MD, 2011)。

关于东部的中世纪时期，见 Angeliki Laiou, *Economic History of Byzantium from the Seventh through the Fifteenth Centuries* (Washington, DC, 2002)，此书的议题中包括一位东罗马人对于中世纪晚期和近代早期拉丁人统治地中海的看法。中世纪伊斯兰世界的地中海，见 Hassan Khalilieh, *Admiralty and Maritime Laws in the Mediterranean Sea (ca. 800–1050): The Kitab Akriyat al-Sufun vis-à-vis the Nomos Rhodion Nautikos* (Leiden, 2006)。同样从东向西看的还有 Molly Greene, *Catholic Pirates and Greek Merchants: A Maritime History of the Mediterranean* (Princeton, NJ, 2010)，但这回是在奥斯曼帝国的时代。此书也是关于基督徒海盗行径（同穆斯林海盗对照）的少数作品之一。

在海盗研究方面仍然是经典之作的两部作品，见 Alberto Tenenti, *Piracy and the Decline of Venice, 1580–1615* (Berkeley, CA, 1967)；Godfrey Fisher, *Barbary Legend: War, Trade and Piracy in North Africa, 1415–1830* (Oxford, 1957)。

关于地中海前近代海上战争的基本读物，见 J. H. Pryor, *Geography, Technology and War: Studies in the Maritime History of the Mediterranean, 649–1571* (Cambridge, 1988)；John Guilmartin, *Gunpowder and Galleys: Changing Technology and Mediterranean Warfare at Sea in the 16th Century* (London, 2003)。

关于地中海港口城市的研究，见 Lois Dubin, *Port Jews of Habsburg Trieste: Absolutist Politics and Enlightenment Culture* (Stanford, CA, 1999)；

Daniel Goffman, *Izmir and the Levantine World, 1550–1650* (Seattle, WA, 1990)；
Edhem Eldem, Bruce Masters and Daniel Goffman, *The Ottoman City between East and West: Aleppo, Izmir and Istanbul* (Cambridge, 1999)。

将地中海同全球史关怀联结起来的研究，见 Biray Kolluoğlu and Meltem Toksös, eds., *Cities of the Mediterranean: From the Ottomans to the Present Day* (London, 2010)。Nabil Matar, *Britain and the Islamic World, 1558–1713* (Oxford, 2011)，披露此前不为人知的摩洛哥同英国在近代早期的联系。Ann Thompson, *Barbary and Enlightenment: European Attitudes towards the Maghreb in the Eighteenth Century* (Leiden, 1987)，卓有成效地传达出法国人对地中海的投入。Thomas Gallant, *Experiencing Dominion: Culture, Identity and Power in the British Mediterranean* (Notre Dame, IN, 2002)，是关于 19 世纪英国势力在该区域扩张的研究。

我们依旧缺少一部关于拿破仑时代之地中海的研究，但 Daniel Panzac, *Barbary Corsairs: The End of a Legend, 1800–1820* (Leiden, 2005) 揭示出拿破仑战争对北非的海上世界意味着什么。Maurizio Isabella and Konstantina Zanou, eds., *Mediterranean Diasporas: Politics and Ideas in the Long Nineteenth Century* (London, 2015) 从一个地中海人而非欧洲人的视角考虑 19 世纪那些紧张激烈的事件，也包括伊斯兰世界。

关注当今地中海局势的一部格外让人感兴趣的读物，见 Julia Clancy-Smith, *Mediterraneans: North Africa and Europe in an Age of Migration 1800–1900* (Berkeley, CA, 2010)。

155

──┤ 注 | 释 ├────────────────────────────

[1] 不过，对于把欧洲的源地定位于何处，并非所有人都有共识，见 Michael Z. Wise, "Idea of a Unified Cultural Heritage Divides Europe", *The New York Times,* 29 January 2000。打造一座欧洲博物馆的计划的组织者们力主，起点应当是查理大帝（Charlemagne）和 9 世纪的神圣罗马帝国。希腊政府立刻提出反对。

[2] Linda Darling, "The Mediterranean as a Borderland", *Review of Middle East Studies,* 46 (2012): 55.

[3] 关于此现象背后原因的讨论，见 Peregrine Horden, "Introduction", in Peregrine Horden and Sharon Kinoshita, eds., *A Companion to Mediterranean History* (Chichester, 2014)。

[4] 这两者当然有关联。这些关怀同环境史的新辩证路径一致，这种路径不止考虑环境如何塑造人类社会，还考虑人类如何塑造自己的环境。随着历史学家对人类如何思考周遭自然世界以及如何控制和利用周遭自然世界发问，文化史与环境史正在靠近。见 Alan Mikhail, "Introduction: Middle East Environmental History: The Fallow between Two Fields", in Alan Mikhail, ed., *Water on Sand: Environmental Histories of the Middle East and North Africa* (Oxford, 2013)。

[5] 他们通过对贝卡谷地（Beqaa Valley）、南伊特鲁里亚（South Etruria）、爱琴海上的米洛斯岛（Melos）和北非的昔兰尼加（Cyrenacia）的四项个案研究完成该论证。见 Peregrine Horden and Nicholas Purcell, *The Corrupting Sea: A Study of Mediterranean History* (Oxford, 2000)。

[6] James and Elizabeth Fentress, "Review Article: The Hole in the Doughnut", *Past and Present*, 173 (2001): 208.

[7] "在地中海社会关系中能发现的错综复杂的事物和富于人情世故的东西要比地中海的生产技术更充足"，Fentress, "Review Article", 208。

[8] Maurizio Isabella and Konstantina Zanou, eds., *Mediterranean Diasporas: Politics and Ideas in the Long Nineteenth Century* (London, 2015), p. 3.

[9] Peter N. Miller, "Introduction: The Sea is the Land's Edge Also", in Peter N. Miller, ed., *The Sea: Thalassography and Historiography* (Ann Arbor, MI, 2013), p. 8.

[10] 苏珊·阿尔科克（Susan Alcock）评论说，即使今天，阿拉伯文的刊物也对地中海不上心。见 Susan E. Alcock, "Alphabet Soup in the Mediterranean Basin: The Emergence of the Mediterranean Serial", in W. V. Harris, ed., *Rethinking the Mediterranean* (Oxford, 2005), pp. 314–336。

[11] 关于地中海同欧洲帝国主义相纠缠的讨论，见 Peregrine Horden and Nicholas Purcell, "The Mediterranean and the New Thalassology", *American Historical Review,* 111 (2006): 722–740。

[12] Alison Games, "Atlantic History: Definitions, Challenges and Histories", *American Historical Review,* 111 (2006): 744. 此文及霍尔登和珀塞尔的文章都是《美国历史评论》2006 年 6 月刊 "海洋史" 论坛中的文章。

[13] 此处我大力倚重一篇未刊论文，Nabil Matar, "The Mediterranean through Arab Eyes: 1598–1798"。感谢马塔尔同我分享他的作品并允许我在本章引用它。他在这篇文章中评论道，关于地中海史的重要作品在写作中仍然不引用阿拉伯世界或奥斯曼世界的资料。

[14] 这个词语显然是对西方术语的采纳，因为两个词都具有 "居中" 的含义。

[15] Matar, "The Mediterranean", 5, 6.

[16] Megan Cassidy-Welch, " 'O Damietta': War, Memory and Crusade in Thirteenth-century Egypt", *Journal of Medieval History,* 40 (2014): 346–347.

[17] Matar, "The Mediterranean", 8. 不过马塔尔也指出，北非精英接纳欧洲人关于阿拉伯人

不是海上民族这一观点有多快。1699 年，摩洛哥统治者给詹姆斯二世（James II）写信时，不顾 50 年前的北非人还曾远航到冰岛和爱尔兰的事实而称，他，穆雷·伊斯梅尔（Mulay Ismail）属于 "一个对海洋一无所知的民族"。Matar, "The Mediterranean", 11.

[18] Matar, "The Mediterranean", 10. 关于地中海的天主教徒海盗史，见 Molly Greene, *Catholic Pirates and Greek Merchants: A Maritime History of the Mediterranean* (Princeton, NJ, 2010)。

[19] Andrew Hess, *The Forgotten Frontier: A History of the Sixteenth Century Ibero-African Frontier* (Chicago, IL, 1978). 不过，海斯此书与布罗代尔共享了一点，就是它没能开启一个新研究领域。此点可能在改变，见下文讨论。

[20] Hess, *The Forgotten Frontier*, p. 7.

[21] Hess, *The Forgotten Frontier*, p. 7. 海斯提出一个令全球史家有兴趣的观点，即，就算突飞猛进的海上技术正在创造一种更紧密结合的世界经济，这种分隔还是发生了。

[22] Hess, *The Forgotten Frontier*, p. 10.

[23] 奥斯曼人称该海洋为 Ak Deniz，即白海。该名称来自中亚那种将方向同色彩相联系的体系。Matar, "The Mediterranean", 12.

[24] Predrag Matvejević, *Mediterranean: A Cultural Landscape*, trans. Michael Henry Heim (Berkeley, CA, 1999), p. 77. 毋庸诧异，他对罗马人的评论更加细致入微："古代罗马人不是航海民族，但他们能够保证自己的水域安全并用港口供养自己。"（p. 77）

[25] Cemal Kafadar, "A Death in Venice (1575): Anatolian Muslim Merchants Trading in the Serenissima", *Journal of Turkish Studies*, 10 (1986): 191–217.

[26] 对这个世界的令人难忘的描述，见 Amitav Ghosh, *In an Antique Land* (London, 1992)。

[27] 埃及同塞萨洛尼基的重要纽带，见 Eyal Ginio, "When Coffee Brought about Wealth and Prestige: The Impact of Egyptian Trade on Salonica", *Oriente Moderno*, n.s. 25 (2006): 93–107；南安纳托利亚同埃及间的木材运输，见 Alan Mikhail, *Nature and Empire in Ottoman Egypt: An Environmental History* (Cambridge, 2011)；奥斯曼帝国所属克里特岛（Crete）的航运，见 Molly Greene, *A Shared World: Muslims and Christians in the Early Modern Mediterranean* (Princeton, NJ, 2000)。

[28] Michael Talbot, *British–Ottoman Relations, 1661–1807: Commerce and Diplomatic Practice in Eighteenth-century Istanbul* (Woodbridge, 2017); Joshua M. White, *Piracy and Law in the Ottoman Mediterranean* (Palo Alto, CA, 2017).

[29] Joshua M. White, "Fetva Diplomacy: The Ottoman Şeyhülislam as Trans-mperial Intermediary", *Journal of Early Modern History*, 19 (2015): 199–221. 不过奥斯曼帝国的回应不限于首席教法专家的作用。

[30] White, "Fetva Diplomacy", 211–212.

[31] White, "Fetva Diplomacy", 213.

[32] 引自 White, "Fetva Diplomacy", 200。

[33] Stelios A. Papadopoulos, ed., *The Greek Merchant Marine (1453–1850)* (Athens, 1972).

[34] Michael Talbot, "Ottoman Seas and British Privateers: Defining Maritime Territoriality in

the Eighteenth Century Levant", in P. W. Firges, Tobias P. Graf, Christian Roth and Giilay Tulasoglu, eds., *Well-connected Domains: Towards an Entangled Ottoman History* (Leiden, 2014), pp. 54–70.

[35] Dominique Valérian, "The Medieval Mediterranean", in Horden and Kinoshita, eds., *A Companion to Mediterranean History,* p. 86.

[36] 也见威尔·斯迈利（Will Smiley）的各篇文章。他的焦点在奥斯曼同俄罗斯的长期关系，但他展现出，这两个对手间新兴的条约法如何走向了地中海，1770 年之后俄国人是地中海上的重要玩家。见 Will Smiley, "The Burdens of Subjecthood: The Ottoman State, Russian Fugitives and Interimperial Law", *International Journal of Middle East Studies,* 46 (2014): 73–93; Smiley, "'After Being so Long Prisoners, They Will not Return to Slavery in Russia': An Aegean Network of Violence between Empires and Identities", *Journal of Ottoman Studies,* 44 (2014): 221–234。

[37] Jeremy Adelman, "The Forked Roads to Global History: A New World History", in Masashi Haneda, ed., *Gulobaru hisutori-no kanosei* [The Potential of Global History] (Tokyo, 2017).

[38] Michael Herzfeld, "The Horns of the Mediterraneanist Dilemma", *American Ethnologist,* 11 (1984): 439.

[39] Adelman, "The Forked Roads to Global History".

[40] Horden and Purcell, "The Mediterranean and the New Thalassology", 732, 740.

[41] Adelman, "The Forked Roads to Global History".

[42] 西班牙帝国当然是个重大学术领域，但大多数注意力都跑去西班牙在所谓新世界的财产，而不在西班牙对地中海的投入。

[43] 关于书写 1492 年之后的地中海史的困难，见 Molly Greene, "Beyond the Northern Invasions: The Mediterranean in the Seventeenth Century", *Past and Present,* 174 (2002): 40–72。

[44] Daniel Hershenzon, "The Political Economy of Ransom in the Early Modern Mediterranean", *Past and Present,* 231 (2016): 72. 赫申森（Hershenzon）的评论也提供了一份关于近代早期地中海西部之新作品的出色书目。

[45] Hershenzon, "The Political Economy of Ransom", 72.

[46] Hershenzon, "The Political Economy of Ransom", 75.

[47] Valérian, "The Medieval Mediterranean", 86（着重号为原文所有）。

[48] Yehoyada, "Mediterranean Modernity?", 107. 我的讨论大力借用叶霍亚达的文章，他处理书写近代地中海之难题的力度超过其他所有学者。

[49] Yehoyada, "Mediterranean Modernity?", 109.

[50] 见 Ann Thomson, *Barbary and Enlightenment: European Attitudes towards the Maghreb in the Eighteenth Century* (Leiden, 1987)。然而这两处海岸被划归为不同地方。北非和黎凡特是消极的，它们只能对历史"做出反应"。南欧是"历史之外的"。Yehoyada, "Mediterranean Modernity?", 110.

[51] Yehoyada, "Mediterranean Modernity?", 117.

[52] Yehoyada, "Mediterranean Modernity?", 108.

[53] "坦率而言，我相信，地中海世界被分隔为界限分明的不同文化领域，这是地中海16世纪历史的主旋律"，Hess, *The Forgotten Frontier,* p. 3。

[54] Yehoyada, "Mediterranean Modernity?", 116.

[55] 对世界主义文学的另一种批评从另一个方向发难，指出惯于被当作政府权威之幸福逃亡者代表的港口城市，其成功事实上依赖于政府的现代化计划。这方面的一个出色例子，见 Khaled Fahmy, "For Cavafy, with Love and Squalor: Some Critical Notes on the History and Historiography of Modern Alexandria", in Anthony Hirst and Michael Silk, eds., *Alexandria: Real and Imagined* (Aldershot, 2004), pp. 263–280。

[56] 例如可见 Hussein Fancy, *The Mercenary Mediterranean: Sovereignty, Religion and Violence in the Medieval Crown of Aragon* (Chicago, IL, 2016)，这是关于为阿拉贡（Aragon）王室效力的穆斯林雇佣兵的研究。范西（Fancy）展现出战争如何既捆绑又分隔中世纪的地中海。

[57] Rothman, *Brokering Empire,* p. 213.

[58] Rothman, *Brokering Empire,* p. 213.

[59] Francesco Trivellato, *The Familiarity of Strangers: The Sephardic Diaspora, Livorno, and Cross-cultural Trade in the Early Modern Period* (New Haven, CT, 2009). 里窝那是美第奇家的创造，而且他们大力宣扬它作为多元城市的形象。1676 年，他们发行一种新金币，上面刻着该城市的图像和格言——"Diversis gentibus una"（多民族在一起），Trivellato, *The Familiarity of Strangers,* p. 96。

[60] Trivellato, *The Familiarity of Strangers,* p. 5.

[61] Trivellato, *The Familiarity of Strangers,* p. 96.

[62] Trivellato, *The Familiarity of Strangers,* p. 19.

[63] www.unhcr.org/en-us/news/latest/2015/8/55e06a5b6/crossings-mediterranean-sea-exceed-300000-including-200000-greece.html (2016 年 7 月 12 日访问)。

[64] Yehoyada, "Mediterranean Modernity?", 107.

[65] 当然，从土耳其跨到希腊只有几英里。在土耳其的海岸上可以清楚地看到莱斯沃斯岛（Lesvos）。

[66] Hershenzon, "The Political Economy of Ransom".

第六章　红海

乔纳森·米兰

　　长期以来，红海都作为一个地方、一个概念和一个神秘舞台而被认识。关于红海的观念中栖息着关于犹太人、基督徒和穆斯林的一些思想，在诸多世纪里一提起他们，就会浮现出圣经中关于分开并穿越红海之描述中那些激动人心的形象。可以说，这些属于一神论圣典中最具视觉吸引力的场景。以历史学家的眼光看去，红海似乎呈现为一个根本性悖论，尽管自史前时代以来，它就是地球上最繁忙也最重要的海上航线之一，是一个奇特的海上空间和有史可载的历史中最先被提及的海洋之一，但是它长期被体认为一个过渡空间和一个没有自身历史的海洋。

　　大洋与大海总是会俘获人类的想象力。海洋享有名声，但红海盆地的沿海地区因为酷热和总体上不宜居的环境而总是不经意间给海洋的名声投下一道暗影。西蒙·温切斯特（Simon Winchester）在他 2010年关于大西洋的畅销史诗作品中描写这些内海似乎"沉寂得异乎寻常，丧失一切显而易见的活力"。温切斯特继续写道，红海同珊瑚海（Coral Sea）和日本海一样，都"在某种程度上被剥夺了海洋各种真实的活力"，"浸没在沙漠的赭石尘雾中，仿佛永远都是半死不活"。[1]红海就像可以被想象成海洋的沙漠，它作为水生空间代表的是那种总体上倾向于被历史学家和作家表现成一种（负面意义上的）沙漠的水生空间，一个空旷的空间，一个无关历史的地方，一个在通往位于它以外之更吉利地区的路上很快就要被横穿而过的困乏地区。

把红海作为一个历史主题来对待的这些描述大多出于宏观历史的视角把它看成一个过渡空间，是地中海和印度洋之间长途贸易中的一条海上走廊，也是分隔非洲和阿拉伯半岛的一条边界。在此种眼光下，红海的历史舍此无二地由它同地中海和印度洋的关系来界定——它是 157 这两者之间必不可少的连字符，有时充当交界面或桥梁，另一些时候充当屏障。被频繁引用的指代红海的措辞"一个位于通往其他某地 158 之途上的海洋的极端例子"[2]，正是陈述此种"非地方"的标志性措辞。这种态度也在关于地中海史和印度洋史的描述中反射出来，这些历史倘若提到红海，也只是提到正在通过红海。费尔南·布罗代尔在他关于地中海的著名研究中对红海只有三言两语，他基本视其坐落在自西非延伸到阿拉伯和伊朗的温热沙漠连续体（所谓的"大撒哈拉"）内部，并且是在关于"大地中海"之边界的章节里描写红海。[3]对红海呈消极认识或仅仅是对历史性的红海本身不予理会，此种态度难以根除。例如，晚至 2007 年出版的四卷本《牛津海事史百科》（*Oxford Encyclopedia of Maritime History*）没有关于红海的条目，这很是令人困惑。[4]

为什么红海作为一个历史性的**空间**与**地点**不能吸引足够的学术注意力？原因之一是生产关于该地区之知识的方法。植根于把世界分成大陆区域和次大陆区域的元地理学划分以及非洲研究／中东研究的分野，阻碍对该区域采用更具整合性的路径，并且不经意间把红海作为一个将非洲同中东隔开的居间空间而障蔽。[5]反过来，此举模糊了历史上遍及红海的活跃的联结、流通与交换。涉及地区研究的各类研究中心、基金项目、期刊和会议对宣扬关于空间的另类概念都甚少作为。基于此种逻辑的研究领域的划分更加离谱，甚至将位于北非的红海海岸〔主要是埃及，但有时是苏丹（Sudan），它们属于中东研究〕同非 159 洲之角（属于非洲研究）分开。总之，红海跌出了各式概念格栅和专家领域，埃及通常作为阿拉伯世界和中东的一部分被研究，苏丹位于中东和非洲之间某处，埃塞俄比亚时不时隔绝在它自身丰厚但相当孤绝的植根于东方语文学和闪族语言的埃塞俄比亚研究传统中。

关于知识之生产、扩散与可获得性的碎片化状态，还能从红海沿岸［如果我们把亚喀巴湾（Gulf of Aqaba）和亚丁湾（Gulf of Aden）也包括进来，其实我们应当包括它们］被划分为九个现代民族国家这一点得出类似论证，这九个国家是以色列（Israel）、约旦（Jordan）、沙特阿拉伯（Saudi Arabia）、也门、埃及、苏丹、厄立特里亚（Eritrea）、吉布提（Djibouti）和自封的索马里兰共和国（Republic of Somaliland），这份民族国家名录包括了世界上一些最贫穷和最富裕的国家，也包括一个当前与贫穷、冲突和总体不稳定联系在一起的地区。这些国家中的多数都有自己的国内政治与经济中心，并且已经发展出视红海海岸为周边和边缘之地的国家史——这种发展是出于方便考虑而遗忘过去那种更富活力的跨地区眼光。政治和文化上以民族国家为中心的叙事政治化，也模糊了曾经在整个历史上是红海港口城镇和海岸地带典型特征的文化混合性与世界主义。

地理与命名

红海位于地中海欧洲、非洲和亚洲的交界面，是世界上最咸的海，也是世界上最热的海之一，还是世界上最独特的海上空间之一。身为世界上最靠北的热带海，它是一条大约 2 000 千米长的狭窄条形水域，北起苏伊士，向南延伸到曼德海峡（Strait of Bab al-Mandab）；它的平均宽度约为 280 千米，覆盖面积近 438 000 平方千米，大致等于伊拉克或瑞典的大小。截至 1869 年苏伊士运河启用沟通了红海与地中海之前，这个海盆唯一的自然开口是大约 30 千米宽的曼德海峡。它那干旱海岸的气候远远谈不上舒适宜人，海盆南岸地区的年均气温都是酷热范围。海盆北面那部分实际上干旱无雨，南部区域则降雨稀少且无规律。红海沿岸都是浅珊瑚礁和浅滩，令航行格外危险，要求有专门的导航技能。有些滨海之地有陡峭山峰为界，令其海岸从陆地和海上都难以接近，部分地解释了红海沿岸地区为何人烟稀少并缺乏人口成规模的大型港口城市。没有永久性的大河小溪流入红海，这进一步助长了它的高盐分。此点与高湿度一起，都不利于沿海城镇中心的留存。比如，也门的摩卡（Mokha）、苏丹的萨瓦金（Sawakin）或索马里兰的扎列（Zayla）等城镇全是直到 18 世纪和 19 世纪都相当重要的港口城市，但如今都部分荒圮且人烟罕至。[6]

　　不过，倘若有人把这个海盆周围的陆地当作较广义的红海地区的构成部分来考虑，则这些艰苦又充满挑战性的地理条件就不应遮蔽这荒芜海岸之外那些更加吉祥与甘美的有人居住的土地——富饶的尼罗河谷（Nile Valley）、肥沃的埃塞俄比亚-厄立特里亚高原和也门高原，以及有绿洲的汉志山脉地带。在历史上，这些内陆的城邦不总是海洋导向的，尽管它们常常在红海海岸上的前哨建立贸易社区，且它们的经济危机和政治承诺时不时都在广义的红海区域舞台上发生。

　　由于以海洋为中心的历史学家关注海上流动性的模式、港口城镇和贸易中心的位置以及空间整合，因此红海仅有的最关键特征无疑就是它的风系。红海风系的典型特征是，海盆北部全年刮北风和西北风，海盆南部南风（冬季）和北风（夏季）随季节变换。[7]亚丁湾的风由季风系统主宰，6 月到 9 月为西南风，10 月到 5 月为东北风。这些风系对水流有不祥影响，令红海的航行出了名的艰难。有些情况下，长途贸易商宁肯远远走开，经阿拉伯西部的陆地贸易路线在印度洋和地中海之间运送货物，而不是冒着在红海航行的危险。在另一些情况下，贸易物品通过相当慢的地方性和区域性沿海贸易网运输。总而言之，红海风系对塑造航运模式、货物流通、贸易范围和港市地点至关重要。它用不止一种方式将红海划分成两个具有深远历史意义的航海领域。至少在 19 世纪引入轮船航行（19 世纪 30 年代）和苏伊士运河启用（1869 年）之前，都是这种状况。

　　给予红海的多种称呼在有些例子中暗示出政治统治或霸权欲求的

160

161

历史层累化，同时也有在文化中扎根的想象（既有外部想象，也有本地想象）。在希伯来文圣经中，它被称为 Yam Suf（希伯来文），即"芦苇海"。古典时代的希腊词 Erythrà thálassa（厄立特里亚海）指代一个远比红海广大的水生空间，并且包括从埃及到中国的整个印度洋。在公元纪年早期，一些字义为波斯湾（如 Persikòs kólpos/sinus Persicus）和阿拉伯湾（如 Arábios kólpos/sinus Arabicus）的称呼被划归给红海本尊。有趣的是，9 世纪以降，阿拉伯舆图制作人如阿尔-花拉子密（al-Khwarizmi）、伊本·霍加尔（Ibn Hawqal）或雅克特·阿尔-哈马维（Yaqut al-Hamawi）按照红海各部分所毗邻的陆地区域来给这些部分命名，起了 Bahr al-Kulzum［克里斯玛（Clysma，苏伊士的古名）海］、Bahr al-Hijaz（汉志海）、Bahr Mekka（麦加海）、Bahr al-Yaman（也门海）和 Bahr Habesh（埃塞俄比亚海）等名字。雅克特把亚丁湾（Khalij Barbara）包括在红海中。阿拉伯语名称还有 al-Halij al-'Arabi（阿拉伯湾）、Khalij Ayla（艾拉湾或亚喀巴湾），土耳其语名称则有 Shab denizi（珊瑚海）。但我们当前的这个用法要回溯到古代的厄立特里亚海或罗马人，后者将厄立特里亚海翻译成 Mare Rubrum（红海）。从这两个名称产生了阿拉伯语的 al-Bahr al-Ahmar、埃塞俄比亚语（吉兹语）的 Bahrä Ertəra 和提格里尼亚语（Tigrinya）[1] 的 Qäyyəh Bahri。直到 14 世纪和 15 世纪，欧洲舆图制作人才固定使用"Mare Rubrum"一词来指这个我们现在以"红海"等同之的海上空间（欧洲中世纪地图中有时用朱红色来表示它）。[8]

新旧历史编纂学视角

　　尽管对作为一个历史空间之红海的态度的总体特征是没有学术

---

1 吉兹语（Ge'ez）为古埃塞俄比亚语，提格里尼亚语是埃塞俄比亚提格雷省的通用语。——译者注

热情，但这股趋势仍有例外，绝大多数是在法国。阿尔贝·卡梅埃（Albert Kammerer，1871—1951）是个恰当例子，他是个职业外交官兼非职业地理学家和历史学家，自 1922 年在埃及任职后，终身对红海区域（及更广义的"东方"）怀有热情。1925 年，卡梅埃发表了一篇题名"历年之红海"（La mer Rouge à travers les âges）的文章，他在文中承认红海盆地是一个地理及历史实体，并号召撰写它的历史。他采用一种受主题驱动的长时段路径，纵览了红海的历史，从古埃及和芳香料贸易到希腊-罗马时代不同港口之历史，再到中世纪阿拉伯航海，直至 18 世纪以来红海在欧洲国际政治中的角色。[9]人们会好奇卡梅埃是否受到吕西安·费弗尔（Lucien Febvre，1878—1956）的影响或激发，后者关于历史地理学的经典读物在三年前才刚问世。[10]阿尔贝·卡梅埃进而出版了他关于红海区域历史的不拘一格的丰碑式多卷本著作《古代以来的红海、阿比西尼亚和阿拉伯》（La Mer Rouge, l'Abyssinie, l'Arabie...，1929—1952）。[11]在这部杰作首卷的序言中，卡梅埃通告了在他认为常被忽略的红海的基本历史凝聚力：

> 这是关于一个地理区域的历史，该区域比通常所以为的更具有同质性，那里发展出一种纯粹的闪族文明。它不仅包含阿拉伯半岛和红海本身（换言之即印度地方和地中海之间的航海及贸易联系史），还包括非洲那个位于红海海岸的部分（小埃及），亦即古代的埃塞俄比亚、中世纪的约翰长老（Prester John）之地或现代的阿比西尼亚（Abyssinia）。[12]

把红海写入历史叙事中的另一次同样吸引人的努力就是书中由法国政治家兼历史学家加布里埃尔·阿诺托（Gabriel Hanotaux，1853—1944）写的导论，冠了个有点矫揉造作的标题——"红海的秘密：西方思想的厄立特里亚起源"（The Secret of the Red Sea: The Erythraean Origins of Western Thought）。[13]阿诺托以强调红海作为世界上一条主要贸易路线的重大地缘政治角色开篇。他坚定地置红海于全球史中，但也饶有趣味地将它放在地中海及其历史的对面，竟至于宣称至少在三个不同的历史时刻，这个海洋的命运决定了"文明"本尊的命运：先是亚历山大大帝（Alexander the Great）占领推罗（Tyre）又建立亚历山大里亚（公元前 331 年）时；然后是葡萄牙人出现在曼德海峡并挑战了地中海贸易城市所享有之特权时（16 世纪）；再是随着苏伊士运河启用而来的时刻，"雷塞普（Lesseps）[1] 把曾经抛弃地中海的生机还给了地中海，也将克里斯托弗·哥伦布在美洲登陆时所错失的这项东方贸易还给了地中海"。[14]阿诺托在突出红海作为"文明出发点之一"的角色之后，又确立了它的地理统一性和族群统一性。他写道，居住在那个空间的人民"构成东方和西方之间的一道族群走廊"。这就是闪族人，他认为他们的历史与最广泛意义上的红海历史 [他将约旦河谷（Jordan Valley）、死海（Dead Sea）直至大马士革（Damascus）都囊括进来] 相关联，且他们的历史扎根于犹太教、基督教和伊斯兰教的历史。阿诺托将红海区域的人民称为"我们厄立特里亚人"（应理解为"红海人民"），说他们"耀眼地隔离于"其他生活在更具河流与农业场景中的人民，然后他宣称他们具有族群–文化同质性。

虽然在 20 世纪后半叶有关于红海内部及周边各式主题的研究，但这些研究很少能采用倾向于视该区域为有凝聚性之历史及地理单元的海洋中心的路径，也很少能同时聚焦于该海盆两岸的各种现象。罗杰·若昂–达格内（Roger Joint-Daguenet）的《红海史》（*Histoire de la mer Rouge*）却是个例外，这是 1995 年和 2000 年出版的一部纵览 3 500 年间红海政治史的颇可指摘的两卷本半学术著作。[15]更重要的是历史学家米歇尔·图奇斯谢尔（Michel Tuchscherer）的作品，他从 20 世纪 90 年代早期开始发表关于 16 世纪至 19 世纪之贸易、货币流通、咖啡经济、红海岛屿及红海的非洲海岸与阿拉伯海岸间各色关系的研究。[16]

164　　当前的历史编纂学趋势同空间概念的海上转变或所谓海洋学转向

---

1 指 Ferdinand, viscount de Lesseps，主持修建苏伊士运河的法国外交官。——译者注

（也称"新海洋学"）相联系，复活了对红海作为一个值得研究之历史空间及独特区域的兴趣。[17]近些年与红海有关系的专著和期刊特刊以及论坛、工作坊和会议的组织一波接一波，反映出代表新兴之海洋中心的历史学家的主张日渐得到承认，即（较）小的海上舞台是测试水生中心路径的优秀场所。过去 15 年见证了红海研究显著的复兴与推进。[18]考古学家和历史学家比如提摩西·鲍尔（Timothy Power）及我本人都承认，印度洋和地中海之间的空间应被历史化为一个整体性的海上空间，其历史轨迹和定向不限于沟通地中海和印度洋这个唯一角色。[19]将包含红海的这一区域的历史重铸为一个供历史分析和社会科学分析的组织性框架，使我们更行之有效地把红海作为一个自成一格的区域来思考。

对红海的新想法更充分也更明确地承认，红海和亚丁湾中格外狭窄的水体构成了层次多样、互相衔接并彼此重叠的多个回路和网络的舞台，人员、货物和思想的繁忙流动构成了这些回路和网络的特征。换言之，新研究也超越了关于该区域的传统特性描述，而日益考虑红海两岸的互动以及埃及和印度间的区域性及跨区域贸易范围的多种维度，例如约翰·梅洛伊（John Meloy）关于马穆鲁克朝 1 吉达（Jiddah）和汉志的研究，以及埃里克·瓦莱（Eric Vallet）关于拉苏里德朝也门（Yemeni Rasulid）政府的研究。此种路径有助于把区域内和区域间及跨海范围的政治、贸易和宗教回路与网络集群带入更清晰的焦点，这些回路和网络集群制造出有着不同程度凝聚力和整体性的多个空间。[20]另一些作品如斯蒂芬·塞德鲍瑟姆（Steven Sidebotham）关于罗马贝罗尼凯城（Berenike）的研究、罗克珊妮·埃莱妮·马格里蒂（Roxani Eleni Margariti）关于中世纪亚丁的研究、郭黎关于 13 世纪古赛尔城（Qusayr）的研究、南茜·乌姆（Nancy Um）关于 17 世纪和 18 世纪摩卡的研究、菲利普·佩特里阿（Philippe Pétriat）关于哈德拉

165

---

1 指马穆鲁克苏丹国，持续时间为 1250—1517 年，统治范围为埃及、黎凡特和汉志，得名由来是因其统治阶层为奴隶出身的战士马穆鲁克。——译者注

米（Hadrami）商人在 19 世纪和 20 世纪吉达的研究，以及我本人关于同一时期的马萨瓦（Massawa）的研究，与其他论题一道，揭示出跨海岸和跨地区（包括更广泛的印度洋和地中海区域）的联结与互动塑造红海港口城市、其社会环境和文化环境、特性及世界主义城镇社会的方式。[21]此类作品日益把红海插入关于印度洋史的更广阔图景的对话当中，很像对阿拉伯湾／波斯湾的做法。[22]

红海区域在全球史中的位置和角色也逐渐获得更大认可和关注。由于它曾长期充当自欧洲和地中海前往印度洋亚洲区间的一条重要路线，因此穿越红海的社会及文化接触、流通和交换刺激了公元纪年以来第一个千年里萌生于非洲东北角和阿拉伯半岛南端的各种生气勃勃文明的发展。红海地区也是世界各势力之间进行全球尺度上的帝国主义斗争的场所，至少从古典时代以来便如此。[23]不仅如此，该区域还是乳香、没药、咖啡、珍珠贝和珍珠这类珍贵商品的源地，这些东西被用于宗教仪式，也用作传统药物，或在世界不同角落塑造时尚潮流和社交模式。伊斯兰教的诞生和最壮观的全球性年度朝圣（麦加朝圣）人潮也集中在该区域。例如，埃里克·塔格里阿科佐在他关于东南亚和麦加朝圣的跨区域／跨地方历史研究中，坚定地将红海定位于其区域语境中，评论说，"世界上少有地方能夸耀有一部如近代早期之红海及其海岸那般复杂的历史"，也可以说红海是进入 20 世纪之际"这个星球上最重要的地方之一"。[24]全球尺度上的流动性同红海区域之联系，这也是瓦勒斯卡·胡伯尔（Valeska Huber）作品的核心，她论证苏伊士运河是各种形式流动性的一个关键。[25]这些不过是世界史中强调红海之重要性的几个例子。

发现红海

很少有海洋作为一个描述主题的历史能有红海那么悠久。[26]由国际商业扩张和帝国竞争所刻画的各个时期自然促成关于红海的新知识大量出产，有关于外部人士特定观察点的，也有关于该区域的（聚焦于长途转口贸易和战略重要性）。在解释存在红海盲点的各个理由之中再加一点，我倾向于赞同提摩西·鲍尔，他推测，1 世纪中叶作者匿名的希腊-罗马商人指南《厄立特里亚海领航书》和开罗档案（Cairo Geniza）中保存的犹太商人书信这些重大历史资料中所呈现的转口贸易这个焦点，深刻影响了对红海的学术认知。[27]今天的挑战是通过使用同类历史描述中的一些，为红海史构建一个替代框架，一个动态地同地方性、区域性和跨区域性或全球性相交织的框架。本节探索此类资料中的一些，也在此过程中致力于提供关于最广阔笔触下之红海史的一个时间框架。

在红海上的航行早在青铜时代的法老国度就有记载，最著名的是哈特谢普苏特女王（Queen Hatshepsut，第十八朝法老）在公元前 1400 年前后前往庞特（Land of Punt）[1]的远征，然而要到托勒密王朝（Ptolemaic dynasty，公元前 332—前 30），持久性红海海上交流才显著扩大和巩固。埃及的托勒密朝统治者将国家资源投入红海，在红海西岸建了大量港口（例如贝罗尼凯），并为著名的"印度贸易"奠定基础。[28]这开启了将红海区域进一步整合进一个日后多少变得有凝聚力之区域空间的进程。关于红海的早期报告始于公元前 2 世纪；尼多斯的阿格瑟奇德斯（Agatharchides of Cnidus）的《论厄立特里亚海》（*On the Erythraean Sea*，约公元前 110）提供了关于红海的最早有意义描述，既有地理学，也有其非洲和阿拉伯海岸的民族志。[29]其他报告始于公元纪年的开端。斯特拉波（Strabo，公元前 64—21）《地理学》（*Geography*）和老普林尼（Pliny the Elder，公元前 23—79）《自然史》（*Natural History*）中的有价值信息既涉及罗马与印度的贸易，也涉及红海区域、其居民和自然史。

这时期关于红海的知识生产在 1 世纪中叶作者匿名的希腊-罗马商人指南《厄立特里亚海领航书》中到达顶峰。[30]这部由一位经验丰富

167

---

1 地理位置不明，可能是索马里。——译者注

的水手编纂的详细描述地中海与印度之间地区的商人手册，恐怕反映出罗马时代印度贸易的高点。《厄立特里亚海领航书》提供了关于航海条件、风向、礁石、港湾、贸易中心、市场、贸易物品、贸易商、贸易实践的详细信息，也有对红海和西印度洋（即"厄立特里亚海"这个称呼所指之地）沿岸居民的民族志描述。最重要的是，用鲍尔的话说，进入公元纪年的前后两个世纪里，红海上密集的政治、商业、社会和文化交流整合也巩固了"红海作为人类地理中的一个相对独立的单元"。[31]

　　伊斯兰教在阿拉伯半岛西部兴起并逐渐向北向南、贯穿陆海而扩散，带来红海上一个新的知识生产阶段。阿拉伯地理学家和旅行家如阿尔-马苏迪（Al-Masudi，10 世纪）、伊本·朱巴尔（Ibn Jubayr，12/13 世纪）、伊本·阿尔-穆雅威尔（Ibn al-Mujawir，13 世纪）和伊本·白图泰（Ibn Battuta，14 世纪）提供的描述通常强调风的变幻无常和在红海水面航行的危险。航海信息之生产的集大成之作是艾哈迈德·伊本·马吉德巨细靡遗的水手领航书《关于首要原则和航海规则的有益事物之书》（Kitab al-fawa'id fi usul al-bahr wa'l-qawa'id），1490 年左右撰成。[32]伊本·马吉德的航海汇编中有一章献给了红海［书中称"阿拉伯海"（Qulzum al-'Arab）］，在各种话题当中就航线、风向、水流、浅滩、礁石、岛屿和港湾入口提供了详细信息。坦率地说，他的描述没有扩及吉达以北，红海的北半部被忽略了。书信，尤其是那些犹太贸易商所写并保存在开罗档案中的书信，是来自中世纪伊斯兰教时期的一套性质不同的资料，它们最近在富有启发性的各研究中被使用。罗克珊妮·埃莱妮·马格里蒂运用这类文件来仔细重构亚丁的历史以及它在埃及和印度之商业与航运关系中的位置。[33]郭黎阅读了能厘清阿布·穆法吉（Abu Mufarrij）及其家族之航运业务操作和活动的文件残片，他们在阿尤布朝（Ayyubid）晚期和马穆鲁克朝早期（13 世纪）活动于埃及的古赛尔阿尔-格蒂姆（Qusayr al-Qadim）。[34]埃里克·瓦莱则利用一大批 13 世纪至 15 世纪之间为拉苏里德朝也门苏丹们编辑的令人难忘的档案，重构了亚丁的历史以及红海、亚丁湾和西印度洋地区区域性和跨区域性贸易范围的多种维度。[35]

16 世纪表现出红海史上一个重大转折点。奥斯曼帝国征服马穆鲁克朝埃及（1516—1517）以及葡萄牙人的野心推进到西印度洋，使这两大势力在该地区竞逐优势地位并将红海刻入全球性帝国政治的舞台。红海的几个葡萄牙人"探险家"中关系最大的一位是唐·若昂·德·卡斯特罗（Dom João de Castro，1500—1548），他 1541 年从索克特拉岛（Socotra）到苏伊士的远征可以被认为是欧洲人对红海的首次科学探险。其带来的成果是对非洲海岸线的精确测绘。德·卡斯特罗的《红海路线》（*Roteiro do Mar Roxo*）中通篇是地理、航海和历史信息，对希腊-罗马作家关于该区域的指涉旁征博引，此书相当于这时期红海研究的一份重要资料，也成为后来欧洲人的一份宝贵信息来源。我们知道，20 世纪研究红海的先驱历史学家阿尔贝·卡梅埃对德·卡斯特罗这份航行指南加以编辑、介绍和注解。[36]

18 世纪欧洲的启蒙运动标志着生产关于欧洲之外区域的"科学的"地理知识的一个新时代。[37]红海是最早被探索和研究的区域之一，绝大多数是经由对埃及史的兴趣而来，但也置于更广泛的古代历史和古代世界之中。18 世纪中叶是法国人对红海经久不息之迷恋情怀的发轫期。地理学家兼舆图制作人让-巴蒂斯特·布吉尼翁·唐维尔（Jean-Baptiste Bourguignon d'Anville，1697—1782）在《古代与现代埃及备忘录，即阿拉伯湾和红海叙录》（*Mémoires sur l'Egypte ancienne et moderne, suivis d'une Description du Golfe Arabique ou de la Mer Rouge*，巴黎，1766）中进行了描绘红海地形的（据我所知）第一次严格意义上的科学尝试。唐维尔在献给红海的 60 页中描绘了自己把红海当作一个整体空间画一幅地图［《阿拉伯湾与红海》（*Golfe Arabique ou Mer Rouge*，1765）］的努力，其间竭尽所能地征引希腊、罗马、阿拉伯、奥斯曼、葡萄牙、法国和英国的资料与未刊手绘地图。[38]

与 16 世纪早期不无相似，19 世纪的到来将红海置于全球性帝国竞争的中心，这次是英国人和法国人的竞争。拿破仑入侵埃及（1798—1801）部分是由英国经由红海同印度相沟通这一碍人的目标所刺激的。

169

170

英国人这边正在寻找加速进入印度的新道路。其后几十年里，技术发展被证明至关重要，而且轮船航行的逐渐引入推进了一系列水文学和航海学的制图测绘，1841 年罗伯特·莫尔斯比（Robert Moresby）出版《红海航行指导》（*Sailing Directions for the Red Sea*）为此类活动画上句号。[39]这些动态在 1869 年苏伊士运河启用之时达到高潮，而运河通航无疑构成红海史上最具变革性的单项事件。[40]总而言之，班轮的引入、运河的通航以及欧洲殖民帝国强加的各个不稳定政权，确立了这个海盆作为全球一条主要水道的角色，并加强了它在世界上的关键战略地位。

正如阿尔贝·卡梅埃学术活动的语境所暗示的，20 世纪 20 年代和 30 年代令红海史家格外感兴趣。在法国，新闻界、文学界和学术界对红海的迷恋之情制造出一波俘获大众想象力的出版繁荣。调查记者如阿尔贝·朗德（Albert Londres）和约瑟·卡瑟尔（Joseph Kessel）到该地区旅行并创作出勇敢谴责长盛不衰的奴隶贸易、猖獗的海盗行径、走私活动和红海采珠人恶劣劳动条件的第一手报告。[41]这类具有政治进步性的事业糅合了（或弥漫着）一种抓住大众想象力的"冒险精神"，这种精神间或会删除那些高尚的政治启发。最能体现这股潮流的，无过于古怪的旅行家、特立独行又高产的作家亨利·德·蒙弗雷（Henry de Monfreid），他 1931 年出版了《红海的秘密》（*Les Secrets de la Mer Rough*，1934 年译为英文并在 1937 年被拍成一部故事片）。此书迅速成为旅行冒险写作体裁的一部经典之作，而蒙弗雷也继续发布更多书籍叙述他那真实与想象参半的、迎合大众的红海冒险。蒙弗雷的一些书现今依旧有法文本刊行。

想象红海：边界、流动性和空间整合

我们应当怎样思考红海并书写它的历史？认为大多数海上空间都与生俱来就是被割裂的、碎片化的且不稳定的舞台，这种洞见就算对一个如红海这般相当小又受限的海上空间也肯定是有效的。[42]这指向海洋史书写挑战的靶心。考虑到以海洋为中心的红海史学术研究尚在萌芽期，则人们给出的问题要多过答案。如果我们把大卫·阿米蒂奇关于环大西洋史、跨大西洋史和沿大西洋史的三重方案运用到红海，那么迄今的多数研究都符合沿红海（cis-Red Sea）概念（可以是关于一座港市的历史，或红海背景下的一个区域的历史）。在本文和其他文章中，我试图表现将环红海（cirum-Red Sea）路径（关于红海世界之流通和交流的跨区域历史）运用到以具有地理统一性和历史统一性为特征的一个空间。[43]

　　红海史家所遭遇的第一个概念难题就是边界问题：红海区域、地区或世界是什么和在哪里？它的轮廓是什么？关于空间和边界的不稳定观念必然提出以红海和地中海为一方、以印度洋为一方的联结问题。一个密切相关的问题是，是否要把亚丁湾和亚丁这个重要港口纳入红海史或红海世界的范围。此处的一个关键因素是在红海地区限制了流动并塑造活动空间的特有风系。在某些时期，亚丁湾与红海南半部的整合度远高于红海南半部和北半部彼此的联结度。这实际上令红海南半部成为印度洋的附属。此点能支持如下论点：直到19世纪中叶轮船航行引入之前，红海都不是一个完全整合的空间，因为它的不同风系事实上将它一分为二。人们由此可以进一步论证说，这使红海成为地中海和印度洋之间的一道屏障而非桥梁。但这一见解是基于国际长途贸易这个单一视角做出的解释。我们很清楚，航海方面的挑战会令沟通减速，但不会截断红海盆地所有流动层次的沟通（不同的海船，沿海贸易网络，海上与跨陆地运输布局的互联性）。

　　研究海上空间的历史学家们全力对付的一组概念困境是，他们是否应当把自己局限于书写那些跨越该海洋并生活在其海岸、港市和岛屿上的人们，还是应当纳入与这海洋交接的那些陆地（如果要纳入，该纳入多远的陆地？）。当（再次）调用因红海航行的厄运而成长起来的替代性跨陆地交通事业时，就实现了扩展红海世界内陆边界的一种情况。穿过陆地运送货物（比如从亚丁沿着阿拉伯半岛沿岸向北）是

172

一种补偿海盆北半部困难航行条件的方法。商人和航运人利用海洋和陆地的动态**互补性**而对自然条件所施加的局限性加以接受并调整。这可以用作例子，证明有一种不将红海史限于水上和海岸的有活力的区域性路径。

政府与帝国（既有本地的，也有外部的）对于整合红海各部分发挥了重大作用，这没有疑问。经济、商业、税收和管理方面的政策，安全实践和水上监管，这些都能促进空间整合，也能促进政治、经济和社会的整合。反过来，海洋自身在促进红海区域的政府形成与发展霸权野心方面也有作用。政府在确立航海体制和水上监管体制方面的角色（以及地方人物努力规避它们的方法）与此密切相关。空间整合的问题也提出了红海（沿海—内陆和沿岸各地之间）人民当中的经济相互依赖性问题。红海区域不同部分之间的经济相互依赖性性质为何，经济相互依赖性多大程度上在该海盆各部分制造出有凝聚力的经济空间和社会空间，或许还有文化空间？

从这类议题着眼，我们能当真把红海想象成一个有凝聚力的区域吗？且有什么特殊的政治、商业或技术因素能或多或少提升此种整合性？它有一些部分比其他部分更具整合性吗？它有一些时期的整合度更明显吗？有个例子指出了思考文化整合性的一条途径，即建筑连续性的问题，亦即德里克·H. 马修斯（Derek H. Matthews）于 20 世纪 50 年代早期创造的名词"红海风格"。[44]马修斯提出，红海周缘的建筑形式的典型特征是一种共享的、一致的且统一的建筑风格。艺术史家南茜·乌姆肯定了马修斯关于红海建筑统一性的见解，更进一步主张，"红海风格代表了遍布一个有联系之海上区域的持续存在之跨文化接触的一种有形例子，因此超出了关于大陆和国家的惯有近代界限"。[45]

地方、区域和全球之间的空间与尺度

未来研究红海的历史学家所遭遇的首要挑战是构建一个一网打尽

多种尺度——从地方尺度到区域尺度再到全球尺度——并能揭示出它们之间彼此动态关系的方案。人们可以把这想成是微观史、区域史和全球史的交织。[46]在最后这节，我提出一种专注于尺度难题的考虑红海区域之空间、流动性和流通的方法。部分受启于米歇尔·图奇斯谢尔等历史学家的作品，一个构建多尺度概念框架之基石的有用方法是审视三种宏观层次的经济与商业范围。这有助于更好地揭示那组互相联系的运动着的部分，它们能决定空间和边界的演化构造、流动性的变化模式、货物流向、跨区域和区域内的交换、特定贸易网络的兴衰以及红海港口城镇位置和层级的波动，还有其他主题。

　　首先是将印度洋和地中海连起来的长途／国际转口贸易体系。这是宏观层次的组织方式，塑造了红海作为一条管道的传统特征。我们在此遇到了在红海地区之外被提取或生产的货物，比如调味香料（著名的"香料贸易"）、纺织品、玛姿琳棉布（muslin cloth）、丝绸、陶器、玻璃器、铁器和柚木。在这个层次上，红海充当转口空间，将红海的滨海区及其左近陆地以外的生产者和消费者连起来。这个体系包括贸易中心港口、复杂的国际金融布局和长途商业网络，它们的源头远离红海滨海区本部。红海地区不同贸易网络（例如开罗人的、亚历山大里亚人的、马格里布人的、土耳其人的、古吉拉特人的、哈德拉米人的，还有叙利亚人的、希腊人的和亚美尼亚人的）的作用、运行和影响不仅对描绘商业轨道有核心意义，也对描绘印度洋同地中海、非洲和阿拉伯之间的社会空间及文化空间有核心意义。[47]依傍着红海城市社群的形成与转变来重构不同贸易网络的兴起、衰落及其社会影响与文化影响，这方面大有可为。例如，关于南亚商人和移民的历史值得进一步注意，他们或在印度和红海之间短期往返穿行，或因货物原因定居在红海不同的地点。南亚人的经纪人业务及融资活动的确切起源和组织模式是什么，它如何与生产、劳动和分配体系相勾连？[48]然后这些动态可以同其他被刻画为南亚人网络的东西相比较，尤其是在阿拉伯湾／波斯湾和在西南印度洋的。[49]在诸如近代早期这样的时期，可以解释特定网络之建立、运行和衰落的那些因素提出了引人注

174

目的问题，比如红海区域的空间边界。在多种因素之中，有一个因素植根于奇怪的风系，风系的划分以某种方式致使海盆的北半部（由埃及商人主导）成为地中海贸易世界的延伸，而南半部（由南亚商人主导）成为西印度洋贸易体系的附庸。[50]

175　　　转口贸易只是该区域经济活动的一个领域。第二个跨区域居间贸易布局令一种区域性生产和消费体系同一种跨区域商业结构相结合，在红海地区，包括其内陆和水生地带的各部分之**内**生产的不同货物出口到埃及和地中海，进而一个方向是去往欧洲，另一个方向是去往波斯湾、南亚和东南亚以及东非。类似地，来自地中海和印度洋的货物通过进口**进入**红海地区，供埃塞俄比亚地区、尼罗河谷地、也门和汉志以及红海各港口消费。在红海提取和生产并出口的商品包括芳香料行业（尤其是乳香和没药）、兽皮、黄金、宝石、象牙、乌木、珍珠、珍珠贝和玳瑁，但也出口奴隶，后来还有最著名的咖啡。红海地区通过进口而消费的包括稻米和谷物（来自印度和伊拉克）以及纺织品（来自印度和埃及），也有经埃及航运到红海的多种金属制品和手工制品。商人们要处理以红海为基地的长途业务代理人和那些更具红海"本地性"的贸易商之间的复杂布局，后者是埃及人、汉志人、也门人、哈德拉米人和索马里人，通常住在港口城市并协调依附陆地和依附海洋的运输网络间的联系。航运布局包括对较重要港口同较小城镇及渔村间的分配和供应进行区域性操作，绝大多数由以海岸为基地的红海贸易商和航运人经营。

　　　从"全球性微观史"视角来研究特定货物或商人的轨迹，可能是阐明生机盎然之地方性、区域性和全球性人物与网络间多种联系的格外有用之法。追踪劳工、金融活动、商业化及咖啡、珍珠和珍珠贝这类货物的消费，使我们能更清楚地聚焦于地方性、区域性和全球性历史进程中多种未被揭示的联结。兹举一例，红海的采珠业虽然比起波斯湾的相形见绌，但它是个恰当的例子。来自达拉克群岛（Dahlak）和法拉桑群岛（Farasan）的珍珠与珍珠贝的生产、交易和消费包含了关于融资、劳工和商品化的明确基础结构，它将红海和西印度洋的一众人物带到一起。在达拉克采珠堤岸的例子中，潜水员要么是东北非洲的奴隶或被释放奴隶，要么是来自阿拉伯半岛红海海岸地带的阿拉伯人，他们提供劳动力；波斯湾、汉志、也门或达拉克（厄立特里亚）的船主们掌控渔船船员并提供运输，印度和阿拉伯的商人为采珠-捕鱼事业提供资金并购买这些奢侈型海产品，它们被带到孟买和欧洲各都城的消费者那里，到了意大利北部和奥地利-匈牙利（Austria-Hungary）的纽扣生产厂，也可能到了在巴勒斯坦伯利恒（Bethlehem）蓬勃发展的宗教纪念品雕刻行业。[51]

第三个体系是两岸之间和区域之内的。它在某种程度上同居间区域体系重叠，且其典型特征（但非唯一特征）是红海的阿拉伯半岛一侧对其对面非洲部分之经济依赖性。汉志与阿拉伯半岛其他区域那些大体贫瘠的土地的食物供应来自位于埃及和苏丹的尼罗河谷地或埃塞俄比亚高原和索马里。例如，拥有（两座）圣城的汉志严重依赖尼罗河的谷物生产，这使尼罗河同红海关于食物生产与消费的政治经济联系起来。一个令人感兴趣的相关方面是，环境、经济和宗教动态彼此结合的产物是，在埃及确立了一种虔敬特俸（waqfs），其作用就是以谷物供养汉志。相应地，尼罗河谷一些最肥沃的土地被特地划出来生产小麦以供应阿拉伯半岛西部居民。[52]红海地区谷物生产、商品化和消费的动态间或透露出生态限制、气候条件、商业动态和政治环境之间巧妙达成平衡的一幕。[53]很像居间型经济-商业领域，这种两岸之间的体系由本地的和区域的贸易商操作，许多人都以红海各港口和较小的海港村庄为基地，并加入一个由小船和沿海运输布局组成的网络。

总而言之，这三个领域虽说有时相互重叠并具有互补性和相互依赖性，但它们都主要由经济和商业力量所推进，并激活了一个由多种有差别活动组成的网状结构，这些活动包括贸易布局，航运网络，货币、信用及债务体系，还有劳工网络。它们就这样制造出位于地中海和印度洋之间的一众斑驳陆离的空间。审视这三个体系如何交织的一个得力方法是，审视季节韵律、生产周期（比如埃及的小麦、也门的

176

177

咖啡和印度的棉花）同运输模式（受风系影响，但也受穆斯林的朝圣活动影响）之间的关系，以及它们对货物和人员之流通的影响。

在众多可能有前途的主题中，有一组早已引起学术关注并值得置于未来学术研究之前沿的论题，它们涉及在该海盆里里外外广泛的跨区域及区域内的移民与交流，对红海城市社群和滨海社会之社会组成及文化组成的影响。红海的港口城市在内陆生产区和沿海地区之间及海外商业和内陆消费者之间的社会关系中居间调停。在城镇出出进进的迁移之流由劳动力、贸易流量和贸易网络的空间配置与再配置所塑造，而这些东西由商业盈亏周期的循环涨落决定。对于一座既定城镇，其居民的大部是既来自沿海也来自内陆的移民，这并不罕见。确实，在许多例子中，"外来者"或"陌生人"（如哈德拉米人、古吉拉特人）是红海各港口（如吉达、马萨瓦和亚丁）最重要也最有势力的居民。换言之，有些红海港口城镇是卷入我前述三种轨道之全部或部分的行为人的聚会之处，间或还一起定居并形成混合性及世界主义的新型社群和空间。我们能否在港口城镇辨识出突出的"（多种）红海世界主义"？如果能，则它们的明确特征和方向是什么？它们能否互相比较和同更广阔的印度洋世界的那些世界主义相比较？

不过，进入红海城镇和沿海的移民并不仅仅包括财大气粗的商人和企业家。有一个尚未被研究透彻的主题，即那些来自非洲东北的，或迁移到阿拉伯海岸或因遭奴役而被运送到此，且仍然住在阿拉伯城镇的众多人，他们的社会和文化整合问题。[54]非洲人显然在塑造那些逐渐吸收了他们的社会和文化方面发挥了作用。在有些地方，比如也门的蒂哈马（Tihama）地区，广泛的两岸交流制造出阿拉伯人-非洲人混居的边界空间，这种空间被认为与内陆社区相比在社会性和文化性上都独具一格。例如，非洲人将乐器、音乐风格和韵律引入蒂哈马，发展成一种被音乐理论家称为"红海音乐"的东西。[55]最重要的是，更长久地居住在城市背景下的移民，不管社会地位高的还是社会地位低的——贸易商、企业家、代理人、劳工、奴隶和被释放奴隶，都让自己的社会、宗教、政治、文化角色与地位同各自所处的城市景观进行谈判交涉。未来关于这些主题的研究能帮助我们确定红海区域或其中各部分之文化统一性或凝聚力的新形式与新特征。

* * * * *

红海身份认同问题是一个急需深入研究的重大主题。一千年间，红海作为一个地区的特征都是混合性，来自内陆的人和来自外国的人在那里汇集，有时相融合，创造出有特异性的城市文化或沿海文化。20 世纪的现代民族国家动辄要模糊掉甚至力图抹除以往那些复杂的地方性或区域性身份认同。新的学术研究应当以恢复红海的人民所表达出的或归之于他们的复杂的身份意识为任。问问红海滨海区及岛屿的居民们是否在过去共享或至今仍共享某种格外同海岸或海洋相联系的意识类型（或调用年鉴学派历史学家的话，精神状态），这一点会很重要。红海港口城镇的居民和其他沿海居民还有岛屿居民，发展出了作为"红海人"的任何自觉意识或身份意识吗，还是他们认同于更具地方性／区域性的滨海或近海海洋空间（折射出前文所描述的对红海更地方化的命名）？与红海关联并被红海滨海居民所表达的或关乎他们的身份认同问题及文化性与符号性再现问题，是一个才开始受到关注的问题。

分析关于该区域或特定红海港市的"地方性"历史描述——由埃及、苏丹、沙特阿拉伯、厄立特里亚、吉布提、索马里兰和也门的职业或非职业历史学家及作家创作，这是深入发掘红海地区之身份认同观念的一个有效方法。[56]但不应限于地方史。研究各滨海社会——如蒂哈马也门人社会、厄立特里亚和吉布提的阿法尔人（Afar）社会、苏丹东部和厄立特里亚的阿拉伯拉谢达人（Rashayda）牧民社会——不同的文化表达（诗歌、散文、歌谣、民间故事），或者就研究岛屿社群，如居住在法拉桑群岛和达拉克群岛的那些人，或能阐明我们对于红海沿海居民如何构建与其海上环境相关联之身份认同的理解。[57]

内陆人对红海海岸城市化的世界主义社群有个贬称——"大海的

呕吐物"(tarsh al-bahr)，同时指红海两岸，这是个有启发性的轶闻性质的例子。该措辞最初被阿拉伯人用来指来到汉志和麦加的非阿拉伯人朝圣者，现在有时被沙特阿拉伯内陆的内志（Najd）区域的居民用来贬损汉志和吉达港那些五湖四海的居民。[58]类似地，在20世纪中叶厄立特里亚民族主义语境下的红海另一侧，有些操提格雷语（Tigre）的内陆人称那些住在马萨瓦港的世界主义的城市化阿拉伯人为"大海的呕吐物"，或称他们是大海吐到厄立特里亚海滨上的人，是厄立特里亚的"外国人"，因此在发布民族主义政治宣言时合法性不足。[59]这个例子能暗示出，一种外部给予的名称可以如何促进身为沿海定居者的身份认同意识，也可以如何促进与宽广的红海盆地中其他滨海人民共享的一种身份。

👉 深入阅读书目

关于红海尚无单独成书的学术史。详细论述其物理和自然特征的，见 Alasdair J. Edwards and Stephen M. Head, eds., *Red Sea* (Key Environments Series) (Oxford and New York, 1987)。

六次"红海计划"会议的已出版会议公告提供了对一系列相关主题的新发现，见 Paul Lunde and Alexandra Porter, eds., *Trade and Travel in the Red Sea Region* (Oxford, 2004)；Janet C. M. Starkey, ed., *People of the Red Sea* (Oxford, 2005)；Janet C. M. Starkey, Paul Starkey and T. J. Wilkinson, eds., *Natural Resources and Cultural Connections of the Red Sea* (Oxford, 2007)；Lucy Blue, John Cooper, Ross Thomas and Julian Whitewright, eds., *Connected Hinterlands* (Oxford, 2009)；Dionisius A. Agius, John P. Cooper, Athena Trakadas and Chiara Zazzaro, eds., *Navigated Spaces, Connected Places* (Oxford, 2012)；Dionisius A. Agius, Emad Khalil, Eleanor Scerri and Alun Williams, eds., *Human Interaction with the Environment in the Red Sea: Selected Papers of Red*

180

Sea Project VI (Leiden, 2017)。

宣扬把红海区域作为一个整合空间来研究的一次努力，见 Jonathan Miran, "Space and Mobility in the Red Sea Region, 1500–1950", *History Compass,* 12, 2 (February 2014): 197–216；也见 Jonathan Miran, ed., "Special Issue: Space, Mobility and Translocal Connections across the Red Sea Area since 1500", *Northeast African Studies,* 12 (2012): ix–307。

罗马贝罗尼凯城及其地方性、区域性和全球性关系网，见 Steven E. Sidebotham, *Berenike and the Ancient Maritime Spice Route* (Berkeley, CA, 2011)。

古代晚期红海南部区域的基督徒、犹太人和帝国间的竞争，见 G. W. Bowersock, *The Throne of Adulis: Red Sea Wars on the Eve of Islam* (Oxford, 2013)。

红海在伊斯兰教时代早期的一条整合性路径，见 Timothy Power, *The Red Sea from Byzantium to the Caliphate AD 500–1000* (New York, 2012)。

11—13 世纪间亚丁的历史及其商业联系，详见 Roxani Eleni Margariti, *Aden and the Indian Ocean Trade: 150 Years in the Life of a Medieval Arabian Port* (Chapel Hill, NC, 2007)。

阿尤布朝晚期和马穆鲁克朝早期古赛尔一个家族航运业务的操作，见 Li Guo, *Commerce, Culture and Community in a Red Sea Port in the Thirteenth Century: Arabic Documents from Quseir* (Leiden, 2004)。

关于拉苏里德朝也门、红海和西印度洋的一项厚重研究，见 Eric Vallet, *L'Arabie marchande. Etat et commerce sous les sultans rasulides du Yémen (626–858/1229–1454)* (Paris, 2011)。

谢里夫治下的麦加（Sharifate of Mecca）同马穆鲁克朝埃及的关系，见 John L. Meloy, *Imperial Power and Maritime Trade: Mecca and Cairo in the Later Middle Ages* (Chicago, IL, 2010)。

奥斯曼帝国与红海，见 Salih Özbaran, "Ottoman Expansion in the Red Sea", in S. Faroqhi and K. Fleet, eds., *The Cambridge History of Turkey, Vol. 2. The Ottoman Empire as a World Power 1453–1603* (Cambridge, 2013), pp. 173–

201；Alexis Wick, *The Red Sea: In Search of Lost Space* (Oakland, CA, 2016)。

近代早期红海的商业史，见 Michel Tuchscherer, "Trade and Port Cities in the Red Sea-Gulf of Aden Region in the Sixteenth and Seventeenth Centuries", in L. T. Fawaz and C. A. Bayly, eds., *Modernity and Culture from the Mediterranean to the Indian Ocean* (New York, 2002), pp. 28–45；Michel Tuchscherer, "Le commerce en mer Rouge aux alentours de 1700: flux, espaces et temps", in R. Gyselen, ed., *Circulation des monnaies, des marchandises et des biens,* Vol. V (Bures-sur-Yvette, 1993), pp. 159–178。

咖啡的历史，见 Michel Tuchscherer, "Coffee in the Red Sea Area from the Sixteenth to the Nineteenth Century", in W. G. Clarence-Smith and S. Topik, eds., *The Global Coffee Economy in Africa, Asia, and Latin America, 1500–1989* (Cambridge, 2003), pp. 50–66。

摩卡港的城市史及其广泛关系网，见 Nancy Um, *The Merchant Houses of Mocha: Trade and Architecture in an Indian Ocean Port* (Seattle, WA, 2009)；C. G. Brouwer, *Al-Mukha: Profile of a Yemeni Seaport as Sketched by Servants of the Dutch East India Company (VOC), 1614–1640* (Amsterdam, 1997)，以及此书两部论 17 世纪商业的续作，2006 年和 2010 年出版。

19 世纪的交通革命及其对红海的影响，见 Colette Dubois, "The Red Sea Ports during the Revolution in Transportation, 1800–1914", in Fawaz and Bayly, eds., *Modernity and Culture from the Mediterranean to the Indian Ocean*, pp. 58–74。对苏伊士运河启用及其意义的分析，见 Valeska Huber, *Channelling Mobilities: Migration and Globalisation in the Suez Canal Region and beyond, 1869–1914* (Cambridge, 2013)。

19 世纪后半叶马萨瓦港的社会史，见 Jonathan Miran, *Red Sea Citizens: Cosmopolitan Society and Cultural Change in Massawa* (Bloomington, IN, 2009)。

红海区域的哈德拉米商人和企业家，见 Janet Ewald and William Gervase Clarence-Smith, "The Economic Role of the Hadhrami Diaspora in the Red Sea and Gulf of Aden, 1820s to 1930s", in U. Freitag and W. G. Clarence-Smith, eds., *Hadhrami Traders, Scholars, and Statesmen in the Indian Ocean, 1750s–1960s*

(Leiden, 1997), pp. 281–296；Philippe Pétriat, *Le négoce des lieux saints. Négociants hadramis de Djedda, 1850–1950* (Paris, 2016)。

注　释

[1]　Simon Winchester, *Atlantic: Great Sea Battles, Heroic Discoveries, Titanic Storms, and a Vast Ocean of a Million Stories* (New York, 2010), p. 21.

[2]　William Facey, "The Red Sea: The Wind Regime and Location of Ports", in Paul Lunde and Alexandra Porter, eds., *Trade and Travel in the Red Sea: Proceedings of Red Sea Project I Held in the British Museum, October 2002* (Oxford, 2004), p. 7.

[3]　Fernand Braudel, *The Mediterranean and the Mediterranean World in the Age of Philip II*, 2 vols., trans. Siân Phillips (London, 1972). 不过可以注意，早在 19 世纪早期，法国博物学家让·巴蒂斯特·波里·德·圣–文森特（Jean Baptiste Bory de Saint-Vincent, 1778–1846）就把地中海理论化为一个概念，并把红海界定为世界上九个此类"地中海"之一个［他称之为"厄立特里亚地中海"（la Méditerranée Erythréenne）］，见 Jean Baptiste Bory de Saint-Vincent, "Mer", in *Dictionnaire classique d'histoire naturelle*, 17 vols. (Paris, 1822–1831), X, p. 381。

[4]　John B. Hattendorf, ed., *The Oxford Encyclopedia of Maritime History*, 4 vols. (Oxford, 2007). 近期有两个令人非常吃惊的例子，甚至疏于提及红海是一个对历史学家具有潜在研究价值的主题，这就是大卫·阿布拉菲亚（David Abulafia）关于不同"地中海"（或次地中海）在世界史上之角色的文章和马库斯·文克（Markus Vink）对印度洋及"新海洋学"的综述，见 Abulafia, "Mediterraneans", in William V. Harris, ed., *Rethinking the Mediterranean* (Oxford, 2005), pp. 64–93；Markus P. Vink, "Indian Ocean Studies and the 'New Thalassology'", *Journal of Global History*, 2 (2007): 41–62。

[5]　来自此种逻辑的一份具有自觉挑衅性的以非洲为中心的异议表达，见 Ali A. Mazrui, "Towards Abolishing the Red Sea and Re-Africanizing the Arabian Peninsula", in Jeffrey C. Stone, ed., *Africa and the Sea: Colloquium at the University of Aberdeen (March 1984)* (Aberdeen, 1985), pp. 98–103。

[6]　Ruth Lapidoth, *The Red Sea and the Gulf of Aden* (The Hague, 1982), pp. 1–12；Alasdair J. Edwards and Stephen M. Head, eds., *Red Sea* (Oxford/New York, 1987), 尤见 ch. 1 by Stephen M. Head (pp. 1–21)。

[7]　Facey, "The Red Sea". 也见 G. R. Tibbetts, "Arab Navigation in the Red Sea", *Geographical Journal*, 127 (1961): 322–334。

[8]　C. H. Becker and C. F. Beckingham, "Baḥral-Ḳulzum", in *Encyclopaedia of Islam*, 2nd edn.: http://dx.doi.org/10.1163/1573-3912_islam_SIM_1062 (2017 年 3 月 31 日访问); Alexis Wick,

The Red Sea: In Search of Lost Space (Oakland, CA, 2016), pp. 83–86; Emmanuelle Vagnon and éric Vallet, eds., *La fabrique de l'océan Indien. Cartes d'Orient et d'Occident (Antiquité–XVIe siècle)* (Paris, 2017), pp. 111–131。

[9] Albert Kammerer, "La mer Rouge à travers les âges", *La Revue de Paris* , 32, 2 (March–April 1925): 109–141.

[10] Lucien Febvre, *La Terre et l'évolution humaine: introduction géographique à l'histoire* (Paris, 1922). 吕西安·费弗尔同利昂内尔·巴德荣（Lionel Bataillon）合作期间被译为英文，见 *A Geographical Introduction to History*, trans. E. G. Mountford and J. H. Paxton (London, 1925)。

[11] Albert Kammerer, *La Mer Rouge, l'Abyssinie et l'Arabie depuis l'Antiquité*, 4 vols. (Cairo, 1929–1935); Kammerer, *La Mer Rouge, l'Abyssinie et l'Arabie aux XVIe et XVIIe siècles*, 3 vols. (Cairo, 1947–1952).

[12] Kammerer, *La Mer Rouge, l'Abyssinie et l'Arabie depuis l'Antiquité*, I, pp. xxvii–xxxiii（本段为作者译）。

[13] Gabriel Hanotaux, "Introduction: Le secret de la mer Rouge. Les origines Érythréennes de la pensée occidentale", in Kammerer, *La Mer Rouge, l'Abyssinie et l'Arabie depuis l'Antiquité*, I, pp. iii–xxv.

[14] Hanotaux, "Introduction", pp. viii–ix.

[15] Roger Joint-Daguenet, *Histoire de la Mer Rouge. De Moïse à Bonaparte* (Paris, 1995); Joint-Daguenet, *Histoire de la Mer Rouge. De Lesseps à nos Jours* (Paris, 2000).

[16] 有代表性的作品包括：Michel Tuchscherer, "Le commerce en mer Rouge aux alentours de 1700: flux, espaces et temps", in Rika Gyselen, ed., *Circulation des monnaies, des marchandises et des biens*, vol. V (Bures-sur-Yvette, 1993), pp. 159–178；Tuchscherer, "Trade and Port Cities in the Red Sea-Gulf of Aden Region in the Sixteenth and Seventeenth Centuries", in Leila Tarazi Fawaz and C. A. Bayly, eds., *Modernity and Culture: From the Mediterranean to the Indian Ocean* (New York, 2002), pp. 28–45；Tuchscherer, "Coffee in the Red Sea Area from the Sixteenth to the Nineteenth Century", in William Gervase Clarence-Smith and Steven Topik, eds., *The Global Coffee Economy in Africa, Asia, and Latin America, 1500–1989* (Cambridge, 2003), pp. 50–66；Tuchscherer, "Les échanges commerciaux entre les rives africaine et arabe de l'espace mer Rouge golfe d'Aden au seizième et dix-septième siècles", in Lunde and Porter, eds., *Trade and Travel in the Red Sea*, pp. 157–163；Tuchscherer, "Îles et insularité en mer Rouge à l'époque ottomane (XVIe–début XIXe siècle)", in N. Vatin and G. Veinstein, eds., *Insularités ottomanes* (Paris, 2004), pp. 203–219。

[17] 据我所知，直到 2014 年，才有印度洋史的一位领军史学家迈克尔·皮尔森在关于海洋史的一篇历史编纂学通论文章中将红海纳入一份有潜在研究前途之海上空间名录中，见 Michael Pearson, "Oceanic History", in Prasenjit Duara, Viren Murthy and Andrew Sartori, eds., *A Companion to Global Historical Thought* (Chichester, 2014), p. 338。

[18] 在此语境下，应当提到 2002—2014 年间召集的以英国为基地的"红海计划"和六次国际会议（详见"深入阅读书目"部分）。

[19] Jonathan Miran, ed., "Special Issue: Space, Mobility and Translocal Connections across the Red Sea Area since 1500", *Northeast African Studies*, 12 (2012): ix-307；Miran, "Mapping Space and Mobility in the Red Sea Region, c. 1500-1950", *History Compass*, 12, 2 (February 2014): 197-216. 将此种定向运用于伊斯兰教时代的头几个世纪，见 Timothy Power, *The Red Sea from Byzantium to the Caliphate, AD 500-1000* (New York, 2012)。

[20] John L. Meloy, *Imperial Power and Maritime Trade: Mecca and Cairo in the Later Middle Ages* (Chicago, IL, 2010); Eric Vallet, *L'Arabie marchande. Etat et commerce sous les sultans rasulides du Yémen (626-858/1229-1454)* (Paris, 2011).

[21] Steven E. Sidebotham, *Berenike and the Ancient Maritime Spice Route* (Berkeley, CA, 2011); Roxani Eleni Margariti, *Aden and the Indian Ocean Trade: 150 Years in the Life of a Medieval Arabian Port* (Chapel Hill, NC, 2007); Li Guo, *Commerce, Culture and Community in a Red Sea Port in the Thirteenth Century: Arabic Documents from Quseir* (Leiden, 2004); Nancy Um, *The Merchant Houses of Mocha: Trade and Architecture in an Indian Ocean Port* (Seattle, WA, 2009); Philippe Pétriat, *Le négoce des lieux saints. Négociants hadramis de Djedda, 1850-1950* (Paris, 2016); Jonathan Miran, *Red Sea Citizens: Cosmopolitan Society and Cultural Change in Massawa* (Bloomington, IN, 2009). 还可以加上两篇关于萨瓦金港的文章：Jay Spaulding, "Suakin: A Port City of the Early Modern Sudan", in Kenneth R. Hall, ed., *Secondary Cities and Urban Networking in the Indian Ocean Realm, c. 1400-1800* (Lanham, MD, 2008), pp. 39-53；Andrew C. S. Peacock, "Suakin: A Northeast African Port in the Ottoman Empire", *Northeast African Studies*, 12 (2012): 29-50。

[22] 一个例子见 Edward A. Alpers, *The Indian Ocean in World History* (New York, 2014)。关于阿拉伯湾 / 波斯湾史的海洋中心的各种新视角汇总于 Lawrence G. Potter, ed., *The Persian Gulf in History* (New York, 2009) 及 Potter, ed., *The Persian Gulf in Modern Times: People, Ports, and History* (New York, 2014)。

[23] G. W. Bowersock, *The Throne of Adulis: Red Sea Wars on the Eve of Islam* (Oxford, 2013).

[24] Eric Tagliacozzo, *The Longest Journey: Southeast Asians and the Pilgrimage to Mecca* (New York, 2013), pp. 5, 56.

[25] Valeska Huber, *Channelling Mobilities: Migration and Globalisation in the Suez Canal Region and beyond, 1869-1914* (Cambridge, 2013).

[26] George F. Hourani, *Arab Seafaring in the Indian Ocean in Ancient and Early Medieval Times* (Princeton, NJ, 1951, rev. ed. 1995), pp. 17-36; Power, *The Red Sea*, pp. 6-10; Mark Horton, "The Human Settlement of the Red Sea", in A. J. Edwards and S. M. Head, eds., *Red Sea*, pp. 347-351.

[27] Power, *The Red Sea*, p. 14.

[28] Sidebotham, *Berenike and the Ancient Maritime Spice Route*.

[29] Agatharchides of Cnidus, *On the Erythraean Sea*, trans. and ed. by Stanley M. Burstein (London, 1989).

[30] *Periplus Maris Erythraei: Text with Introduction, Translation and Commentary* , ed. Lionel Casson (Princeton, NJ, 1989).

[31] Power, *The Red Sea*, pp. 9–10. 对发掘古代阿杜利斯（Adulis）、贝罗尼凯和米奥斯霍尔莫斯（Myos Hormos）等港口带来之发现的有用总结，见 Eivind Heldaas Seland, "Archaeology of Trade in the Western Indian Ocean, 300 BC–AD 700", *Journal of Archaeological Research*, 22 (2014): 380–383。

[32] G. R. Tibbetts, *Arab Navigation in the Indian Ocean before the Portuguese* (London, 1971); Tibbetts, "Arab Navigation in the Red Sea", *The Geographical Journal* , 127 (1961): 322–334.

[33] Margariti, *Aden and the Indian Ocean Trade*.

[34] Guo, *Commerce, Culture and Community in a Red Sea Port in the Thirteenth Century* .

[35] Vallet, *L'Arabie marchande*.

[36] Albert Kammerer, *Le routier de Dom Joam de Castro. L'exploration de la mer Rouge par les Portugais en 1541* (Paris, 1936). 也 见 Timothy J. Coates, "D. João de Castro's 1541 Red Sea Voyage in the Greater Context of Sixteenth-century Portuguese-Ottoman Red Sea Rivalry", in Caesar E. Farah, ed., *Decision Making and Change in the Ottoman Empire* (Kirksville, MO, 1993), pp. 263–285。

[37] Anne Marie Claire Godlewska, *Geography Unbound: French Geographic Science from Cassini to Humboldt* (Chicago, IL and London, 1999).

[38] 在地图上表现红海在 18 世纪不新鲜。16 世纪和 17 世纪，伊比利亚和荷兰的地图集就包括把红海作为一个连续空间单元来再现的地图。有两部出色的出版物复制了关于阿拉伯半岛和印度洋的历史地图，对红海史家多有助益，即 Khaled al Ankary, *La Péninsule Arabique dans les cartes européennes anciennes. Fin XVe-début XIXe siècle* (Paris, 2001)；Vagnon and Vallet, eds., *La Fabrique de l'océan Indien*。

[39] Sarah Searight, "The Charting of the Red Sea", *History Today*, 53 (2003): 40–46. 关于法国人在该领域的努力，见 Georges, R. Malécot, "Quelques aspects de la vie maritime en mer Rouge dans la première moitié du XIXe siècle", *L'Afrique et l'Asie Modernes*, 164 (1990): 22–43。

[40] Huber, *Channelling mobilities*; Colette Dubois, "The Red Sea Ports during the Revolution in Transportation, 1800–1914", in Fawaz and Bayly, eds., *Modernity and Culture from the Mediterranean to the Indian Ocean*, pp. 58–74.

[41] Joseph Kessel, *Marchés d'esclaves* (Paris, 1930) 及其 *Fortune carrée* (Paris, 1932)；Albert Londres, *Les pêcheurs de perle* (Paris, 1931)。

[42] Karen Wigen, "Introduction, *AHR* Forum: Oceans of History", *American Historical Review*, 111 (2006): 717–721.

[43] David Armitage, "Three Concepts of Atlantic History", in David Armitage and Michael J. Braddick, eds., *The British Atlantic World 1500–1800*, 2nd edn. (Basingstoke, 2009), pp. 18–20.

[44] Derek H. Matthews, "The Red Sea Style", *Kush*, 1 (1953): 60–87.

[45] Nancy Um, "Reflections on the Red Sea Style: Beyond the Surface of Coastal Architecture", *Northeast African Studies*, 12 (2012): 243–272 (244).

[46] 对我思考该主题有所启发的作品包括：Francesca Trivellato, "Is There a Future for Italian Microhistory in the Age of Global History?", *California Italian Studies*, 2 (2011): http://escholarship.org/uc/item/0z94n9hq (2017 年 3 月 31 日访问)；Bernhard Struck, Kate Ferris and Jacques Revel, "Introduction: Space and Scale in Transnational History", *The International History Review*, 33 (2011): 573–584。

[47] 例如 Nelly Hanna, *Making Big Money in 1600: The Life and Times of Isma'il Abu Taqiyya, Egyptian Merchant* (Syracuse, NY, 1998)；Michel Tuchscherer, "Activités des Turcs dans le commerce de la mer Rouge au XVIIIe siècle", in Daniel Panzac, ed., *Les villes dans l'empire ottoman* (Paris, 1991), pp. 321–364；Pétriat, *Le négoce des lieux saints*。

[48] 关于红海地区的南亚人，见 Ashin Das Gupta, *Merchants of Maritime India, 1500–1800* (Aldershot, 1994) 中各章；Richard Pankhurst, "The 'Banyan' or Indian Presence at Massawa, the Dahlak Islands and the Horn of Africa", *Journal of Ethiopian Studies*, 12 (1974): 185–212；Paul Bonnenfant, "La marque de l'Inde à Zabîd", *Chroniques Yéménites*, 8 (2000): http://cy.revues.org/7 (2017 年 3 月 31 日访问)。

[49] 关于这些地区可见 James Onley, "Indian Communities in the Persian Gulf, c. 1500–1947", in Potter, *The Persian Gulf in Modern Times*, pp. 231–266; Pedro Machado, *Ocean of Trade: South Asian Merchants, Africa and the Indian Ocean, c. 1750–1850* (Cambridge, 2014)。

[50] André Raymond, "A Divided Sea: The Cairo Coffee Trade in the Red Sea Area during the Seventeenth and Eighteenth Centuries", in Fawaz and Bayly, eds., *Modernity and Culture from the Mediterranean to the Indian Ocean*, pp. 46–57.

[51] Miran, *Red Sea citizens*, pp. 99–110. 我眼下在撰写一篇关于红海一位重要珍珠商的文章，暂定名称是 "Secrets of the Red Sea: The Legendary 'Alī al-Nahārī and the Early Twentieth-century Global Pearling Boom"。

[52] Michel Tuchscherer, "Approvisionnement des villes saintes d'Arabie en blé d'Egypte d'après des documents ottomans des années 1670", *Anatolia Moderna*, 5 (1994): 79–99；Colin Heywood, "A Red Sea Shipping Register of the 1670s for the Supply of Foodstuffs from Egyptian *Wakf* Sources to Mecca and Medina (Turkish Documents from the Archive of 'Abdurrahman 'Abdi' Pasha of Buda, I)", *Anatolia Moderna*, 6 (1996): 111–174. 关于奥斯曼帝国时期埃及–汉志经济关系的更多内容，见 Suraiya Faroqhi, *Pilgrims and Sultans: The Hajj under the Ottomans, 1517–1683* (London, 1994)；André Raymond, *Artisans et commerçants au Caire au XVIIIe siècle*, 2 vols. (Damascus, 1973–1974)。

[53] 例如 Steven Serels, "Famines of War: The Red Sea Grain Market and Famine in Eastern Sudan, 1889–1891", *Northeast African Studies* , 12 (2012): 73–94。

[54] 在一篇 20 年前发表而至今仍要参考的文章中，爱德华 • 阿尔珀斯（Edward Alpers）

展现出，对欧洲人关于阿拉伯港口城镇 [吉达、阿尔-昆富达 (al-Qunfudha)、吉赞 (Jizan)、阿尔-卢海亚 (al-Luhayya)、荷台达 (Hudaydah)、穆卡拉 (Mukalla) 和亚丁等] 的报告和描述进行仔细和全面的阅读将如何有助于阐明这种文化踪迹，见 Edward A. Alpers, "The African Diaspora in the Northwestern Indian Ocean: Reconsideration of an Old Problem, New Directions for Research", *Comparative Studies of South Asia, Africa and the Middle East*, 17 (1997): 62–81。

[55] Anderson Bakewell, "Music", in Francine Stone, ed., *Studies on the Tihāmah. The Report of the Tihāmah Expedition 1982 and Related Papers* (Harlow, 1985), p. 105; Leila Ingrams, "African Connections in Yemeni Music", *Musiké* , 2 (2006): 65–76.

[56] 关于荷台达、马萨瓦、萨瓦金和吉达等港口城市的城市史，可见 Aḥmad 'Uthmān Muṭayyir, *Al-Durra al-farīda fi tārīkh madīnat al-Ḥudayda* (al-Ḥudayda, 1984); Ibrāhīm al-Mukhtār, *Al-Jāmi' li-akhbār jazīrat Bādī'* (未刊手稿 , Asmara, 1958)；Muḥammad Ṣāliḥ Dirār, *Tārīkh Sawākin wa-al-Baḥr al-Aḥmar* (Khartoum, 1981)；'Abd al-Qudūs al-Anṣārī, *Tārīkh madīnat Jiddah* (Jiddah, 1963)；Aḥmad b. Muḥammad al-Ḥadrāwī, *Al-Jawāhir al-mu'adda fī fadā'il Jiddah* (Cairo, 1909)。

[57] Dionisius A. Agius, "The Rashayda: Ethnic Identity and Dhow Activity in Suakin on the Red Sea Coast", *Northeast African Studies*, 12 (2012): 169–216; Agius, John P. Cooper, Lucy Semaan, Chiara Zazzaro and Robert Carter, "Remembering the Sea: Personal and Communal Recollections of Maritime Life in Jizan and the Farasan Islands, Saudi Arabia", *Journal of Maritime Archaeology*, 11 (2016): 127–177; Agius, *The Life of the Red Sea Dhow: A Cultural History of Islamic Seaborne Exploration* (London, 2018).

[58] Madawi al-Rasheed, *A Most Masculine State: Gender, Politics and Religion in Saudi Arabia* (New York, 2013), pp. 187–188.

[59] Miran, *Red Sea Citizens*, pp. 23, 289, n. 55.

第七章 日本海／朝鲜东海

阿莱克西丝·达登

国际水文组织（International Hydrographic Organisation）有一项迁延几十年的命名争议，其中心是跨骑在北纬 40 度并坐落于东经 130—140 度之间的那个水体。[1]海洋学家说这片海洋是北太平洋的一个"边缘海"，而这片深蓝色水域的行世名称因人们立足其犬牙交错之海岸线的不同点而各异：日本海、朝鲜东海，或就是东海。本文不去宣扬一个名称比另一个更合宜，但关于各种新名称的想法定期出现。比如，21 世纪头十年，一位日本女子体贴地建议"蓝海"之名，而韩国一位前总统提议用"友谊海"或"理解海"之名。[2]然而对一个新名称达成共识还遥遥无期，导致国际新闻广播公司如 CNN 解说，"朝鲜半岛附近水域"存在区域性军事紧张态势。[3]

一千年里，规模稳定的人员交通之流跨越这片海洋的南北两个开口，他们大体来自亚洲大陆，向东移至今天称为日本的地方。因此，"东海"之名最初是个方位术语（就是字面意思），对该术语最早的书面记载刻在 5 世纪早期一块纪念广开土王 [1] 生平的石碑上，这位广开土王是朝鲜半岛最北端的古代王朝高句丽的第十九代国王。[4]已知在东亚

---

1 其谥号全称为"国冈上广开土境平安好太王"，碑为其子立。——译者注

之外首次提到"东海"的看来是 13 世纪柏朗嘉宾（Giovanni de Plano del Carpini）的游记，他是阿西西的方济各（Francis of Assisi）[1] 的同时代人兼追随者，写下关于蒙古人所控制及接触区域的最早的欧洲人报告。[5]

现代技术已经取代了早前帆船航行的日子，但剧烈的北风仍令这片海洋出了名地难以横穿。多数古代航海家都沿着其海岸线前行到几处能有机会成为安全通道的海峡，即朝鲜海峡 / 对马海峡、关门海峡、津轻海峡、宗谷海峡 / 拉比鲁兹海峡（La Pérouse Strait）以及鞑靼海峡（Strait of Tartary）。注入该海洋的河水九牛一毛（勉强达到其容量的 1%），而今天名为俄罗斯、朝鲜、韩国和日本的这些地方环抱着它 978 000 平方千米的表面。俄国对该海洋全长 7 600 千米海岸线的近半数提出领土要求，哪怕俄国探险家是最晚在该区域露面的。俄国人 17 世纪对该海洋的指称——日本海——是以他们前往之地的名字来命名海洋，且似乎是依据利玛窦（Matteo Ricci）1602 年的世界地图命名，或者与利玛窦殊途同归。利玛窦的这份地图是历史学家所知的首次以汉字"日本海"指称这个水体的资料。[6]值得注意的是，欧洲译名中对"日本"这个词的理解来自马可·波罗 13 世纪对这个国家中文名称的著名音译"Ciapangu"[正如马丁·贝海姆（Martin Behaim）令人惊叹的 1492 年地球仪上所示]。这个词语最终被欧化为意大利文的"Giappone"、法文的"Japon"和俄文的"Yaponskey"，它就将这样在 17 世纪俄国地图上作为海洋的名字出现——Японское море（日本海）。似乎没有迹象表明，在画家和插图家司马江汉（安腾峻）1792 年将"日本海"一词印在他的世界地图（著名的《地球全图》）上之前，有早于 18 世纪晚期的日本人在印刷品上使用这个名字。[7]

1928 年，国际水文组织同意了日本方面唯一性采用"日本海"的请求，当时朝鲜无法反对，因为它被日本人占领。即便如此，当今国际仲裁法庭所赞同的近代早期欧洲地图汇编中，日本海和东海 / 朝鲜东海这两类称呼似乎平分秋色。因此，韩国地理学家柳英泰解释说，

---

1 方济各会创始人。——译者注

在有关系的各方（包括俄罗斯和原住民群体）能选定一个作为替代的新名称之前，现在韩国政府倾向于对该海洋的双重命名方案。[8]最出名的近代早期欧洲地图是法国人拉比鲁兹伯爵让-弗朗索瓦·德·加劳普（count of La Pérouse, Jean-François de Galaup）1797年表现其北太平洋探险的地图，以"拉比鲁兹地图"之名广为人知，此图与利玛窦1602年的世界地图同样采用了"日本海"术语，也同于诸多俄国探险家。与此同时，其他欧洲舆图制作人有另外的选择，英国皇家地理学家詹姆斯·怀尔德（James Wyld）在他1823年的地图里印"朝鲜海"，荷兰雕版师小彼得·申克（Peter Schenk the Younger）在他1708年的地图中使用"东海"，而荷兰出版人彼得·凡德尔哈（Pieter van der Aa）在他1706年的出版物中选择了"朝鲜海"["朝鲜"的欧洲术语"Korea"来自对朝鲜高丽王朝（Goryeo, 918—1392）的认识]。[9]值得重视的是，享有盛名的法国舆图制作人吉尔斯·罗伯特·沃贡第（Gilles Robert Vaugondy）在他灿烂夺目的1750年彩色地图《日本帝国》（Empire du Japon）上使用了两个名称——"朝鲜海"和"日本海"。[10]

在原住民尼夫赫人（Nivkh）、鄂罗克人（Orok）或阿伊努人中——他们的少数后裔仍生活在令俄国大陆对着库页岛（Sakhalin Island）戛然而止的那片狭长水域——可能使用过的所有新石器时代的名字都没能荣登近代地图，尽管他们珍视祖先那些用三文鱼皮制成的靴子和衣服。捕鱼是这些社群生存的基石，而且至少对阿伊努人而言，被说故事人称为瑞彭的一位海神在图画中或呈现为鲸的样子，或呈现为持鱼叉的男性人物。传说提到，当在陆地狩猎收获稀少时，瑞彭助益捕鱼活动。但对这片瑞彭令其富饶的海洋，这些讲故事的群体似乎都没有一个明确名称，也不曾对之有所书写。[11]

名字改了还是没改

20世纪前半叶，日本侵占了东北亚大部分地区，试图建立大日本帝国，根据帝国设计师的世界眼光对地方和人群重新命名。[12]1928年，日本政府获得国际承认使用"日本海"一名，于是对该海洋而言，一部迥异的历史开始运转。东京的日本官员们着手扩张他们国家希冀中的世界统治，从位于中国东北的预期中的"新都城"（日语称"新京"）实现"八纮一宇"。不过，当该帝国于1945年垮台时，这座城市恢复了它从前的名字——长春。尽管在"新京"能取代东京之前日本帝国就分崩离析，但20世纪30年代，帝国政府和与之相关的移民公司沿一条移民航线将几百万日本人送入帝国的边远地区，这条航线贯穿此时被正式命名为"日本海"的海洋，与历史上循这片水域而行跨越的路线相反，现在是从东向西移动。与此同时，日本政府和这些公司也循着更传统的自西向东的流向，将数量接近的殖民地臣民运送到祖国（这是日本核心诸岛如今的称呼）。

引人注目的是，这场20世纪的运动大多发生在一个过去一千年间都不怎么活跃的海洋网络上。698年至926年，朝鲜半岛上的渤海国囊括了今天朝鲜的大部和俄罗斯联邦的沿海省，直到蒙古人征服该国。在渤海国广阔海岸线的各港口上，比如今天朝鲜的金策，各代表团定期跨海前去位于日本北部中心海岸的各港口，再从那里带着他们的交易和使节，经河流、运河与陆运路线纵贯陆地向南到达当时的都城京都。所有这些都极大地促进了古代日本人口、诗歌以及绘画方面的不断发展。[13]

日本历史学家如纲野善彦证明，"日本"这两个汉字在7世纪中叶到8世纪早期得到推广，那时朝鲜和中国的使节与僧侣在渤海国路线和更早时期的基本路线上往还，这些早期路线由朝鲜南部各竞争王国发展起来，穿过对马岛（岛上至今仍有他们的墓地）周围的海洋南部各海峡。他们都从唐代都城长安（今西安）带来用"日本"两个汉字指涉日本的文本。如纲野解释说："同样重要的是，我们要认识到，来到日本的这一影响是经由大海而来，大海既是交通路线，也是交往的障碍。"[14]纲野进一步解释，"日本"一名的字面意思是"日之源头……反映出唐帝国对中国本土的一种强烈意识……（而还有不寻常的一面）日本这个名字表示一种自然现象或一个方位……既非王朝奠基者们起源地的名字，也非一个王朝或一个部族的名字"。[15]就在日本早期的酋长们选定了"日本"这个名字来帮助他们集中统治的同时，朝鲜南部命途多舛的百济王国（公元前18—公元660年）正步入经此海南部通道向倭国大规模转运货物及人员的尾声阶段，倭国是日本南部（可能也包含朝鲜南部）以前的通行名称。还加上朝鲜南部另一个王国伽倻（以铸铁和冶金知名），各部朝鲜人的交往奠定了有关日本之记录的基础——书写、法律制度与文学体系、城市规划、佛教、陶器、武器设计及制造等，就连日本皇室的原始成员以及成千上万其他居民也是自西向东搬来的。[16]

　　虽说朝鲜西南的百济统治者们一度同海外势均力敌的地方有广泛联系，但他们没能同正在形成中的日本国的地区首领们打造出联盟关系，这种关系本可以帮助他们抵挡本地竞争者以及中国的侵蚀。相反，位于今日北朝鲜的渤海国[1]统治者们把同古代日本早期领袖的互动视为在抵挡唐朝进军和本地竞争之时保障自身安全的基本要素。部分由此种世界眼光使然，9世纪后期到10世纪早期的朝鲜和日本之间至少有50次跨海外交交流。也是在这期间，有了渤海—日本海军联盟形成的迹象，部分目标是力图征服8世纪朝鲜东南辉煌的新罗王朝。不过该目标并未实现，而且这次失败肯定令7世纪晚期新罗的传奇国王文武王感到高兴（尽管这点出于推测）。在新罗兴盛时期，文武王预先安排了自己682年[2]死后的葬所——一处近海的岩石墓，在朝鲜东南海岸靠近古都庆州（此城在文武王死时被认为有超过100万居民）之处至今宛然可见。随着其石棺入海，文武王誓言魂魄将化为蛟龙，保护人民免受水上入侵，尤其是来自朝鲜人和中国人近2 000年间所称之"倭寇"的入侵。"倭寇"一词是个贬称，传达残暴粗野之意，可以译为

188

---

1 渤海国的范围相当于今中国东北地区、朝鲜半岛东北部和俄罗斯远东地区的一部分。此处原文如此，表述不准确。——译者注

2 死于681年。——译者注

"日本海盗",字面意思则是"矮子海盗"(因此日本人厌恶该词)。一如"东海"一词,"倭寇"之名首次见诸文字是在 414 年的广开土王石碑上,碑上宣称,伟大的北方国王于 404 年击败了一场倭寇的劫掠。然而海盗活动在一千年后的 15—16 世纪达到顶峰,日本历史学家村井章介解释说,该时期是日本从中央集权统治完全退化到战国时代的时刻。[17]此时,文武王墓地附近区域有过几次海盗劫掠,不过海盗看起来更喜欢航向中国海岸,在朝鲜海峡转头向南进入中国的东海,前往宁波和厦门这些地方。

联结之线

189 　　值得注意的是,9 世纪和 10 世纪朝鲜北部和日本之间外交海洋网络的消失速度,同更晚近的 20 世纪日本到大陆的反向移民路线的消失速度一样快。如今,当代韩国人对于因日本在近代占领该国(1910—1945)而生之暴行的记忆,同日本人关于该民族之帝国灾难性的彻底崩溃及祖国被毁(1945)的记忆不一致。此类集体记忆常常燃成民族主义的火焰,这火焰对于双方而言都封闭了关于当前之命名争端的历史。不过有思虑周全的声音力挽狂澜,并敦促将这海洋理解为一个"联结地带"。[18]例如,日本历史学家古山忠雄力主,这整个区域(包括俄国人地区和原住民地区)最好被语境化为"另一个世界,另一种文化",以便让它打破民族主义式决定论定义的藩篱。[19]

　　在环绕这个海洋的各国家之间前后移动以及一下子跳过不同的编年时期,这可能会不和谐,然而就这海洋的情况来说,此举在历史角度富有成效。换种说法,沿着它的海岸线和岛屿上的各个地点(而非经由某个时间的一个民族国家或经由时期和时期相继的方式)来探索这个海洋的富足,有助于创造出它作为该区域及以远地方一个接头处并具有未来可能性的海洋史意识。

　　首先,这个水体至关重要且不寻常的暖流是它最关键的一条线。

在过去 1 500 万至 2 000 万年间，日本的主要岛屿同亚洲大陆发生弧后扩张，在地质构造上造成该水体的物理空间形成，这股著名的洋流（黑潮）——也以"日本洋流"知名——给栖居在这片海洋中的无数生物带来仔鱼、浮游生物和其他食物。[20]简言之，就如 19 世纪英国地理学家兼水文学家亚历山大·乔治·芬德利（Alexander George Findlay）所描述的，黑潮是"一股非凡的水流"。[21]在北纬 46 度的地方，这股给日本带来生命的黑潮甚至能让这个海洋极北荒陬之处——俄国库页岛南端附近的弹丸小岛莫涅龙（Moneron）那苍翠繁茂的海滨之地——在夏季成为游泳佳所。莫涅龙岛是鞑靼海峡中唯一的陆地，而且它令人惊讶的生物多样性使它成为俄罗斯联邦第一个国家海洋公园。岛的名字源自法国航海家让·弗朗索瓦·德·拉比鲁兹 1787 年对该区域的造访，他用探险队首席工程师保罗·梅霍尔·莫涅龙（Paul Merault Monneron）的姓氏为之命名（尽管岛名的拼写中没有两个连续的"n"）。[22]即使伟大的日本制图学家间宫林藏及其同事在他们 1808—1809 年向北穿过库页岛和东西伯利亚的伟大探险中造访了这个岛屿并为之绘图，它的法文名字还是沿用至今。[23]日本人直到 1945 年都称这个岛屿为海马岛，是将阿伊努名字 Todomoshiri 转写为汉字的结果，在日语和阿伊努语中的字面意思都是"海狮之地"。1945 年 8 月，随着苏联人把这个小岛及库页岛全境纳入自己的管辖，他们恢复了法文名字的使用。莫涅龙岛的人类居民随着阿伊努人短暂停留而来来去去，而销声匿迹的日本人已经让位于同样具有流动性的俄国人，他们现在是作为生态游客来到岛上，与居住岛上的海狮嬉戏，海狮们在大块玄武岩上晒太阳，或者漫不经心地游过波涛之下满是海星和海葵的宝库。[24]

水文学家芬德利[1]在 19 世纪后半叶出版了大量作品，而他的《北太平洋指南》（North Pacific Directory）成为欧美船长们的基本指南书，最

1 此处写的名字是 Arthur Findlay，当是笔误，Arthur Findlay 不是水文学家，应为上文提过的 A. G. Findlay。后文索引中的 Arthur Findlay 也因此删除。——译者注

191 终变成日本和朝鲜水文学家的一份有用模板,他们从事此项科学并对芬德利关于该海洋的最初观测做出有意义的改进。[25]重要的是,芬德利捕获了标志着该海洋进入全球轨道的时机,这使他的作品在对洋流和海深的精确测量之外,还有历史重要性。他在此书第二版(1870)中评论说:"(自1850年以来)已经消逝的时期对这世界的社会进步和商业进步的影响力大过有史可载的任何时期,而且最明显地体现此种变化的地方无过于北太平洋一带的国家。"[26]这篇文本还补充了一条引领这一转变的重要细节,此点仅在当时才开始被该区域以外的人所赏识,那就是"日本洋流……是一股巨大的洋流……且与北大西洋的墨西哥湾流恰可比拟"。[27]

　　日本洋流在位于中国东海的琉球群岛的尖端分为两股,一股向北前进到对马岛周围,再度一分为二,成为对马洋流和东朝鲜暖流,它们共同带着南方充满盐的养分跨越这个海洋,来到北海道和日本主岛本州岛之间的津轻海峡。它们在那里重新合体,并冲破障碍进入太平洋,在北太平洋环流中与该洋流的南方分支重新聚合。在北太平洋环流这个巨大的涡流、这个地球上最大的生态系统中,黑潮先将它的温暖传送到阿拉斯加的南部岛屿和英属哥伦比亚的海岸线,然后才又折回头来穿越太平洋。不幸的是,在今天,这意味着该洋流助长了地球上最严重的挑战之一——太平洋大垃圾带,这是一个由无法分解之塑料和化学颗粒黏着物构成的人造物品堆,以最保守的估计,面积也相当于法国的大小,而很可能比美国还大。

　　黑潮温暖的北支令符拉迪沃斯托克(海参崴)成为俄国在太平洋上的唯一不冻港,也是俄国太平洋舰队的基地。令人痛心的是,在冷战期间,俄国无拘无束地利用自己对这些水域的控制权,倾倒了数量惊人的放射性废料,直到20世纪90年代结束,其中还包括1978年从
192 朝鲜海岸丢下去的两个核反应堆。[28]今天,朝鲜在该海洋沿岸保留了一些核设施,而韩国运行着三个核设施。日本这边则运行着世界上最大的核电厂——位于新潟南部的柏崎刈羽核电站,该地区以前叫越后,是这带海岸的中心港口,对于该国近代早期稻米、鱼类、木材、食盐

以及其他众多物品的经济至关重要。沿这段海岸线活动的商人完善了一条近海贸易路线"北前船"，从 17 世纪中叶到西方大帆船来到该区域之时都有年度性运营。尽管在大海凶猛的北风面前，这些船只的航行能力始终很弱，每年能完成的航行不超过一次，但"北前船"贸易对位于大阪的世界上第一个商品期货交易所的聚合成形来说是不可分离的部分（1800 年，大阪以多种方式同巴黎叫板，特别是在市场经济的条件下）。[29]船只从日本南面的大阪各港口启程，进入内海，然后向西，穿过分开本州岛和九州岛的关门海峡，从那里沿日本北部海岸巡航，直到今天的北海道南部。这大大有助于将"虾夷地"带入日本人意识的进程，此地于 1869 年更名为"北海道"，并成为日本近代帝国的第一块殖民地。有 360 种已知的鱼类贯穿人类所有不和谐的历史，在这个海洋中竭力茁壮成长，其中鲱鱼和沙丁鱼是最赚钱的货物，巨型章鱼和鱿鱼则是最神秘的。[30]

广被此海洋的可怕风暴长期以来都是日本的天然安全屏障（或者用历史学家纲野善彦的话，"交往的障碍"），挑战着潜在的入侵者，比如蒙古人，他们在 1274 年和 1281 年两度试图跨越该海洋南端最狭窄的边角，却陷入台风——原称"神风"——并被之击败。[31]不过讽刺的是，这片海洋中生命的极度丰富性却终于在 18 世纪和 19 世纪卷入外部世界，成为欧洲人和美国人紧盯的对象。原因简单明了，且同当时世界他处非常盛行的帝国主义的文明与启蒙护教论没有关系。在这个海洋中有一股抵消暖流的冷水流，从北冰洋径直流下，为那时最珍贵的生物——鲸——提供了最佳繁殖条件。

捕鲸对这个海洋来说全非舶来品。千年之中，敞船的近海捕鲸行为是常态。[32]1971 年，在韩国蔚山港附近的盘龟台古河床沿线发现了8 000 年前描绘鲸和捕鲸场景的岩画，而蔚山直到韩国 1986 年加入国际商业捕鲸暂停决议时都是韩国的捕鲸业中心。盘龟台的一条河床沿线有几处令人惊异的捕鲸岩刻，是世界上已知最早的这种岩画，在绘制岩画的时代，生活于此地的人们在鲸这种庞然大物顺着早已消失的含盐河流与沼泽（反过来，这些河流与沼泽不过是地球上保存最好的 1

193

亿年前食草恐龙的一些脚印的上端，在附近的大海存在之前的几百万年间没于泥浆，更别提是在像人类这样的生物到来之前）冒险进入内陆后，用网子困住它们。从今天可见的这些绘画中能确认一些明确的鲸的品种，包括北方露脊鲸、座头鲸、露脊鲸、灰鲸和抹香鲸。[33]也画了海豹、海龟和一种古代鲑鱼。

类似地，在这海洋对面的日本北方海岸和岛屿沿线，15 000 年前的墓群也肯定了对鲸肉的消费，而且阿伊努神话既诉说捕鲸也诉说鲸崇拜。令今天许多人愤怒的是，日本政府有意避开全球捕鲸禁令，尽管日本屠宰船不在这片海域捕猎，但日本捕鲸协会这个 1988 年成立的私人组织却乞灵于在这北方海域有千年历史的鱼叉叉鱼技术，以此解释本国在南大洋屠戮生灵的权利，为当前的杀戮行为辩护。[34]

尽管有这一切，但 19 世纪由欧洲和美国的捕鲸人引入此地的工业化捕鲸实践将永远改变日本人和朝鲜人的捕鲸技术，同样也使日朝领导人们不可能保持自家的边界封闭。19 世纪中叶，来自世界重要港口诸如马萨诸塞州新贝德福德这类地方的笨拙捕鲸三桅帆船，于夏季的"狩猎"季在这片海洋巡航，能在一次航行期间于船上熬煮成条的鲸脂。被称为"炼油"的加工步骤这么厉害，以致一艘船在驶入港口时已经装载着几百桶且经常是几千桶可供售卖的鲸油。交易由远方数不尽的中间人进行，并在诸如拉海纳（Lahina）、毛伊岛（Maui）和位于今天小笠原群岛之父岛上的劳埃德港（Port Lloyd）这些地方建立了新的交易市场，还使捕鲸船在返回故土之前能在这片海域和北太平洋的其他地方多次北上从事杀戮。所有这些都可纳入社会地理学家大卫·哈维（David Harvey）关于"空间屏障的消除以及努力'在时间中湮灭空间'对于资本积累是必要的"的见解。[35]看看三桅帆船"查尔斯·W. 摩尔根"号（Charles W. Morgan）的例子，该船于 1841 年在新贝德福德建造并装备，耗资大约 5 万美元（这笔钱在它八次航行的第一次中就摊销了），当鲸油价格在 1856 年达到每加仑 1.77 美元（一桶约能容纳 32 加仑）的峰值时，船主和投资人格外满意。[36]当 1888 年价格跌到这个峰值的半数以下时，他们依然活得很滋润，这一年国家地理学会（National Geographic Society）成立，且"摩尔根"号在这年的海上巡航中同时沿着日本和朝鲜的海岸度过狩猎季。

因此，同 19 世纪日本向世界"开放"（朝鲜在十年后将追随此举）这一国际性的大肆张扬的修辞深刻交织在一起的，是最先到来的美国政府在自己的事业中代表捕鲸行业而行动的方式。记录包括这片海洋在内之北太平洋区域的船只航海日志，在诸多 19 世纪的美国地图中统称为"日本猎场"，因为鲸和珍贵的鳍足动物比如斑点海豹和海狮在那里被狩猎，该名称也透露出整个地区的不稳定性质，它即将被强制参与美国人和欧洲人的活动及其关于工业化世界之商业条约。[37]1851年，作为当时唯一能平安出入（位于日本太平洋海岸的）东京湾的个体而知名的美国捕鲸船船长墨卡托·库珀（Mercator Cooper）在一封致美国政府代表的信中清晰说明了此点：

> 我认为他们的港口应为了捕鲸人的方便而开放，因为我们有这么多船只沿着他们的海岸巡航，没有哪艘船在遭遇船难时能从他们那里获得任何援助，而且由于船只距离其他港口很远，它们在能获得帮助之前就将完蛋。照这个样子，任何船只进入他们的港口都毫无用处。[38]

作为全球化机遇的一部分，捕鲸船在日本海／朝鲜东海急剧增加，它们在那里日渐遭遇并营救搁浅在分布广泛之岩石上的日本渔民。讽刺的是，日本政府管制世间一切事务的决心（在这个例子中是船只的长度）加速了它自身的崩溃。[39]为了坚定地力图强制日本人保留在沿国家周围严格划定的一个圈子之内，德川幕府的将军命令船只要更小，这制造出预期之外的副产品，即更多遇难漂流的人，因为船更小就更容易在风暴中被掀翻。遇难漂流的人反过来遭遇了外国捕鲸人，这增长了外国人对"闭关锁国的日本"[用赫尔曼·梅尔维尔（Herman Melville）的著名语句]的知识。日本沿海的墓园纪念众多"丧生海上之人"，未必是溺死的，还有搁浅而死的。[40]

196 　　与此同时，被俘叙事在美国文学中被疯狂追捧，情节主要围绕着让人害怕的红人即美洲印第安人诱拐白人男孩和女孩而展开。[41]不过，一个白种男人在日本被当作人质带走，这可不像虚构叙述，这令拉纳尔德·麦克唐纳（Ranald MacDonald）详述他 1848—1849 年在西北海岸沿线被俘及随后被囚禁的官方证词在当时愈发有感染力，且在今天同样有历史意义。[42]1848 年，自封为冒险家（依据他自己的叙述）的切努克人（Chinnook）和苏格兰人混血儿麦克唐纳用他乘"普利茅斯"号（Plymouth）在"日本猎场"工作赚来的钱买了一艘小船，并将之置于甲板上，明白表示让船长在日本西北海岸沿线把他放到大船外面。麦克唐纳知道幕府将军禁止外国人进入的严格法律（但他似乎不知道这条排外敕令在 1848 年被取消了）。不管怎样，他宣称他"这么做的首要动机就是……纯粹的热爱冒险"。[43]他明白声称，他得到了想要的冒险，然而当他的故事被渴望特定结局的美国记者和官员注意到时，其中的细节太有用了，以致必须要把它编织成一场关于一位无辜美国人在日本这块反基督教的土地上被异教徒所困陷的人质危机（在他们的统一口径中就是这样）。

　　以麦克唐纳证词引起的余波为开端，加上其他一些因所乘船只"拉戈达"号（Lagoda）遇难而在日本北方被俘的美国水手的证词，报纸专栏作家们敦促美国国会采取行动反击日本，日本的领导人在俘房麦克唐纳和其他人的行为中"丧失了作为文明人应享有的一切尊敬，可以正当地被认为是敌视人类的"。[44]最终，此种观点在预算辩论中甚嚣尘上，为海军准将马修·佩里（Matthew Perry）1852—1854 年间花费巨大且高度军事化的旨在令贸易港口开放的日本远征拨划了资金。这么做时，国*197* 会当即安抚了捕鲸人的利益，同时也与那些为了确保美国人在亚洲的据点而想在英国人之前"拿下"日本的战略策划者们结盟。

　　此时的国际法与公议一致。在任命佩里时，美国代理海军部长康拉德（C. M. Conrad）强调：

　　　　当船只遇难于……他们的海滩时，其船员遭受到最残忍的对待……（还有）极度的野蛮。[45]

他解释说，因此美国的商业利益就是以文明进步为目标：

> 每个国家无疑都有权利自行决定它 [1] 将在何种程度上与其他国家保持往来。但是，关于国家的这同一条法律，这条保护一个国家践行此种权利的法律，也为她强加了一些她不能理所当然置之不理的义务……再没有什么事比要求她救援和救济那些因海洋的祸患而被抛上她的海滩的人更紧急。[46]

总之，美国政府力主，因为日本领导人藐视（他们所不知晓的）国际法，必要时动用武力就是正当的。

与此同时，为了达成目标，关于该海洋的这种有操纵性的政治观点就要全方位忽视这个海洋的联结可能性，比如友好的相遇。1850 年 4 月 11 日，来自康涅狄格州新伦敦（New London, Connecticut）的捕鲸船"汉尼拔"号（Hannibal）沿着日本西北海岸航行，是当年麦克唐纳上岸处南边几百英里的位置。这艘船的航海日志描绘了这样一幕：

> 微风。可以看见陆地和大约 20 艘日本帆船；大概 3 英里远处，放下三艘小船并向海滩拖，这时停着等待上岸且大约下午两点半；拿着枪和捕鱼用具。海滩沿线可以看到数量巨大的海豹在岩石上；在上岸时发现日本人的猎海豹聚会，他们取用它们的油和毛皮。二副给了一个水手一把匕首和一短截拖链，要换一只漂亮的幼崽。我们既没得到鱼也没赢得比赛，而是返回船上。起了锚和链，准备出发。[47]

"汉尼拔"号的日志保管员纳撒尼尔·萨克斯顿·摩尔根（Nathaniel

---

1 此处用"它"指代国家，接下来都用"她"，原文如此。——译者注

Saxton Morgan）年方 17 岁 [1]，来自康涅狄格州的哈特福德（Hartford）。

摩尔根于次日——大约是马修·佩里以"令人震慑和敬畏"的方式进入东京湾的三年前——描述他所能看到的本州岛和北海道：

> 日本岛（the Island of Nippon）[2] 在一边而日本的主要陆地在另一边。这块陆地看上去种植程度很高，青葱满野。在通过海峡时，我们看到一些明显庞大的城镇和无数牧群；船长下令小船们准备靠岸并射击小公牛，可是风强劲凛冽，我们留在航线上，我觉得这样最好。我们饱览海峡两岸——日本岛和主岛；有时顶风，我们不得不从一个海滩到另一个海滩抢风航行；这块土地确实是个乐园；可爱至极。[48]

摩尔根以及其他大量美国人和欧洲人的经历驳斥了美国政府有政治欲求的目标，当时这一目标落在令日本政府完全服从美国的贸易条件。当我们思考当今"开放"朝鲜——它东部的海岸线和人民是这个相联结之世界的组成部分——的压力时，上述所有都令这个海洋的潜能在今天愈发重要。

同样讽刺的是，近代捕鲸史与该海洋上一个额外的当代安全难题相联系。日本的隐岐群岛和朝鲜的郁陵岛属于该海洋中不多的值得注意的岛屿群，这些岛屿群中最大的也包括俄国的库页岛和日本的佐渡岛。隐岐群岛和郁陵岛都有深厚的捕鱼传统，包括捕鲸，今天他们把以鱿鱼和乌贼为中心的文化引以为荣，隐岐群岛主要渡口附近鱿鱼形状的公用电话亭恐怕是全球独有。隐岐和郁陵因地质上的独特性而享有古代历史，早在 6 世纪和 7 世纪时就有国王造访和／或流放的历史，在中世纪也有被倭寇劫掠的历史。两处岛屿都被覆着类似的又高又厚的草丛，当海上狂风吹过，看起来时不时宛若绿色波涛正把海洋

---

1 后文注释中称 16 岁，有出入。——译者注
2 指北海道岛。——译者注

送上各个岛屿的陡峭斜坡。然而值得重视的是，东北亚的关键政治冲突点之一就集中在郁陵岛和隐岐群岛之间所矗立的几块大头钉般的尖角之地，并且在当今世界拥有一个最离奇的安全特性：基于同韩国和日本各自的单独协议，美国军队潜在地负有义务来为双方防御这块土地，哪怕两国都宣称这些岛屿是它们国家"不可分割的部分"。韩国人称"独岛"而日本人称"竹岛"的这个尖锐锋利的火山口是此种两极事态的焦点。通过出版用这些岛屿 19 世纪欧洲名字——根据一艘 1849 年差点在此遇难的法国捕鲸船而命名为利昂库尔岩（Liancourt Rocks）——加以标记的地图，美国政府煞费苦心地在盟友当中掩藏自己作为共谋卷入其中创造这团乱麻的活动。[49]

199

联结之海上的悲剧

在另一个关键点上，悲剧提供了理解所有水体之联结性的一个补充路径，它也围绕着民族主义者的脉动而起作用。换言之，诗人艾略特（T. S. Eliot）作为"死于水"而缅怀的东西驱使人抓紧预感中的所有海洋的整体性以及它的联结可能性。

从俄国的角度看，它与日本和朝鲜共享的这个海洋一如俄国的大部分远东领土，在许多方面属于这个国家之过往的成分少于是其未来的成分。俄国的远东领土管控着这个海洋绝大多数海岸线，鞭策着今天该国在该地区的海军基地显著扩张。17 世纪后期和 18 世纪只有几个无畏的俄国探险家到达该区域，而且对这个海洋的首要兴趣在于把它当作前往（先是欧洲人然后是日本人描述过的）神话中的"黄金岛"的一条途径。俄国人对该海洋边远地区的首次实质性介绍出现在 19 世纪末期，是契诃夫（Anton Chekhov）的《库页岛之旅》（*The Island: A Journey to Sakhalin*）。[50]契诃夫的编年纪源于一项政府任务，编辑一份关于 1868—1905 年间库页岛这个罪犯流放地的罪犯人口普查。库页岛是罗曼诺夫王朝臭名昭著的矫正系统中最晚建成的监狱，有超过 3 万名政治犯和刑事犯在这里忍受帝国最恶劣的条件或死于其中。库页岛到莫斯科（大多囚犯来自莫斯科）的距离"接近地球周长的 1/4"，且当契诃夫熬过这段艰苦跋涉刚刚抵达之际，客栈老板便在迎接他时直截了当地问他，为何要来到"这个被上帝遗忘的凄凉洞穴"。[51]契诃夫的散文不仅详细描述了囚犯们生不如死的境况，也完成一份综合素描，描绘近 1 万个"前罪犯，他们被要求继续过流放生活并被授予垦殖者地位；以及他们的家庭成员，他们都出于生活需要或爱或两者兼有而陪伴着这些囚犯；还有他们的孩子，或者在这岛上出生，或者在来岛的旅途中出生"。[52]

1905 年，库页岛南半部成为一件给日本的战利品，因为日本击败了俄国，日本获胜的最后时刻是一场决定性的海战，发生在这个海洋另一端的朝鲜海峡。到了 1945 年，有近 40 万名日本人在这个大岛屿属于他们的那部分殖民，移民公司在日本电影院播放的宣传影片刻画出那些破冰船之旅，这些影片表现了垦殖者，也表现出这个海洋的冬季带来的厚得难以想象的大雪。

这些大雪在概念上可以联系到很久以前，可适时使用日本那数不清的形象与历史的总和，为日本人粉饰出一种关于这整个区域、它的海岸线和它以外那个海洋是"日本后方"的持久认知（的确，除了使用更恰当的地理学名词，它在日语中一般仍被整个称为"里日本"）。这些历史中最富启示性的一些都围绕着新潟港（古名"越后"），它位于阿穆尔板块（Amurian plate）和鄂霍次克板块（Okhotsk plate）交汇之处，并且显然令日本（本州岛）向北侧扭转。重要的是，这个地区在日本社会内部造成的阴郁同几个世纪以来把该地区当作放逐或流放之地的实践相交叠。在日本的古典时代和中世纪早期，当朝廷官员决定某位皇帝、祭司和诗人犯有思想异端罪时，就把他们从位于国家南面的京都和镰仓这种繁华都城驱逐出去，并从马濑川把他们赶到海上，马濑川是出海港之中临近新潟的一个。

这个海洋直到约 200 年前才有了一个日语名字，尽管这样（或者正是因为这样），随着漆黑如墨的天空与更加黑沉的水面相接为一，常常看不清的地平线缓缓注入可怕的东西。[1] 被流放的人当中，顺德天皇在新潟海岸附近的佐渡岛上度过了 20 个冬季，在 1241 年去世时都待在岛上棺材般的浓雾和雷打雪中，而日本最出名的能剧作家世阿弥因为至今仍不清楚的指控在 1434 年被流放到佐渡。近代早期，江户城（现在的东京）的警察局定期将囚犯和穷人派往佐渡挖金矿挖到死。20世纪 30 年代和 40 年代，采矿继续进行，劳动力资源从被剥夺公民权的日本人换成殖民地受奴役的朝鲜人和盟军战俘。英国人审讯日本战犯期间所获得的证词披露，1945 年 8 月佐渡岛上通过炸矿而有企图地谋杀了 387 位盟军战俘。[53] 日本在这个海洋上的其他遥远流放地包括隐岐群岛。这些历史作为一个整体为位于该国强势地点如京都及最终是东京的日本人粉饰出一种它作为整体（包括这海洋）是内陆日本的持久观点。

　　此外，日本近代帝国的彻底垮台将这个区域遮蔽在战败的形象中，尤其是因为在 20 世纪 30 年代帝国高峰期，该区域为它的规划者们填满了希望。新潟成为前去确保他们国家在朝鲜北部和中国北部之"昭昭天命"的几百万日本士兵和垦殖者的主要出发点，他们踏上一段与历史模式相反的从日本向大陆运动的移民之旅。1931 年 9 月 1 日，日本铁路公司开辟了从东京到新潟的新主干线上越线，将日本移民运输到出海班轮如"月山"号上，"月山"号一艘船就带了好几万日本人到朝鲜东北海岸的元山和罗先等港口，他们要从这些地方前往内陆寻找他们在这块大陆的运气。[54] 日本帝国 1945 年的灭顶之灾意味着，日本 7 200 万人口中的大约 600 万垦殖者（多数已经在中国北方重新安置下来）要尽他们所能设法返回日本，哪怕"家乡"和"返回"对许多在国外出生和长大、从未踏足日本本土的人来说是陌生的概念。[55] 此外，1945 年 8 月，苏联俘虏了多达 70 万日本士兵和平民，把他们囚禁在西伯利亚的集中营，那里始终有高得骇人的死亡率（死亡人数多达

---

1 作者这句话的意思也许是用了日语中"佐渡"与"茶道"发音相同（都是 Sado）的典来暗指其名字与环境的关系。——译者注

6 万），他们之中包括许多抵达库页岛南部的垦殖者。[56]晚至 1956 年，苏联人仍把这些人成百上千地关在劳改营中，有一些直到 20 世纪 90 年代才得以返回日本。幸存者中的大多数都是渡海到新潟而回家的。

紧随同盟国军队 1945 年摧毁日本而来的是朝鲜战争爆发（1950—1953）。除了一系列以陆战和空战为主的战役，还有联合国在朝鲜元山港发起的一场海上封锁，那是现代史上历时最久的一次海上封锁，从 1951 年 2 月到 1953 年 7 月。不过在封锁开始前不久的 1950 年 12 月 23 日，"梅瑞迪斯胜利"号轮船依然从元山航行到大约 500 英里远的朝鲜最南端海岸釜山附近的巨济岛。今天，这艘船有个出名的非正式名称"奇迹之船"，部分是因为它行动的时间凑巧赶上圣诞节期间，部分因为它所完成的事情——由船只从陆地救人的最伟大人道主义救援。船长莱昂纳德·拉鲁（Leonard LaRue）命令他的船员卸下"梅瑞迪斯"号上的所有武器和无关装备，将这艘设计来载重 1 万吨及 60 位船员和 12 位乘客的货船改装为容纳尽可能多难民的客船。缺水少粮的情况下，近 14 000 人彼此依靠站立着度过海上三个大风天，1950 年 12 月 26 日在该国南部海岸沿线上岸。

继 1953 年美国和朝鲜的停火协议之后（但在日本与朝鲜或韩国恢复正式关系以前），1959 年开辟了一项不寻常的轮渡服务，定期从日本的新潟港驶往朝鲜的元山港。一艘插着苏联旗的客船"库里温"号（Kurilion）于 1959 年 12 月首次驶离日本，在其后 20 年里演变成朝鲜制造的"万景峰"号。这艘船继续载着乘客在水面上来来回回，这水面的下方则由美国和苏联的潜艇主宰，它们互相玩着危险的猫和老鼠的游戏。轮渡自身在日本没引起什么反响，尽管以新潟为基地的"日本朝鲜人回乡援助会"大费周章要给它一份荣誉，定期让本城的学童和女士联谊会搭载该船巡游，为这些离开日本的活动举行节庆聚会并记录在案（记录餐馆、餐食、参加者，他们是穿着传统朝鲜服装还是西式时装），并通过在该城市中心区域挂满旗帜和贴满海报来标记这艘船值得纪念的时刻（如第 1 万个乘客、第 5 万次、第十五年）。总之，看起来新潟没人觉得要对它有所隐瞒或对它有所惧怕。

乘坐渡船的乘客中包括一群群在日本的朝鲜族孩子，参加学校要求的赴"祖国"的实地考察旅行，还有走亲访友之人和游客。[57]此外还有一群人也乘坐这条船，他们几十年之后才领会到自己属于一个更让人困惑之计划的一部分。20 世纪 50 年代中期，日本领导人和朝鲜领导人以及红十字国际委员会（International Committee of the Red Cross）组织了将在日朝鲜人迁往朝鲜的计划并将之合法化，作为"归国运动"的一部分。[58]1959 年到 1984 年，大约 93 000 人用这种方式穿过这个海洋，但是他们绝不被允许离开朝鲜（而他们曾得到许诺可以离开）。直到最近，这段历史的内幕才大白于天下，引出了问题重重的质疑，比如，"那时有人知道什么吗？""族群清洗当真发生在战后日本？"。现在更紧迫的问题就如逃往日本和他处的朝鲜难民讲述他们生平故事时所问："能做些什么帮助那些依然活着并想要出来的人吗？"[59]

关于该海洋的一段同样复杂的冷战史在另一个方向运行，而且直到 2002 年才得到确认——20 世纪 70 年代和 80 年代的日本公民被绑架事件。[60]宛如在一部确实糟糕之影片的基调中，恐怖的现实涉及朝鲜的潜水蛙特务从海中浮出来并在日本公民按照日常轨辙沿海岸活动时绑架他们，例如有一例是两个人在海滩上的车里约会，而另一例是横田惠，1977 年 13 岁时，在新潟中学练完羽毛球走回家的路上被抓走了。2002 年，在事件以极受关注的方式被披露之后，有五人乘飞机返回日本，他们的孩子和配偶于两年后去日本。最尴尬的一例涉及一位被绑架的日本女子，她被绑架后被迫与查尔斯·罗伯特·詹金斯（Charles Robert Jenkins）结婚，这是个美国人，1965 年在韩国的非军事区弃岗逃跑，以投北来抗议越南战争。这对夫妇有两个生活在平壤的孩子，在一场旨在免除他甫抵日本便立即被引渡（按美日同盟应有的要求）的极度精细的外交斡旋之后，他们现在离群索居地住在佐渡岛。

噩梦般的绑架计划旨在训练日语纯熟的"本地"间谍；93 000 位遭强制归国者被困在那里（大多数现在已经去世），长期以来只要考虑到他们对朝鲜的忠诚问题，就被视为爱国心不纯，因此尽管语言流利，

203

204

也不值得信任（而且这还包括几千位日本女子，她们陪伴着朝鲜族丈夫"回家"，来到一个见都没见过的朝鲜）。[61]该计划的详细开展于20世纪40年代后期被准许，就在官方制造朝鲜半岛南北政权分裂之后不久，当时朝鲜情报机关特务定期沿着朝鲜半岛东海岸绑架韩国渔夫，既为获取情报，也为增加自身人口。毋庸诧异，韩国人对被绑架日本人的困境表示同情，但与他们有几千个自己人也类似地在这海上失踪相比，仍集体性地对人们因少数日本人而爆发的愤怒程度感到困惑。

没有实质迹象表明"万景峰"号渡轮同绑架日本人是同一性质的，然而当被绑架者的故事2002年在日本突然爆出，周围的大漩涡就把这艘渡轮及其历史扫进这个事件当中。一夜之间，这艘船就成为一艘有着绑架日本人、分离和悲痛的历史等未决问题的船。在此背景下，这海洋依旧在哪里都难以引起共鸣。那么，搭载那些当前在这海上露面之朝鲜难民的几艘小船是什么呢？日本海岸以及俄罗斯海岸上有这种上有骸骨或正在腐烂之尸体的小船被冲上海滩，在日本以"幽灵船"知名，它们的数量在冬季月份里随着风向转移而增加，2012年在日本北海岸各个地点沿线出现了80艘，2014年是65艘，2015年是40艘左右。在此情形下值得注意的是，国际上关于朝鲜2 200万人民会发生什么的激烈讨论中没多少针对一场潜在之跨海大迁徙的有建设性的对话。

同样重要的是要考虑，这个海洋的名字同1983年9月1日遇难的16个国家的269个人也没有关系，他们乘坐的大韩航空（Korean Airlines）007号航班冲入莫涅龙岛附近的水面。这架从纽约飞往首尔的飞机偏离预定航线300英里，在冷战高峰时期深入了苏联领空。苏联的苏-15拦截机驾驶员甘纳迪·奥西波维奇（Gennadi Osipovich）少校在喊话或打手势交流及威吓射击都未得到大韩航空机长千炳寅的回应后，击中客机尾部附近的液压系统，导致飞机恐怖地急剧下降了几分钟，然后在冲击力下碎裂。[62]近十年后的1992年，苏联解体后的俄罗斯总统叶利钦（Boris Yeltsin）将飞行记录仪和其他材料移交给罹难者家人，他们由此才获悉，他们所爱之人死时清楚地知道自己即将死亡，这只不过加剧了与所能找到的人体残骸少之又少且只有几小块碎片这一事实相关的悲痛之情。[63]22 岁的遇难者爱丽丝（Alice）的父亲汉斯·以法拉姆森-阿布特（Hans Ephraimson-Abt）将该信息告诉记者时说："多年来我们一直在努力争取知道我们所爱的人发生了什么。现在我们面对的是无比痛苦的认识，他们既非无痛死亡也非瞬间毙命。"[64]

抛开一个无休止的推测之环不论，那时这个海洋在人类历史上的现实主要是争议状态。搜救队伍面对的是一张由人为障碍织成的网，其形式就是冷战在水面上画的不可逾越的分界线。哪一方将指挥搜寻和救援作业？在哪里？美、韩、日的同盟结构对阵苏联，这决定了飞机的韩国所有者指派美国和日本的营救队伍。而在拥有莫涅龙岛和库页岛的苏联这方，苏联军事潜水员在这两个岛屿附近搜寻飞机，他们推测能找到。然而飞机彻底碎裂，只留下一些至多像小汽车车门那么大的残片。在接下来几个星期里，两个岛上的平民都在寻找冲上海岸的飞机及其乘客的少量残片。

与此同时，尽管当时世界的标准规定是海岸以远 12 英里之内是领海，但日本在这海洋北方和南方的海峡的领海范围是 3 英里，好让美国船只能有较大的喘息空间携带核武器。直到 2009 年，日本官方才就日本对自己海洋的控制力受到不一般的约束这件事中长期存疑的细节加以肯定。[65]美国以霸王手法在这个海洋上侵犯了国际领土准则，并削弱了日本宪法铭刻的"无核"地位（这是 1945 年之后对在陆地和海洋拥有核武器的禁令），且只不过在日本最北端的北海道岛的西北水域为大韩航空空难的余波增加了更多障碍。今天，在北海道北端的宗谷岬有一座纪念碑，表达出为飞机遇难者祈求安宁，这是一个高耸的混凝土结构，形似一只巨大的日本纸鹤，样子就像广岛和长崎那些小巧的纸制品。

206

尾 声

新潟市有一栋孤零零的摩天大楼，里面有一个叫东北亚经济研究所（Economic Research Institute for Northeast Asia）的机构。[66] 这是新潟最光鲜亮丽的地点，因此适合中国、俄罗斯和韩国的领事馆驻扎，它们的办公地点就在东北亚经济所楼上或楼下。东北亚经济研究所对于自己所俯瞰之海洋的想法包括，如何最好地在俄罗斯雅库茨克（Yakutsk）的石油开采中投入日本资本，或者如何最好地将内陆蒙古国的稀有矿物运输到市场上，等等。对这些想法的挑战不是高层政治联结的问题，反而是以这个水体沿岸的所有自治市能在多大程度上行使自治权为中心，同样围绕着地方政府、区域政府及自治市能发出多大声音这个问题。不仅如此，东北亚经济研究所也很自觉地处理强加给该海洋的战败日本和持久冷战这种过时的心态结构。

新潟县前知事平山征夫是日本银行一位受重视的经济学家，现任大学校长，他解释了其中一些障碍："当东北亚经济研究所想提一项政策提议时，它必须通过（位于东京的）外交部的五张不同办公桌——俄罗斯、中国、韩国、朝鲜和美国。你能想得到会发生什么。"[67] 东北亚经济研究所的支持者们以不同的方式看问题，想开采资源并依赖该海洋作为一张交通网开放的可能性。他们认为在理想状态下该水体的结缔组织对其周围陆地是首要的，这些陆地的区域居民应当对政策方向和利益分配有更大控制权。不管关于该海洋（或该海洋一部分的）名称的最终决定会怎样，所有共享该海洋海岸线的人都想为它定个对它和它的所有生命形态有联结含义的名字，以便让这个区域团结一致而非进一步分裂它。

深入阅读书目

关于广义认识中的太平洋有诸多优秀研究，首先见 David Armitage and Alison Bashford, eds., *Pacific Histories: Ocean, Land, People* (Basingstoke, 2014)，及 Matt K. Matsuda, *Pacific Worlds: A History of Seas, Peoples, and Cultures*

(Cambridge, 2012)。与此同时，明确探究太平洋亚洲海岸一线之边缘海域的还很少。

对各个国家历史上在这个海洋上竞逐的概述，见 Robert D. Kaplan, *Asia's Cauldron: The South China Sea and the End of a Stable Pacific* (New York, 2015)；对中国东海类似事务的审视，见 Tim F. Liao, Kimie Hara and Krista Wiegand, *The China-Japan Border Dispute: Islands of Contention in Multidisciplinary Perspective* (Burlington, VT, 2015)。

对朝鲜东海／日本海的历史考虑和历史编纂学考虑都有待发展，相当重要的原因是它被卷入了去殖民化议题。因此，从日本的视角出发，最平衡且心胸最宽广的路径首先在于考虑关于日本自身的问题，这个脉络下最主要的作品见 Amino Yoshihiko, *Rethinking Japanese History,* trans. Alan Christy (Ann Arbor, MI, 2012)；就近代早期日本人对他们周围那个世界的眼光提供阐释性理解的，见 David L. Howell, *Geographies of Identity in Nineteenth-century Japan* (Berkeley, CA, 2005)。对日本人移往其北方领土的一次开创性考虑，见 Brett L. Walker, *The Conquest of Ainu Lands: Ecology and Culture in Japanese Expansion, 1590–1800* (Berkeley, CA, 2006)。同样重要的是 Kären Wigen, Sugimoto Fumiko and Cary Karacas, eds., *Cartographic Japan: A History in Maps* (Chicago, IL, 2016)。

从朝鲜的历史和历史编纂学透镜来考虑该海洋的，见 Soh Jeong-Cheol and Park Young-Min, eds., *East Sea or Sea of Japan: History and Truths* (Seoul, 2015)。在一个更广阔的跨国家尺度上处理类似历史议题的，见 Peter E. Raper, Kim Jin Hyun, Lee Ki-suk and Choo Sung-jae, eds., *Geographical Issues on Maritime Names: Special Reference to the East Sea* (Seoul, 2010)。对知识和物质文化传播史的分析也很重要，见 William Wayne Ferris, "Ancient Japan's Korea Connection", *Korean Studies,* 20 (1996): 1–22。

同等重要的是对原住民观点的考虑，见 Michael Ashkenazi, *Handbook of Japanese Mythology* (New York, 2008)；更广泛的比较理解，见 Josh Reid, *The Sea is My Country: The Maritime World of the Makahs, an Indigenous Borderlands People* (New Haven, CT, 2015)。

208

最后，引入关于近代时期海洋运输和接触之全新理解的，见 Nancy Shoemaker, *Native American Whalemen and the World: The Contingency of Race* (Chapel Hill, NC, 2015)。

注 释

[1] 国际水文组织的技术出版物 *Limits of Oceans and Seas* (Monte Carlo, 1953) 第三版依旧是标准刊物，但被广泛赞同已经过时（2002 年的第四版没多少更新）。朝鲜因为在 20 世纪前半叶被日本人占领而无法参与 1928 年那场最早的命名活动。1991 加入联合国之际，韩国和朝鲜开始有资格参与命名进程，从这一刻开始确定了这场国际争端具有公开要素的日期。见 Kyodo News, "Sea of Japan Name Dispute Rolls on", *Japan Times*, 3 May 2012, p. 3。

[2] 《朝日新闻》2002 年 8 月 20 日刊致编辑的信；2006 年亚太经合组织河内会议的非正式会议期间，韩国总统卢武铉向日本首相安倍晋三建议了几个可选名称，见《朝日新闻》2007 年 1 月 8 日刊。

[3] Ryan Browne and Steve Almasy, "North Korea's Missile Test Fails, U.S. Military Says", *CNN*, 29 April 2017: http://edition.cnn.com/2017/04/28/world/northkorea-missile-launch/（2017 年 4 月 30 日访问）。

[4] 韩文和英文研究见 Soh Jeong-Cheol and Park Young-Min, *East Sea or Sea of Japan: History and Truths* (Seoul, 2015), p. 321，这是他们的系列研究中最新的一部，特色是对广开土王碑有出色的誊录和相应的解说。

[5] 参考 Soh and Park, *East Sea or Sea of Japan*, pp. 130–131；也见 Giovanni Di Plano Carpini, *The Story of the Mongols: Whom We Call the Tartars*, trans. Erik Hildinger (Wellesley, MA, 2014)。

[6] 明尼苏达大学（University of Minnesota）图书馆发布了利玛窦地图的一个在线互动版，有缩放功能，清楚地解析了此点。见 University of Minnesota Libraries, *Matteo Ricci, Li Zhizhao, and Zhang Wentao: Map of the World 1602*, online at: www.lib.umn.edu/bell/riccimap（2017 年 3 月 31 日访问）。

[7] 司马江汉 1792 年的地图将此海标记为"日本内海"，这令人感兴趣，因为今天被日本人视为他们内海的地方在该国南部海岸附近，同时该地图把太平洋标记为"日本東海"。东京早稻田大学的藏品中收有该地图，并提供一个可用的在线链接，可以校准到指这些海洋的标签：http://archive.wul.waseda.ac.jp/kosho/ru11/ru11_00809/ru11_00809_0001/ru11_00809_0001.html（2017 年 3 月 31 日访问）。

[8] 柳英泰在一份工作报告中简明扼要地说清了政府的计划："对分开朝鲜半岛和日本群岛的水体命名，这是一件需要邻国之间谈判的事务。不过，考虑到韩国和日本之间针对同一个海洋的未决命名分歧，韩国提出一个看上去合理的选择，以令国际水文组织出版

物 S-23 第四版得以出版。这个选项即，发表在议海洋的名称和空间细节时，根据国际水文组织的技术决议而体现双重命名原则。……主要立足国际水文组织技术决议 A 4.2.6 的重要建议，韩国提出，分开朝鲜半岛和日本群岛的那一水体应当拥有双重名称，即'东海／日本海'。"见 Ryu Yeon-Taek, "The International Hydrographic Organisation and the *East Sea/Sea of Japan* Issue", in Korea Hydrographic and Oceanographic Administration, ed., *Sea Names, Heritage, Perception, and International Relations* (Seoul, 2015), p. 200。

[9] 今天，朝鲜把这片海洋称为"조선동해"（朝鲜东海），这是直接依据李氏王朝（1392—1910）时期诸多朝鲜地图上使用的名字"朝鮮東海"；朝鲜也用表示"朝鲜"的字令自身在朝鲜语中同韩国区别。可能有些读者会存疑虑，但维基百科的 "Sea of Japan Naming Dispute" 条目可以认为包含了大量在议地图的最佳汇编：https://en.wikipedia.org/wiki/Sea_of_Japan_naming_dispute (2017 年 3 月 31 日访问)。

[10] 私人地图收藏家大卫·拉姆齐（David Rumsey）维护着一份关于历史地图和制图材料的惊人在线档案，他关于沃贡第《日本帝国》地图的链接如下：www.davidrumsey.com/luna/servlet/detail/RUMSEY~8~1~3984~500001:L-Empire-du-Japon,-divise-en-sept-p (2017 年 3 月 31 日访问)。

[11] Michael Ashkenazi, *Handbook of Japanese Mythology* (New York, 2008); David L. Howell, *Geographies of Identity in Nineteenth-century Japan* (Berkeley, CA, 2005).

[12] Todd Henry, *Assimilating Seoul: Japanese Rule and the Politics of Public Space in Colonial Korea, 1910–1945* (Berkeley, CA, 2014).

[13] Amino Yoshihiko, *Chusei Saiko: Retto no chiiki to shakai* (重新思考中世纪：列岛的区域与社会)(Tokyo, 1986); William Johnston, "From Feudal Fishing Villages to an Archipelago's Peoples: The Historiographical Journey of Amino Yoshihiko", Edwin O. Reischauer Institute of Japanese Studies, *Occasional Papers in Japanese Studies*, 2005-1 (2005)。也见阿兰·克里斯蒂（Alan Christy）对纲野善彦开创性作品的出色译本，Amino Yoshihiko, *Rethinking Japanese History*, trans. Alan Christy (Ann Arbor, MI, 2012)。

[14] Amino, *Rethinking Japanese History*, p. 264.

[15] Amino Yoshihiko, "Deconstructing 'Japan'", trans. Gavan McCormack, *East Asian History*, 3 (1992): 123.

[16] William Wayne Ferris, "Ancient Japan's Korea Connection", *Korean Studies*, 20 (1996): 1–22.

[17] Murai, Shōsuke, *Chūsei wajinden* (Tokyo, 1993)（村井章介《中世倭人伝》）; Hiroshi Mitani, "A Protonation-state and Its 'Unforgettable Other'", in Helen Hardacre, ed., *New Directions in the Study of Meiji Japan* (Leiden, 1997), pp. 293–310; Ōta Kōki, *Wakō: Nihon Afure Katsudō shi* (Tokyo, 2004)（太田弘毅《倭寇：日本あふれ活動史》）。

[18] Furumaya Tadao, "*Nihonkai 'Mitsu no Kako'*"（日本海的三个前生）, in Shinoda Akira, ed., *Tsunagaru Nihonkai*（联结性的日本海）(Tokyo, 2007), p. 59。

[19] 强调运用此种路径之广阔可能性的两部日文作品，见 Matsumoto Kenichi, *Kaigansen no Rekeishi*（海岸史）(Tokyo, 2009); Ariyoshi Sawako, *Nihon no shimajima: Mukashi to ima*（日

本的诸岛：当时和现在）(Tokyo, 2012)。英文作品，见 Joseph P. Stoltman, "Aspiring for a Harmonious Global Society: The Role of Geography Education"，地理命名与地理教育国际会议（International Conference on Geographic Naming and Geographic Education）主题发言，东北亚历史基金会（Northeast Asia History Foundation），首尔，2014。

[20] 全面讨论黑潮的最佳英文作品，见 Joyce E. Jones and Ian S. F. Jones, "The Western Boundary Current in the Pacific: The Development of Our Oceanographic Knowledge", in Keith R. Benson and Philip F. Rehbock, *Oceanographic History: The Pacific and beyond* (Seattle, WA, 2002), pp. 86–95, 尤见 pp. 89–90。

[21] Alexander George Findlay, *North Pacific Directory: A Directory for the Navigation of the North Pacific Ocean with Its Descriptions of Its Coasts, Islands, etc., from Panama to Behring Strait and Japan, Its Winds, Currents, and Passages* (London, 1870), p. 597.

[22] John Dunmore, *Where Fate Beckons: The Life of Jean-François de la Pé* (Fairbanks, AK, 2008)（莫涅龙岛名字的拼写与航海家 Monneron 的名字略有不同）。

[23] Brett L. Walker, "Mamiya Rinzo and the Japanese Exploration of Sakhalin Island: Cartography and Empire", *Journal of Historical Geography*, 33 (2007): 283–313.

[24] 这个岛的日文名字（海马岛）是有意使用日本汉字来拼读本地阿伊努名字 Todomoshiri，该名字的字面意思是"海狮生活在此"；研究阿伊努人和他们世界的最佳英文作品衍生自史密森学会北极研究中心（Smithsonian's Arctic Studies Center）2000 年的一场展览。展览由威廉·菲茨休（William Fitzhugh）和千圣·迪布乐伊（Chisato Dubreuil）联袂策划，他们编辑的目录非常好，见 William Fitzhugh and Chisato Dubreuil, *Ainu: Spirit of a Northern People* (Seattle, WA, 2001)。

[25] Uda Morihiro, *The Results of Simultaneous Oceanographical Investigation in the Japan Sea and Its Adjacent Waters in May and June, 1932* (Tokyo, 1934); Lee Ki-Suk and Kim Woong Seo, *Ocean Atlas of Korea, the East Sea* (Incheon, 2011).

[26] Findlay, *North Pacific Directory*, p. i.

[27] Findlay, *North Pacific Directory*, p. 597.

[28] 俄罗斯方面的报告以《亚布洛科夫报告》（Yablokov Report）知名，覆盖北太平洋各地并弄清了 1950—1990 年间的总数，苏联倾倒的有毒废料数量两倍于此前的设想，为 2 500 万居里。见 William J. Broad, "Russians Describe Extensive Dumping of Nuclear Waste", *The New York Times*, 27 April 1993, Science section。

[29] James L. McClain and Osamu Wakita, eds., *Osaka: The Merchants' Capital of Early Modern Japan* (Ithaca, NY, 1999).

[30] 从气候变化和人类世后果的透镜出发的一部优秀入门读物，见 Kyung-Il Chang, Chang-Ik Zhang, Chul Park, Dong-Jin Kang, Se-Jong Ju, Sang-Hoon Lee and Mark Wimbush, eds., *Oceanography of the East Sea (Japan Sea)* (Cham, 2016)；也见 Ian Jared Miller, Julia Adeney Thomas and Brett Walker, eds., *Japan at Nature's Edge: The Environmental Context of a Global Power* (Honolulu, HI, 2013)。

[31] 译文及历史阐释，见 Thomas D. Conlan, *In Need of a Little Divine Intervention: Takezaki Suenaga's Scroll of the Mongol Invasions of Japan* (Ithaca, NY, 2010)。

[32] 近岸技术影射出美洲本地楠塔基特印第安人（Nantucket Indians）给新英格兰的贵格派殖民者教了什么，贵格派殖民者们变成美国鲸油业务的各创始名号。见 Nancy Shoemaker, *Native American Whalemen and the World: The Contingency of Race* (Chapel Hill, NC, 2015)。

[33] 英文见 Sarah M. Nelson, *The Archaeology of Korea* (Cambridge, 1993); Kim Wonyong, *Art and Archaeology of Ancient Korea* (Seoul, 1986); Brian Fagan, "Discovering a Lost World", *Current World Archaeology* (24 January 2014): www.world-archaeology.com/travel/cwa-travels-to-the-petroglyphs-of-bangudae.htm (2017 年 3 月 31 日访问)。

[34] Hiroyuki Watanabe, *Japan's Whaling: The Politics of Culture in Historical Perspective* (Melbourne, 2009).

[35] David Harvey, "Between Space and Time: Reflections on the Geographical Imagination", *Annals of the Association of American Geographers*, 80, 3 (1990): 425.

[36] 康涅狄格州的美国和神秘海的神秘港博物馆（The Mystic Seaport Museum of America and the Sea in Mystic）和马萨诸塞州新贝德福德的新贝德福德捕鲸博物馆（New Bedford Whaling Museum in New Bedford, MA）都有格外丰富的数字藏品。

[37] Noell Wilson, *The Birth of a Pacific Nation: Hokkaido and U.S. Whalers in Nineteenth Century Japan*（仍在完善中的书稿）。

[38] 墨卡托·库珀文件，1851 年 2 月 9 日书信，MSS 85 Subgroup 2, Series A, Folder 1（新贝德福德捕鲸博物馆档案藏品，新贝德福德，马萨诸塞州）。

[39] 并非日本人不懂造大船。就在德川幕府将军 1636 年实行立法限制船只大小之前，日本商人还搭乘着"红印"船队的船只在中国的东海和南海上沿着中国海岸、越南、印尼、马来西亚和菲律宾快速航行，船队得名于准许它们这么航行的将军府印记的颜色。这些船的每一艘有 200 位水手在甲板上划船，足以匹敌当时欧洲最大的大帆船（德川政府统治的头十年批准建造了约 350 艘这样的船）。1613 年，在该国东北的仙台藩，将军准许大名伊达政宗资助 800 位造船工匠、700 位铁匠和近 3 000 位木匠在石卷港建造一艘西班牙风格的大帆船，既叫"伊达村丸"，又叫"圣胡安·包蒂斯塔"（San Juan Bautista）。这艘船有 500 吨位（约 180 英尺长），有 3 根桅杆和 16 尊大炮，在支仓常长指挥下两度横穿太平洋到墨西哥。然而所有这些都发生在将军的权威正开始隔离日本港口之际，将军命令所有人安分守土，一律禁止西班牙人和基督教的活动，同时严格剥夺日本人赴海外旅行的权利。这位将军把大多红印船卖给中国商人，1618 年还将"圣胡安·包蒂斯塔"号交给菲律宾的西班牙人处置；1993 年制造的该船的复制品经受住了 2011 年 3 月 11 日可怕的地震和台风，而建造原船的海港和城镇都被地震和台风化为废墟。

[40] Matsumoto, *Kaigansen no Rekeishi*.

[41] Paul Gilmore, *The Genuine Article: Race, Mass Culture, and American Literary Manhood* (Durham, NC, 2001).

[42] 最全面的叙述，见 Frederick Schodt, *Native American in the Land of the Shogun: Ranald MacDonald and the Opening of Japan* (Berkeley, CA, 2003)；也见 Imanishi Yuko, *Ranald MacDonald* (Tokyo, 2013)。

[43] Schodt, *Native American in the Land of the Shogun*, pp. 191–193.

[44] Schodt, *Native American in the Land of the Shogun*, p. 303. 从日本官方对马修·佩里访问期间提出的获知船难水手信息之请求的回复来看，这种观点显得更加重要。佩里关于此次远征之日志的第一卷中包括一篇给美国人的报告，论及 1847—1850 年间失踪的 23 位美国水手的福祉，保证说（佩里对此保证全然接受），他们早就在荷兰人的资助下被遣返归国了（1847 年，7 位美国人；1847 年，13 位美国人；1849 年，3 位美国人），见 Matthew Calbraith Perry, *Narrative of the Expedition of an American Squadron to the China Seas and Japan: Performed in the Years 1852, 1853 and 1854*, 3 vols. (Washington, DC, 1856–1857), I, p. 471。

[45] 康拉德 1852 年 11 月 5 日致肯尼迪（Kennedy）的信，收入 Matthew Calbraith Perry, *Correspondence Relative to the Naval Expedition to Japan* (n.p., 1855), p. 4。

[46] Ibid., p. 5.

[47] "Whaling Voyage of the Ship Hannibal. Capt Sluman Grey on a Three Years Cruise Bound to the North Pacific and Arctic Oceans" (Nathaniel Saxton Morgan，16 岁的日志保管员）。"汉尼拔"号日志，藏康涅狄格州神秘港博物馆的神秘港档案藏品（Mystic Seaport Archival Collection, Mystic, CT）。二副是来自康涅狄格州蒙特维尔（Montville）的 26 岁的韦费奇（Fitch Way）。

[48] "汉尼拔"号日志，1850 年 4 月 12 日，藏康涅狄格州神秘港博物馆的神秘港档案藏品。

[49] Ariyoshi, *Nihon no shimajima*, pp. 298–341; Alexis Dudden, "Korea-Japan's Rocky Standoff: Something More?", in Jeff Kingston, ed., *Asian Nationalisms Reconsidered* (London, 2015), pp. 103–115.

[50] Anton Chekhov, *The Island: A Journey to Sakhalin*, trans. Luba Terpak and Michael Terpak (New York, 1967); Vlas Doroshevich, *Sakhalin: Russia's Penal Colony in the Far East*, trans. Andrew A. Gentes (London, 2011); James McConkey, *To a Distant Island* (Philadelphia, PA, 2000).

[51] 引自 McConkey, *To a Distant Island*, p. 146。

[52] McConkey, *To a Distant Island*, pp. 6, xi.

[53] 关于英国战俘可能在佐渡岛被谋杀的有争议的故事来自 1948 年的一份刑事调查报告，但美国将军道格拉斯·麦克阿瑟（Douglas MacArthur）下令销毁了它。见 Gregory Hadley and James Oglethorpe, "MacKay's Betrayal: Solving the Mystery of the 'Sado Island Prisoner-of-war Massacre'", *Journal of Military History*, 71 (2007): 1–24; BBC, *WW2 People's War: An Archive of World War Two Memories — Written by the Public, Gathered by the BBC*, 15 October 2014: www.bbc.co.uk/history/ww2peopleswar/user/89/u246489.shtml (2017 年 3 月 31 日访问）。

[54] Kazuko Kuramoto, *Manchurian Legacy: Memoirs of a Japanese Colonist* (East Lansing, MI,

2004); Louise Young, *Japan's Total Empire: Manchuria and the Culture of Wartime Imperialism* (Berkeley, CA, 1999).

[55] Lori Watt, *When Empire Comes Home: Repatriation and Reintegration into Postwar Japan* (Cambridge, MA, 2010).

[56] Andrew Barshay, *The Gods Left First: The Captivity and Repatriation of Japanese POWs in Northeast Asia, 1945–1956* (Cambridge, MA, 2010); Paul Murayama, *Escape from Manchuria: The Rescue of 1.7 Million Japanese Civilians Trapped in Soviet-occupied Manchuria Following the End of World War II* (Mustang, OK, 2016).

[57] Sonia Ryang, *North Koreans in Japan: Language, Ideology, and Identity* (Boulder, CO, 1997).

[58] Tessa Morris-Suzuki, *Exodus to North Korea: Shadows from Japan's Cold War* (Lanham, MD, 2007).

[59] Kyoko Matsumoto, "Japanese Abductee Possibly Hospitalized in Pyongyang", *The Japan Times*, 16 October 2016: www.japantimes.co.jp/news/2016/10/16/national/japaneseabductee-possibly-hospitalized-pyongyang/（2017 年 3 月 31 日访问）。

[60] Robert S. Boynton, *The Invitation Only Zone: The True Story of North Korea's Abduction Project* (New York, 2015).

[61] Anna Fifield, "Japanese Women Who Have Escaped from North Korea Find Little Sympathy at Home in Japan", *Washington Post*, 15 September 2014: www.washingtonpost. com/world/japanese-women-who-have-escaped-from-north-korea-find-little-sympathyat-home/2014/09/14/4a843e15-a3d1-40cd-bfb2-2f886b67dfa_story.html?utm_term=.44847b07d14a（2017 年 3 月 31 日访问）。

[62] 与其他海难悲剧如 1994 年 "爱沙尼亚" 号渡轮在北海沉没、2014 年马来西亚航空 370 号航班在南印度洋坠毁类似，对大韩航空 007 号发生了什么也存在多种解释。明晰的解说见 William Langewiesche, *The Outlaw Sea: A world of Freedom, Chaos, and Crime* (New York, 2005), pp. 101–126。

[63] Seymour Hersh, *"The Target is Destroyed": What Really Happened to Flight 007 and What America Knew about It* (New York, 1986).

[64] 汉斯·以法拉姆森–阿布特的话引自 Celestine Bohlen, "Tape Displays the Anguish on the Jet the Soviets Downed", *The New York Times*, 16 October 1992, p. A6。汉斯·以法拉姆森–阿布特是大韩航空 007 号家属美国联谊会的会长。

[65] Japan Coast Guard, "For the Safety Navigation in Japanese Coastal Waters" (Tokyo, 2009): www.kaiho.mlit.go.jp/syoukai/soshiki/toudai/navigation-safety/en/pdf/english.pdf (2017 年 3 月 31 日访问）。

[66] 东北亚经济研究所成立于 1993 年，就该海洋区域的联系潜能和发展潜能召开会议并资助出版，见: www.erina.or.jp（2017 年 3 月 31 日访问）。

[67] 平山征夫 2009 年 11 月 13 日与笔者的会谈，也见 Hirayama Ikuo, *Watashi wa Konna Shiji ni naritakatta* (Tokyo, 2009), p. 169。

第八章　波罗的海 [1]

迈克尔·诺斯

波罗的海区域自史前时代便已见证过不同族群和不同语言社群以联系密切的状态定居此地，比如日耳曼人、斯拉夫人（Slavs）、波罗的海出身的或芬兰–乌戈尔语（Finno-Ugric）出身的。这些社会在中世纪和近代时期发展为民族国家与邦国。在有些例子中（显著的如芬兰和波罗的海诸国），国家构建到 20 世纪才开始。此外，由于不同势力对波罗的海轮番施行统治，沿海区域的政治相关性也定期转移。因此，对许多历史学家而言，波罗的海的历史似乎就是战争和夺取统治权的历史——波兰与条顿骑士团间的争夺；丹麦、瑞典与波兰间的争夺；俄国与瑞典间的争夺。[1] 这些斗争和张力制造出经久不息的刻板印象。这些族群刻板印象从前（或者依旧）如此有影响，以致历史学家们忽视了波罗的海是一个文化交换地区的事实。此地因航运、移民及外国人的整合而带来的繁荣交流助长了波罗的海区域超国家文化的形成，比如维京（Viking）文化、汉萨（Hanse）文化、尼德兰化和苏联化。[2]

随着柏林墙 1989 年倒塌、苏联解体和波罗的海诸国独立而来的政

---

1 本章有部分先期发表于 Michael North, *The Baltic: A History*, trans. Kenneth Kronenberg (Cambridge, MA, 2015)。Copyright ©2015 by the President and Fellows of Harvard College.——作者注

治动荡影响广泛，也刺激出对波罗的海区域的一种新认识和新视角。这些变化亦因欧盟东扩而获得动力。新局势对研究也有刺激作用。[3]虽说来自波罗的海国家的历史学家们已在根据自己的不同视角写作，但布罗代尔对于地中海的综合式观念也被提上日程。[4]不过，沿用以布罗代尔为模型的综合论是有局限的，因为它们受到一个其居民要被迫谋生的物理场景支配。与此同时，关于空间和区域的概念也已发展。例如，区域不再被视为自然实体，而被视为由多种多样的活动者所构建成的。那么就不仅有一个不变的"波罗的海"物理场景决定该区域，还有不停相互作用的人员和势力彻底改造波罗的海区域。我在本章将首先聚焦于中世纪迄今关于波罗的海区域的不同观念。本文中心部分将审视作为贸易区域和文化接触地带的波罗的海。结论部分将聚焦于波罗的海同其他大海大洋的关系。

关于波罗的海的中世纪概念与近代概念

最早的"波罗的海区域"概念是 11 世纪由不来梅的亚当（Adam of Bremen）在其关于汉堡教会史的编年纪《汉堡主教事迹》（*Gesta Hammaburgensis Ecclesiae Pontificum*）中所创建。他书写汉堡-不来梅大主教区在北方的成功传教，由此把波罗的海标定为一个宗教及传教地带。他描写了大主教乌尼（Unni）沿着圣安斯加尔（St Ansgar）的足迹旅行，穿越波罗的海来到瑞典的比尔卡（Birka），使用的词句是"在波罗的海上旅行着"（mare balticum remigans）。不来梅的亚当在其历史书第四卷中对波罗的海的典型性质有如下描绘："现在来说说波罗的海的性质……这个海湾因为像条带子（balteus）一样伸展到斯基泰人（Scythians）的区域而被居民们称为波罗的海（Baltic）。"[5]亚当也提到了诺曼人（Normans）、斯拉夫人、爱沙尼亚人（Estonians）和其他生活在波罗的海海滨的人民。[6]

13 世纪，波罗的海开始作为一个被朝圣者及贸易活动来回穿越的

211

212

区域而具有可见性。1241 年，萨克森的阿尔伯特公爵（Duke Albert of Saxony）为自东海旅行至西海（即在波罗的海和北海之间旅行）的商人们颁发安全通行证。[7]1266 年，教廷大使圭多（Guido）出于搁浅法律——船只遭遇事故时会被沿海社区毁掉——而免除了朝圣者自波罗的海去北海的路程。[8]

城市尤其随着汉萨同盟贸易在波罗的海和北海的扩张而得到相应发展。例如 1294 年，位于艾瑟尔河（River IJssel）上的兹沃勒市（Zwolle）给吕贝克市（Lübeck）写信谈论"东海"与"西海"。[9]一个世纪后的 1401 年，荷兰、泽兰（Zeeland）及埃诺（Hainaut）公爵、巴伐利亚的阿尔布莱希特（Albrecht of Bavaria）许诺给汉萨同盟的代表团颁发安全通行证，他把汉萨同盟城市描述为"东海的城市共同体"。[10]在 15 世纪和 16 世纪的尼德兰，指"东海"的各个术语 Oostersche zee、Oostzee、mer d'oost、mer d'Ooslande 日渐被使用，而人文主义作家继续谈论"波罗的海"。瑞典编年史家奥劳斯·马格努斯（Olaus Magnus）在他的《北方人民叙录》(Historia de gentibus septentrionalibus) 中提到了 "mare Balticum"（波罗的海）、"mare Gothicum, seu Finnonicum ac Livonicum"（哥特海，或芬兰海和利沃尼亚海）或 "mare Sveticum, mare Bothnicum"（斯拉夫海，波斯尼亚海）以及 "mare Germanicum"（日耳曼海）。当他提到"波罗的海"时，在此语境下他指的是波罗的海的南部海岸及水域。[11]

213　　16 世纪和 17 世纪出现一种关于波罗的海的新概念。基于军事利益和经济利益的战斗尤其带来了"统治整个波罗的海"的观念。自丹麦试图垄断经丹麦的厄勒海峡（Øresund）进入波罗的海的入口以来，波罗的海的其他航海邻居（比如瑞典和波兰）武力反对此种要求，并将"统治整个波罗的海"合法化到自己的宣传中。然而荷兰共和国为了增进自己的贸易利益而力图确保通往黑海的自由通道。在此脉络下，波罗的海的事务在荷兰政治家如约翰·德维特（Johan de Witt）、康拉德·冯·博宁根（Coenraad von Beuningen）和安托尼·海恩西乌斯（Anthonie Heinsius）的通信中变得很突出。18 世纪早期成立了一个处理该贸易及航运区域的特别委员会"东方贸易及航运董事会"（Directie van de Oostersche Handel en Rederijen），同时对俄国的贸易由"莫斯科贸易董事会"（Directie van den Moscovische handel）指导。

对波罗的海的学术兴趣和科学兴趣在启蒙时代增强了。比如约翰·海因里希·泽德勒（Johann Heinrich Zedler）的《百科辞典》（*Encyclopedic Dictionary*，1732）中有一篇关于波罗的海的文章。1845年，柏林语言学家约尔格·海因里希·费尔迪南德·奈瑟尔曼（Georg Heinrich Ferdinand Nesselmann）创造了一个术语"波罗的语族"（Baltische Sprachen），指立陶宛语（Lithuanian）、库洛年语（Curonian）、古普鲁士语（Old Prussian）和拉脱维亚语（Latvian）。[12]奈瑟尔曼将语言的名称同海岸沿线特定的定居区域联系起来，于是首次把这个海洋用作语言和族群的指示符。此种兴趣同一场具有政治重要性的转变同时发生，这转变就是依据《尼斯塔德和约》（Peace of Nystad，1721），波罗的海诸省被从瑞典移交给俄国。起初，俄国将其新省份命名为"东海"（依据德语的"东海"），指明它们是波罗的海诸省。19世纪后期，官方名称变为"pribaltijskij"，意指位于波罗的海的——波罗的海诸省现在被认为是俄罗斯帝国的沿海省份。"波罗的海的"一词同时变成波罗的海日耳曼人的一个标签。

当1918—1919新的波罗的海诸国成立后，西方各国把"波罗的海"一词作为指代这些新兴波罗的海国家的术语。这时期能看到一些创建一种"波罗的海区"身份认同或"波罗的海"身份认同的尝试。尽管建立"波罗的海同盟"以协调从瑞典到波兰的外交政策的举措失败了，但许多倡议被证明卓有成效。其中包括在托伦（Toruń）成立波罗的海研究所（Baltic Institute，1925年创建）以及创办杂志《波罗的海国家：波罗的海的人民与国家综述，尤其关注他们的历史、地理和经济》（*Baltic Countries: A Survey of the Peoples and States of the Baltic with Special Regard to Their History, Geography and Economics*，1935年创刊）。[13]1937年，来自波罗的海各国的历史学家们为第一次波罗的海历史大会而聚首。[14]

214

苏联占领波罗的海诸国以及各国并入苏联，同时德国丧失了波罗的海沿岸的领土，这都降低了国际社会对波罗的海和波罗的海区域的兴趣，这番兴趣仅因向外移民而继续存活。直到 20 世纪 70 年代，尤其在 80 年代，国际关系中紧张局势趋缓的进程才搭建起新桥梁。由于赫尔辛基（Helsinki）和塔林（Tallinn）之间重建轮渡联系，截至 20 世纪 70 年代末期，每年有 9 万人参观塔林，访客们大多是冲着伏特加去的芬兰游客，但爱沙尼亚人和芬兰人也开始再度相互熟悉。不仅如此，该地区的科学交流也有一定程度增加。在此背景下，由石勒苏益格-荷尔斯泰因（Schleswig-Holstein）州长比约恩·恩格霍尔姆（Björn Engholm）刺激出的关于一个"新汉萨"的辩论便有了势头。恩格霍尔姆想依据以前的日耳曼汉萨同盟重建波罗的海的关系。他提出了文化倡议，比如"波罗的海艺术"和"波罗的海爵士乐"。不过，随着 1989 年的根本性变化和随后的苏联解体，恩格霍尔姆的计划变成过时的东西。对该区域的认识再度改变。因属于一个不同的政治阵营而曾经被认为是遥远的、陌生的和外国的那些城市与国家，突然被发现是邻居，哪怕建筑有着可见的物质磨损，而且被视为具有文化相似性。

面对这些政治变化，政治家为波罗的海区域设计了一种新视野。斯堪的纳维亚半岛尤其预计着在欧洲统一的动态中会被边缘化，因为彼处只有丹麦加入了欧盟。这就是为什么 1992 年，在丹麦外交部长乌弗·爱尔曼-延森（Uffe Ellemann-Jensen）和德国外交部长汉斯-迪特里希·根舍（Hans-Dietrich Genscher）的倡议下，波罗的海区域的各国成立了波罗的海各国委员会（Council of Baltic Sea States）。[15] 由于波罗的海各国委员会包括冰岛和挪威，因此波罗的海区域在政治上被重新界定。与此同时，芬兰、瑞典和挪威在申请欧盟成员资格，但只有瑞典人和芬兰人选择进入，而挪威人谢绝了。除了欧洲一体化，芬兰还想要维持它在东西之间充当中间人的传统角色，并发展出一项"北方维度"战略。芬兰在这个保护伞下担当了同后苏联时代之俄罗斯对话的领头人。瑞典和芬兰进入欧盟之后，爱沙尼亚（Estonia）、拉脱维亚和立陶宛联袂，同波兰、捷克共和国（Czech Republic）、斯洛伐克（Slovakia）、匈牙利及斯洛文尼亚（Slovenia）一起申请欧盟成员资格。这些谈判颇费时日，因为欧盟想解决说俄语人口的公民权益问题。2004 年 5 月，波罗的海各国同波兰、捷克共和国、斯洛伐克、匈牙利、斯洛文尼亚、塞浦路斯和马耳他（Malta）一道成为欧盟成员。欧盟的扩大——如今濒临波罗的海的所有国家除俄罗斯之外都属于欧盟——以及欧盟聚焦于环境、贸易、安全和通道的波罗的海战略又一次改变了波罗的海的形象。带着头脑中对波罗的海（作为一个海洋和一个区域）之认识的这些广泛变化，现在让我们审视一番作为一个商业和流通地带的它，就从 12 世纪开始。

作为接触带的波罗的海：汉萨同盟

汉萨同盟（Hanseatic League）最初是一个专门的旅行商人协会，从 13 世纪起发展成一个强大的城市同盟，在大约 300 年间大力控制着北海和波罗的海区域的贸易、航运和政治。"Hanse"（汉萨）这个古代标准德语词汇意为"人群"或"社群"，在 12 世纪则指一个长途贸易商的合作协会，他们大多来自同一区域或城镇。当日耳曼汉萨同盟于 13 世纪在政治舞台上崭露头角之前，就存在许多地方性的"汉萨"协会。来自科隆（Cologne）并在伦敦设有分号的商人们是最早联合成为一个协会的。他们的伦敦分号即会馆以及他们加以买卖的货物于 1175 年获授国王的特许状。[16]但对汉萨同盟历史而言更重要的，恐怕是 12 世纪和 13 世纪期间开始在波罗的海区域纵情发挥的进程。这包括随着日耳曼人在波罗的海区域定居而在此间建立了吕贝克城和其他城市，还有日耳曼对哥特兰岛贸易商公司（Gotlandfahrergenossenschaft）[1]的成立。

216

---

1 正式名称是 Gemeinschaft der deutschen Gotlandfahrer，也被称为 Gotländische Genossenschaft，此处的名称不准确，是上述两个名称的混合。兹按正式名称翻译，Gotlandfahrer 指与哥特兰岛贸易的北日耳曼商人。——译者注

吕贝克的建立（1143—1159）为日耳曼的波罗的海长途贸易商提供了一个大本营，并使来自下萨克森（Lower Saxony）和威斯特伐利亚（Westphalia）的更具地方性的商人能够无需通过斯堪的纳维亚或斯拉夫的中间人，就进入波罗的海区域及俄国的市场。例如，哥特兰岛的农夫-商人多年来统治着同俄国的贸易。而吕贝克以及它为日耳曼的长途贸易商提供的优势代表着对哥特兰人货真价实的挑战。日耳曼商人资金更充裕，贸易技巧更专业，组织得更好，而且他们有一种柯克船（cog），比哥特兰人所能支配的船只有更大载重量。

汉萨贸易沿着一条线路自东向西行进，这条线路上点缀着他们位于诺夫哥罗德（Novgorod）、瑞威尔（Reval）、里加（Riga）、维斯比（Visby）、但泽（Danzig）、施特拉松德（Stralsund）、吕贝克、汉堡、布鲁日（Bruges）和伦敦的贸易中心，而且它的存在基础是北欧和东欧的粮食及原材料供应者同西北欧商业化的成品制造者之间的贸易。来自沿海城市的船只和货主将商品从西运往东，从东运往西，而吕贝克在这场交换中充当贸易中心。不过商人们大大越出了充当东西中间人的职能，首先是通过交易由汉萨城市自己制造的产品，然后通过深入渗透波罗的海南岸的内陆地区。结果是，他们不仅打开了经易北河（Elbe River）和奥德河（Oder River）同波西米亚（Bohemia）和西里西亚（Silesia）的贸易，还沿着维斯瓦河（Vistula）穿过克拉科夫（Kraków）并经由伦贝格（Lemberg）同黑海的贸易伙伴建立联系。[17]

217 需求和生产决定了商人旅行和船只航行的具体区域。船只运输的货物范围广阔，包括日常所需的大宗产品，也包括供应给一小批富有客户的奢侈产品。最重要的产品是羊毛、毛纺织物和亚麻织物、兽皮和皮草、鲱鱼和干鳕鱼、盐、蜡、谷物、亚麻和大麻、木材和森林产品（草木灰、树脂、焦油）、啤酒和葡萄酒。兽皮、蜡、谷物、亚麻、木材和啤酒向西流动，在那边换成所需的纺织品、盐、葡萄酒、金属制品、香料及其他奢侈物品。鱼在汉萨区域全境销售。

我们可以在东部定义出两个彼此关联的经济区域，一个是俄国贸易区，以诺夫哥罗德以及它的兽皮和皮草为中心；另一个是利沃尼亚城市区，围绕着瑞威尔、多尔帕特（Dorpat）和里加，还加上道加瓦河（Daugava）的内陆地带，这个区域主要供应亚麻和大麻。整个欧洲都对皮草有大量需求，从昂贵的貂皮到便宜的松鼠皮，一如对用于照明的蜡的需求。在汉萨区域的所有港口，大麻被用于制绳，亚麻被用于制亚麻织物。佛莱芒地区（Flemish）的纺织品和海盐在东欧需求很高。利沃尼亚（Livonia）以南的另一个贸易区由条顿骑士团的政府及普鲁士的汉萨同盟城市但泽、埃尔宾（Elbing）和托恩（Thorn）控制。它们令汉萨同盟能够经维斯瓦河和梅梅尔河（Memel River）交易内陆的立陶宛和波兰的产品。立陶宛区域贡献蜡、兽皮、木材和亚麻，波兰主要生产谷物和木材制品。后者为造船者提供制作桅杆和船板的木材；鲱鱼渔场、酿酒业和制盐作业都需要木材制桶，而大量制造商都依赖树脂、焦油和草木灰的稳定供应。不过，来自普鲁士汉萨同盟城市的主要出口产品是谷物，它滋养生活在高度城市化西欧中心地带的人民。奢侈品如琥珀沿着波罗的海的萨姆比安（Sambian）海岸一线被收集。条顿骑士团对琥珀贸易享有垄断权，他们将琥珀出口到吕贝克和布鲁日，琥珀车工在那里将它们打磨成奢侈的玫瑰念珠。盐、鲱鱼和纺织品是普鲁士最重要的进口品。

在波罗的海的西部，瑞典为汉萨贸易贡献铁、铜、黄油、牛和牛皮。然而，除了金属这个例外，瑞典总是在丹麦的阴影下。自 15 世纪起，丹麦就成为马匹、公牛和黄油的重要出口方。较早时期，汉萨同盟对丹麦的贸易主要集中在斯堪尼亚（Scania）鲱鱼，14 世纪的这种鲱鱼鱼群据说密集到可以徒手捉鱼。15 世纪后期和 16 世纪，波罗的海和北海的鲱鱼减少，于是令荷兰鲱鱼渔场的重要性增强。另一个重要的鱼类供应方挪威（此时属于丹麦）高度依赖汉萨同盟的进口。汉萨商人供应谷物、面粉、啤酒、麦芽酒、啤酒花、盐和亚麻制品，而他们主要出口干鳕鱼和少量的鳕鱼鱼肝油、海象牙、兽皮和其他物品。到了 15 世纪将尽和 16 世纪期间，顾客们开始偏爱冰岛干鳕鱼，于是汉萨同盟与挪威的贸易重要性降低。

与英国的贸易继续兴旺，英国是来自莱茵兰（Rhineland）与威

218

斯特伐利亚的汉萨商人的最早领地。他们对英国出口莱茵河的葡萄酒、金属和染色用的茜草与靛蓝，并进口锡和英国羊毛以供应弗兰德斯（Flanders）和布拉班特（Brabant）的纺织工业，后来也进口英国纺织品。波罗的海沿岸的汉萨城市反过来提供具有典型东部特色的物品，包括兽皮、蜡、谷物和木材，也有斯堪的纳维亚的鱼和金属。然而西欧最重要的市场是尼德兰（Netherlands）。弗兰德斯及后来的布拉班特不仅仅是重要的纺织品生产方，它们也与地中海盆地建有关键性贸易联系。汉萨商人在佛莱芒人各城市和布拉班特各城市购买货物，主要是高档和中档的羊毛织物，也有来自布鲁日的长裤。他们也从南欧获取香料、无花果和葡萄干。法国贡献油和酒，以及海盐。这种产自大西洋的海盐因被用作防腐剂而变得日益重要。普鲁士船只且尤其是荷兰船只定期运载海盐，在去往波罗的海的途中用它压舱，然后在波罗的海以之换取西欧市场所需的谷物和木材。这么做时，它们瓦解了吕贝克在贸易中的居间垄断地位。[18]

波罗的海：荷兰人的湖泊

16 世纪来临之际，汉萨贸易全线受挫。基于特许权的旧贸易体制在面对加强的经济竞争和欧洲各君主国力量增长时被证明已不敷用。以荷兰和泽兰为一方，汉萨城市如吕贝克、维斯马（Wismar）、罗斯托克、施特拉松德和格莱夫斯瓦尔德为另一方，构成一项特殊对抗，后者察觉自己在东西路线上之居间贸易和货物运输方面的地位受到了威胁。荷兰航运和荷兰商业在 15 世纪总体上扩张的一个重要先决条件是自然环境本身。因为荷兰的土壤不富饶且排水成本高昂，导致种植谷物无利可图，因此荷兰人集中在替代产品上。农夫们专长于家畜饲养和乳品生产，他们也种植经济作物和饲料作物，比如亚麻、茜草、油菜籽，也有烟草、啤酒花和郁金香。这些产品中有许多主要出售给城市作商业用途。捕鱼和造船这类传统活动也扩大了。荷兰人交易自己

219

的产品以为进口谷物这个持续性需求提供资金。久而久之，他们的啤酒、纺织品、北海鳕鱼以及佛莱芒和汉萨之品牌产品的许多廉价仿制品获得了相当显著的市场份额。[19]贸易的繁荣日益要求货运能力能与之匹配，这为荷兰人和泽兰人打开了通往波罗的海的门户。到 1580 年，但泽全部进出口货品中有半数都由荷兰船只运输，17 世纪里，波罗的海贸易中荷兰货主所占的比例从 60% 增长到 70%。[20]

16 世纪伊始，波罗的海城市开始限制自身的货物品类，集中于出口大体积产品，诸如谷物和木材。波罗的海内陆的生产区域比以前更紧密地整合进整个欧洲经济中。来自西欧的最重要进口品包括鲱鱼和盐。当时的外国人比如 17 世纪的英国大使乔治·唐宁（George Downing）怀着疑虑之情看待波罗的海贸易的此种经济成功。他在一封信中这样写道："（荷兰人的）鲱鱼贸易是盐业贸易的起因，而鲱鱼和盐的贸易是这个国家在某种程度上全身心贯注于波罗的海贸易的起因，因为他们就是为了把这些笨重货物装上船运往对岸。"[21]尽管鲱鱼被称赞为荷兰人的"黄金食物"，但荷兰人的波罗的海贸易和经济总体上并不只建基于它。

波罗的海贸易对荷兰经济的核心重要性持续了这么久，以致荷兰人恰当地视之为"所有商业之母"。从波罗的海区域进口的谷物大致喂饱了 1/3 荷兰人口，并令荷兰的农业解放出来投入利润更高的生产。最终，此项贸易令荷兰人在一个截然不同的商业领域找到立足点。例如，当接近 16 世纪末期西欧和南欧的谷物歉收时，荷兰人便能利用他们的波罗的海谷物垄断权。其结果是，他们不仅开始控制来自波罗的海的谷物和木材出口，也开始在另一个方向上控制西欧的加工品和奢侈品。波罗的海区域的汉萨城市不得不守着东西贸易的一个小份额将就度日，因为他们的货运费用高而运输能力低，尽管他们依旧主宰波罗的海内部的贸易和航运。[22]

波罗的海出口的第二大重要货物木材，与它的副产品树脂、焦油和草木灰一样，都用于造船和其他类型的生产。荷兰的造船早已发生革新。但造船原料再加上造帆和绳索的亚麻与大麻的这般便宜供应，也确保了荷兰的航运资费会便宜。鲱鱼加工要求有大量来自波罗的海的加工好的木桶板材（被称为"clapholts"），而其他业务比如肥皂制造商是来自但泽和科尼斯堡（Königsberg）的草碱的主要客户。

荷兰人的主导权立足于他们的谷物、木材和森林产品的贸易以及令这贸易畅行无阻所需的航运能力，这份主导权无人抗衡，直到17世纪后半叶英国人的波罗的海贸易开始汹涌澎湃。在整个16世纪，荷兰仅谷物进口一项便从1500年的约19 000拉斯特增长到1567年的80 000拉斯特（last，1拉斯特谷物约等于2吨，不同地方之间有一定差异）。贸易量，尤其是谷物贸易量在16世纪行将离去及17世纪初始的阶段里持续增长，但在17世纪后半叶就减少了。[23]

一种号称"长笛船"（fluyt）又叫"飞船"的船型的发展被认为有激发荷兰人波罗的海贸易繁荣的作用，按照一则大众传说，这种船的首次建造是1590年在荷恩（Hoorn）。飞船能给予荷兰船厂和货主一系列优点。它用轻木建造，并且在标准化设计下大批量建造。它也适用于多种不同类型的用途。[24]标准化不仅令生产成本最小化，也同样令运营成本最小化。在接下来的世纪里，飞船成为波罗的海造船者的模型，因为身怀专长的荷兰造船工被阿尔托那（Altona）、哥本哈根（Copenhagen）、斯德哥尔摩（Stockholm）、但泽和里加乃至后来的圣彼得堡（St Peterburg）的船坞雇佣，令当地工业现代化。汉萨同盟的造船行会禁止荷兰造船专家被雇佣甚至展示他们的知识，这延迟了对该国最先进工艺技术的采纳。

用于满足西欧造船厂和商业之需的木材及森林产品如草碱、树脂和焦油的出口曲线接近谷物出口曲线，从16世纪末期开始上升，并在17世纪30年代和40年代到达顶点，此后走低。然后它们又在17世纪最后25年来临后持续增高，这个时期经常给各个港口和内陆区域的重要性带来显著改变。但泽尽管在这整个时期依旧是最重要的谷物和木材出口港，但其他港口不时因为某些产品而超过它。这些港口包括科尼斯堡（木材）、里加（木材、亚麻、大麻）和纳尔瓦（Narva，木材），还有较小的瑞典和芬兰的港口（焦油）。[25]

荷兰人不仅从波罗的海进口食物和原材料并向该地区出口西欧商品，他们也输送人员、知识、技术和文化（艺术、科学与生活方式）。我们从去往波罗的海的西欧移民中可以辨认出五个群体：农民、工匠、商人、水手和艺术家。荷兰的门诺派（Mennonite）殖民者善于改良土地，他们被皇家普鲁士（Royal Prussia）肥沃沼泽区的地主们安顿下来，同时从南部尼德兰移居到波罗的海的加尔文派（Calvinist）制布匠改革了科尼斯堡和但泽的制布工业。荷兰移民革新了但泽的丝织和刺绣。最重要的是外国商人社群，他们定居在海港城镇。家族纽带就是关键，通常一位儿子或弟弟被从阿姆斯特丹派往但泽，在那里设立住所并作为但泽的居民或公民来管理家族业务。其他商人在居住于但泽的荷兰代理人的帮助下维持自己的贸易关系。他们的数量从 17 世纪中期的大约 50 人增长到该世纪后半叶的 75 人。英格兰和苏格兰的商人也在这些城镇和城市定居。多数去往波罗的海的苏格兰移民都是小贩，他们穿越波美拉尼亚（Pomerania）、普鲁士公国（Ducal Prussia）和波兰旅行贩售，在乡村和集市卖布匹、金属、工具、盐和其他进口物品。此外，来自尼德兰的身负专长的水手和船长操纵着丹麦和瑞典的海军舰队。他们也散发航海手册，比如克莱斯·亨德里克松·吉特梅克（Claes Hendrickszoon Gietermaker）的《大副的航海金光》(*'t Vergulde licht der zeevaert ofte konst der stuurlieden*，1659）和克拉斯·德弗瑞斯（Klaas de Vries）的《大副艺术的宝库》(*Schat-kamer ofte kunst der stuurlieden*，1702），它们直到 19 世纪早期还在波罗的海被使用。

去往波罗的海的西欧移民群体中的最后一个也是最令人感兴趣的一个是技工和艺术家。陶工引入了代尔夫特陶瓷的制作，家具木匠们用最时髦的家具修饰着中产阶级和贵族的房屋，挂毯织工则来自南部尼德兰。建筑师如安托尼·范奥伯格恩（Antoni van Obberghen），画家如冉·福瑞德曼·德弗瑞斯（Jan Vredeman de Vries），还有雕塑家如威廉·洪迪乌斯（Willem Hondius），都定居但泽并接受公众和私人的委托。[26]

视觉艺术，尤其是绘画和建筑，是文化交流的关键媒介。低地国家的艺术在波罗的海区域的影响可从风格、绘画及画家的出口中反映出来。荷兰艺术家的绘画或荷兰风格在王室的、贵族的、市政的甚至中产阶级的藏品中都可追踪。荷兰艺术家为市政府的和中产阶级的赞助人工作，不像在荷兰共和国那样为一个公开的艺术市场工作，比如但泽的冉·福瑞德曼·德弗瑞斯、威廉·凡德尔布洛克（Willem van der Blocke）和亚伯拉罕·凡德尔布洛克（Abraham van der Blocke），哥本哈根的雅各布·康宁（Jacob Coning）和皮特·范登哈尔特（Pieter van den Hult）。[27]一个例子是范斯汀温克尔（van Steenwinckel）家族。老汉斯·范斯汀温克尔（Hans van Steenwinckel the Elder）约1545年生于安特卫普（Antwerp），成为但泽的伟大建筑师安托尼·范奥伯格恩的一位主砖匠，后者在建造克龙堡（Kronborg）城堡时请范斯汀温克尔协助。于是他从1585年起便住在哥本哈根并在那里工作。1588年，新王克里斯蒂安四世（Christian IV）任命他为政府建筑师。从此以后，他的主要任务就是将瑞典海岸和挪威海岸的海军要塞加以现代化，并为一座全新的城镇克里斯蒂安努珀尔（Christianopel）定样（1599）。他本人对哈尔姆斯塔特（Halmstad）的要塞最为自豪，正如在他位于该城尼古拉教堂（Nicolaikirke）的墓志铭上可以读到的，他1601年于此地去世。这项工作由他的儿子小汉斯·范斯汀温克尔（1587—1639）和洛伦斯（Lourens，约1585—1619）继续进行。兄弟俩涉足克里斯蒂安四世在17世纪头二十年启动的多数大规模建筑活动 [1617年罗斯基勒（Roskilde）的皇家圣堂，1619年哥本哈根的股票交易所]。

如果我们依据冉·范维克（Jan van Wijck）的一幅画看1611年到冉·德克森（Jan Dircksen）时代的哥本哈根景色，我们会看到新建的有着荷兰文艺复兴式三角山墙的商人住宅。当克里斯蒂安四世为哥本哈根的市民们"授予"建筑时，他展示的是对荷兰文艺复兴风格的偏爱，正如从市政厅、孤儿院（依据一个荷兰模型而建）和股票交易所看到的。住宅计划也追随荷兰模型，首先为水手和织工而建。"荷兰的"一定要象征近代政府、近代福利、近代贸易和近代工业。从荷兰来了许多工程师，他们规划出新的城镇和要塞。

要找到与丹麦同等规模的荷兰文艺复兴建筑，就得转向波罗的海南岸，那里的但泽自16世纪中期到17世纪后期吸引了许多建筑师、工程师和艺术家，其中有大名鼎鼎的安托尼·范奥伯格恩——他于1586年从丹麦移居波兰——和冉·福瑞德曼·德弗瑞斯。但泽的建筑是用来此装载谷物的荷兰船只当作压舱货运来的砖块建造的。

这些建筑师和工程师不仅在但泽活跃，也在其他沿海城镇活跃，同样还活跃在流入波罗的海的河流沿线及其附近城镇。到截至1650年的时期里，但泽以东值得一提的城镇有埃尔宾、托恩、奈登堡（Neidenburg）、布劳恩斯贝格（Braunsberg）、皮劳（Pillau）、科尼斯堡、梅梅尔和里加。在北日耳曼，我们还能在不来梅、罗斯托克、吕贝克和施特拉松德进一步找到他们的影响。因此，我们的确目睹城市规划和建筑领域有一种受荷兰影响的波罗的海文化。[28]

波罗的海贸易的上升

波罗的海贸易在18世纪里蓬勃发展。鉴于厄勒海峡的船只通航量在这整个世纪里稳步增长这一事实，经厄勒海峡的通道收取的关税便可想而知，哪怕是令但泽负担沉重的波兰王位继承战争，再加上七年战争，也只引起轻微而短暂的衰退。除去短期波动，波罗的海贸易本质上都保持稳定。

厄勒海峡这时期是世界上最繁忙的水道。1730年前后，每年通过该海峡进入北海的船只超过2 000艘，携带约40万吨重的货物。这个量到1750年增长到50万吨以上，是大西洋奴隶贸易年载重量的四倍。[29]

荷兰与波罗的海的贸易在18世纪增长不大，因为其他部门在这个时期滞后，比如鲱鱼渔场和商业生产。假如没有波罗的海贸易，荷兰经济整体上比扩张中的英国经济的落后程度要更甚于已有的情况。荷兰人的船只几乎在整个18世纪继续主宰波罗的海贸易，尽管他们的份额从50%（1711—1729）降低到27%（1771—1780）。英国人和斯堪的纳维亚人的份额填补了这个空隙，英国人的航运增长到26%（1771—

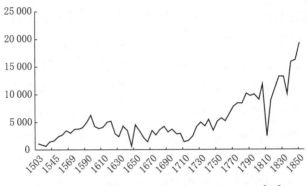

图 8.1　1503—1850 年间厄勒海峡的通航量[30]

1780)，斯堪的纳维亚人的增长到 28%（1771—1780）。英国人从波罗的海区域发生的结构性改变——对纺织品和殖民地产品的需求取代了对鲱鱼和盐的需求——中获益。[31]与此相应，现在英国船只用英国的纺织品和殖民地的再出口品如糖、咖啡和烟草供应俄国新港圣彼得堡。瑞典船只负责将木材和森林产品从波罗的海区域运输到大不列颠岛。[32]如果我们分析波罗的海和目的地港口之间经过厄勒海峡的通航量，那么 1784 年到 1795 年间，阿姆斯特丹在这方面超过所有其他西欧港口［包括伦敦、赫尔（Hull）、波尔多（Bordeaux）和里斯本（Lisbon）］。[33]不过，就连不以波罗的海贸易知名的航海国家比如法国，派往那里的船只也日益增多。它们不仅把葡萄酒、盐和殖民地产品供应给科尼斯堡、圣彼得堡、斯德哥尔摩、但泽、什切青（Stettin）、哥本哈根和吕贝克，也运回对本国的造船业来说很重要的产品，包括木材、森林产品和金属。[34]经汉堡运往波罗的海区域的法国和殖民地的再出口品（比如咖啡、糖和棉布）不应低估。此项贸易使用荷兰船只进行，且日渐多地使用自汉堡驶出的商船。

　　要衡量该区域对荷兰经济和英国经济的重要性，我们必须将来自波罗的海的进口总额同来自其他区域的进口总额比较。1701 年和 1800 年间英国贸易的总量从 437 万英镑增长到 2 042 万英镑，各个航海区域的参与度不同。例如，大西洋区域（西印度群岛、美洲和爱尔兰）的记录显示最具爆炸性的增长，从 121 万英镑增长到 894 万英镑，其中

43.8% 的进口品来自大西洋区域。对亚洲贸易的比例在 18 世纪初始相对小（10.9%），到 18 世纪末期则构成英国进口总额的大约 1/5。来自地中海区域的比例从 21.3%（1701—1710）降低到 10%（1791—1800）。北海-波罗的海区域格外令人感兴趣。在 18 世纪初始（1701—1710），这项贸易贡献了进口总额的 40%，这个数字在 1791 年至 1800 年的这十年里下降到约 25%。如果我们在北海区域和波罗的海区域之间进行区分，那么会看到来自北海的进口总额长期下降，这种下降得到波罗的海贸易增长的轻微补偿，但没有完全补偿。英国来自波罗的海的进口总额同英国全部进口总额相比，增幅显著得多（前者为五倍，后者为四倍）。[35]

这一贸易动态也从通航量中折射出来。往东印度的航运有轻微增长，通过大西洋的运输增量大得多，而与地中海区域的贸易显著减少，北海和波罗的海之间的运输轻微减少。如果去看北海和波罗的海航运间的差异，我们再次看到西北欧的在减少，而与波罗的海区域通航量增长了。同样清晰可见的是与波罗的海的大批量生产品贸易的重要性，这要求航运能力相比此类贸易按重量计算的值更大一些。对荷兰 18 世纪 70 年代进口总额的重构生成一幅可以比较的图景。波罗的海区域进口总额 1 700 万基尔德（gulden）[1]，仅稍逊于大不列颠岛、亚洲及法国的殖民地再出口品（各 2 000 万基尔德）和进口总额 1 800 万基尔德的西半球（大西洋）。[36]

波罗的海区域在世界经济中的演化角色也折射出属于俄罗斯帝国的最重要波罗的海港口的结构性改变，尤其是圣彼得堡。不管怎样，但泽，更不用说被瑞典政府授予特许权的斯德哥尔摩都继续扮演重要角色。斯德哥尔摩的贸易如此成功，以致在 1765 年，它放弃了先前对焦油贸易的垄断权，允许芬兰港口运输焦油，这令芬兰航运大幅增长。来自斯德哥尔摩和哥德堡（Gothenburg）的商人通过给生铁制造者提供贷款以刺激经自身港口向西欧的出口。作为 1731 年成立瑞典"东印

---

1 荷兰货币单位。——译者注

度公司"的结果，哥德堡的重要性也增长了。该公司在对中国的茶叶贸易上尤其活跃，并在波罗的海区域组织茶叶进口。[37]该公司甚至向英国走私茶叶。[38]来自丹麦港口的船只也增进它们同波罗的海的贸易，尽管贸易上升的大部分原因归功于丹麦的中立性。[39]

1721年签署《尼斯塔德和约》之后，但泽再度成为对欧洲的谷物供应方，每年谷物出口总额（1721—1730）约达到36 000拉斯特。这项贸易在18世纪40年代和50年代跌落至仅20 000拉斯特，但在60年代高达40 000拉斯特。但泽也依然是木材制品的重要出口方，但它只有在草碱一项上才能捍卫自己在波罗的海的领头地位。但泽的船只占据对西欧航运的约1/10。[40]

不过，来自西方的船只日益驶向科尼斯堡、里加、圣彼得堡、纳尔瓦和维堡（Viborg）。这些港口的一个优势是它们对木产品的专门化分类。厄勒海峡的一幅快照很有启发性。价值最高的出口货物是既用于造船也用于建屋的厚重木桩（梁），它们来自纳尔瓦和里加，然后在18世纪末期日渐来自梅梅尔及其属于立陶宛的内陆区。板材薄得多，在大多港口都有提供。板材也可同更薄的木板区分开来，后者在芬兰湾可以得到，但也来自梅梅尔和但泽。较小的窄板主要用于制作葡萄酒酒桶，它们主要在梅梅尔的内陆、但泽和什切青预制。以尺寸而论，酒桶是最大的木材产品，主要来自里加。[41]西欧对造船原料的巨大需求导致波罗的海内陆长期处于砍伐森林和搬迁的状态。随着波兰和东普鲁士的资源萎缩，木材砍伐和焦油生产转移到东北地区，比如芬兰，那里至今仍然是世界上最大的木材和纸张生产地之一。

木材出口的目的港记录了阿姆斯特丹对木材的需求，但运往英国各港口的量还要大。在波尔多和其他法国港口，供出口的法国葡萄酒和干邑白兰地所需的酒桶板甚至是更畅销的东西。来自瑞典和芬兰的树脂与焦油也是重要的进口品。荷兰商人尤其对里加的出口品感兴趣，包括草木灰、亚麻、大麻、亚麻籽和大麻籽，而英国人购买不同种类的木材。荷兰人主宰里加的贸易直到18世纪70年代，英国的商人与船只凭借更大量的木材进口而在大约1780年赶上了荷兰人。[42]

圣彼得堡建成之后，荷兰船只且尤其是英国船只在那里下锚。[43] 还没有俄国商人的船队，俄国至多只有几艘船，主要由荷兰水手率领。[43] 如果把为新朝廷供应西欧的奢侈产品除外，那么主要贸易是亚麻和大麻，大麻出口在18世纪40年代之后是里加此项贸易的两倍。西欧也有对动物脂肪和俄国羽毛的需求，脂肪主要从阿尔汉格尔斯克（Arkhangelsk）获得。1754年，木材出口被俄国政府禁止，而1783年一俟该禁令被撤销，圣彼得堡就再度成为一个更加重要的木材出口方。[44] 然而来自圣彼得堡的最重要出口产品是生铁，它的生产自18世纪30年代以来大幅增长，甚至超过了英国的出产。大约在18世纪中叶，英国工业革命获得蒸汽助力之前，俄国已经是欧洲最大的铁出口方，所生产的铁中有75%供出口，主要出口到英国。[45]

由于来自波罗的海的出口品比来自西欧的进口品价值高，西欧国家被迫定期用贵金属弥补差额。例如在18世纪，每年约有200万帝国塔勒（reichstaler）[1] 从西欧去往波罗的海。这些钱到了内陆的生产者手里，但也流到更东面的俄国贸易中。18世纪英俄贸易扩张时期，圣彼得堡和里加毋庸置疑地记录下最大的出口顺差。其结果是，送往波罗的海的贵金属中多数以这些城市为终点。英国的大多数购买活动以荷兰硬币或在阿姆斯特丹签的汇票支付。汇票不能在波罗的海港口用于进行无现金支付，它们在阿姆斯特丹到期，然后现金从阿姆斯特丹流到商人手里，再流入波罗的海区域的生产者。[46]

波罗的海：通往其他海洋的十字路口

波罗的海贸易和航运带领汉萨同盟、荷兰人和英国人进入其他海洋。例如16世纪末期，当欧洲西部与南部作物歉收时，荷兰人能够利用他们在波罗的海谷物贸易中的垄断地位来加大他们与南欧的贸易力

---

1 北日耳曼使用的银币单位。——译者注

度。荷兰人波罗的海贸易所涉及的货物范围逐渐改变了。波罗的海国家开始进口高品质货物，比如香料、糖、柑橘、南方水果和纺织品，因为荷兰人不仅控制谷物和木材出口贸易，也进口西欧的成品和奢侈品。荷兰人遵循这些贸易与航运模式而在地中海赢得一个据点，这被布罗代尔极好地描绘为"北方入侵"。[47]他们运输货物——比如把西班牙的盐和羊毛运到意大利——并为地中海地区供应来自东印度的胡椒与香料。

更进一步，倘无（由波罗的海的内陆供应的）海军补给品，则去往大西洋或印度洋的全球性荷兰航运与英国航运都不可能实现。最后，波罗的海提供了一个与其他大海大洋达成海事约定的基础。例如，俄罗斯帝国力图将它位于波罗的海和太平洋的边缘省份打通。在这个企图背后，是打造一个横贯北太平洋之俄罗斯商业网络的念头，以此为远东和阿拉斯加的殖民地提供补给并将它们同西属加利福尼亚和西属马尼拉还有中国的广州港联系起来。为此，波罗的海的日耳曼海军军官如亚当·约翰·冯·克鲁森施特恩（Adam Johann von Krusenstern）和奥托·冯·考茨比（Otto von Kotzebue）受派乘着"纳德兹达"号（Naděžda，1803）和"鲁里克"号（Rurik，1815），从波罗的海经北海和大西洋前往太平洋。尽管设立一个俄罗斯贸易帝国并创建一个俄属太平洋的希望无法展现，但俄国人的探险和船长们的旅行日志对欧洲公众有长远影响。

此外，正是来自芬兰的帆船将波罗的海同其他大海大洋连接起来。芬兰船只专门通过厄勒海峡运输木材和焦油，但后来日渐开始在黑海和地中海运输谷物。19世纪70年代，芬兰货主在跨大西洋的货物及运输革新方面发挥了重要作用，将来自纽约、费城（Philadelphia）和巴尔的摩（Baltimore）的谷物运往爱尔兰和位于北海的英国港口，也将石油运往西欧甚至波罗的海区域。它们还处理来自美国南部和加拿大的木材出口（尤其是松木）。[48]

231

结论：作为模范区域的波罗的海

经济、环境和政治议题在近 2010 年时又把波罗的海地区推上欧洲议程。瑞典政府提出重新界定波罗的海政策，优先考虑波罗的海区域政策的瑞典欧盟事务部长塞西莉亚·马尔姆斯特伦（Cecilia Malmström）对此出力最多。她宣称波罗的海区域应当成为欧洲经济增长最强劲的区域，并在 2008 年邀请波罗的海的"利益相关人"来斯德哥尔摩开会。参加大会的有波罗的海区域的 8 个欧盟成员国及不属欧盟的俄罗斯、白俄罗斯（Belarus）和挪威，31 个区域机构，48 个政府间组织和非政府组织，还有私人代表（企业家和学者）。[49]在一个集思广益环节中，关于波罗的海区域未来发展的各种建议被提出，又被凝聚成波罗的海战略规划。其目标是让波罗的海区域成为具有如下典型特征的欧洲一体化模范：

1. 一个环境可持续发展的区域。

2. 一个繁荣的区域。

3. 一个平易近人并富吸引力的区域。

4. 一个安全并可靠的区域。[50]

该战略于 2009 年 10 月瑞典担任欧盟轮值主席国期间获得通过。该战略的实施将通过诸多龙头项目而进行，这些项目或对整个区域具有战略相关性，或对个别地区具有特殊重要性。一项计划是置换清洁剂中的磷酸盐，旨在限制硝酸盐流入波罗的海，同时波罗的海能源市场互联计划（Baltic Energy Market Interconnection Plan）致力于平衡双边能量协议。 *232*

自 2011 年以来，欧盟委员会一直在接收关于实施该战略的年度报告。报告显示，该战略已启动了数量令人难忘的龙头项目，尽管等待它们收效需假以时日。例如，限制向波罗的海倾倒硝酸盐这一挑战已经在理论上得到农业社区公认。然而最新的污染报告披露出，这些废水的减少量不符预期，且富氧化水平依旧不如人意。[51]尽管有这些不足，但波罗的海战略提供了克服无数难题的潜能，这些难题曾在过去纠缠困扰着波罗的海区域的合作。这些努力能为欧洲其他海上区域比如地中海和黑海提供一个范型，也能为南海提供范型。

👆 深入阅读书目

20世纪90年代，中欧、东欧和北欧的政治变化触发了对波罗的海的兴趣，这就是为何大卫·科尔比（David Kirby）和马蒂·克灵格（Matti Klinge）会在那时写通论：Kirby, *Northern Europe in the Early Modern Period: The Baltic World 1492-1772* (London, 1990); Kirby, *The Baltic World, 1772-1993: Europe's Northern Periphery in an Age of Change* (London, 1995)；Klinge, *The Baltic World,* trans. Timothy Binham (Helsinki, 2010)。科尔比聚焦于波罗的海的边缘特征，克灵格则集中于各帝国在该区域的角色，Alan Warwick Palmer, *Northern Shores: A History of the Baltic Sea and Its Peoples* (London, 2005) 追随他这一倾向。

对波罗的海和北海海事史一体书写的，见 David Kirby and Merja-Liisa Hinkkanen, *The Baltic and the North Seas* (London, 2000)。

最新的综论并对贸易和文化有特别兴趣的，见 Michael North, *The Baltic: A History,* trans. Kenneth Kronenberg (Cambridge, MA, 2015)。

233 对波罗的海区域的概念化，见 Marko Lehti, "Possessing a Baltic Europe: Retold National Narratives in the European North", in M. Lehti and D. J. Smith, eds., *Post-Cold War Identity Politics: Northern and Baltic Experiences* (London, 2003), pp. 11–49; Michael North, "Reinventing the Baltic Sea Region: From the Hansa to the EU-Strategy of 2009", *The Romanian Journal for Baltic and Nordic Studies,* 4 (2012): 5–17。

波罗的海诸国的历史，见 Andres Kasekamp, *A History of the Baltic States* (Basingstoke, 2010)；Andrejs Plakans, *A Concise History of the Baltic States* (Cambridge, 2011)。

注 释

[1] David Kirby, *Northern Europe in the Early Modern Period: The Baltic World 1492-1772* (London, 1990); Kirby, *The Baltic World 1772-1993: Europe's Northern Periphery in an Age of Change* (London, 1995); Matti Klinge, *Die Ostseewelt* (Helsinki, 1995); Alan Warwick Palmer, *Northern Shores: A History of the Baltic Sea and Its Peoples* (London, 2005).

[2] Karl Schlögel, *Im Raume lesen wir die Zeit: über Zivilisationsgeschichte und Geopolitik* (Munich, 2003), p. 68f.; Schlögel, *In Space We Read Time: On the History of Civilization and Geopolitics,* trans. Gerrit Jackson (Chicago, IL, 2016).

[3] Kirby, *Northern Europe in the Early Modern Period*; Kirby, *The Baltic World*; Klinge, *Die Ostseewelt*; Palmer, *Northern Shores*.

[4] Fernand Braudel, *La mediterranée et le monde mediterranéen a l'époque de Philippe II* (Paris, 1949); David Abulafia, "Mediterraneans", in William V. Harris, ed., *Rethinking the Mediterranean* (Oxford, 2005), p. 65. 也 见 Abulafia, *The Great Sea: A Human History of the Mediterranean* (London, 2012)。对波罗的海的自然-地理焦点, 见 Hansjörg Küster, *Die Ostsee: Eine Natur- und Kulturgeschichte* (Munich, 2002)。经济与文化史, 见 North, *The Baltic*。

[5] *Hamburgische Kirchengeschichte*, ed. Bernhard Schmeidler (Hanover, 1917), pp. 58, 237f. "这片海洋西面有某个海湾向东延伸, 这个海湾长度确实无与伦比, 但宽度不管怎样都超过100 里, 而在许多地方还窄得多。这一带周边有许多民族, 即丹麦人和瑞典人, 还有我们称为挪威人的人, 他们住在北部滨海和其中的岛屿。但南部滨海住着斯拉夫人和埃斯蒂人以及其他各种民族。"见 *Einhardi Vita Karoli Magni*, ed. Oswald Holder-Egger (Hanover, 1911), p. 15。

[6] Josef Svennung, *Belt und Baltisch, Ostseeische Namenstudien: Mit besonderer Rücksicht auf Adam von Bremen* (Uppsala/Wiesbaden, 1953), pp. 24–50.

[7] *Codex Diplomaticus Lubecensis* (UBStL) 1 (Lübeck, 1976), pp. 92f.

[8] UBStL 1, pp. 267f.

[9] *Hansisches Urkundenbuch*, Bd. 1: *Urkunden von 975 bis 1300,* ed. Verein für Hansische Geschichte, rev. Konstantin Hölbaum (Halle an der Saale, 1876), p. 399.

[10] 巴伐利亚的阿尔布莱希特1401 年4 月10 日为汉萨同盟发布的安全通行证, 收入 Huibert Antoine Poelman, ed., *Bronnen tot de geschiedenis van den Oostzeehandel, eerste deel 1122–1499, eerste stuk, Grote Serie 35* ('s-Gravenhage, 1917), p. 182。感谢希尔克·范纽文惠兹（Hielke van Nieuwenhuize）对荷兰资料的综述。

[11] Jörg Hackmann, "Was bedeutet 'baltisch'? Zum semantischen Wandel des Begriffs im 19. und 20. Jahrhundert: Ein Beitrag zur Erforschung von *mental maps*", in Heinrich Bosse, O. H. Elias and Rorbert Schweitzer, eds., *Buch und Bildung im Baltikum (Festschrift für Paul Kaegbein zum 80. Geburtstag)* (Münster, 2005), p. 21. 这些不同概念包括 Oostersche Zee、Osterche

Zee、Oestersche Zee 和 Oistersche Zee（东海的各种写法），见 *Niederländische Akten und Urkunden zur Geschichte der Hanse und zur deutschen Seegeschichte, I, 1531–1557*, ed. Rudolf Häpke (Munich, 1913), p. 105f.；也见 1661 年 6 月 18 日荷兰（高等）法院致省长胡格斯特拉腾（Hoogstraten）的信，引自 *Niederländische Akten und Urkunden,* ed. Häpke, pp. 116–119。

[12] Johann Friedrich Zedler, *Grosses vollständiges Universal-lexicon der Wissenschafften und Künste,* 62 vols. (Halle, 1732–1750), III, cols. 289–290, *s.v.,* "Baltisches Meer"; G. H. F. Nesselmann, *Die Sprache der alten Preussen: an ihren Ueberresten erläutert* (Berlin, 1845), p. xxix（"我将提议用波罗的语族来称呼这个语族"）。

[13] 杂志 1937 年更名为 *Baltic and Scandinavian Countries*（《波罗的海及斯堪的纳维亚国家》）。

[14] Marta Grzechnik, *Regional Histories and Historical Regions: The Concept of the Baltic Sea Region in Polish and Swedish Historiographies* (Frankfurt am Main, 2012).

[15] Marko Lehti, "Possessing a Baltic Europe: Retold National Narratives in the European North", in Marko Lehti and David J. Smith, eds., *Northern and Baltic Experiences of Post-Cold War Identity Policies* (London, 2003), pp. 11–49; Marko Lehti, "Paradigmen ostseeregionaler Geschichte: Von Nationalgeschichte zur multinationalen Historiographie", in Jörg Hackmann and Robert Schweitzer, eds., *Nordosteuropa als Geschichtsregion* (Lübeck, 2006), pp. 494–510.

[16] Volker Henn, "Was war die Hanse?", in Jörgen Bracker, Volker Henn and Rainer Postel, eds., *Die Hanse: Lebenswirklichkeit und Mythos* (Lübeck, 1989), pp. 15–21；评论见 Rolf Hammel-Kiesow, *Die Hanse* (Munich, 2008)。

[17] Philippe Dollinger, *Die Hanse* (Stuttgart, 1989), pp. 275–340; Jörgen Bracker and Rainer Postel, eds., *Die Hanse: Lebenswirklichkeit und Mythos* (Lübeck, 1999), pp. 700–757; Henryk Samsonowicz, "Die Handelsstraße Ostsee-Schwarzes Meer im 13. und 14. Jahrhundert", in Stuart Jenks and Michael North, eds., *Der hansische Sonderweg? Beiträge zur Sozial-und Wirtschaftsgeschichte der Hanse* (Cologne, 1993), pp. 23–30.

[18] North, *The Baltic,* pp. 58–63; Dieter Seifert, *Kompagnons und Konkurrenten: Holland und die Hanse im späten Mittelalter* (Cologne, 1997); Johannes Schildhauer, "Zur Verlagerung des See-und Handelsverkehrs im nordeuropäischen Raum während des 15. und 16. Jahrhunderts: Eine Untersuchung auf der Grundlage der Danziger Pfalkammerbücher", *Jahrbuch für Wirtschaftsgeschichte,* 4 (1968): 187–211.

[19] Wim P. Blockmans, "Der holländische Durchbruch in der Ostsee", in Jenks and North, eds., *Der hansische Sonderweg,* pp. 49–58; Peter Hoppenbrouwers and Jan Luiten van Zanden, eds., *Peasants into Farmers? The Transformation of Rural Economy and Society in the Low Countries (Middle Ages–19th century) in Light of the Brenner Debate* (Turnhout, 2001).

[20] Schildhauer, "Zur Verlagerung des See- und Handelsverkehrs im nordeuropäischen Raum während des 15. und 16. Jahrhunderts", 205–207; J. Thomas Lindblad, "Foreign Trade of the Dutch Republic in the Seventeenth Century", in Karel Davids and Leo Noordegraaf, eds., *The Dutch Economy in the Golden Age* (Amsterdam, 1993), p. 232.

[21] 乔治·唐宁 1661 年 7 月 8 日致克拉伦登伯爵（Earl of Clarendon）信，引自 Charles Wilson, *Profit and Power: A Study of England and the Dutch Wars* (London, 1957), p. 3。

[22] 关于近代早期波罗的海贸易的文献浩如烟海，下述选集包含最好的综述：Wiert Jan Wieringa, ed., *The Interactions of Amsterdam and Antwerp with the Baltic Region, 1400–1800* (Leiden, 1983)；W. G. Heeres, L. M. J. B. Hesp, L. Noordegraaf and R. C. W. van der Voort, eds., *From Dunkirk to Danzig: Shipping and Trade in the North Sea and the Baltic, 1350–1850* (Hilversum, 1988)；Jacques P. S. Lemmink and Hans S. A. M. van Koningsbrugge, eds., *Baltic Affairs: Relations between the Netherlands and North-Eastern Europe, 1500–1800* (Nijmegen, 1990)；Michael North, *From the North Sea to the Baltic: Essays in Commercial, Monetary and Agrarian History, 1500–1800* (Aldershot, 1996)。对荷兰人贸易的更多具体论述，见 Jonathan Israel, *Dutch Primacy in World Trade, 1585–1740* (Oxford, 1989)。

[23] Milja van Tielhof, *The "Mother of All Trades": The Baltic Grain Trade in Amsterdam from the Late 16th to the 19th Century* (Leiden, 2002). 关于荷兰，见 Milja van Tielhof, *De Hollandse graanhandel, 1470–1570: Koren op de Amsterdamse molen* (The Hague, 1995), pp. 97f.。

[24] Richard W. Unger, *Dutch Shipbuilding before 1800* (Assen and Amsterdam, 1978), pp. 4–9, 24–40.

[25] Michael North, "The Export of Timber and Timber By-products from the Baltic Region to Western Europe, 1575–1775", in North, *From the North Sea to the Baltic*, pp. 1–14.

[26] Maria Bogucka, *Gdańskie rzemiosło tekytylne od XVI do połowy XVII wieku* (Wrocław, 1956); Maria Bogucka, "Les relations entre la Pologne et les Pays-Bas (XVIe siècle, premiére moitié du XVIIe siécle)", *Cahiers de Clio*, 78–79 (1984): 14ff.; Maria Bogucka, "Die Kultur und Mentalität der Danziger Bürgerschaft in der zweiten Häfte des 17. Jahrhunderts", in Sven-Olof Lindquist, ed., *Economy and Culture in the Baltic 1650–1700* (Visby, 1989), pp. 129–140; Maria Bogucka, "Dutch Merchants' Activities in Gdańsk in the First Half of the Seventeenth Century", in Lemmink and van Koningsbrugge, eds., *Baltic Affairs*, pp. 19–32; K. Ciesielska, "Osadnictow „olęnderskie' w Prusach Królewskich i na Kujawach w świetle kontraktów osadniczych", in *Studia i materiały do dziejów Wielkopolski i Pomorza, II* (Poznań, 1958), pp. 219–256; Edmund Kizik, *Mennonici w Gdańsku, Elblągu i na Żuławach wiślanych w drugiej połowie XVII i w XVIII wieku* (Gdańsk, 1994).

[27] Juliette Roding, "The Myth of the Dutch Renaissance in Denmark: Dutch Influence on Danish Architecture in the 17th Century", in Lemmink and van Koningsbrugge, eds., *Baltic Affairs*, pp. 343–353; Juliette Roding, "The North Sea Coasts, an Architectural Unity?", in Juliette Roding and Lex Heerma van Voss, eds., *The North Sea and Culture (1550–1800), Proceedings of the International Conference Held at Leiden, 21–22 April 1995* (Hilversum, 1996), pp. 95–106.

[28] Michał Wardzyński, "Zwischen den Niederlanden und Polen-Litauen. Danzig als Mittler niederländischer Kunst und Musterbücher", in Martin Krieger and Michael North, eds., *Land und Meer: Kultureller Austausch zwischen Westeuropa und dem Ostseeraum in der Frühen*

Neuzeit (Cologne, Weimar and Vienna, 2004), pp. 65–70.

[29] Yrjö Kaukiainen, "Overseas Migration and the Development of Ocean Navigation: A Europe-outward Perspective", in Donna R. Gabaccia and Dirk Hoerder, eds., *Connecting Seas and Connected Ocean Rims: Indian, Atlantic, and Pacific Oceans and China Seas Migrations from the 1830s to the 1930s* (Leiden, 2011), pp. 371–386.

[30] Jari Ojala, *Tehokasta liiketoimintaa Pohjanmaan pikkukaupungeissa: Purjemerenkulun kannattavuus ja tuottavuus 1700-1800-luvulla* (Helsinki, 1999)；及在线厄勒海峡通行费登记册：www.soundtoll.nl/index.php/en/over-het-project/str-online (2017 年 3 月 31 日 访 问）。也见 Jari Ojala and Antti Räihä, "Navigation Acts and the Integration of North Baltic Shipping in the Early Nineteenth Century", *International Journal of Maritime History*, 28 (2016): 1–18; Peter Borschberg and Michael North, "Transcending Borders: The Sea as Realm of Memory", *Asia Europe Journal*, 8 (2010): 279–292。

[31] Johannes A. Faber, "Structural Changes in the European Economy during the Eighteenth Century as Reflected in the Baltic Trade", in Heeres et al., *From Dunkirk to Danzig*, pp. 89–91.

[32] David Ormrod, *The Rise of Commercial Empires: England and the Netherlands in the Age of Mercantilism, 1650–1770* (Cambridge, 2003), pp. 284–287.

[33] H. C. Johansen, "Ships and Cargoes in the Traffic between the Baltic and Amsterdam in the Late Eighteenth Century", in Wieringa, ed., *The Interactions of Amsterdam and Antwerp*, pp. 161–170. 这看起来可能奇怪，因为通常推断自第四次英荷战争之后，荷兰人的贸易和航运都急剧衰落，见 Jan de Vries and Ad van der Woude, *The First Modern Economy: Success, Failure, and Perseverance of the Dutch Economy, 1500–1815* (Cambridge, 1997), p. 493。

[34] P. Pourchasse, *Le commerce du nord: Les échanges commerciaux entre la France et l'Europe septentrionale au XVIIIe siècle* (Rennes, 2006), pp. 99–110, 115–134.

[35] 数据来自 "Provenance of English Imports, 1701–1800", in E. B. Schumpeter, *English Overseas Trade Statistics, 1697–1808* (London, 1960), Table 6。

[36] De Vries and van der Woude, *The First Modern Economy*, pp. 498–503.

[37] Elisabeth Mansén, "Resor, kolonier och handel", in Mansén, ed., *Sveriges Historia 1721–1830* (Stockholm, 2013), pp. 70f.

[38] Christian Koninckx, "The Swedish East India Company (1731–1807)", in Jaap R. Bruijn, ed., *Ships, Sailors and Spices: East Indian Companies and Their Shipping in the 16th, 17th and 18th Centuries* (Amsterdam, 1993), pp. 121–138.

[39] Martin Krieger, *Kaufleute, Seeräuber und Diplomaten: Der dänische Handel auf dem Indischen Ozean* (Cologne, 1998); Ole Feldbaek, *Dansk Søfarts Historie*, Vol. 3, *1720–1814: Storhandelens tid* (Copenhagen, 1997), pp. 63–131.

[40] Edmund Cieślak and Jerzy Trzoska, "Handel i żegluga gdańska w XVIII w.", in Edmund Cieślak, ed., *Historia Gdańska, III/1: 1655–1793* (Gdańsk, 1993), pp. 402–419.

[41] Sven-Erik Åström, *From Tar to Timber: Studies in Northeast European Forest Exploitation and*

Foreign Trade, 1660–1860 (Helsinki, 1988), pp. 99–103.

[42] Artur Attman, *Dutch Enterprise in the World Bullion Trade, 1550–1800* (Gothenburg, 1983), pp. 65f.

[43] Jake Knoppers, *Dutch Trade with Russia from the Time of Peter I to Alexander I* (Montreal, 1976), pp. 146–155.

[44] Åström, *From Tar to Timber*, pp. 90–93.

[45] A. Kahan, "Eighteenth-century Russian-British Trade: Russia's Contribution to the Industrial Revolution in Great Britain", in Anthony G. Cross, ed., *Great Britain and Russia in the Eighteenth Century: Contacts and Comparisons: Proceedings of an International Conference Held at the University of East Anglia, Norwich, England, 11–15 July 1977* (Newtonville, MA, 1979), pp. 181–189.

[46] Artur Attmann, *Dutch Enterprise in the World Bullion Trade, 1550–1800*, trans. Eva and Allan Green (Göteborg, 1983), pp. 45–47; Michael North, "Ostseehandel: Drehscheibe der Weltwirtschaft in der Frühen Neuzeit", in Andrea Komlosy, Hans-Heinrich Nolte and Imbi Sooman, eds., *Ostsee 700–2000, Gesellschaft–Wirtschaft–Kultur* (Vienna, 2008), pp. 141f.

[47] Fernand Braudel, *The Mediterranean and the Mediterranean World in the Age of Philip II*, trans. Siân Reynolds, 2 vols. (London, 1972–1973), I, pp. 615–642.

[48] Yrjö Kaukiainen, *Sailing into Twilight: Finnish Shipping in an Age of Transport Revolution, 1860–1914* (Helsinki, 1991), pp. 150–174.

[49] 对政府组织和非政府组织的优秀综述见 Michael Karlsson, *Transnational Relations in the Baltic Sea Region* (Huddinge, 2004)；R. Bördlein, "Regionale und transnationale Zusammenarbeit von staatlichen und nichtstaatlichen Organisationen", *Der Bürger im Staat*, 54 (2004): 147–153；Carmen Gebhard, *Unraveling the Baltic Sea Conundrum: Regionalism and European Integration Revisited* (Baden-Baden, 2009)。

[50] 欧盟战略见 Marko Lehti, "Baltic Region in Becoming: From the Council of the Baltic Sea States to the EU Strategy for the Baltic Sea Area", *Lithuanian Foreign Policy Review*, 22 (2009): 9–27；Pertti Joenniemi, "The EU Strategy for the Baltic Sea Region: A Catalyst for What?", DIIS Brief (2009): pp. 1–6: http://pure.diis.dk/ws/files/49041/pjo_eu_strategy_balticsearegion. pdf (2017 年 3 月 31 日访问)；Carsten Schymik and Peer Krumrey, *EU Strategy for the Baltic Sea Region: Core Europe in the Northern Periphery?*［柏林科学与政治基金会 (SWP Berlin) 工作报告 FG 1, 2009/08, 2009 年 4 月], pp. 1–21。

[51] European Commission, Commission Staff Working Paper, Brussels, 13.09.2011.

第九章　黑海 [1]

斯特拉·格瓦斯

　　黑海位于地中海的东北方向，与它这个以天蓝水碧出名的大个头邻居很不一样。除了阳光明媚的日子，黑海总是灰绿色的，这让它有种不同的情调，更忧郁也更沉静。这个内陆水体也有一个独特的形状，按照一种理论，它的海盆可能曾经是个浩瀚的湖泊，而这湖泊是一个巨大史前海洋的残余，该海洋于 5 万年前盐碱化了，那时地中海突然撞开了博斯普鲁斯海峡（Bosphorus Strait），引起一场波澜壮阔也毁灭力巨大的洪水。[1]尽管这个海洋富含具有多种固定迁移模式的鱼类（至少直到最近几十年）[2]，但在 1 000 英尺水下便没有氧气了，因此也就没有生命。这是考古学家的一项福利，他们在海床的淤泥中找

1 该文完成于我在哈佛乌克兰研究所（Harvard Ukrainian Research Institute）的那段时期，并得到 2016—2017 年度米哈伊楚克奖学金（Mihaychuk Fellowship）的支持。先期版本递交于乌克兰研究所的哈佛研讨班，标题是 "Calming the waters? Toward a new history of the Black Sea"。感谢研究所的慷慨支持，也感谢研究所的教职员们给我一个充满智性刺激的学期。很感激劳伦特·弗兰切斯凯蒂（Laurent Franceschetti）的耐心支持，感激大卫·阿米蒂奇、威廉·格雷汉姆（William Graham）、鲁波米尔·哈伊达（Lubomyr Hajda）、派翠西亚·赫利伊（Patricia Herlihy）、查尔斯·金（Charles King）、乔治·利贝尔（George Liber）以及瑟尔西·普罗科伊（Serhii Plokhii）的宝贵评论，同样很感激安德鲁·贝利萨利（Andrew Bellisari），他检查了我从土耳其文翻译过来的东西。——作者注

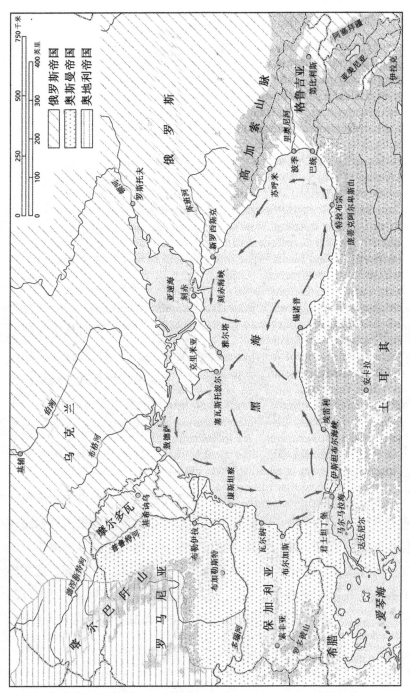

地图 9.1 黑海

到保存完好的有机物质——从保加利亚（Bulgaria）到土耳其（Turkey）东安纳托利亚（Anatolia）的海岸沿线定期能发现船只和人工制品。[3]那是关于古代往昔的。

环境的作用

　　论及当下，一个人如何能在不理解黑海地理和历史的情况下就想象海洋及其内陆当前的政治及社会兴衰？黑海属于中等尺寸的内海，这个特征意味着穿越它的海上路线和环绕它的陆地路线彼此互补也互相延伸。这样的配置使得该海洋不是排他性的旅行媒介，它主要是一座在旅行中缩短时间并少花力气的关键桥梁。它可以被绕行，乃至间或不被使用。儒勒·凡尔纳（Jules Verne）1883 年写了一部诙谐小说《倔强的凯拉班》（*Kéraban-le-Têtu*）[1]，将该想法推向极致：这位君士坦丁堡居民想用一个晚上从加拉塔（Galata）穿越博斯普鲁斯到斯库塔里（Scutari），他被要求付一种新型穿越税。警察局长威胁凯拉班说，如果试图不付费便过关，就逮捕他，于是凯拉班开始一段绕行整个黑海的陆地旅程，途经敖德萨（Odessa）、克里米亚（Crimea）、库班（Kuban）与格鲁吉亚（Georgia），经过安纳托利亚海岸朝君士坦丁堡走回来。显而易见的结论是，在铁路时代环行黑海（凯拉班甚至拒绝用铁路）被证明耗时，但非常可行。[4]

　　与大洋的情况不同，对于黑海，有着无法回避的海事史和陆地史的重叠与纠葛。一个中心问题是，这个水体在各个时期里同其他海洋和陆地的联结有多么好，尤其是通过它的各海峡的联结（黑海相对的**封闭性**对**开放性**）。确实，各个帝国反复在黑海的入口上冲撞，这在黑海的兴衰变迁中扮演着中心角色。地缘政治因素和海事因素无法分割地相互影响，这事实上给了该内陆海的历史一番独特的滋味和丰富感。

---

1 常见译名是《环游黑海历险记》。——译者注

不管怎样，费尔南·布罗代尔那番针对地中海的声明——环境对人类的历史强加了持久限制——在这个语境下肯定有效。[5]作为对照，由霍尔登和珀塞尔加以详细阐释的关于地中海的更近期范型对黑海就较不适用，他们把地中海看作一系列独特和分离的微观环境的荟萃，维持生计的冒险活动构成海上联结的根本理由[6]，但黑海更是一个有凝聚力的地理单元。首先，它有几乎没有岛屿的平滑海岸线，因此那里的每个点都潜在地与所有其他点有接触。更进一步，每处海岸都可以在很大程度上是自给自足的，因为黑海的气候使作物能够几乎没有失败风险地高产，北边的陆地适合种谷物，而东边和南边的亚热带气候支持生产典型的地中海作物。[7]

黑海如此适合人类流动的原因是，它的海盆将南方稳定而又温暖的地中海世界同北方那不断有游牧民大潮横穿的寒冷平原连接起来。它的形状很适合同射手的弓相比较，弓臂（包括弓柄和两侧弓片）对应北岸，弓弦对应南岸。[8]现实中，只有北岸的左支真正向那块异常肥沃的大草原[1]敞开，大草原伸展到乌拉尔山（Urals）以外，直奔西伯利亚。作为对照，右支是一条陡峭的海岸，难于通达陆地，因为它位于高加索山脉（Caucasus）的山麓丘陵上。南岸的弓弦——安纳托利亚和色雷斯（Thrace）的海岸——同样逼仄，因为它有着多山的内陆。考虑到这种地形，则黑海要比陆地更适合当一条旅行路线。[9]

黑海完全包括在内陆当中，并且截留了它周围所有河流，不让任何一条流入大洋，为此它以"内流盆"（endorheic basin）知名。[10]它的大小相当可观（435 000平方千米，接近大不列颠岛的三倍），它

的真实尺寸要从它巨大的内陆部分算起，它汲干了欧洲河流的大部分——一直到从瑞士阿尔卑斯山（Swiss Alps）、德国南部和波兰一部分的东面伸展出的一道分水岭，并横穿俄罗斯欧洲部分的心脏。这些河流中有中欧最大的航道、壮阔的多瑙河。[11]距离多瑙河三角洲不远，就是德涅斯特河（Dniester）和第聂伯河（Dneiper）的河口，它们的源

---

[1] 这个大草原（steppe）特指东欧到西伯利亚的大片地区。——译者注

头远在大草原以外的北方。 也应提到位于东北的亚速海（Sea of Azov）这个次级海盆。从北部的大草原可以沿着顿河（River Don）轻松抵达亚速海。从黑海则只能通过刻赤海峡（Kerch Strait）到达亚速海，刻赤海峡将克里米亚与东边多山的大陆（库班）分隔开。

因此，黑海上的人类聚落同地中海上的显著不同，地中海的农业文明历经几个世纪才缓慢浮现，然后又走向大海。黑海则是一个定期从其周边地带吸收人类移民的海盆，正如它从周围的河流和地中海中吸取水。[12]每个时代自北方大草原经陆地或河流而来的游牧入侵者们都面临同一个重大障碍——他们要走得更远些就必得乘船越海（舟船对马上部族一般而言是异质东西），要么就向南走陆路沿着西海岸到多瑙河三角洲，只是这样要遭遇沿海的水手们，他们待在有着深沟高壁的建于峭壁上的要塞城镇中，背靠群山。反过来，来自南方的入侵者能够轻易穿越水面到北岸的陆地并定居那里，当然前提是他们发现那地方尚未被占据。然而一旦他们向着更远的北方冒险，他们发现自己面临着大草原骑兵的可怕威胁。因此，黑海历史上的多数战略史都可以用这种南北动态均衡来总结——北方的马上游牧民对阵南方的城市定居者兼水手。在19世纪和20世纪来临的自航船、铁路乃至飞机都只对这个总体模式做出轻微改动。

正如可以预期的，穿越黑海的所有运动都围绕着弓柄部分来回摆动，弓柄就是著名的克里米亚半岛，它的南部被一带山脉同北方平原割裂，有着自己的命运。一般来说，谁掌握这个战略地区、这个黑海的支点，谁就成为这片水域的主人。的确，任何希望扩展其对亚速海控制权的北方势力若不能同时掌握东克里米亚（因此也有刻赤海峡），就不能获得多少好处，因为亚速海依然不可能被严密封锁。

事实上，黑海也可以从西面和东面即弓的两端靠近。多瑙河很适合商业，尽管入侵者们在他们的路上一再沿着河岸从西向东或从东向西打了许多仗。[13]在另一边，黑海的东岸上坐落着里奥尼河［River Rioni，希腊人称为发西斯河（Phasis）］的陡峭河谷。里奥尼河的意义不在于流程长，它的主要优点在于，它很久以前就凿出一条裂缝，跨

239

越非经此便无法通行的高加索群山，将高加索山脉干净利落地分成两部分。里奥尼河谷是将黑海区域同里海连通，进而同中亚连通的一条重要陆地路线，唯一的替代道路是始于东安纳托利亚海岸之特拉比松（Trebizond）、绕行高加索山脉南端抵达伊朗的商队路线。

不提到守卫着黑海通往地中海之西南通道的那座城市——伊斯坦布尔，从前叫君士坦丁堡（更早以前叫拜占庭），则对黑海的描述就不完整。[14]它巨大的城墙、它恢弘的纪念碑、它的财富和人口，让它赢得各种称号——维京人称之为"伟大的城市"（Miklagaard），斯拉夫人称之为"帝国之城"（Tsarigrad），或简单地称其为那座"城市"（Polis）。土耳其语名字"伊斯坦布尔"据说其实来自希腊短语 eis tin Polin，意为"去那座城市"。[15]这一通俗代称刻画出君士坦丁堡如何确曾是出类拔萃的城市，堪与这出类拔萃的海相匹敌。伊斯坦布尔依然用壮阔动人的美丽景象——古代希腊人的圣索菲亚大教堂和蓝色清真寺——款待那些自马尔马拉海（Sea of Marmara）前来的游客。

黑海的两条海峡——博斯普鲁斯海峡（通往马尔马拉海与地中海）和刻赤海峡（通往亚速海）以及半打大型和中型河流都是出入黑海的门户路线，也是一个强大的地理约束，没有它们就没有同外界的联结。任何能设法控制所有这些路线的帝国（比如古代的波斯帝国和罗马帝国、奥斯曼帝国、俄罗斯帝国及后来的苏联）——要么直接控制，要么通过附属国，都能够把这个内海转变成它自己的"湖泊"。因此黑海经历过开放和封闭的轮替时期，取决于同它的海岸接壤的国家演化中的形态。无论何时，当一个帝国确实对这些关键点建立起霸权后，黑海似乎就像只蛤壳一样闭合着，至少对外来者如此。当它的弓柄松动时，黑海就再度开放给总体上自由的运动。

相对开放的时期和封闭的时期次第相接，这种态势作用于人员、物品和思想的流通，也影响到对黑海的叙事。在开放时期，比如古代希腊商业网络的盛期、中世纪的意大利人时代或 19 世纪，它引起外部的航海家和旅行者的更多注意，他们自然而然视黑海为一个海事单元。那些封闭时期则生成一种截然不同的叙事类型，人们更多聚焦于陆地。

19 世纪后半叶和 20 世纪初期黑海海岸上新兴民族国家（罗马尼亚、保加利亚，接着是格鲁吉亚和乌克兰，还有土耳其）的兴起巩固了这种封闭性，并导致将现代黑海作为一个海事单元或作为一个区域单元加以考虑的工作都陷于停顿（因为陆地与海洋难以解绑）。[16] 所有沿海国家致力于"重新发明"它们的身份认同并通过使用当时普遍运用的一个秘诀——大肆吹捧一个英勇往昔的民族中心主义叙事——来给自身以合法性。这些故事大相径庭也经常彼此冲突，尤其是在处理有争议的领土时，但所有故事都有一个共同特征——它们聚焦于各自的"心脏地带"和内陆都城，这么做时，它们决意转身背对黑海。其结果是，黑海作为一个历史行为人几乎从布景中消失不见，仿佛它的形象已散落成一幅破碎拼图的一个个小块。紧接着这番民族国家的碎片化而来，又在 20 世纪上半叶沿着一条从北到南的线路出现了第二道政治裂痕，首先是早在 1920 年乌克兰、俄罗斯和格鲁吉亚建立苏维埃政权，然后在第二次世界大战之后罗马尼亚和保加利亚被纳入苏联阵营，*241* 这将黑海转变为冷战期间的一道政治和意识形态分界线。我们将在本章结尾时回头看这场圈围的后果，但为了理解开放与封闭在黑海历史上的更大意义，有必要先回到它的早期历史。

古代的"好客海"

正如作家尼尔·艾契森（Neal Ascherson）以比喻方式所宣称的，黑海是"文明和野蛮的诞生地"，它是汇聚在那里的迥异人民的熔炉。[17] 在青铜时代晚期（大约公元前 15 世纪）沿着黑海海岸航行的最早的人民当中，可能有卡斯基安人（Kaskians）[1]，他们住在安纳托利亚海岸，并在赫梯人（Hittite）记录中有所刻画。[18] 他们穿越庞蒂克山脉（Pontic Mountains）进入赫梯人控制的中心地带并最终到达地中

---

1 这群人的族属准确来讲是 Kaska，语言称为 Kaskian Language。——译者注

海，可能有助于劫掠为生的"海上人"的聚集，这些人恰在青铜文明总体衰竭的前夕，对黎凡特的古代文明给予毁灭性的一击。[19]

公元前第一个千年来临之际的古代希腊人认为，黑海是他们已知世界的上限。这片宽广的水面起初对他们而言肯定显得无边无际，是个海洋，也向他们确认了他们自己的精神地理学——一个由爱琴海将"欧洲"（希腊本土）城市同亚洲（安纳托利亚）城市分隔开的世界，而且这个世界依然是我们关于欧亚之地理学概念的基础。[20]希腊人在开展海上旅行之前，设想"海峡"是两块"大陆"之间的一条狭窄通道，这两块大陆都被推测由水环绕。[21]

这些海峡从一开始就位处战略地点。[22]现存两部最早的文本、归于荷马（Homer）名下的《伊利亚特》（*Iliad*）与《奥德赛》（*Odessey*）叙述了希腊城邦联盟针对伊利昂 [Ilion，即特洛伊（Troy）] 的著名战争，伊利昂位于亚洲海岸达达尼尔海峡峡口之处（因此控制着进入这组海峡的入口）。考古发掘已经发现了一个俯瞰爱琴海的遗址，距离达达尼尔海峡南部入口 5 千米，由九座在顶部次第叠加建造的城市组成，第一座城市始于公元前 3000 年，最后一座的日期是公元前 500 年。[23]不过，它们没有在荷马的神话和历史之间建立确定的关系。

希腊人最初称黑海为"不好客的海"（Pontos Axeinos），或简称"海"（Pontos）。这个海的双价性——既是令人畏惧的障碍又是重要的旅行途径——包含在 Pontos 一词的双重含义中，该词一方面在诗歌语言中指"（高级的）海"和"有敌意的空间"，另一方面也与印欧语言中指"桥梁"或"路径"的词根有关，因此就是"船只的可通航水道"。历经各种迁移过程之后，负面的注解褪色并反转，因为它开始被称为"好客海"（Pontos Euxinos）。[24]

希腊人对该区域的殖民化到公元前 8 世纪时已经进展良好，从安纳托利亚和西海岸开始。一个世纪之后，希腊船只抵达北海岸，在继续前往克里米亚并最终抵达亚速海以远的顿河河口之前，先于德涅斯特河的河口建立了殖民地奥尔比亚（Olbia）。[25]亚洲的米利都（Miletus）和雅典附近的迈加拉（Megara）这两座城市引领一场历时两个世纪而结束的殖民竞赛。公元前7世纪，伊斯坦布尔的远祖拜占庭城（Byzantium）在海峡的欧洲一侧建成，位于马尔马拉海和金角湾（Golden Horn）之间一块向东伸展的土地上具有战略地位的指状地带，金角湾是博斯普鲁斯峡口一处蜿蜒的河口。黑海北岸的经济就这样确立了，北方的港口出口谷物和奴隶，进口来自南方的农产品，尤其是橄榄油，也进口手工制品。希腊人在今天格鲁吉亚的位置遇到了发西斯河（里奥尼河）周围的科尔吉斯王国（Kingdom of Colchis），导致该国消失。希腊船只通过令北海岸和东海岸会合而驱散了欧洲和亚洲是两块被水围绕之"大陆"的幻想。公元前5世纪，希罗多德（Herodotus）评论说，欧洲和亚洲之间在黑海北面的分界线习惯上被安在今天格鲁吉亚的里奥尼河上，有时则是顿河和刻赤海峡（换言之，分界线穿越亚速海）。[26] 称科尔吉斯是"最偏远的乡村"是一种惯用修辞，因此无怪乎神话中的阿尔戈英雄们（Argonauts）在那块土地上寻找金羊毛。[27]

环绕黑海的区域在公元前5世纪来临时首次统一于波斯帝国治下，并保持到亚历山大大帝击败波斯人时。公元前1世纪，本都国王米特里达特六世（Mithridates VI, King of Pontus）再度统一黑海，把整个黑海置于他的议价范围。他的王国成为当时最大的势力之一。[28] 然而这段传奇昙花一现，对米特里达特突然而又意外的成功感到烦恼的罗马的反应是，派遣军团进入该区域。最终大格涅乌斯·庞贝乌斯 [Gnaeus Pompeius Magnus，即庞贝（Pompey）] 决定性地摧毁了米特里达特，米特里达特后来自尽。

罗马人随后建立起对黑海西海岸至多瑙河、安纳托利亚至高加索的持久控制，以托米斯 [Tomis，现在的罗马尼亚的康斯坦察（Constanța）] 为主要港口城市[29]，此地距离多瑙河三角洲不远。[30] 然而这样做的代价是把这海洋一分为二。将罗马帝国边疆扩展到达契亚（Dacia，现在的罗马尼亚）的图拉真皇帝（Trajan，97—117年在位）短暂地意存入侵黑海整个北海岸的野心。然而可被马上武士们轻易横穿的广阔大草原从不是罗马军团所偏爱的领土。因此罗马人满足于可以轻易从海上到达的克里米亚东南部，他们将这里保持为一个卫星国。毋庸惊奇，他们将海军基地置于科尔松（Korsun），靠近现在的塞瓦斯托波尔（Sevastopol）[1]。

　　4世纪伊始，君士坦丁皇帝（Constantine）决定为东罗马帝国建一座新都——君士坦丁堡，设计为罗马城的副本。为此，他选了拜占庭的城址，而且他彻头彻尾地重建了。这座占据整个半岛的城市几乎坚不可摧——三面环水，一圈双重城墙捍卫着第四面 [外墙是在狄奥多西（Theodosius）统治的408—450年间建造的]，这令它在当时的攻城技术下无可逾越。即使今天，这些防御工事的遗痕也以其庞大的规模和抗震构造的品质而令观者动容。有着这样的地理位置、庞大的人口和用于确保来自爱琴海和黑海之供应的大量港口配置，又有自欧洲和安纳托利亚出发并集中于此的主要陆地路线构成的网络作补充，这座城市在中世纪盛期成为世界那一部分的贸易枢纽。掌握君士坦丁堡和海峡两侧是安全的保证，但掌握海岸并不能让帝国阻止不想要的船只通过海峡，这一任务必须要委派给桨帆船舰队，因此保持海军优越性的需要始终压倒一切。倘若不能如此，则东罗马帝国就无法阻止敌人或经济竞争者在地中海和黑海之间往返航行。

位于中世纪十字路口的海

　　若说3世纪哥特人（Goths）的到来给黑海北岸和西岸的城市带来一个衰落期，那么几十年后匈人（Huns）入侵带来的就是灾难。西罗马帝国毁于这场风暴，不过东部设法复苏了。尽管欧洲人和阿拉伯人同样明确地称它是"罗马"，但它在现代历史编纂学中被武断地称为"拜占庭"帝国[31]，罗马通过在公元前400年迅速清除国内的哥特雇

245

---

1 位于克里米亚半岛西南。——译者注

佣兵而恢复了统治权。它进而重申对其黑海区域之传统领土的控制权，同时游牧民哈扎尔人（Khazars）统治克里米亚北部和刻赤海峡。然而对东罗马人而言，自帝国建立之时，该地区就有着一种全然不同的重要性，用布罗代尔的话来说，是"君士坦丁堡的后花园"或其"保留地"，并为君士坦丁堡居民提供至关重要的补给资源。[32]

现实稍微有些复杂。面对新的定居者——最突出的是斯拉夫人——次第来到该区域的大潮，东罗马帝国采用了精明的策略，建立联盟与反向联盟，使帝国统治者对自身陆军和海军的使用极为简省[33]，同时能对克里米亚海岸保持直接控制。[34]而且，即使随着保加尔人（Bulgars）的到来，东罗马帝国丧失了对黑海西岸直至多瑙河的控制权，但在一个西方的"城市"只不过是大村庄的时代，君士坦丁堡这座大都市也依然激起了人们的崇敬与仰慕。[35]

在今天的乌克兰，位于基辅（Kiev）的罗斯公国在维京人的执掌下欣欣向荣，而向东去，基督徒王国格鲁吉亚统治着从库班（克里米亚东部）到高加索的一块地区。这是一个城市与城市文明经历了复兴的黄金时代，正如在中东和欧洲也经历过的那样。东罗马帝国在巴西尔二世皇帝（Basil II, 960—1025）统治时享受着一个新的鼎盛之期，巴西尔二世征服了西面的保加尔人，甚至把他的控制权向南拓展到巴勒斯坦（Palestine）。

东罗马的衰落部分来自塞尔柱突厥人（Seliuk Turks）的入侵，他们在安纳托利亚腹地建立了一个伊斯兰教苏丹国，另一部分原因则是威尼斯和热那亚（Genoa）城邦商人的竞争。被剥夺一空的帝国无法再维持一支够用的陆军和一支至关重要的海军。威尼斯从第四次十字军东征中格外获益，君士坦丁堡在这次十字军东征期间的1204年被洗劫一空（该城从技术上讲依然坚不可摧，但因为背叛而陷落）。此悲剧事件发生之时，格鲁吉亚正享用着强大的力量和繁荣，在它的庇护之下，希腊人在往波斯路线的西端建立了特拉比松帝国。东罗马帝国在某种程度上设法复原（尽管是气息奄奄）并恢复了对色雷斯和西安纳托利亚的控制。

每个时代都带来它自己的一批入侵者，有些比其他的更具毁灭性。13 世纪 30 年代，蒙古人打败并征服了塞尔柱和格鲁吉亚这两个国家。他们非凡的军事能力支持他们的野心无尽膨胀并采用残酷手法。对于早已因政治分裂而削弱的基辅公国，蒙古人的到来意味着巨大的灾难——它被消灭了。更进一步，蒙古人夺得这片土地并不是为了发展它，他们仅仅是收集战利品和贡品。黑海的北方地区在很长时期里再度退化为几近荒芜的乡野。除了仍然被东罗马人控制的色雷斯海岸和安纳托利亚沿海的一些小块地方，黑海就这样大体处于蒙古人的统治下。[36]

不过这些不幸也提供了新机遇。亚洲在蒙古帝国治下的统一为从中国到欧洲的商业路线带来更大安全性，开启了一个从 13 世纪持续到 15 世纪的"意大利人时代"。[37]热那亚从此种发展中获得优势，将自己的贸易站点网络扩展到黑海，或者按热那亚人的称呼"更伟大的海"(Mare Maggiore)，从而在同威尼斯的竞争中大体上胜出。[38]瓦尔纳［Varna，从前的奥德索斯（Odessos）］成为多瑙河以南的西方海岸上最大的港口，而港口城市喀发（Kaffa）在克里米亚古城泰奥多西亚[Theodosia，今天的费奥多西亚（Feodosia）] 的旧址上蓬勃发展。[39]此地除了作为奴隶贸易站点的最初功能，也变成海上丝绸之路的起点，而且以 8 万人口的规模位列热那亚帝国的第二大贸易殖民地。[40]

与此同时，克里米亚的鞑靼人（Tatars）掌握着内陆。他们是由蒙古人精英形成的一个新民族，他们身后跟着来自中亚的突厥部落。[41]1347 年，试图从热那亚人手中夺取喀发的鞑靼人将淋巴腺鼠疫传染给被围困的人民，后者转而通过返航北意大利的船只而将这一可怕瘟疫散播到西方。[42]欧洲人口的相当大比例死于黑死病，令这块大陆骤然掉入一场历时数世纪方才摆脱的人口危机。

"奥斯曼帝国的湖泊"

黑海的历史因为一个小小突厥部落的非凡崛起而被永久地影响

了，这个部落于 13 世纪末期形成于西安纳托利亚距离君士坦丁堡投石之遥的地方，这就是奥斯曼人（Osmanlis，他们更为人熟知的名字是 Ottomans[1]）。与争吵不休的希腊人和斯拉夫人相比，奥斯曼人的团结性、能力和组织性让他们大幅扩张到博斯普鲁斯海峡以远，很快就让他们成为巴尔干半岛（Balkans）的主人。[43]波兰国王瓦拉迪斯劳三世（Wladyslaw III）集结了一个欧洲联盟（一支"十字军"）来抑制奥斯曼人，结果 1444 年在黑海西岸的瓦尔纳（今日保加利亚境内）被弭平，此后，再无什么能阻止对黑海北岸的征服。[44]

东罗马帝国最后那些残片的末日临近了，奥斯曼人早已掌握了君士坦丁堡北面和南面的海峡。[45]一个新因素彻底改变了黑海的海军史，这就是火炮的进步。[46]多亏了沿海的一列火炮，奥斯曼人现在能禁止敌船在地中海和黑海之间穿行，卓有成效地断绝了这两方之间的联结。这座伟大孤城那破碎的墙垣最终于 1453 年倒在征服者穆罕默德苏丹（Sultan Mehmed）的围城火炮之下，特拉比松的城墙则在 1461 年倒塌，最终是喀发的城墙在 1473 年倒塌。支离破碎并成为帝国附庸的格鲁吉亚不再作为一个独立邦国存在。相比之下，君士坦丁堡在新主人治下经历了一场复兴，且一个新的经济体系在此生根。迄今掌握在意大利人手中的黑海商业被重新组织为一个有凝聚力的体系，其中心又变为君士坦丁堡，并为中央行政提供税收。从南方看去，仿佛这座城市"垄断着黑海的长途贸易和短途贸易，将地中海的这块绝地遮蔽起来隔开地中海的其余部分"。[47]在左边的欧洲人海岸，苏丹的直接行省管理至于多瑙河，同罗马帝国时代不无相似；在此以远，多瑙河上的两个公国瓦拉吉亚（Wallachia）和摩尔达维亚（Moldavia）作为保留自身制度和基督教的附属国而继续存在。在克里米亚，奥斯曼人监督着一个建制长久的鞑靼汗国[2]，给予它很大程度的自治权。被授予"小伊斯坦布尔"称号的喀发继续其作为贸易，尤其是奴隶贸易之枢纽

---

1 字面译为奥特曼人，但中译的"奥斯曼人"也对应该词。——译者注
2 指从钦察汗国分出来的克里米亚汗国。——译者注

的生活。[48]习惯于从波兰人和俄罗斯人土地上劫掠的鞑靼人将长期代表着对欧洲北方国家的一个威胁。[49]

"黑海"（土耳其语写作 Karadeniz）这个术语进入西方用法要感谢突厥人，这海洋位于奥斯曼帝国的北方，此方向在突厥文化中代表黑色。18 世纪，狄德罗（Diderot）在《百科全书》（*Encyclopédie*）中冷静地评论说："住在该海之岸的人民是奥斯曼帝国的臣民或属邦国民。"[50]因着奥斯曼人有效控制各海峡每条通道的军事能力，此时期的这个"突厥人"湖泊就欧洲而言被描绘为一个围场；[51]只有波兰人保留了一道进入黑海的纤细入口，这要多亏布格河（Bug River）和第聂伯河。不过这可能是偏颇之见，因为住在黑海海岸的人民继续同伊斯坦布尔贸易，也同北方大草原和高加索山脉以远的波斯贸易；[52]更进一步，这贸易也继续沿着多瑙河与中欧运行，同样通过海峡与地中海进行。[53]17 世纪和 18 世纪事实上能看到商船队的扩张。[54]如同在其他海洋的情况，奥斯曼帝国对水面的控制终究被一个有着强大水手的民族破坏了，他们从黑海直至安纳托利亚一路实行海盗劫掠，这就是哥萨克人（Cossacks）。[55]讽刺的是，历史对他们服务于俄国骑兵队时在陆地上的功绩记忆更深。[56]

从海峡开放到轮船航行

将奥地利、波兰和威尼斯统一为反对突厥人之联盟的神圣联盟（Holy League）战争（1683—1699）令奥斯曼帝国向中欧的推进最终停止。俄罗斯帝国在一场反对突厥人的战争中首次参加到一个欧洲军事联盟中。尽管如此，奥斯曼帝国依旧是股可怕的势力，且沙皇彼得大帝（Peter the Great）夺取克里米亚的企图败得一塌糊涂。取而代之，他满足于在亚速海上（俄国船只在此处依然被严密封锁）建立一个小小的桥头堡，而即使这个他也无法控制很久。

不过，奥斯曼人主宰黑海的日子屈指可数。在另一场针对俄国

人的战争之后，奥斯曼人被迫于 1774 年签署了《库楚克开纳吉条约》
(Treaty of Küçük Kaynarca)，终于将克里米亚的控制权交付俄国人，也
加上布格河和第聂伯河的河口。[57]俄国最终获得通往公海的出口，而
它们将无往而不利。最重要的是，俄国人也获得了通过海峡通道的权
利，因此就能同地中海开展长途贸易。[58]黑海再度对一个外来政权
敞开。[59]

女皇叶卡捷琳娜大帝（Catherine the Great）现在梦想着希腊的荣
光，这要求的只不过是摧毁奥斯曼帝国并重建一个以君士坦丁堡为都
的东罗马帝国。它暗含着要打造俄国在黑海的海上势力。[60]这番新的
251　扩张也标志着北海岸的一场殖民竞赛，而此地迄今为止都少有人定居。
来自俄国以及欧洲其他部分的垦殖者受邀前来，并有免税和分地政策
作为激励。许多新城市就此建立。[61]值得注意的是，这些城市大多按
照希腊语发音的名字命名，这是着意唤醒对古代时期第一波希腊殖民
的记忆——第聂伯河河口的城市叫赫尔松（Kherson，1778），克里米亚
的城市叫塞瓦斯托波尔（1783）和辛菲罗波尔（Simferopol，1784）（后缀
"-pol" 在希腊语中的意思是"城市"，就像在"Constantinople"中）。[62]

北海岸是一个加速西化的时期，有新式的城市主义、社会组织、
建筑式样和服装款式；更一般地讲，文化开始覆盖并常常抹除早前时
代的东方地基。俯瞰着西北海岸第聂伯河河口的商业化港口城市敖德
萨建于 1794 年，它的名字借自古希腊城市奥德索斯。[63]敖德萨位于
比赫尔松更健康的气候中和更合适的位置，有着网格状的街道、石头
建筑和法国管理人员，被构想为一座见证欧洲启蒙运动的城市。[64]在
近代史上，它作为一个新近有人定居之内陆的贸易出口而建，其作为
新兴港口城市的地位使之格外适合个案研究，几乎是海事史的范型，
呈现出与美国港口城市发展及它们作为"新世界"之意象的一些可类
比性；与此同时，它也与古代那些点缀在地中海上的多元文化港口城
市具有类似特征。新俄罗斯（Novorossiya）成为欧洲的粮仓，归功于
252　它异常肥沃的内陆，而敖德萨与塔干罗格（Taganrog，位于亚速海上）
是其两大港口。[65]

俄国人继续扩张，1812 年继又一场针对奥斯曼帝国的战争之后，俄国吞并了多瑙河畔的摩尔达维亚公国位于普鲁特河（River Prut）北面的部分，将此地更名为比萨拉比亚（Bessarabia）。维也纳会议（Congress of Vienna，1814—1815）维持黑海的现状，于是奥斯曼帝国享受到一次短暂的喘息，尽管如今西方的、希腊的和俄国的船只在它的水面通行，获取了远程运输的相当大份额 [马赛和的里雅斯特（Trieste）分别是法兰西和奥地利出口贸易的关键口岸]。[66] 那时，敖德萨有着显著且兴旺的希腊人口，以至于该城在 1822 年担当了希腊爱国者们发起针对突厥人之起义时的基地，令沙皇亚历山大一世（Alexander I）懊恼不已。[67] 随着亚历山大一世的弟弟尼古拉一世（Nicholas I）登上宝座，主宰着新俄罗斯的西化氛围和自由氛围日渐被一项集权化兼俄国化政策所取代。当英法两国为支持希腊人独立而战之时，俄国将其影响力扩展到摩尔达维亚和瓦拉吉亚（位于今日罗马尼亚境内）这两个公国。1829 年签订《阿德里安堡条约》（Treaty of Adrianople）后，希腊于次年赢得独立，于是黑海北部区域的经济继续增长。在那个时代，随着俄国新近获取的领土快速膨胀以及乐观主义君临天下，什么事看起来都能行。确实，在法国作家巴尔扎克（Honoré de Balzac）的小说《高老头》（*Père Goriot*，1835）中，主角高老头因乌克兰出产的谷物而成就他的财富，他临死时仍然梦想着去敖德萨开一家面食厂，生产一种显而易见是要装船运去供法国人消费的加工食品。[68]

在这个开创性时代，西方对此地兴趣复苏，这催生了一波文献繁荣，有地理学角度的（包括陆地图和海图）、贸易角度和历史角度的，也有综合研究。[69] 那个时代表现出的是，西欧、俄国和美国都不言而喻地认为黑海是一个有凝聚力的地理单元。[70] 轮船早已在敖德萨和克里米亚的雅尔塔（Yalta）之间提供班轮服务，使人可以定期旅行。已知第一本克里米亚导游手册写以法文，1834 年在敖德萨出版，标志着该区域开放给旅行和发现。[71]

与这份醒目的繁荣成鲜明对照的是，经济疲弱的奥斯曼帝国现在被贴上"欧洲病夫"的标签。不管怎样,奥斯曼人在 19 世纪 40 年代开始启动一系列改革措施(在土耳其语中称为 Tanzimat)。[72]渐渐地,奥斯曼帝国公民之间确立了不论宗教的平等性,奴隶制被废除。黑海一带的经济发展随着铁路的发展而进一步加速。1849 年,安纳托利亚海岸的宗古尔达克(Zonguldak)见证了煤炭开采活动的发展,此地距离法国公司和比利时公司开采的锡诺普(Sinope/Sinop)不远,同时特拉比松城作为对波斯商业的出口而体会到了复兴。[73]这些产品没有指定只到奥斯曼帝国的市场,船只将它们运出直布罗陀海峡进入欧洲港口,以满足工业革命时期西方经济的需要。[74]

帝国暮色中的海上流通

当俄国人再度向着君士坦丁堡扩张,外加一项威胁到奥斯曼帝国仅存之地的对东地中海的干涉政策,乌云再度聚拢。于是,看似必定要分配给奥斯曼的战利品且尤其是海峡(所谓"东方问题")再度变成大国们的主要忧虑。[75]乔治·I. 布拉迪阿努(George I. Brătianu)在第二次世界大战中间于布加勒斯特大学(University of Bucharest)讲授一门关于黑海的课程时,综论 19 世纪到 20 世纪中叶这时期是"俄国和欧洲为黑海而争斗"的时期。[76]俄国旨在征服黑海一带的新土地,这是事实,而法国和英国的经济兴趣(主要是海上性质的)让它们反对那种扩张。与海峡落入俄国人手中的后果——这将彻底改变该区域的力量均衡——相比,欧洲各国认为奥斯曼帝国是个小点的恶棍。

在维也纳会议那一代的外交官手中也许依旧能用外交方式控制的局势到 1853 年蜕变成战争。英国和法国出面营救突厥人,迫使俄国军队退回它自己的领土。事情本可以保持这样,但由于如今还在争论中的不明朗原因,西方同盟决定在克里米亚登陆,实际上发动了克里米亚战争(Crimean War,1853—1856)。[77]对塞瓦斯托波尔海军基地反常又残酷的围攻以防守人员有序撤出整个克里米亚而告终(陆上道路从未被切断），但在远征军重新登上运输船只后，他们又迅速返回。

在集体想象的层次上，克里米亚战争令黑海及其区域在西欧文化中大行其道。它的地标［塞瓦斯托波尔、耶夫帕托里亚（Eupatoria）和巴拉克拉瓦（Balaklava）等城市，阿尔玛河（River Alma）以及马拉科夫（Malakoff）要塞］变成西欧家喻户晓的名字。[78]与此相反，它不仅对塞瓦斯托波尔城是创伤性打击，对俄国人也是，用马克·吐温（Mark Twain，他在十年后看到此城）的话说，塞瓦斯托波尔"可能是俄国或其他任何地方破损最厉害的城镇"。[79]俄国人失去了他们对黑海的海军统治权，也失去了他们严重过时的舰队。[80]叶卡捷琳娜大帝的希腊梦元气大伤。在俄国人的想象中，它代表着少数几场绝无法为之辩护的失败战争之一，这条道德伤痕培养出对"西方"进行军事报复的一股强烈渴望。[81]

1856年在冲突中缔结的《巴黎条约》(Treaty of Paris) 禁止在黑海航行战舰以及在黑海海岸周围建造要塞。作为对此的反应，俄罗斯帝国的政策开始转而向内，朝向对该区域尤其是黑海东北海岸的更紧密整合。俄国人早已对以库班河为界的多山东海岸［那时称切尔克西亚（Circassia）］确立了名义控制。切尔克西亚人与1801年被吞并的格鲁吉亚人不同，他们是穆斯林，也没有一个恰当的政府。1864年到1867年间，俄国军队毫不客气地占领了他们的领土并坚定地实行驱逐政策。将近50万人在骇人听闻的条件下流亡奥斯曼帝国。[82]成千上万克里米亚鞑靼人也走上同一条流放之路。

在大不列颠和俄罗斯为控制通往中亚，尤其是波斯之贸易路线而进行的"大游戏"(Great Game) 中，黑海也成为一个次级剧场。对于理解黑海东部运输基础设施的发展而言，这场竞争至关重要。除了敖德萨，俄国人在通往刻赤海峡（可凭铁路从北面到达）的海岸上发展了新罗西斯克（Novorossiysk）港，并控制了可借以通过高加索山脉到里海的外高加索（Transcaucasia）走廊。[83]英国人在奥斯曼帝国的许可下利用他们那部分通过南高加索的路线——船只穿越博斯普鲁斯海峡，在特拉比松这个通往波斯的商队桥头堡卸货。20世纪来临时，随着里海石油油井的发展，俄国建造了一条经过外高加索走廊的铁路。石油在黑海的巴统（Batumi）港装船并运往新罗西斯克，然后装上火车向俄国内陆北进。

1877—1878 年，俄国再次试图了结奥斯曼帝国，奥斯曼帝国在濒死之际被抵达海峡的英国海军挽救。1878 年的《柏林条约》（Treaty of Berlin）引出对黑海西海岸的新配置，承认了罗马尼亚的主权，也创建了现代的保加利亚。突厥人的撤退中能看到双方都犯下针对平民的大屠杀，巴尔干半岛成为驱逐和人口迁移的舞台。随着沙皇亚历山大三世（Alexander III）这个极其保守的君主 1881 年即位，俄罗斯帝国的俄国化政策在全新的尺度下执行——发生一波对非东正教基督徒和穆斯林的镇压。对于犹太人，隔离和暴力变成制度化的，导致当地人施行种族大屠杀，而当局对此视而不见。黑海西岸的局势依旧紧张，1912—1913 年主要发生在保加利亚和色雷斯的两次巴尔干战争只不过是即将到来之风暴的序幕。

冰河时期：冲突与流通失败

从巴尔干半岛和黑海的角度看，主要在陆地打斗而仅有少量海上参与的第一次世界大战（1914—1918）只不过是一系列没完没了之动乱的又一幕，且该区域掉入一场噩梦：安纳托利亚有 100 万或更多亚美尼亚人被屠杀；[84]双双气衰力竭的俄罗斯帝国和奥斯曼帝国最终土崩瓦解，分裂为一大批小国。小亚细亚的"去希腊化"导致几百万基督徒去希腊本土重新定居，反之也有突厥人被从希腊驱逐。[85]在俄国内战的脉络下，乌克兰继续发生种族屠杀[86]，同时穆斯林人口几乎从罗马尼亚和保加利亚消失殆尽。整个区域发生了规模宏大的族群和宗教同质化进程。当今黑海区域发生的大多数政治和社会麻烦或争议都可以追溯到那个人类苦难深重的时期。这有助于改变对黑海的认识[正如鲁宾（Rubin）的花瓶幻觉中，花瓶可以被阐释为两张脸孔]——

257

从一个单一性水体变化为海岸线属于各民族国家的多个分隔片段，且这些民族国家背对大海，经常互相形成强烈对比。

俄国白军在克里米亚战败（1921 年 11 月 [1]）引出来自塞瓦斯托波尔的近 10 万难民的新一轮大出离，多亏有黑海舰队的船只。两次世界大战之间的新秩序带来俄罗斯帝国的各后续国家重新被吸收到苏联，以及土耳其民族主义国家的诞生［土耳其共和国（the Republic of Turkey）］。在西面，罗马尼亚收复了比萨拉比亚——摩尔达维亚公国 1812 年丧失的那部分。

作为对照，随着 1923 年 7 月 24 日签署《洛桑条约》（Treaty of Lausanne），第一次世界大战的西方协约国阵营承认新生的土耳其共和国是奥斯曼帝国的后续政府，黑海的管理体制发生急剧变化。从前关于外国通过海峡通道的由多份双边条约构成的体系让位于同土耳其的一项多边协议——关于海峡管理体制的公约。它确立了“从海上和空中、在和平时期以及战时都自由经过和航行”于海峡的原则。海峡去军事化，并在一个国际委员会管理之下，土耳其便再无权力在任何时候阻碍任何交通，唯一的例外是遇到土耳其本身属于参战国的战争时期，在此情形下，土耳其必须授予中立船只通过的权利，无论商船还是军舰。1936 年关于海峡管理体制的《蒙特勒公约》（Montreux Convention）做出一项更有利于土耳其的妥协——把海峡带回到土耳其的军事控制下，并允许在达达尼尔海峡重新设防。关于商船的条款多少保持不变，包括在战争时期；最大的变化是针对军舰的，它们的通行权利被更严格地规范。在战争时期，当土耳其中立时，交战国将不许通关，而倘若土耳其卷入战争，它将按自己的心意行事。

人们可能以为，在黑海上极大开放商业通道将是这个区域所受磨练的结局，然而并非如此，此时位于苏联控制之下的北海岸的海上商业骤然跌落。20 世纪 20 年代，俄国与乌克兰因为战争与干旱而遭受

---

[1] 此处有误，彼得·弗兰格尔领导的白军于 1920 年 11 月在克里米亚被苏联红军击败并撤往君士坦丁堡。——译者注

了一场可怕的食物短缺，几百万人因此殒命，俄国的面包篮突然连自己都喂不饱了，不过采取了从海上运来救济补给的传统措施。斯大林（Joseph Stalin）当政时期的 1932—1933 年间再度发生一场饥馑，号称"大饥荒"，这次再无来自海上的救济品，死亡人数多得惊人。

希特勒与斯大林 1939 年签署的互不侵犯协定［莫洛托夫–里宾特洛甫协定（Molotov-Ribbentrop pact）］中的一个秘密条款将比萨拉比亚退还给苏联，作为苏联"势力范围"的一部分。当该地区被吞并［并更名为摩尔多瓦共和国（Republic of Moldova）］后，成千上万讲罗马尼亚语的居民或流亡或被屠杀，而日耳曼人口被赶走。

德国（及其盟友罗马尼亚和保加利亚）同苏联随后进行的战争带来的后果是对交战双方的各参与国统统关闭海峡，因为土耳其保持中立。此举不仅阻挠了英国海军去帮助俄罗斯人，也有效地制止了意大利和德国派遣自己的战舰进入黑海。一个结果是，与狂暴的陆地战事相比，第二次世界大战期间黑海几乎没发生过海战。极端暴力似乎就是该区域的一个戳记，占领乌克兰提供了又一个大规模屠杀的机会，该区域近 2/3 的犹太人口被德国人及其盟军杀戮或放逐。[87]克里米亚这边则是猛烈陆战的场景，导致了格外残酷的一幕幕（对俄罗斯人而言，守卫塞瓦斯托波尔就是针对它在克里米亚战争中失败一事上树立爱国主义意义）。最后，斯大林格勒（Stalingrad）战役（1942.9—1943.2）发生在黑海和里海之间的半途位置上。在该区域的陆地和海洋的优先性竞赛中，陆地确然胜出。

仿佛最终实现了沙皇俄国的野心，德国的战败令苏联将其控制权扩展到黑海西岸。比萨拉比亚被带回给苏联各加盟国，它们把它重新吞并了。迄今为止属于比萨拉比亚的敖德萨与普鲁特河之间的黑海海岸被让与乌克兰，于是新的摩尔多瓦共和国变成内陆国。罗马尼亚和保加利亚也被置于苏联统治之下。克里米亚鞑靼人被指控全体勾结纳粹而遭放逐中亚。西方同盟国坚定地支持土耳其，反对苏联夺取海峡及通往波斯和中东的安纳托利亚陆地路线，它们从事的地缘战略政策一如一个世纪之前与奥斯曼帝国之间所从事的。（土耳其 1952 年加入了美国主导的北大西洋公约组织。)

于是冷战锁闭了黑海,将之一分为二——一个在华沙条约管制下的北方,以及一个属于北约组织的土耳其的南方。[88]这两个"世界"之间的大多海上联结都被中断了,除了一个醒目的例外——穿越海峡的长途贸易(尤其是从新罗西斯克港出发的)。让事情更复杂的是,20世纪50年代早期在黑海发生了一场令人尴尬的领土重分配,其后果至今都能感觉到,这就是赫鲁晓夫(Nikita Khrushchev)把克里米亚给了乌克兰苏维埃共和国(1954)。当苏联1991年分崩离析时,曾经只是行政分割的问题变成一个严肃的议题。[89]

黑海冰融

黑海的命运再度因发生在几千千米以外之莫斯科的事件而受到影响。意识形态衰弱而经济破落的苏联崩溃成社会与政治的一片混乱,让人想起1917年沙皇帝国的衰败,尽管不那么血腥。1991年底,原苏联从西边的普鲁特河伸展到东边土耳其边界的那块地方上出现了三个国家——乌克兰、格鲁吉亚和俄罗斯,如果算上(那时)内陆的摩尔多瓦共和国,就是四个。

从苏联统治下解放出来并引入市场经济,给黑海带来新希望和一个开放时期。20世纪90年代,罗马尼亚康斯坦察港口的运输量飙升至前所未有的水平,敖德萨港口也经历了一场显著的成长。这时期还带来一波迄今都被压制的原始民族主义。黑海北部的亲俄派异议者造成国家分裂,至今仍困锁在僵硬的冲突中——德涅斯特沿岸共和国(Transnistria)从摩尔多瓦中脱离;2008年在反对格鲁吉亚的叛乱中,俄罗斯军队干涉阿布哈兹(Abkhazia)(这提供了又一个人口驱逐的机会)。令这些政治交锋更形恶化的是为了经高加索山脉运输里海的石油和天然气资源而发生的斗争,这号称"地缘政治管道"。[90]与19世纪不无相似,竞争发生在俄罗斯控制的北方路线和其他国家控制的南方走廊之间（各方都涉及油气管线、铁路、船只乃至卡车的混用）。

21 世纪早期，力量均衡看似已经转移并且发生性质变化。[91]涉及摩尔多瓦、乌克兰和格鲁吉亚的政治纷争现在被设想是发生在"欧洲"（"西方"）同"俄罗斯"之间的。事实上，张力另有来源——俄罗斯能察觉到一种威胁，北约组织如今能将其成员资格扩展到黑海北部的原苏联成员国。确实，罗马尼亚和保加利亚 2004 年加入了该联盟。

土耳其是种特殊情况，它在欧洲和中东之间撕裂，自 1987 年以来就是欧盟不情愿接纳的成员资格候选人，同时它在体会着自身的身份认同危机。[92]另一方面，一度以不发达和落后令游客咋舌的安纳托利亚海岸如今因经济活动熙熙攘攘，并建造了现代的基础设施，同黑海北岸的乌克兰与俄罗斯形成强烈反差。至于伊斯坦布尔，它是一个快速扩张的现代大都市，也是一个国际贸易枢纽，跻身世界主要国际化首都之列。通过海峡的运输量稳步增长，以致土耳其政府在 2011 年 4 月通告将在博斯普鲁斯海峡西面修建一条 50 千米长的海平面航道（伊斯坦布尔运河），将马尔马拉海同黑海连接起来。这对该区域的后果值得考虑，既在海上运输量方面，也在地缘政治方面，因为《蒙特勒公约》显然适用于博斯普鲁斯海峡，而两个海之间的这条新通道也为土耳其的军事意图提供了更大余地。

在平静期和暴风云之间航行

1991 年苏联解体（使黑海北岸和南岸的海上商业得以恢复）也带来一种新型统一叙事的诞生，该叙事包括较少人知的时期，比如奥斯曼时代和 20 世纪。此发展因较大的言论自由、俄罗斯与乌克兰档案的开放、学者的流通和黑海海岸长达 20 年的相对和平时期而被促进。类似地，黑海是个统一体的概念打着"更宽广的黑海区域"（或"更大的黑海地区"）的名号而在当代的地缘政治研究中再度流行起来。[93]这么提至少有三个原因。首先，从国际法视角出发，黑海是个整体，理由是关于船只自由通行海峡的协议。其次，大量沿海国家分担共同议题，比如位处俄罗斯及欧盟的边界地带、社会和政治的不稳定性、经济难题以及作为能源管道。最后，"黑海区域"是个方便的概念，可充当"欧洲"和"中东"或"巴尔干半岛"和"高加索山脉"这些地理称谓之间的关联环节。[94]

合作动议［诸如 1997 年成立的黑海经济合作组织（Black Sea Economic Cooperation）］主持了工作报告和出版工作。[95]欧盟[96]、北大西洋公约组织[97]及俄罗斯领导的独立国家联合体（CIS）[98]也都有充裕的政治文献资源。然而在俄罗斯语境下，"黑海"一般被以一种有严格限定的方式理解，因为北岸从前由俄罗斯帝国和苏联控制，从多瑙河左岸一直到东安纳托利亚的土耳其边界。在土耳其，冷战的结束和各海岸恢复联系以及对"土耳其欧洲性"的辩论都促成了对黑海的新一波历史研究。[99]然而对黑海"区域"的兴趣不必然就是对黑海本身的兴趣。

与此同时，黑海仍有着再度走向局部围场时期的风险。2014 年，随着乌克兰亲俄政府倒台，俄罗斯兼并克里米亚；同时，在（乌克兰东部）顿巴斯（Donbass）爆发一场叛乱。对俄罗斯的禁运令带来的一个后果是，克里米亚和俄罗斯海岸（尤其是新罗西斯克）同世界其他地方的海上贸易严重萎缩。[100]今天，欧洲客轮不再被允许访问雅尔塔或塞瓦斯托波尔（与此同时，罗马尼亚的康斯坦察和乌克兰的敖德萨这些港口城市在经历相应的扩张）。自 20 世纪 90 年代以来，少有来自克里米亚各港口的商贸，自俄罗斯吞并行动之后就更少了；区域交通多数由陆地进行。当前在建的通过刻赤海峡将克里米亚同俄罗斯本部连通的桥梁只不过会加剧该种趋势。[101]就此而言，穿越黑海的流通看来确实与民族主义成反比地演化。

土耳其近期的威权主义转向以及由此导致的欧盟议会于 2016 年 11 月决心冻结其成员资格申请进程，似乎已经制止了该国整合入欧洲体系。另一方面，安纳托利亚那侧黑海海岸的沿海航运依旧生机勃勃。21 世纪的第二个十年无疑是个不稳定时期，该区域的力量均衡在转移，且恐怕向着几个可能方向演化。毋庸置疑，俄罗斯与土耳其在尝试修复邦交，但这需要克服可回溯到俄罗斯帝国和奥斯曼帝国时代的领土竞争，尤其要克服对东安纳托利亚的影响。随着俄罗斯与安纳托利亚海岸的海上联结日益增长，这一点能否达成还要拭目以待。

安抚水域：关于黑海的一种新叙事

总之，要书写一部连贯的黑海海事史至少呈现出四个挑战或四种悖论：陆地与海洋的双价性；很大程度上属于地缘政治议题的开放性对封闭性（尤其是涉及海峡）；现有文献中微观史胜于宏观史的普遍现象；以及（最后但并非不重要的）书写一种摆脱帝国史或民族国家史之惰性的叙事的困难。

确实，当 19 世纪预示出一个充满现代性的新时代的同时，濒临那个海洋的各个新国家的创立把一串成问题的民族国家身份认同也传递下去，此种身份认同因为对于战争、大屠杀和放逐的记忆而被玷污。民族主义者意识形态（一种本质上以陆地为导向的思想形式）正威胁着要让这海洋再度退化为背景并缩减其流通量。特别是在俄罗斯、乌克兰和土耳其，主导叙事依旧是那种族群同质化民族国家的叙事，以陆地为导向（即背对这个海洋），受本质上充满敌意的邻邦和格格不入的"少数民族"折磨。现实则不然，尽管有各种事端，家族纽带依然创建出错综复杂的地方性和区域性身份认同网络，将人们共同带入一个有着社会亲和力和宗教亲和力的集群；且这海洋依旧是各海岸之间的联结媒介。

总体而言，试图撰写一部从"新海洋学"视角出发的以黑海为一个整体的海事史，这依旧是项冒险的工作，而且不仅仅因为其中的人类复杂性。在一个历史"真相"依然是敌对民族国家之间领土赌注问题的区域，民族国家叙事（它们在很大程度上继续忽视多样性）仍持续给争议提供养料。乌克兰与俄罗斯最近闹翻，以及沿海国家整体上强力利用历史偏见以求得政治立场的合法化（更别提抑制自由言论的法律），这些都令历史学家的任务日益困难。关于暴行受害者的报告依然太频繁地被用于将从前犯下的罪行最小化或将新的罪行合法化，新的罪行正令复仇主义、民族统一主义和暴力的无尽循环长盛不衰。

书写一部让黑海发挥前景作用的新的区域叙事，这可能要求所有国家都承认它们在从 19 世纪晚期以来令海岸脱节的巨大悲剧中扮演了有罪的一方。新一代历史学家正在承认，要想把被"民族国家认同"强力分裂的人民带到一起，就需要重新书写一部越出政治偏见和狭隘兴趣的黑海史。此进程在收集受害者证言的同时，也包括收集作恶者的忏悔词，这间或是令人痛苦的进程。那些走上这条知识讲和之路的人有可能让自己置身于激烈的批评之下，批评者是那些相信历史学家应当屈从于那些自以为正义之政治议程的人。不过，倘若涉身其中的黑海沿海国家都抛弃自我扩张的欲望并转而"将首先会创建出一种事实上之团结性的成就具体化"[102]——此方法在第二次世界大战之后为法国和德国付了红利，则它们之间的和解可以想望。

在长时段中，濒临黑海的各国之间曾经存在的敌意不过是该区域历史的短暂一瞬。帝国与民族国家加上它们的意识形态看上去就是客串演员，衬着一道缓慢移动的幕墙进场、演出并退场。当与黑海——用希罗多德的话说"这个最了不起的海"——相对永久的灰绿色波涛并置而观时，地缘政治赌注、民族国家野心和往昔的军事辉煌确如过眼云烟。尽管铁路、汽车和飞机来临，但海上航运仍将是便宜并有效的运输方式。在长时段中，"好客海"依旧是该区域真正的主人和主要的行为人，它早在帝国和民族国家之前已经存在并很可能比它们经久。恐怕确实要由黑海的居民通过确立一份持久的和平而给它带来荣誉，要有利于沿海的人员、货物和思想流通，同时保护并长久保持它珍贵的环境，方才能建设这份和平。

264

👉 深入阅读书目

　　很少有历史学家试图撰写长时段下的详尽黑海叙述。两部英文参考书见 Neil Ascherson, *Black Sea: The Birthplace of Civilisation and Barbarism* (London, 1995); Charles King, *The Black Sea: A History* (Oxford, 2004)，前者是一部唤起人们切身感受的历史性非虚构作品，也是一部优秀的旅行见闻录，后者代表迄今为止对黑海历史的最广泛概述。不能漏了 George I. Brătianu, *La mer Noire: des origines à la conquête ottomane*, Munich, 1969，它是一部开创性的综论作品，涵盖的时期超出古代末期，可惜从未被译为英文。

　　最近有一些期刊文章覆盖黑海历史（尽管其时空视野有限），比如 "Nations, Nation-states, Trade and Politics in the Black Sea", *Euxeinos,* 14 (2014)。然而很少有历史编纂学指向的文章力图把黑海作为一个研究单元加以批评性考虑（该议题是个仍有争端的主题），关于这一问题，见 Eyüp Özveren, "The Black Sea as a Unit of Analysis", in Tunc Aybak, ed., *Politics of the Black Sea: Dynamics of Cooperation and Conflict* (London, 2001), pp. 61–84，及 Owen Doonan, "The Corrupting Sea and the Hospitable Sea: Some Early Thoughts toward a Regional History of the Black Sea", in Derek B. Counts and Anthony S. Tuck, eds., *Koine: Mediterranean Studies in Honor of R. Ross Holloway* (Providence, RI, 2010), pp. 68–74。

　　关于该海洋的环境，尤其是对巨大洪水的争议，见 Petko Dimitrov and Dimitar Dimitrov, *The Black Sea, the Flood, and the Ancient Myths* (Varna, 2004); Valentina Yanko-Hombach, Allan S. Gilbert, Nicolae Panin and Pavel M. Dolukhanov, eds., *The Black Sea Flood Question: Changes in Coastline, Climate and Human Settlement* (Dordrecht, 2007)。关于黑海的生物学和生态学，参考 Yu. P. Zaitsev and V. Mamaev, *Marine Biological Diversity in the Black Sea* (New York, 1997); Zaitsev, *An Introduction to the Black Sea Ecology* (London, 2001)。黑海的海上考古学详见 Robert D. Ballard, Fredrik T. Hiebert, Dwight F. Coleman, Cheryl Ward, Jennifer S. Smith, Kathryn Willis, Brendan Foley,

Katherine Croff, Candace Major and Francesco Torre, "Deepwater Archaeology of the Black Sea: The 2000 Season at Sinop, Turkey", *American Journal of Archaeology,* 105 (2001): 607–623。直到最近，历史学家才对黑海及其区域的环境投以关注，例如可见 Carlos Cordova, *Crimea and the Black Sea: An Environmental History* (London, 2016)。

至于历史类文献，关于黑海的当代作品折射出开放性和封闭性次第相接的各时期。历史学家与考古学家都格外爱将可观的研究投入史前时代和古代，研究游牧部族的最早定居、希腊人的海上殖民进程，以及该区域之被吸收进罗马文明圈，这方面特别参见 Gocha R. Tsetskhladze, ed., *The Greek Colonisation of the Black Sea Area: Historical Interpretation of Archaeology* (Stuttgart, 1998); Mariya Ivanova, *The Black Sea and the Early Civilizations of Europe, the Near East, and Asia* (Cambridge, 2013)。在研究靠后的自希腊化时代跨至奥斯曼时代（罗马人时代、意大利人时代、蒙古人时代）的作品中，聚焦于黑海之贸易和经济／社会发展的，见 Alan W. Fisher, "Muscovy and the Black Sea Trade", *Canadian-American Slavic Studies,* 6 (1972): 575–594; Nicola di Cosmo, "Mongols and Merchants on the Black Sea Frontier (13th–14th c.): Convergences and Conflicts", in Reuven Amitai and Michal Biran, eds., *Turco-Mongol Nomads and Sedentary Societies* (Leiden, 2005), pp. 391–424; Victor Ciocîltan, *The Mongols and the Black Sea Trade in the Thirteenth and Fourteenth Centuries,* trans. Samuel Willcocks (Leiden, 2012); Mikhail B. Kizilov, "The Black Sea and the Slave Trade: The Role of Crimean Maritime Towns in the Trade in Slaves and Captives in the Fifteenth to Eighteenth Centuries", *International Journal of Maritime History,* 17 (2005): 211–235。关于奥斯曼时代，见 Gilles Veinstein, "From the Italians to the Ottomans: The Case of the Northern Black Sea Coast in the Sixteenth Century", *Mediterranean Historical Review,* 1 (1986): 221–237; Halil İnalcık, "The Question of the Closing of the Black Sea under the Ottomans", *Archeion Pontou,* 35 (1979): 74–110; Carl M. Kortepeter, "Ottoman Imperial Policy and the Economy of the Black Sea Region in the Sixteenth Century", *Journal of the American Oriental Society,*

266

86 (1966): 86–113。关于近现代时期黑海对外国势力之开放的研究，见 Vassilis Kardassis, *Diaspora Merchants in the Black Sea: The Greeks in Southern Russia, 1775–1861* (Lanham, MD, 2001); Gelina Harlaftis, "The Role of Greeks in the Black Sea Trade, 1830–1900", in Lewis R. Fischer and Helge W. Norvik, eds., *Shipping and Trade, 1750–1950: Essays in International Maritime Economic History* (Rotterdam, 1990), pp. 63–95; Andrew Robarts, *Migration and Disease in the Black Sea Region: Ottoman-Russian Relations in the Late 18th and Early 19th Centuries* (London, 2017)。

关于黑海的港口城市，见 Flora Karagianni, ed., *Medieval Ports in North Aegean and the Black Sea: Links to the Maritime Routes of the East* (Thessaloniki, 2013); Patricia Herlihy, *Odessa: A History, 1794–1914* (Cambridge, MA, 1986); Charles King, *Odessa: Genius and Death in a City of Dreams* (New York, 2011); Constantin Ardeleanu and Andreas Lyberatos, eds., *The Port-cities of the Black Sea, Port Cities of the Western Black Sea Coast and the Danube* (Corfu, 2016)。

最后，关于黑海从根本上是否应被当作一个研究区域和研究单元之议题的更多作品，见 Charles King, "Is the Black Sea a Region?", in Oleksander Pavliuk and Ivana Klympish-Tsintadze, eds., *The Black Sea Region: Cooperation and Security Building* (London, 2004), pp. 13–26; Daniel S. Hamilton and Gerhard Mangott, eds., *The Wider Black Sea Region in the 21st Century: Strategic, Economic, and Energy Perspectives* (Washington, DC, 2008); 还有 Ruxandra Ivan, ed., *New Regionalism, or No Regionalism? Emerging Regionalism in the Black Sea Area* (London, 2012)。这场辩论应能从关于黑海的历史研究和地缘政治研究的更多互动中受益。

注 释

[1] 对低于海平面的洼地发生巨大洪水这一理论的支持，尤见 William Ryan and Walter Pitman, *Noah's Flood: The New Scientific Discoveries about the Event that Changed History* (New York, 2000); Petko Dimitrov and Dimitar Dimitrov, *The Black Sea, the Flood, and the Ancient Myths* (Varna, 2004)。不过，对该思想未取得一致看法。更多辩论见 Valentina Yanko-

Hombach, Allan S. Gilbert, Nicolae Panin and Pavel M. Dolukhanov, eds., *The Black Sea Flood Question: Changes in Coastline, Climate and Human Settlement* (Dordrecht, 2007)。

[2] Yu. P. Zaitsev and V. Mamaev, *Marine Biological Diversity in the Black Sea* (New York, 1997); Zaitsev, B. G. Aleksandrov and G. G. Minicheva, eds., *Severo-Zapadnaya chast' Chernogo Morya: Biologiya i Ekologiya*(《黑海西北部：生物学与生态学》)(Kiev, 2006)。

[3] 见 Robert D. Ballard, Fredrik T. Hiebert, Dwight F. Coleman, Cheryl Ward, Jennifer S. Smith, Kathryn Willis, Brendan Foley, Katherine Croff, Candace Major and Francesco Torre, "Deepwater Archaeology of the Black Sea: The 2000 Season at Sinop, Turkey", *American Journal of Archaeology*, 105 (2001): 607–623; C. Ward and R. Horlings, "The Remote Exploration and Archaeological Survey of Four Byzantine Ships in the Black Sea", in Robert D. Ballard, ed., *Archaeological Oceanography* (Princeton, NJ, 2008), pp. 148–175。关于黑海考古学之近期文献的综述，见 Jan Bouzek, Viktoria Čisťakova, Petra Tušlová and Barbora Weissová, "New Studies in Black Sea and Balkan Archaeology", *Eirene: Studia Graeca et Latina*, 50 (2014): 298–316。黑海水上考古近期发现的一个例子，见 William S. Broad, "'We Couldn't Believe Our Eyes': A Lost World of Shipwrecks is Found in the Black Sea", *New York Times*, 11 November 2016: www.nytimes.com/2016/11/12/science/shipwrecks-black-seaarchaeology. html（2017 年 3 月 31 日访问）。

[4] Jules Verne, *Kéraban-le-Têtu* (Paris, 1883).

[5] Fernand Braudel, *La Méditerranée et le monde méditeranéen à l'époque de Philippe II*, I: *La part du milieu* (Paris, 1949).

[6] Peregrine Horden and Nicholas Purcell, *The Corrupting Sea: A Study of Mediterranean Sea* (Oxford, 2000). 将霍尔登和珀塞尔的模型运用于黑海的可信度问题，见 Owen Doonan, "The Corrupting Sea and the Hospitable Sea: Some Early Thoughts toward a Regional History of the Black Sea", in Derek B. Counts and Anthony S. Tuck, eds., *Koine: Mediterranean Studies in Honor of R. Ross Holloway* (Providence, RI, 2010), pp. 68–74。

[7] Doonan, "The Corrupting Sea and the Hospitable Sea", pp. 69–70.

[8] Anca Dan, "The Black Sea as a Scythian Bow", in Manolis Manoledakis, ed., *Exploring the Hospitable Sea. Proceedings of the International Workshop on the Black Sea in Antiquity Held in Thessaloniki, 21–23 September 2012* (Oxford, 2013), pp. 39–58.

[9] Stella Ghervas, "L'espace mer Noire: conquêtes et dominations, de l'Antiquité à nos jours", *Questions Internationales*, 72 (2015): 14–25.

[10] 来自古希腊词语 ἔνδον (*éndon*)，意为 "在······之内"，及 ῥεῖν (*rheîn*)，意为 "流淌"。该特征为黑海和亚洲的里海以及（几近消失的）咸海（Aral Sea）所共有。

[11] Joseph Wechsberg, *The Danube: 2,000 years of History, Myth, and Legend* (New York, 1979); Claudio Magris, *Danubio* (Milan, 1986); Andrew Eames, *Blue River, Black Sea: A Journey along the Danube into the Heart of the New Europe* (London, 2010).

[12] 关于该主题的更多论述，见 Tonnes Bekker-Nielsen and Ruthy Gertwagen, eds., *The inland*

Seas: Towards an Ecohistory of the Mediterranean and the Black Sea (Stuttgart, 2016)。

[13] Klaus Roth, "Rivers as Bridges — Rivers as Boundaries: Some Reflections on Intercultural Exchange on the Danube", Ethnologia Balkanica, 1 (1997): 20–28.

[14] 地缘政治难题，见 Stéphane Yerasimos, "Istanbul: approche géopolitique d'une mégapole", Hérodote, 103 (2001): 102–117。

[15] Necdet Sakaoğlu, "İstanbul'un adları"（《伊斯坦布尔的名字》）, in Türkiye Kültür Bakanlığı, ed., Dünden bugüne İ stanbul ansiklopedisi (Istanbul, 1994), p. 94; Marek Stachowski and Robert Woodhouse, "The Etymology of Istanbul: Making Optimal Use of the Evidence", Studia Etymologica Cracoviensia, 20 (2015): 221–245。

[16] Charles King, The Black Sea: A History (New York, 2004), pp. 3–6.

[17] Neal Ascherson, Black Sea: The Birthplace of Civilisation and Barbarism (London, 1995), pp. 12–27.

[18] 黑海的史前史，见 Mariya Ivanova, The Black Sea and the Early Civilizations of Europe, the Near East, and Asia (Cambridge, 2013)；关于卡斯基安人，尤见 Claudia Glatz and Roger Matthews, "Anthropology of a Frontier Zone: Hittite-Kaska Relations in Late Bronze Age North-central Anatolia", Bulletin of the American Schools of Oriental Research, 339 (2005): 47–65。

[19] M. I. Maksimova, "Hittites in the Black Sea Region", Journal of Near Eastern Studies, 10 (1951): 74–81.

[20] Marianna Koromila, ed., The Greeks and the Black Sea: From the Bronze Age to the Early Twentieth Century (Athens, 2002), pp. 34–48.

[21] "Straits"（海峡）这个术语用于指代包含达达尼尔海峡［赫勒斯滂（Hellespont）］、马尔马拉海和博斯普鲁斯海峡的这个地区。见 Viktor Burr, Nostrum Mare. Ursprung und Geschichte der Namen des Mittelmeeres und seiner Teilmeere im Altertum (Stuttgart, 1932), p. 24。

[22] 见 George I. Brătianu, La Mer Noire: Des origines à la conquête ottomane [Paris, 2009 (1949; 1st edn, Munich, 1969)], pp. 37–39。布拉迪阿努经过认真考虑后坚持有两个控制入黑海通道的"关键据点"（海峡与东克里米亚）。

[23] 即所谓希萨尔克丘（Mound of Hisarlık），位于亚洲海岸，恰纳卡莱海峡（Çanakkale Boğazı, 即达达尼尔海峡）南面30千米处。它由海因里希·施里曼（Heinrich Schliemann）1868年发现。见 Jorrit Kelder, Günay Uslu and Ömer Faruk Şerifoğlu, eds., Troy: City, Homer, Turkey (Zwolle, 2012)。

[24] Brătianu, La Mer Noire, pp. 34–36; Alessandro Baccarin, "Il 'Mare Ospitale': L'arcaica concezione greca del Ponto Eusino nella stratifi cazione delle tradizioni antiche", Dialogues d'histoire ancienne, 23 (1997): 89–118; François de Blois, "The Name of the Black Sea", in Maria Macuch, Mauro Maggi and Werner Sundermann, eds., Iranian Languages and Texts from Iran and Turan (Wiesbaden, 2007), pp. 1–8.

[25] Jurij G. Vinogradov and Sergej D. Kryickij, Olbia: Eine Altgriechische Stadt Im Nordwestlichen

Schwarzmeerraum (Leiden, 1995). 关于黑海希腊人殖民地考古遗址的更多内容，见 Robert Drews, "The Earliest Greek Settlements on the Black Sea", *The Journal of Hellenic Studies*, 96 (1976): 18–31; Gocha R. Tsetskhladze, ed., *The Greek Colonisation of the Black Sea Area: Historical Interpretation of Archaeology* (Stuttgart, 1998); Owen P. Doonan, *Sinop Landscapes: Exploring Connection in a Black Sea Hinterland* (Philadelphia, PA, 2004), pp. 23–50; Christel Müller, *D'Olbia à Tanaïs. Territoires et réseaux d'échanges dans la mer Noire septentrionale aux époques classique et hellénistique* (Bordeaux, 2010)。

[26] 希腊语名称是发西斯河和塔内斯河（Tanais River），还有西米里海峡［Cimmerian Strait，也叫西米里博斯普鲁斯（Cimmerian Bosphorus）］。亚速海的古代名称是梅奥提克湖（Maeotic Lake，希罗多德《历史》，4:45）。见 Denis Zhuravlev and Udo Schlotzhauer, eds., *Drevnie Elliny mezhdu Pontom Evksinskim i Meotidoi*（《好客海与梅奥提斯之间的古希腊人》）(Moscow, 2016); Anca Dan, "The Rivers Called Phasis", *Ancient West & East*, 15 (2016, Festschrift Alexandru Avram): 245–277: DOI: 10.2143/AWE.15.0.3167476; C. J. Tuplin, ed., *Pontus and the Outside World: Studies in Black Sea History, Historiography and Archaeology* (Leiden, 2004)。

[27] 正如罗德岛的阿波尼乌斯（Apollonius of Rhodes，公元前 3 世纪）在《阿尔戈英雄纪》（*Argonautica*）中讲述的。见 Francis Vian, "Légendes et stations argonautiques du Bosphore", in Raymond Chevallier, ed., *Mélanges offerts à Roger Dion. Littérature gréco-romaine et géographie historique* (Paris, 1974), pp. 93–99。

[28] Appian of Alexandria (c. 95–c. 165), *The Mithridatic Wars*, 119. 见 B. C. McGing, *The Foreign Policy of Mithridates VI Eupator, King of Pontus* (Leiden, 1986), pp. 89–167。

[29] 罗马诗人奥维德（Ovid）对于他在公元前 8 年被流放到托米斯直至去世的生涯有过出名的描写。他很可能也在那里写下了《哀怨集》（*Tristia*）和《黑海书简》（*Epistulae ex Ponto*）。

[30] Jean Rougé, *Recherches sur l'organisation du commerce maritime en Méditerranée sous l'Empire romain* (Paris, 1966); Octavian Bounegru and Mihail Zahariade, *Les forces navales du Bas Danube et de la mer Noire au Ier–VIe siècles* (Oxford, 1996); Octavian Bounegru, "The Black Sea Area in the Trade System of the Roman Empire", *Euxeinos*, 14 (2014): 8–16.

[31] "拜占庭" 这一术语的发明归功于日耳曼人昔洛尼姆斯·沃尔夫（Hieronymus Wolf, 1516–1580）的《拜占庭史全书》（*Corpus Historiae Byzantinae*, 1557）。这在我们看来，是一种基于后见之明而在古代的罗马帝国（以罗马为都）同中世纪的罗马帝国（以君士坦丁堡为都）之间制造意识形态断裂的努力。启蒙作家如孟德斯鸠（Montesquieu）和伏尔泰（Voltaire）也使用 "拜占庭帝国" 术语，描绘它阴郁暗淡的形象。

[32] Fernand Braudel, *La Méditerranée et le monde méditerranéen*, pp. 128–129.

[33] Edward N. Luttwak, *The Grand Strategy of the Byzantine Empire* (Cambridge, MA, 2009), pp. 95–144.

[34] Aleksandr I. Aibabin, "Written Sources on Byzantine Ports in the Crimea from the Fourth to

the Seventh Century", in Flora Karagianni, ed., *Medieval Ports in North Aegean and the Black Sea: Links to the Maritime Routes of the East* (Thessaloniki, 2013), pp. 57–67.

[35] 黑海中世纪港口城市的更多内容，见 Karagianni, ed., *Medieval Ports in North Aegean and the Black Sea*。

[36] 关于该时期，见 Nicola di Cosmo, "Mongols and Merchants on the Black Sea Frontier (13th–14th c.): Convergences and Conflicts", in Reuven Amitai and Michal Biran, eds., *Turco-Mongol Nomads and Sedentary Societies* (Leiden, 2005), pp. 391–424; di Cosmo, "Black Sea Emporia and the Mongol Empire: A Reassessment of the *Pax Mongolica*", in Jos Gommans, ed., *Empires and Emporia: The Orient in World Historical Space and Time,* Jubilee issue, *Journal of the Social and Economic History of the Orient,* 53, 1–2 (2010): 83–108; Victor Ciocîltan, *The Mongols and the Black Sea Trade in the Thirteenth and Fourteenth Centuries,* trans. Samuel Willcocks (Leiden, 2012)。

[37] 黑海的意大利人时代，见 Nicolae Iorga, *Studii istorice asupra Chiliei și Cetății Albe* (Bucharest, 1899), pp. 44–53; Iorga, *Veneția în Marea Neagră* (Bucharest, 1914); George I. Brătianu, *Recherches sur le commerce génois dans la mer Noire au XIIIe siècle* (Paris, 1929); Maria G. Nystazopoulou-Pélékidis, *Venise et la mer Noire du XIe au XVe* (Venice, 1970)。

[38] 该主题更多内容，见 Sergej P. Karpov, *La navigazione veneziana nel Mar Nero: XIII–XV sec.* (Ravenna, 2000); Andreea Atanasiu, *Veneția și Genova în Marea Neagră: nave și navigație (1204–1453)* (Brăila, 2008)。

[39] Geo Pistarino, "Genova e i Genovesi nel Mar Nero", in *I Gin dell'Oltremare* (Genova, 1988); Serban Papacostea, *La Mer Noire carrefour des grandes routes intercontinentales 1204–1453* (Bucharest, 2006), pp. 47–63; Şerban Papacostea and Virgil Ciocîltan, *Marea Neagră, răspantie a drumurilor intercontinentale, 1204–1453* (《黑海，大陆间重大路线的十字路口，1204–1453》) (Constanța, 2007); Ovidiu Cristea, *Veneția și Marea Neagră în secolele XIII–XIV: Contribuții la studiul politicii orientale venețiene* (《威尼斯与黑海，13—14 世纪》) (Brăila, 2004); Cristea, ed., *Marea Neagă: Puteri maritime — Puteri continentale* (《黑海：海军势力-大陆势力》) (Bucharest, 2006)。

[40] Mikhail B. Kizilov, "The Black Sea and the Slave Trade: The Role of Crimean Maritime Towns in the Trade in Slaves and Captives in the Fifteenth to Eighteenth Centuries", *International Journal of Maritime History,* 17 (2005): 211–235。关于这时期黑海的贸易路线，见 Serban Papacostea, *La Mer Noire carrefour des grandes routes intercontinentales 1204–1453* (Bucharest, 2006), pp. 47–63; Cristea, ed., *Marea Neagră*, pp. 21–158。

[41] Alan W. Fisher, *The Crimean Tatars* (Stanford, CA, 1978).

[42] Nükhet Varlık, *Plague and Empire in the Early Modern Mediterranean World: The Ottoman Experience, 1347–1600* (Cambridge, 2015), pp. 178–179.

[43] 对此次扩张的概述，见 Nihat Çelik, "The Black Sea and the Balkans under Ottoman Rule", *Karadeniz Araştırmaları,* 6, 24 (2010): 1–27。

[44] George I. Brătianu, *Chestiunea Mării Negre: Curs 1941–1942* (《黑海问题：1941—1942 年间讲

演集》), ed. Ioan Vernescu (Bucharest, 1942), pp. 4–10。

[45] Gilles Veinstein, "From the Italians to the Ottomans: The Case of the Northern Black Sea Coast in the Sixteenth Century", *Mediterranean Historical Review,* 1 (1986): 221–237.

[46] Gabor Agoston, *Guns for the Sultan: Military Power and the Weapons Industry in the Ottoman Empire* (Cambridge, 2005), pp. 29–60.

[47] Braudel, *La Méditerranée et le monde méditerranéen,* p. 129; Suraiya Faroqhi, *Towns and Townsmen of Ottoman Anatolia: Trade, Crafts and Food Production in an Urban Setting, 1520–1650* (Cambridge, 1984).

[48] Halil İnalcık, *Sources and Studies on the Ottoman Black Sea,* I: *The Customs Register of Caffa, 1487–1490* (Cambridge, MA, 1997); Yücel Öztürk, *Osmanlı Hâkimiyetinde Kefe, 1475–1600* (《奥斯曼治下的喀发，1475—1600》)(Ankara, 2000)。

[49] Victor Ostapchuk, "Long-range Campaigns of the Crimean Khanate in the Mid-sixteenth Century", in Brian Davies, ed., *Warfare in Eastern Europe, 1550–1800* (Leiden and Boston, MA, 2011), pp. 147–172.

[50] [Louis de Jaucourt], "Mer Noire" (1765), in Denis Diderot and Jean Le Rond d'Alembert, eds., *Encyclopédie ou dictionnaire raisonné des sciences, des arts et des métiers,* 28 vols. (Paris and Neuchatel, 1754–1772), X, p. 366.

[51] King, *The Black Sea,* pp. 132–134; Cemal Tukin, *Boğazlar Meselesi* (《海峡问题》)(Istanbul, 1999); Anca Popescu, "La mer Noire ottomane: mare clausum? Mare apertum?", in Faruk Bilici, Ionel Candea and Anca Popescu, eds., *Enjeux politiques, économiques et militaires en mer Noire (XIV e–XXI e siècles). Etudes à la mémoire de Mihail Guboglu* (Brǎila, 2007), pp. 141–170。

[52] Halil İnalcık, "The Question of the Closing of the Black Sea under the Ottomans", *Archeion Pontou,* 35 (1979): 74–110; Kemal Beydilli, "Karadeniz", in Kapalılığı Karşısında Avrupa Küçük Devletleri ve "Mîrî Ticâret" Teşebbüsü (《面对黑海的封闭：欧洲小国与帝国的贸易主动权》), *Belleten,* 55, 214 (1991): 687–755。

[53] Tufan Turan, "Osmanlı-İspanyol Karadeniz Ticaret Müzakereleri ve İspanya'nın Karadeniz Ticaretine Girişi" (《奥斯曼—西班牙黑海贸易谈判及西班牙进入黑海贸易》), *Uluslararası Sosyal Araştırmalar Dergisi/The Journal of International Social Research,* 7, 32 (2014): 252–271。

[54] İdris Bostan, *Osmanlı Bahriye Teşkilatı: XVII. Yüzyılda Tersâne-i Âire* (《奥斯曼的海军管理和帝国 17 世纪的海上军火库》)(Ankara, 1992); Bostan, *Kürekli ve Yelkenli Osmanlı Gemileri* (《奥斯曼桨帆大帆船》)(Istanbul, 2005)。

[55] Marina A. Tolmacheva, "The Cossacks at Sea: Pirate Tactics in the Frontier Environment", *East-European Quarterly,* 24 (1991): 483–512; Victor Ostapchuk, "The Human Landscape of the Ottoman Black Sea in the Face of the Cossack Naval Raids", *Oriente Moderno,* 20 (2001): 28–33.

[56] 关于这方面的更多内容，见 Serhii Plokhy, "Revisiting the Golden Age: Mykhailo Hrushevsky and the Early History of the Ukrainian Cossacks", introduction to Mykhailo Hrushevsky, *History of Ukraine-Rus',* VII: *The Cossack Age to 1625,* ed. Serhii Plokhy and Frank A. Sysin

(Edmonton and Toronto, 1999), pp. xxvii–lii。对 胡 舍 夫 斯 基（Hrushevsky）观 点 的 批评，见 Andrei Pippidi, "Cazacii navigatori, Moldova şi Marea Neagră la începutul secolului al XVII–lea", in Cristea, ed., *Marea Neagră*, pp. 260–282。

[57] 今天保加利亚北部的开纳札（Kaynardzha，经常转写为 Kaynardja），接近锡利斯特拉市（Silistra）和罗马尼亚边界。关于该主题更多内容，见 Ekaterina I. Druzhinina, *Kyuchuk-Kaynardzhiyskiy mir 1774 goda: Ego podgotovka i zaklyuchenie* (《1774 年的〈库楚克开纳吉条约〉：准备与结果》)(Moscow, 1955)。

[58] L. N. Nezhinskiy and A. V. Ignat'ev, eds., *Rossiya i Chernomorskie Prolivy (XVIII–XX stoletiya)* (《俄国与海峡，18—20 世纪》)(Moscow, 1999)。

[59] Irina M. Smilianskaya, Elena B. Smilianskaya and Mikhail B. Velizhev, *Rossiya v Sredizemnomor'e: Arkhipelagskaya ekspeditsiya Ekateriny Velikoy* (《俄国在地中海区域：叶卡捷琳娜大帝的半岛远征》)(Moscow, 2011); Constantin Ardeleanu, "The Opening and Development of the Black Sea for International Trade and Shipping (1774–1853)", *Euxeinos,* 14 (2014): 30–52。

[60] Aleksey A. Lebedev, *U istokov Chernomorskogo Flota Rossii: Azovskaya Flotiliya Ekateriny II v bor'be za Krym i v sozdanii Chernomorskogo Flota, 1768–1783 gg.* (《在俄国黑海舰队滥觞时：争夺克里米亚和创建黑海舰队期间叶卡捷琳娜二世的亚速海小舰队，1768—1783》)(St Petersburg, 2011); Faruk Bilici, "Navigation et commerce en mer Noire pendant la guerre ottomano-russe de 1787–1792: Les navires ottomans saisis par les Russes", *Anatolia Moderna,* 3 (1992): 261–277; Adrian Tertecel, "Marea Neagră Otomană şi ascensiunea Rusiei (1654–1774)" (《奥斯曼的黑海与俄国崛起》), in Cristea, ed., *Marea Neagră*, pp. 325–346; Julia Leikin, "Across the Seven Seas: Is Russian Maritime History More than Regional History?", *Kritika: Explorations in Russian and Eurasian History,* 17 (2016): 635–637。

[61] King, *The Black Sea*, pp. 162–165.

[62] Boris Unbegaun, "Les noms des villes russes: la mode grecque", *Revue des études slaves,* 16 (1936): 214–235; John A. Mazis, *The Greeks of Odessa: Diaspora Leadership in Late Imperial Russia* (Boulder, CO, 2004), pp. 1–16.

[63] 参照奥德索斯这一点是肯定的，但该名称的起源依旧有争议。叶卡捷琳娜二世女皇可能依据一座也许曾存在于该地区的古希腊小城的名字而将这座新城名字基督教化了。无论如何，确实存在过一座名叫奥德索斯的希腊城市，不过要更靠南，在今天保加利亚的瓦尔纳。现在人们接受，该名字在一种史前希腊语中的意思是"水城"。不管怎样，自该城建立以来，人们就调用"奥德索斯"（Odessos）来自"奥德赛"（Odysseus）这种思想。尽管该种解释从语源学角度来讲不正确，但人们无法排除一项事实——此种被人体认到的关联可能有助于捕获叶卡捷琳娜大帝的想象。更多讨论见 Ghervas, "L'espace mer Noire", pp. 19–20; Charles King, *Odessa: Genius and Death in a City of Dreams* (New York, 2011), pp. 50–52。

[64] Frederick William Skinner, "City Planning in Russia: The Development of Odessa, 1789–1892" (PhD diss., Princeton University, 1973), pp. 29–57; Patricia Herlihy, *Odessa: A History 1794–*

1914 (Cambridge, MA, 1986), pp. 6–17; King, *Odessa,* pp. 53–70; Stella Ghervas, "Odessa et les confins de l'Europe: un éclairage historique", in Ghervas and François Rosset, eds., *Lieux d'Europe. Mythes et limites* (Paris, 2008), pp. 107–124.

[65] 新俄罗斯由俄国人在 18 世纪后半叶的俄土战争期间从奥斯曼帝国征服来的黑海北面的领土组成，见 Mose Lofley Harvey, "The Development of Russian Commerce on the Black Sea and Its Significance" (PhD diss., University of California, Berkeley, 1938); Patricia Herlihy, "Russian Grain and Mediterranean Markets, 1774–1861" (PhD diss., University of Pennsylvania, 1963)。

[66] 该主题众多文献下的抽样，见 Vassilis Kardasis, *Diaspora Merchants in the Black Sea: The Greeks in Southern Russia, 1775–1861* (New York, 2001); Patricia Herlihy, "Greek Merchants in Odessa in the Nineteenth Century", *Harvard Ukrainian Studies,* 3–4 (1979–80): 399–420。

[67] Theophilus C. Proussis, *Russian Society and the Greek Revolution* (DeKalb, IL, 1994), pp. 11–24; Stella Ghervas, *Réinventer la tradition: Alexandre Stourdza et l'Europe de la Sainte-Alliance* (Paris, 2008), pp. 84–88; Lucien J. Frary, *Russia and the Making of Modern Greek Identity, 1821–1844* (Oxford, 2016), pp. 242–249.

[68] Honoré de Balzac, *Le Père Goriot,* in *Comédie humaine* (Paris, 1835).

[69] Henry A. S. Dearborn, *A Memoir of the Commerce and Navigation of the Black Sea, and the Trade and Maritime Geography of Turkey and Egypt,* 2 vols. (Boston, MA, 1819); Marquis Gabriel de Castelnau, *Essai sur l'histoire ancienne et nouvelle de la Nouvelle Russie. Statistique des provinces qui la composent* (Paris, 1820); Antoine-Ignace de Saint-Joseph, *Essai historique sur la navigation de la mer Noire* (Paris, 1820); François Elie de la Primaudaie, *Histoire du commerce de la mer Noire et des colonies génoises de la Krimée* [*sic*] (Paris, 1848).

[70] Andrew Robarts, *Migration and Disease in the Black Sea Region: Ottoman-Russian Relations in the Late 18th and Early 19th Centuries* (London, 2017), pp. 1–32.

[71] C. H. Montandon, *Guide du voyageur en Crimée* (Odessa, 1834).

[72] Halil İnalcık, *Tanzimat ve Bulgar Meselesi kitabı* (《土耳其改革与保加利亚问题》) (Istanbul, 1942); Edouard Engelhardt, *La Turquie et le Tanzimat ou histoire des réformes dans l'Empire Ottoman depuis 1826 jusqu'à nos jours,* 2 vols. (Paris, 1882–1884); Donald Quataert, *The Ottoman Empire, 1700–1922* (Cambridge, 2000); Tunay Sürek, *Die Verfassungsbestrebungen der Tanzimat-Periode* (Frankfurt, 2015)。

[73] Donald Quataert, *Miners and the State in the Ottoman Empire: The Zonguldak Coalfield, 1822–1920* (New York, 2006); A. Üner Turgay, "Trabzon: Trade and Society in the Nineteenth Century" (MA thesis, University of Wisconsin, Madison, 1972).

[74] Gelina Harlaftis, *A History of Greek-owned Shipping: The Making of an International Tramp Fleet, 1830 to the Present Day* (London and New York, 1996), pp. 8–37; Vedit İnal, "The Eighteenth and Nineteenth Century Ottoman Attempts to Catch up with Europe", *Middle Eastern Studies,* 47 (2011): 725–756.

[75] M. S. Anderson, *The Eastern Question, 1774–1923* (London, 1966); Richard Millman, *Britain*

and the Eastern Question, 1875–1878 (Oxford, 1979). 关于东方问题的历史编纂学讨论，见 Lucien Frary and Mara Kozelsky, eds., *Russian Ottoman Borderlands: The Eastern Question Reconsidered* (Madison, WI, 2014), pp. 3–34。

[76] Brătianu, *Chestiunea Marii Negre*, p. 27.

[77] 讨论克里米亚战争的近期出版物包括 Olga V. Didukh, *Donskie kazaki v Krymskoy voyne 1853-1856 gg.*（《克里米亚战争中的顿河哥萨克，1853—1856》）(Moscow, 2007); Candan Badem, *The Ottoman Crimean War (1853-1856)* (Leiden and Boston, MA, 2010); Orlando Figes, *The Crimean War: A History* (New York, 2011)。

[78] Gavin Hughes and Jonathan Trigg, "Remembering the Charge of the Light Brigade: Its Commemoration, War Memorials and Memory", *Journal of Conflict Archaeology,* 4 (2008): 39–58. 这场突袭发生在巴拉克拉瓦。

[79] Mark Twain, *The Innocents Abroad or the New Pilgrims' Progress* (San Francisco, CA, 1869), p. 381.

[80] Evgeniy A. Myazgovskiy, *Istoriya Chernomorskogo Flota, 1696–1912*（《黑海海军史，1696—1912》）(St Petersburg, 1912), pp. 74–88。

[81] Serhii Plokhy, "The City of Glory: Sevastopol in Russian Historical Mythology", *Journal of Contemporary History,* 35 (2000): 373–377; Yuliya A. Naumova, *Ranenie, bolezn' i smert': Russkaya meditsinskaya sluzhba v Krymskuyu voynu, 1853–1856 gg.*（《伤害、疾病与死亡：克里米亚战争中俄国人的医疗服务，1853—1856》）(Moscow, 2010), pp. 259–294。

[82] Irma Kreiten, "A Colonial Experiment in Cleansing: The Russian Conquest of Eastern Caucasus, 1856–65", *Journal of Genocide Research,* 11 (2009): 213–241; Walter Richmond, *The Circassian Genocide* (New Brunswick, NJ, 2011), pp. 54–97.

[83] Gelina Harlaftis, "Trade and Shipping in the Nineteenth-century Sea of Azov", *International Journal of Maritime History,* 22 (2010): 244–245.

[84] Ronald Grigor Suny, *"They Can Live in the Desert but Nowhere Else": A History of the Armenian Genocide* (Princeton, 2015), pp. 281–327.

[85]《希腊与土耳其的人口互换协定》(Convention Concerning the Exchange of Greek and Turkish Populations)，1923 年 6 月 30 日于洛桑签署（战胜国与土耳其签的《洛桑合约》的附录六）。

[86] Henry Abramson, *A Prayer for the Government: Ukrainians and Jews in Revolutionary Times, 1917-1920* (Cambridge, MA, 1999), pp. 109–140.

[87] King, *Odessa*, pp. 201–227; George Liber, *Total Wars and the Making of Modern Ukraine, 1914-1954* (Toronto, 2016), pp. 131–197.

[88] Melvyn P. Leffler, "Strategy, Diplomacy, and the Cold War: The United States, Turkey, and NATO, 1945-1952", *The Journal of American History,* 71 (1985): 807–825.

[89] Gwendolyn Sasse, *The Crimea Question: Identity, Transition, and Conflict* (Cambridge, MA, 2014), pp. 107–126.

[90] Ernest Wyciszkiewicz, ed., *Geopolitics of Pipelines: Energy Interdependence and Interstate*

Relations in the Post-Soviet Area (Warsaw, 2009).

[91] Duygu Bazoğlu Sezer, "Balance of Power in the Black Sea in the Post-Cold War Era: Russia, Turkey, and Ukraine", in Maria Drohobycky, ed., *Crimea: Dynamics, Challenges, and Prospects* (Boston, MA, 1995), pp. 157–194.

[92] 土耳其人的身份认同危机，见奥尔罕·帕慕克（Orhan Pamuk）的小说《黑皮书》（*The Black Book*, 1994）和《雪》（*Snow*, 2004）。

[93] "更宽广的黑海区域"一语在北约组织 2004 年伊斯坦布尔峰会的报告中被正式使用，其流行则尤其因为 Ronald Asmus, "Developing a New Euro-Atlantic Strategy for the Black-Sea Region", *Istanbul Papers*, 2 (25–27 June 2004)。也见 Gavriil Preda and Gabriel Leahu, eds., *Black Sea: History, Diplomacy, Policies and Strategies* (Bagheria, 2012); Andrew Robarts, *Black Sea Regionalism: A Case Study* (Washington, DC, 2015)。

[94] Mustafa Aydın, *Europe's Next Shore: The Black Sea Region after EU Enlargement*, Occasional Paper, EU Institute for Security Studies, 53 (2004); Oleg Serebrian, *Geopolitica spaţiului pontic* (Chisinau, 2006).

[95] 该组织由河岸国家摩尔多瓦、亚美尼亚（Armenia）、阿塞拜疆（Azerbaijan）以及三个巴尔干半岛国家（希腊、塞尔维亚和阿尔巴尼亚）组成。

[96] 尤见 *Black Sea Synergy — A New Regional Cooperation Initiative*, Communication from the Commission to the Council and the European Parliament, 11 April 2007。阐释见 Dimitrios Triantaphyllou, ed., *The Security Context in the Black Sea Region* (London, 2010); Baptiste Chartré and Stéphane Delory, eds., *Conflits et sécurité dans l'espace mer Noire: L'Union européenne, les riverains et les autres* (Paris, 2009)。

[97] Ronald Asmus, ed., *Next Steps in Forging a Euroatlantic Strategy for the Wider Black Sea* (Washington, DC, 2006).

[98] 例如可见近期的汇编：*Prichernomor'e: Istoriya, politika, geografi ya, kul'tura*（《黑海海岸：历史、政治、地理与文化》）(Sevastopol, 2010)。

[99] Atila Eralp and Çiğdem Üstün, eds., *Turkey and the EU: The Process of Change and Neighbourhood* (Ankara, 2009).

[100] "Council Regulation (EU) No 692/2014, concerning restrictive measures in response to the illegal annexation of Crimea and Sevastopol".

[101] Daria Litvinova, "Why Kerch May Prove a Bridge too Far for Russia", *The Moscow Times*, 17 June 2016: https://themoscowtimes.com/articles/why-kerch-may-prove-a-bridge-too-far-for-russia-53309（2017 年 7 月 20 日访问）; Céline Bayou, "Le pont de Kertch: Derrière la prouesse technique, le geste politique", *Regard sur l'Est*, 20 September 2016: www.regard-est.com/home/breve_contenu.php?id=1659（2017 年 7 月 20 日访问）。

[102] "Schuman Declaration"（1950 年 5 月 9 日）。更多内容见 Stella Ghervas, *Conquering Peace: From the Enlightenment to the European Union* (Cambridge, MA, 2018), ch. 5。

第三部分　极地

第十章　北冰洋

斯韦克·梭林

　　北冰洋是世界各海洋中不寻常的一部分。海洋已于近些年进入历史编纂学的一个中心舞台，它的一部分被称为"新海洋学"[1]，但北冰洋很大程度上仍留在边缘。重要的是，关于海洋的历史学术研究已经注意到，如太平洋、大西洋、加勒比海和其他一些地理实体成为元地理学实体都相当晚，而且这种"海盆思想"可以被视为后启蒙时代帝国主义盛期的一件产物，在有些例子中真正流行起来则还要更晚。[2]北冰洋也是这样，而且恐怕独树一帜地堪当海洋例外论的例子。它是个直到 20 世纪都几乎无人穿越过的海洋，它对贸易或接触都没用；除了对人口极少的本地居民群体，它多多少少是无法通行的，而除了在狩猎和捕鱼之旅中能到达的地方，这些本地居民对他们这个北方海洋的范围没有进一步认识。人类占据它的海岸千年之后，它那冰封的核心区域对西方探险家依然是不可企及之地，尽管猎人和捕鲸人频繁造访且大型客轮之旅从 18 世纪后半叶就开始浮现。

　　因此，作为一个元地理学性质的**大洋计划**，北冰洋很晚才到来，并具有大量罕见特征，恰恰包括费尔南·布罗代尔地中海视野之核心观念的对立面——虽然地中海有许多边界和划分，但因着贸易和关系，共同空间是其标记。自中世纪晚期以来，北冰洋就是一个多半存在于

270

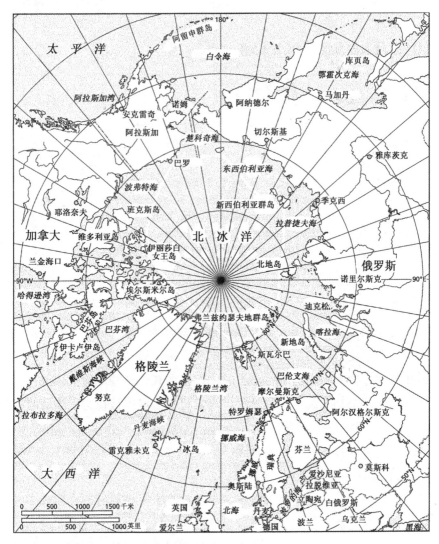

地图 10.1　北冰洋

比喻性和想象性风尚中的大洋。只是随着 20 世纪的地缘政治学，它才
270　被带入全球化的海洋元地理学中，且尤其是因着冷战的张力，冷战期
间，北冰洋最终作为一个具有空间和政治重要性的完整大洋进入一种
更广阔的话语。它被 1921 年于摩纳哥（Monaco）成立的国际水文组
织正式承认为一个大洋。1953 年，在 1937 年地图《大洋与大海的边

界》(Limits of oceans and seas) 的精密重绘图中，它被进一步与北方各个近岸海洋画开，只由包括岛屿的所有陆地北面的那个海洋构成，从大陆领土和连接这些点的线延展出去。[3]1986 年，在对这些边界的进一步修订中，北冰洋与较小的北方海洋（那时称为"分支"）结合成一个扩展北冰洋空间。[4]在实践中，环绕该区域所有海岸的水域都被称为"北冰洋"，而这是又一个在第二次世界大战之后不久才开始流行的现象，尤其是在北美，尽管这么做也有着更古老的历史。[5]虽说没有人类穿越这片寒冰包裹的水域，但北冰洋既非空荡荡的空间，也非沉默的空间。它是一个远超人类的世界，有着一部远超人类世界的历史，包含历经地质纪年之漫长时代的细微变化，仅记录于遗留下的地层中供后来者登记，倘若我们做得到的话。即使在我们的时代，要录下这种被微调过的"杂音"也要求有水诊器，正如一个人在夏季某天下到水里，看上去"无比寂静"，实则不然：

> 震音装置传出髯海豹的呻吟。海象男中音般的隆隆声。环纹海豹的高音吠叫和大喊。滴答声、纯音调、鸟鸣般的颤音，还有白鲸和独角鲸的和音……海冰嘎嘎作响和破裂的声音，以及在浅水中垫底的深覆冰的声音。[6]

"在历史之前"的北冰洋有它自己的生命史。

高度现代化的大洋

那么，北冰洋作为历史编纂学的一项计划差不多是个非实体，是一个北冰洋各国之间的虚空地带，资源稀少，联结罕有，被承认是一群数量极少的人民的整合空间。假如它不适合惯有的历史，或正在萌生的世界以及全球史（北冰洋作为一个整体在全球史中大体缺席），那么人们可以说它至少属于国际史或跨国家史，或者派翠西亚·锡德

（Patricia Seed）所称的"有着比较可行性的世界"。但就算这样一种历史也难于被当作一个实体，它同关于跨国家历史之共同定义的符合情况如此蹩脚，跨国家历史的焦点是"一种全幅联结，它超越被政治性界分的土地，并将世界各个部分彼此连接。网络、机构、思想和进程构成这些联结，尽管统治者、帝国和国家在构建它们时有重要性，但这些联结超越政治性界分的土地"。[7]

这一点对 20 世纪前半叶以来的北冰洋空间尤其适用。此种解读的要素自大约始于 1870 年的早期北冰洋帝国时期以来便存在，但若说在 1918 年以前能从根本上把它的历史界定为"跨国家的"，其可行性仅在于它缺少详尽的并具有空间覆盖性的国家历史，而不是因为它确实超越了国家性。相反，各民族国家竭尽所能要求北冰洋中属于自己的那一块，不过这种实践在冷战终结之后才得到加强。在第一次世界大战期间和之后，更多严肃的现代外交和政治随着 1920 年在凡尔赛（Versailles）议定的《斯瓦尔巴条约》（Svalbard Treaty）进入北冰洋，而且濒临北冰洋的国家提出了区块原则，作为对北冰洋直至北极提出领土要求的基础，此提议 1925 年由加拿大起头，1926 年被苏联效法。

尽管北冰洋相对小且其位置在三块主要大陆和世界最大的岛屿[格陵兰岛（Greenland）]之间，但把北冰洋实际上想成一个"地中海"的对立方，如波罗的海或黑海那样，这可能会有帮助。[8]虽然它是白色的，但它更像个黑洞，作为一个不妨称为屏障区域的地带而突出。这种区域在近些年里已经吸引了大量兴趣。亚马孙河（Amazon）、撒哈拉沙漠（Sahara）、南极洲、西伯利亚以及宽广的喜马拉雅/帕米尔地带（Himalaya/Pamir）都是这种区域的例子，其通道相当受限，内部和对外的交流稀少并缺乏。它们也都是元地理学计划，带着有争议的边界，但每个都有特定的重要性，经济的、政治的、环境的或文化的，还带着一套构造好的叙事，可以在位于不同时间点的元地理学工作中作为证据而调动。不管怎样，这些区域都被典型地释读为"没有历史"的土地。例如，亚马孙区域因为其自然界的繁茂而得到认可，而非因为它是一个有着动态政治变化的地方，它是块野地，不近代。[9]

它们被理解为外在于柯林武德（R. G. Collingwood）以"人类事务"为 273
历史之准绳的定义，因此它们是"事件"的地点，而非"行动"的地
点。[10]这些空间也是最近才变成国家空间的，因此满足约翰·阿格纽
（John Agnew）的观点，即现代性经常表现为一组空间二重性，某些地
理学在其中代表过去，另一些看似充分整合入国家领土的则代表常态
现在。[11]

　　但就算这些二重性对北冰洋空间也倾向于不都能很好适用。它
确实是当前所有五个滨海国家——加拿大、美国、俄罗斯、挪威和丹
麦——强烈兴趣之所在，以致《联合国海洋法公约》(United Nations
Convention on the Law of the Sea）进程中已经启动了领土要求，要基
于海床原则来扩展沿海地带。这些领土要求现在实际上覆盖了几乎整
个北冰洋。企图心日增的国家有许多，不仅仅是北冰洋沿海国家，还
有那些具有北冰洋观察员地位的国家（例如中国、印度、韩国和日
本）要求在该地区获得贸易、运输、服务的通道，有时还要求资源通
道。[12]它们为了这份野心而积极使用历史与先例，通过研究或资源使
用而提出它们过去出现在北冰洋。[13]

　　北冰洋肯定是殖民主义历史的一部分，但它的例外特征似乎是，
它作为历史实体和元地理学实体浮现的时期贯穿现代性盛期而非帝国
主义盛期。作为一个具有战略重要性的区域，它的同时代事物是原子
弹、计算机、远程导弹、空间站以及关乎人类生存的议题，包括北冰
洋战争、气候变化与环境，而非贸易、殖民地、温和野性的诱惑，食
物、香料和纺织品的新兴消费市场，以及海外文化中的传统奢侈品。
就算在货物、文化和物质方面，来自北冰洋及其"周缘"的与异国情
调有关联的货物贡献也倾向于稀少并且相当晚近。汉斯·斯隆（Hans
Sloane）18世纪在伦敦的广阔私人藏品包括来自格陵兰岛西面和加拿
大东部（几乎不属于严格界定的北冰洋）的因纽特人（Inuit）手工制
品，包括雪地护目镜、象牙工具、一把挖雪匕首、鱼叉、一具皮划艇
模型、海象牙和一条有装饰的皮带。但数量不引人注目，只有40件来 274
自哈得逊湾（Hudson Bay）、哈得逊海峡（Hudson Strait）、戴维斯海峡

(Davis Strait) 和格陵兰岛。[14]虽说这种民族志式收藏有一些在近代早期殖民地的咖啡桌书籍和藏品中开始出现（海象牙、因纽特艺术品和海象皮），且尽管偶尔会被因纽特人在丹麦的帝国都城展示，但与来自其他海洋殖民地的异国物品相比，它位处边缘，直到 19 世纪尤其是 20 世纪才变得较为普遍。[15]

　　这在某种程度上被北冰洋特定部分在近代早期资源经济中的角色所抵消，例如巴伦支海（Barents）区域（又是一个当今北冰洋定义下的边界地带），那里的贸易和技术调动不仅包括俄国人和毗邻的斯堪的纳维亚人，还包括荷兰人和英国人。到 17 世纪和 18 世纪，俄国的阿尔汉格尔斯克港和科拉半岛（Kola）大量向欧洲出口鱼类和海洋哺乳动物的脂肪。如果把白海（White Sea）也包括在内，这份编年史可能要回溯更远，并与至少从 15 世纪起就变得意义重大的俄国人的殖民联系起来。[16]不过，为了充分公平地对待这些重要的早期发展，就又有必要在北冰洋的定义上妥协，将北冰洋扩展到今天更倾向于被认为是北大西洋或北太平洋的地方，纳入阿留申群岛和南阿拉斯加。人们可以说，当其他大洋已经在漫长的历史时期中被大陆、帝国和文化据为己有的同时，将北冰洋据为己有的进程最近才开始，并倾向于集中在相当狭窄的一组元素上，关乎自然资源、安全性和原住民地位与权益。在此意义上，它的例外性也与它相较而言的年轻、它最近才具有的且依然在萌生中的作为元地理学空间的特点有关，同时，在涉及何种海洋学属性将作为其典型特征而突出时，它依旧是一个开放论题。

北冰洋——北极，还是海洋？

　　历史角度下的例外性在地理学特征中也得到证明。北冰洋是世界大洋中最小的一个，占世界咸水表面的比例小于 3%，而它的咸水量占比更小，且它是最浅的，平均深度 1 200 米。它那最大深度达到略超 5 000 米的深水区域被海底山脊所分隔，其中三条最大的依据俄国科学家的名字命名为罗蒙诺索夫（Lomonosov）、加克尔（Gakkel）和门捷列夫（Mendeleyev），同时也指明正式的海洋科学中有一些源于何处。它有来自各个方向的主要支流——俄国的伯朝拉河（Pechora）、鄂毕河（Ob）、叶尼塞河（Yenisey）和勒拿河（Lena），芬兰和挪威的塔纳河（Tana），北美的科珀曼河（Coppermine）与麦肯齐河（Mackenzie），还有很多小一些的支流，加上薄薄一层来自格陵兰岛冰盖的融水。考虑到该区域强烈的季节性以及沿海区域同深海区域之间的缓坡度，则该大洋各次级区域之间的含盐度和温度变化相当大，由此也导致动植物差异可观。

北冰洋是半封闭的，且范围非常不规则。通常定义中，它既包括格陵兰岛西面的戴维斯海峡，也包括哈得逊湾（哈得逊湾南向伸展至北纬 57 度线位置），但这就与北极区域的范围很不一致。现代正统说法是，这个海洋有冰层覆盖，有季节变化，至少存在了 80 万年。这种声言虽然依旧屹立不倒，但被近期研究所质疑，如今还受到夏季海冰未来范围的挑战。

北冰洋沿海人口一贯非常少，现在也是。北极通常被定义为北纬 66 度 33 分的北极圈以北的土地，有着略多于 400 万的居民，其中许多都集中于几个内陆城市和社区，并且大多数人口在距离北冰洋本部相当远的位置。作为一个整体的北极比北冰洋的范围大得多，尽管包围海洋的陆地北极只不过是整体中的一小部分。全部整合为一的区域包含北大西洋的部分，毗邻格陵兰岛与西北俄罗斯周围的海洋，以及北太平洋的部分。与欧洲捕鲸人、商人和传教士的接触给原住民带来一系列疾病，也改变了他们传统的游牧生活方式。[17] 居民在很大程度上是定居的或半游牧的，而且若说他们属于特定社群，践行传统方式的狩猎、捕鱼、牧养驯鹿及艺术与手工制作，那么他们却按照八个民族国家的领土而被分区。

不过北冰洋的另一个独特特征是，它因为热盐环流而被来自大洋中部与西部（加勒比海，因此就来自墨西哥湾暖流）的温暖水流所滋养，这令北大西洋的边界是一个不寻常的北方农业地带，尤其作用

276

于斯堪的纳维亚，那里自青铜时代以来并贯穿中世纪便有着大规模人口。挪威人的殖民从 9 世纪开始进行，对冰岛是持续殖民，对格陵兰岛和"文兰"（Vinland）东北即现在纽芬兰岛北岸的殖民则不持久。墨西哥湾暖流也温暖了格陵兰东面的海岸、斯瓦尔巴群岛（按照 1925 年的《斯瓦尔巴条约》在挪威管辖之下）和俄罗斯西北，这包括巴伦支海［得名于 16 世纪荷兰探险家威廉·巴伦支（Willem Barents）］、弗兰兹约瑟夫地群岛（Franz Josef Land）以及新地群岛（Novaya Zemlya）东海岸。

有这些条件，则显然北冰洋历史的很大部分既是一部稀疏北方人民在漫长时代里的生命和文化史，也是一部从欧洲国家进军该大洋的历史。此模式同世界他处的大洋殖民遭遇不无相似，但有一个重大差异，即非原住民的北极殖民在数量上绝对占少数，且很大程度上是相对性的殖民。

或许更重要的是，它是个尚未作为贸易、旅行、移民或巧合事件之一部分而被横渡过的大洋；只有科学考察船和破冰船横渡过。几个世纪以来，加拿大诸岛上的因纽特人当中有着广泛的沿海冰区航行活动[18]，但从未有过任何在冰上跨越大洋的旅行。因此，在空中旅行时代之前，北冰洋的海岸不属于有相互关系的海岸，即使空中旅行时代，限于人口的分散性和横贯该大洋的政治分割，建立关系的程度也非常有限，以致在冷战时期，它不折不扣是西方的北美部分同东方阵营之间挨得最近的边界，也是战争的潜在剧场。第一次穿越北冰洋是挪威船"弗拉姆"号（Fram）在一场历 1895 年至 1897 年的远征中所为，由科学探险家及后来的诺贝尔和平奖得主弗里乔夫·南森（Fridtjof Nansen）率领。此次远征从经验上证明有一股从东到西的主要洋流将冰块向着格陵兰岛和北极西部运送。第一次从冰面穿越北冰洋是 1969 年，由沃利·赫伯特（Wally Herbert）率领的一次从阿拉斯加到斯瓦尔巴的狗拉雪橇探险，有空中支援。往北极点的第一次航海运输是 1958 年由美国军舰的潜艇"瑙提鲁斯"号（Nautilus）进行的［弗雷德里克·库克（Frederick Cook, 1908）和罗伯特·皮尔里（Robert

Peary, 1909）都声称是第一个踏上北极点的人，此争执自那时起便不曾平息][19]，而第一次洋面航海运输发生在 1977 年 8 月，由载重量 23 400 吨、引擎功率 75 000 马力的苏联核动力破冰船"阿克缇卡"号（Arktika）推进。

美国海军上将理查德·F. 伯德（Richard F. Byrd）1926 年声称自己是首次飞行抵达北极点的人，但没有文献记载，而且疑点颇多（伯德也进行了往南极点的首次飞行）。即使在斯堪的纳维亚航空于 1950 年设立了极地航线的当今，这个主要大洋的各海岸之间也没有货真价实的联系。从巴芬岛（Baffin Island）的伊魁特（Iqaluit）——距离格陵兰岛首府纽克（Nuuk）仅 400 英里——出发，必须先飞去渥太华（Ottawa），然后飞往美国或加拿大的一个主要枢纽，再从那里飞往哥本哈根，这一切只是为了穿越北大西洋一路飞回纽克，这段旅程没有 36 小时很难走完。其他北极目的地实际上相隔更远。大洋的典型特征是联结大陆、岛屿和人民，但北冰洋在传统上将东方同西方割裂、将北方同南方割裂，也将主要的工业资源和能源同它们的潜在使用者割裂，割裂度大概超过世界上任何其他大洋部分。

近期关于北冰洋的地缘政治学依旧具有独特特征。北冰洋的自然资源如矿产、石油和天然气长期以来因为气候、技术或经济的原因而无法获取，但因为新技术、冷战结束和气候变化，它们现在已经变得更易接近，气候变化令近海活动和全年开放的航线更具可能性。经过长期相对稳定的地缘政治之后，总体局势变得更具动态，而且对资源和政治地盘的新一轮争抢已经兴起，涉及来自中国、韩国、印度和几个欧洲国家等的新的北极兴趣。

无历史的大洋

关于北极的第一部通史迟至 2012 年才出版，并且对待北冰洋很是吝啬，大致视之为一个环境和气候的现象。[20]北极历史编纂学的迟

278

313

来可以解释为，是它大体上的殖民地位以及它同周边主要国家和势力之关系的默认产物，部分由于缺少可以被历史学家用方法论相关性联系起来的标准行为人。在一些特出例子中，北极的土地、人口和事件被算作国家史的合法元素，尤其是关于俄罗斯 / 苏联的历史，从北极通往亚洲的东北海上路线在苏联时期尤其是从 20 世纪 30 年代以来已经成为国家重点事务，30 年代设立了一个特别机构——北方航路总局（Glavsevmorput），管理这条路线和大块与北极毗邻的领土，也承担相当多研究职能。北冰洋在某种程度上已经是公司史的一部分，诸如哈得逊湾公司或伦敦莫斯科公国公司。它尤其还是探险史的一部分，或者交织到北极分支领域中，如北极人类学、北极考古学、北极宗教研究，以及丹麦的爱斯基摩学（Eskimology）子专业或在他处所称的因纽特人研究。[21] 很少有（如果会有的话）历史学家有意倾向于研究并写作甚至只是编纂综合性的泛北极史。最近时期开始有了这个方向的一些尝试时，它们也以聚焦于科学、环境学、地理学、地缘政治学或其他领域之分支专业的面目出现，北极被认为更多是这些领域的相关范畴，而非较一般化的历史学（如关于权力、立法、战争、政治和社会生活的历史）的相关范畴。[22]

对于北冰洋就更是如此，可能有人会说，北冰洋还没有凭其自身能力成为一种历史分析或历史叙事的主题。这么说并不排除有很多历史事件和结构化进程已经发生在北冰洋里或北冰洋上或与北冰洋有关系，只是它们还没有被组织进任何叙事范本中。因为涉及对"新地中海"的兴趣——多个国家于此发现它们围绕一个特定海洋共享一定的普遍利益或窘况，所以北冰洋的历史编纂学有了某种程度的抬升或有了需求度。这是一种政策相关性兴趣，源自 1989 年之后变化中的地缘政治。正开始浮现的历史有时从"领土政治经济"透镜下被讲述，有着来自世界体系理论、资本主义的空间性以及关于领土权的政治—地理作品的影响。[23]

在领土化的阶段性下寻找北极叙事，这不是第一次了。当这些叙事偶尔把北冰洋包括进来时，它们都是唐突的民族主义者。最精当的例子是弗里乔夫·南森，当他开始收集包括海图在内的探险和航海相关用品，并广泛出版以极地旅行为主题的作品，尤其是综合性作品《在北方迷雾中》(*In Northern Mists*) 时，他都还没着手从事他在挪威、格陵兰和极地海的英雄之旅。[24]丹麦探险英雄克努德·拉斯姆森（Knud Rasmussen）为丹麦的格陵兰殖民地执行了类似的民族主义工作。[25]他在 1932 年出版了《极地探险传奇》(*Polarforskningens Saga*)，作为"征服世界"书系的第六卷，此书部分依据他本人在图勒（Thule）[1] 行程广阔的狗拉雪橇探险，触及了北美北极地区的沿海文化和 20 世纪 20 年代据此汇编成的乡土知识。[26]瑞典则有阿道夫·埃里克·诺登斯科尔德（Adolf Erik Nordenskiöld），他也收集书籍、手抄本和地图，然后把自己写入这一伟大传统。他根据早期舆图史临摹的地图集包含 15 世纪和 16 世纪最重要印制地图的复制品，由他的极地探险同行、英国海军部的克莱门茨·马卡姆（Clements Markham）联合翻译。[27]在加拿大语境下可以想到维尔希奥姆尔·斯蒂芬森（Vilhjalmur Stefansson），他是几次有争议探险的领导者，也是一个加拿大北方神话的制造者，尤其通过他的书《帝国向北的航路》(*The Northward Course of Empire*, 1922)，该神话开辟了在处于北极的北方边缘进行大开发的前景，包括繁忙的港口、跨北极的海上及空中航线以及阿拉斯加的农业。[28]

北极海上探险的历史构成差不多自成一派的某种东西的宝库。[29] *280*在此之上还要加上游记和备忘录，于是北极的自我编年录轻易在数量上胜过普通的科学家作品，这主要是因为书籍市场的状况，在那里，依旧罕见的极地书籍和海图早在 17 世纪和 18 世纪就变成收藏项目，并且在 19 世纪就是一项重要交易。各国之中，北冰洋之于俄国意义最重大，鉴于俄国出口产品的漫长贸易距离，相应的海洋学和渔场研究自 19 世纪以来在俄国就非常活跃。这也刺激了地理类和小说类作品，而且北冰洋从相当早的阶段就是正在形成的民族国家叙事的中心元素，

---

1 意为"极北之地"。——译者注

并且就这样从沙皇俄国传递到苏联。北冰洋充当着民族国家想象的一个投影，以及过往成就与未来愿景的舞台。[30]直到1926年，一位在西伯利亚工作的俄国地质学家弗拉基米尔·A. 奥布鲁切夫（Vladimir A. Obruchev）还在他的科幻小说《桑尼科夫的土地》(*Sannikov's Land*)中运用北极冰盖以外有着尘世乐园这一神话。他的小说立足于来自地质学和人类学的科学假设，并宣告有土著人民生活在冰盖以外一座温暖火山岛上的可能性。他象征性地将西伯利亚推入北冰洋，并用他的方式证明苏联对北极岛屿的领土要求是正当的。[31]

自1989年以来，且尤其自1996年北极委员会——有八个成员国，分享北极圈内的领土——组建以来，涉及北冰洋想象的作品几乎是被迫将兴趣转向更具整合性而较少民族主义的路径，尽管民族国家兴趣作为根基而依旧强劲。北冰洋是否能充分与其他新地中海比较，此点肯定可以质疑。这与地理学家、历史学家和环境人文主义者对于海洋作为一个有历史之空间的兴趣的增长一致。正如近现代时期的典型特征可归为，关于陆地那充满动感和竞争之空间性的冲突场景，它也可以被标记为海上空间职能的有冲突场景。从法律文本、文学与艺术创造品、舆图再现、广告、商业史、军事史和政策辩论中都引出了证据。有人提议，从海洋史中学得的教训可以适用于其他正在形成的空间，比如信息空间——它也以难于适用国家治理的制度为典型特征。[32]

史前沿海聚落

已知人类对北冰洋的使用贯穿全新世（自最后一次冰川作用开始）并可能在更新世已经有了。白令陆桥（Beringia）在冰河时代末期被淹没，这是北冰洋历史上的一次有重大影响的事件，意味着最早迁入北美之人口的一些活动场所丧失了。古北极文化的残留场所是一种始于距今11 000年前的位于西半球、今天阿拉斯加的沿海北极文化的最早证据。

经过诸多世纪，人类缓慢向东迁移，在沿海有所活动。北美北极地区的沿海聚落数量稀少且很可能是季节性的，是所谓小工具文化（Small Tools Culture）的一部分，该名词是存在于距今 4 500 年前到欧洲人接触时代的多塞特文化（Dorset Culture）和图勒文化共享的名称。狩猎大型哺乳动物是蛋白质的普遍来源。人们用鱼叉和通气孔来捕猎海豹。靠近海岸的住所矮矮地立在地表，与内陆更永久的住所形成对比，后者挖得更深作为保护。海冰上也建有临时雪屋，用于保存石制和骨制的挖雪匕首。这些文化可能也使用船只，既有来自加拿大沿海的，也有来自格陵兰沿海的。它们可能也随着自然气候的变奏而扩张或退缩，气候变化会影响到季节性无冰期的长短。[33]

在北极东部即今天的斯堪的纳维亚和俄罗斯，沿海社群也类似地为人所知了几千年。挪威的科姆萨文化（Komsa culture）在差不多距今12 000 年前就有迹象，主要是面朝大海捕鱼和猎海豹。[34]关于斯瓦尔巴约始于距今 5 000 年前之石器时代聚落的一种理论立足于声称的石制工具的发现，但依然未获支持。[35]

确立为大洋

北冰洋沿海社区同来自他处的临时性聚落、文化及人民的遭遇在有史可考以前都不详。古代有旅行故事模糊地描述北方土地，比如公元前 325 年马萨利亚的皮提亚斯对"图勒"的描述，这可能是挪威或设得兰群岛。北大西洋的挪威人聚落属于北冰洋史的边缘，但提供了早期北冰洋遭遇的大多内容，有助于欧洲精英们绘制该大洋的轮廓线。在欧洲的中世纪，挪威殖民者航海前往埃尔斯米尔岛（Ellesmere Island）、斯卡林岛（Skraeling Island）和废墟岛（Ruin Island）等地，进行狩猎远征并同因纽特人和多塞特文化的人贸易。[36]本地因纽特人或斯卡林人（挪威人这么叫）与殖民者有一些小冲突，而且他们的格陵兰岛殖民地在削弱中并最终被放弃，这与一个漫长的变冷期自中世纪晚期来临同时发生。[37]容易进入北冰洋的入口是通过被热盐环流所温暖的大西洋，而且随着中世纪晚期和近代早期欧洲的地理学兴趣和航海技能增长，北冰洋与日俱增地吸引注意力与好奇心。缺少信息的舆图绘制人将该区域渲染为"极寒之地"[1]，而该区域还有其他名字行世，如北斗七星地（Septentrionalis），或博里斯（Boreas）[2]。它长久以来就是个神秘所在。

文艺复兴时期和近代早期的推测从古希腊资源那里获得大多数幻想。希罗多德和其他许多作者关于北方的"图勒"和生活在北方博里斯即北风之地的"希波伯里安人"的故事愉快得令人惊讶，呈现出一个美丽非凡的充满活力又宜居的区域。该比喻一直活着，活到18世纪林奈（Linnaeus）称赞冬季的美德，包括滑冰和无摩擦力的雪橇旅行流程，也活到20世纪，维尔希奥姆尔·斯蒂芬森用他对北极的想象把这比喻转变成一个有贸易和交换的被驯服的极地地中海。[38]不过有些时候，人们对存在于如此之北的东西少有共识。它是陆地还是海洋？一些舆图绘制人比如约翰尼斯·卢伊施（Johannes Ruysch）在1507年、吉拉德乌斯·墨卡托（Gerardus Mercator）在1595年把它画为陆地或是一组岛屿，继续对可以从古代资源中汲取内容的模糊的希波伯里安人地理学进行阐释。瑞典天主教编年史家奥劳斯·马格努斯1539年在罗马出版的《大滨海导航图》（*Carta Marina Map*）中使用典型的海怪形状的奇迹生物和奇异生物来打动天主教会，并吸引人们注意北方，也可能想将它从新教徒改革中归还给教宗。奥劳斯·马格努斯对北方的土地提供了很好的信息，但缺乏对北冰洋的信息——他没在那里插入多少水面。但是他的确写了短语"冰海"（Mare glaciale）并在靠近应当是格陵兰岛的位置描绘了恰当的浮冰，他在格陵兰岛上用铅笔画了几个穿铠甲的骑兵。[39]其他人追随奥劳斯·马格努斯，并偏爱视北极为海洋，比如威廉·巴伦支和马丁·瓦尔德塞缪勒（Martin

283

---

1 这是 Arctic 的字面意思。——译者注

2 古希腊的北风神兼冬神。——译者注

Waldseemüller），后者可谓是文艺复兴时期最有影响力的地图制作人。

到了 16 世纪后期，关于极北之处至少在很大程度上由开放海洋构成的认识变成主导性的，主要是因探险家们提供了信息，他们航行到斯匹次卑尔根岛（Spitsbergen）并且只遇到海洋，海洋中多半覆着冰盖（见下文）。一再出现的关于通往东方之北方海路的推测保持住了对于存在一个北冰洋的兴趣。发现西北通道的早期探险活动有 1497 年约翰·卡伯特（John Cabot）受亨利七世（Henry VII）派遣从事的，1524 年斯蒂芬·戈麦斯（Estêvão Gomes）在查理五世（Charles V）皇帝委派下从事的，还有 1576 年马丁·弗罗比舍（Martin Frobisher）周游如今加拿大北极区的旅行。[40]直到更靠后，探险家们才进入北冰洋本部。亚历山大·麦肯齐（Alexander McKenzie）1789 年沿着如今冠以他的姓氏的河流一路旅行到北冰洋，重复了北极的乐园比喻：“撒网捕捉 Tickameg[1]、鲤鱼、鲈鱼、狗鱼和不知名的鱼。鹅、鸭子、天鹅和本地品种数量巨大。水一点不咸，很新鲜，有猫头鹰，还有 Sacuttim 莓[2]。”[41]

进入政治组织

在北冰洋的第一等经济和政治活动涉及资源提取，这是一种迄今也没什么大变化的模式。随着 1596 年威廉·巴伦支发现斯匹次卑尔根（他也在 1599 年画了一张北冰洋地图），以及在随后几年里关于鲸、海象和海豹极易获得的多次目击报告，引出了喜从天降般的收获海上资源的捕鲸远征活动。这些远征最初是夏季战役，直到 17 世纪 30 年代起才偶尔有冬季活动，且最初是因为受雇于各参与国的巴斯克专业捕鲸人。斯瓦尔巴的捕鲸业在巅峰期是该地主营业务。荷兰人建立了斯

284

---

1 品种不详，也许是 tiger muskie（杂交狗鱼）。——译者注

2 品种不详，作者也是转引，且未作进一步说明。——译者注

米伦伯格（Smeerenburg）站，它有时被称为一座"城市"，雇用 200 人，有酒吧和餐馆。到了 17 世纪后期，斯匹次卑尔根周围在高峰年里有几百只船和超过 10 000 名捕鲸人。

对这些岛屿的主权被提出，率先为此的是丹麦王室于 1616 年，扬马延岛（Jan Mayen）[1] 也包括在内，此举早于丹麦人 1721 年于格陵兰岛建立殖民地。直到 1814 年都包含挪威的丹麦确立其地位是基于以下事实：整个北海一贯是对挪威人课税之地。早几年的 1613 年，英国人的莫斯科公国公司也基于他们从英国王室获得的特许状而提出所有权要求，特许状授予他们在斯匹次卑尔根捕鲸的垄断权，依据是关于休·威卢比（Hugh Willoughby）1553 年发现这块土地的（错误）声明以及亨利·哈德逊（Henry Hudson）在 1607 年的首次北极航行中的各种发现。[42]英国人最初努力赶走竞争者，但经过与荷兰人的争端（1613—1624）之后，他们只对国王湾（Kongsfjorden）以南的各海湾提出领土要求。荷兰人拒绝英国人的排他性权利，声张自由海原则。

对于此种资源及这片北方海洋之价值的体认在展开的诸事件中得到明示。首先，英国 1614 年提出从丹麦—挪威那里购买权利，然而丹麦人拒绝了，反之还派出战舰从英国与荷兰的捕鲸人那里收税。英国人也向斯匹次卑尔根派战舰，且有几年里，欧洲各国处于为了北冰洋资源而开战的边缘。出现了一种让人感兴趣的局面，即一些国家（丹麦和英国）要求主权而法国、尼德兰与西班牙要求它是自由海原则下的自由地带。捕鲸活动也出现了一定的分区，法国人在东北，英国人在较远的南方，启动了自己的北方公司（Noordsche Compagnie）的荷兰人则与丹麦人一起在西北积极活动。这种安排逐渐弱化了张力，并且从 17 世纪 30 年代以来，冲突事件很罕见。捕鲸和猎海豹继续进行，虽说参与国家变少了，并且在 18 世纪里被英国人主导。[43]俄罗斯西

---

1 位于格陵兰岛和斯堪的纳维亚半岛之间海域，距离斯匹次卑尔根所在的斯瓦尔巴群岛甚远。——译者注

北以渔猎为生的波默尔人（Pomor）也从事捕猎海象的活动。[44]

斯匹次卑尔根的捕鲸战争虽然到头来边缘化了，但它们更重要的意义在于开启了丹麦人的殖民主义时代。这个帝国有位于非洲（几内亚海岸）、印度［特兰奎巴（Tranquebar，现在写作Tharangambadi）］和加勒比海［维尔京群岛（Virgin Islands）］的离群飞地，但它本质上是一个以挪威、冰岛和格陵兰岛为主要资产并加上较小的法罗群岛（Faroe Islands）的北大西洋和北冰洋帝国。[45]该发展也可以被看作斯堪的纳维亚同北方海洋之一种更普遍殖民关系的起始阶段。

从1814年起，被承认有半自治权的挪威与瑞典联合，它很大程度上继续进行丹麦人在北方的殖民式资源扩张，而且这成为挪威1905年完全独立之后对外政策的核心主题，南极洲和南大洋也包括在内。瑞典基于斯匹次卑尔根的矿藏，也类似地对之发起殖民主义者突袭，常常由具企业家头脑的科学家和探险家当先锋。瑞典还开新矿，但第一次世界大战之后放弃了，因为在20世纪20年代的经济衰退中，煤炭价格下跌，且《斯瓦尔巴条约》从根本上改变了资源游戏的规则并给了挪威最大的权威。[46]

认识这个大洋

认识北冰洋在很大程度上涉及认识北极的海冰，不管在西方科学中还是在原住民当中。认识海冰是一种要求深刻的感觉和触觉的经验，不能脱离一个人生活的世界、个人化或本地化的尘世事物或脱离社会而从事。[47]它是这样一种元素，其中日常的空间与时间不仅变化，而且还经历我们可以称为无意间的同比例和同步化的进程。全球化和现代化已经带来一个通用框架，地球系统科学和气候变化的现状在这里比在其他任何地方都得到更好的认识。北极社群中发生的事情同发生在世界其他地方的事情有密切关系。[48]

早期的科学研究由英国海军部支持，一如对其他许多海洋的研究。约翰·罗斯爵士（Sir John Ross）与他的侄子约翰·罗斯（John Ross）1818 年做出了可能有 600 寻深的深海声呐探测。[49]十年之后，威廉·帕里（William Parry）带领他的"十字军"前去地磁北极，间接地为关于这一北方大洋的科学树立一个强有力的榜样。确实，19 世纪，北极探险与海洋学、登山运动及气象学同时兴起，它们都与西方帝国主义霸权的科学支撑有关联，这类科学对航海和地理知识以及对自然资源之政治控制日益感兴趣。[50]

冰川学属于同一科学组，它的研究目标覆盖了北冰洋的多数，也是测量的目标并在 19 世纪捕鲸船的日志中有记录。与北冰洋接壤之沿岸海还存在关于冰层覆盖的更长久的历史记录，例如巴伦支海，那里有四个世纪间编纂的记录。[51]对北冰洋周缘之海冰边际位置的系统记录从 1870 年以来的时代就被编纂。[52]虽然 19 世纪和 20 世纪有一种广泛流传的见解，认为北极总是常年覆冰，在它的陆地块的大部和海上都是，但是，这种思想中包含一些显著例外。[53]

西方科学传统中对海冰的系统研究相对较晚。当一些国家尤其是英国在寻找西北通道时，对海冰的观察和娴熟思量就开始了。英国捕鲸人兼科学家威廉·斯科斯比（William Scoresby）是拿破仑战争之后那个时期的突出人物，将经济兴趣（捕鲸）与战略兴趣（西北通道）同方法论上的严格结合起来，并在科学数据收集还几乎没有起步之时卓有成效地运用了乡土知识。[54]

北极的冰可能有裂隙和孔洞。例如，直到 19 世纪 80 年代，仍有人相信存在一个绿色为主的格陵兰岛 1 的观念，这又因人们观察到这个大岛附近水域有木材漂浮而被推波助澜。[55]19 世纪后来几十年的领军地理刊物和杂志中都展现出一个无冰北极的观念，比如《彼得曼地理信息》（*Petermann's Geographische Mitteilungen*）。这个比喻早已在 19 世纪就被日益多地展现，并且当 20 世纪 20 年代和 30 年代两次大战之间北极开始变暖时再度引起兴趣。[56]

---

1 格陵兰岛（Greenland）的字面意思是绿地。——译者注

作为风向标的大洋

北冰洋现代史的标记是，其作为全球气候和环境变化之指示器或风向标的作用日益增长。[57]对于一个仅几代之前从南方看去还是边缘地带并隔绝于世界其他部分的区域，这是个不平凡的地位。这反映出一种新的科学理解，既关于地球系统，也关于北极在其中的角色。海冰是那种变化的核心成分。冷或不冷，冰和雪都总是在人类学和历史中充当决定性因素，而我们现在也有了一部关于冰川退行的文献，尤其是一种关于北极变暖的话语。[58]曾经是个北极比喻的东西——冰和雪的来来去去、气候反复无常的演出加上有人类活动的那遥远一角的文化——已经扩展，变成一个全球困境，北冰洋在此扮演一个关于全球气候的指示器以及全球性焦虑中的一个因素。

北冰洋冰块的减少将现代消费社会及工业主义的无度同对无辜原始居民的灾难性影响联系起来，原始居民的脆弱性在冰块溶解时更形恶化，尽管他们有着成功适应的长期历史。[59]与此同时，可以问一问关于这种捉摸不定物质的知识权威在哪里。带有传统知识和技术的地方社群正日益生活在受过科学训练的冰面与冰川专家们身旁。[60]后者自 20 世纪中期起已经对北极范围内冰的密集度做出了直接观察。自从 1970 年左右监测全球冰冻圈的卫星升空，就有了关于北冰洋海冰数据的详细记录，还加上始于 1979 年的现代卫星记录。[61]20 世纪 90 年代以来，数据显示冰冻圈同大气二氧化碳比例增长之间存在持续共变规律，只是对海冰的影响大得不成比例。同样，北冰洋温度的增高超出了全球平均值。全球气候变化的这种"北极放大"效应有着强烈的海洋成分。[62]今天，随着冰的减少，那种通常联系到濒危的北极熊和经济机会的北极叙事已经被替代，人们充分明了一种具有历史信息的更完整的认识——包括本地人民和关于权力、声音及社会语境的议题——正在危亡关头。[63]

关于北冰洋的风向标比喻与对地球系统之科学描述的更广泛变化协同演化。不过有一个本质成分，就是快速增长的关于该大洋本身的知识体。19 世纪有过几次探险远征，有些以寻找西北通道或北极为动机，且它们的科学发现转变了人们对北冰洋的理解——从一个多样性程度低、只有少数物种的海盆变为一个富含海洋动物的海盆。19 世纪将尽之际，从 1899 年起，在威力强大的北冰洋破冰船"叶尔马克"号（Yermak）的帮助下，俄国科学家和海军军官发起了海冰观察，并开始积累数据，为后来的变化提供了基线。在两次世界大战之间，海洋学家尼古拉·科尼波维奇（Nikolai Knipowitsch）和尼古拉·祖博夫（Nikolai Zubov）可能确定了巴伦支海的一波增温趋势和海冰缩减的持久模式。[64]对溶解中的且行为怪异的海冰的兴趣导致了几个国家出版物的显著增长，尤其是关于研究方法和术语议题的。关于无冰北冰洋的比喻要求有技术性和研究性的基础结构，并日渐同安全性考虑及国家经济利益挂钩。[65]

20 世纪 30 年代，苏联科学家以格外活跃和熟练的姿态而成翘楚，在第二次国际极地年活动中扮演关键角色，且 1937 年，苏联开始了关于浮冰研究的长期计划，此计划将持续整个冷战阶段。第一个基地于 1937 年 3 月建在一块靠近北极点的 3 米厚的冰上，配备有几架飞机，并自夸拥有空中、冰上和海下测量仪器。1938 年 2 月，"北极点"站漂流出去，到了格陵兰海，经过几次尝试后，营地在一艘破冰船的帮助下成功撤离。挥之不去的关于北冰洋深海没有生命的思想被证明是错误的。科学家也发现了降雨、起雾和不稳定天气对北冰洋中心区来说是典型状态。1954 年之后，苏联在漂流态浮冰上的田野工作变成常规，每年在北冰洋有一个、两个甚至有时四个冰上营地在运作。[66]20 世纪 50 年代早期，美国发起一项类似的但更加短暂的计划，在阿拉斯加巴罗岛（Barrow）北面研究号称冰群岛的那种大规模密集的冰。[67]美国海军于 1947 年开始通过勘测飞行来图绘海冰状态，并于几年后开始一项可持续的观察及预测冰的计划。[68]加拿大的各代理处被要求贡献基站监测数据。

海洋学研究依傍着主要国家，范围和强度都得到增加，并日益立足于永久性研究站和长期计划，数据的可获得性提高了。试图预测未来冰层状况的人当中有加拿大国防研究委员会（Canadian Defense Research Board）北极分支的负责人格雷汉姆·罗利（Graham Rowley），他于 1952 年暗示，"一个敞开的极地海"在不到 30 年的时间里就可能出现。[69]罗利的美国军方同道、生物地理学家保罗·A. 赛普尔（Paul A. Siple）类似地在 1953 年预言，半个世纪里就可能有个无冰的北冰洋。罗利和赛普尔都将夏季海冰的消失联系到（很可能是自然的）气候变奏，现在它上升到国家安全考虑的地位。[70]

变成一个元地理学空间

北冰洋之转变为风向标，经历了增长的海洋学知识同全球对环境议题之理解的变化之间的相互作用。20 世纪最后 20 年里对人为气候变化的理解尤其提供了一个北冰洋维度的理据。结果就是出现一种"新北方"或"未来北极"叙事，诸如脆弱性、适应和可持续性等概念在此变成压倒一切的。[71]这是一场根本性的转变。直到第二次世界大战时，北冰洋中心区域都被视为大体冰冻且潜在地接近于无生命并对世界其余部分没有意义（这并非说包括北欧国家在内的北极国家对于北冰洋的近地部分没有高度兴趣）。它不是一个死亡地带，但也相去不远。然而过了一个短暂时期，北冰洋恰恰就变成了反面——生机盎然，有着敏感的环境以及世界上变化最剧烈的气候。

在此有必要承认，北冰洋作为一个物理实体的历史同关于它的形象和读物的历史是并存的。这些历史应当被理解为是协同演化的，但也有理由去看各自的独立逻辑。北冰洋的自然史提供了未来叙事的地球物理学支架，而这些未来叙事服务于特定的地缘政治利益。商业利益和工业利益加上从美国、俄罗斯到中国和印度的许多国家（都是世界上排头的势力）都有一种共同兴趣，它关心随着海冰缩减而来的资源的可获得性、海路的开通，以及一种掩盖（尽管人数少的）北冰洋人民之永久在场并把北冰洋呈现为一块空荡荡白板、开放给冒险和资

291

源开采的历史架构。此种叙事大力倚重自然知识，因为看上去仿佛是通过一种气候干预而使变化发生。因此，北冰洋的现代史凭借气候而被呈现为"一个驱动者"。这是一部没有什么中介的历史，而且该历史大多部分位于此区域之外。

一部令此种叙事更加靠近该区域内部经验的历史，需要对外部的"驱动者"采用更有选择性和整合性的观点。那么，要考虑的一件事是平衡北冰洋的自然史［或使用迪佩什·查卡拉巴提（Dipesh Chakrabarty）那个发人深省的概念——"物种史"］[72]与政治史。这些尚需被全面分析，但它们的一部分显然就是立法与制度的成长。近期对北冰洋历史、它的地球物理学和环境方面之转向的重构为一些机构提供了一个理据，比如皆成立于 20 世纪 90 年代中期的近极地因纽特人委员会（Inuit Circumpolar Council）和北极委员会（Arctic Council）。北极委员会的工作是为了采取行动而确立证据，但没有政治决策力。它的工作是评估，并就八个成员国已经能达成共识的议题提供以知识为基础的文件。可以争辩说，这实际上是北冰洋事务的一个后政治[1]转向，是在延迟关于权力、人权和环境考虑的议题。[73]

人为气候变化这一叙事得以在一个广阔基础上确立之前，本地人民因海冰缩减而受影响的观念不怎么流行。[74]对此毋庸诧异。在西方视角下，几百年来且并非仅从 1912 年（这一年纽芬兰地区的海冰很不寻常地向南扩散）"泰坦尼克"号（Titanic）沉船开始[75]，海冰一直被认为是种风险，也是实现北极经济价值——在于捕鲸、猎海豹、航运以及矿石和化石燃料的开采——的障碍。[76]这同冰向北极人民比如因纽特人展现出的价值截然相反，对他们来说，海冰是狩猎的地基，是生计，是旅行、游戏和徒步行走的介质，他们满怀期盼地等着海冰，而且 11 月这个通常的首冻月被称为 Tusaqtuut，意为"消息的季节"。

但是同样重要的是把本地人民和本地文化写入北冰洋的历史。令

---

1 后政治（post-politics）指后冷战时代对一种全球尺度上的政治共识之出现加以批评，所以是非行动性的。——译者注

人感兴趣的是，这件工作很长时间以来大多是由地理学家、人类学家和宗教学者从事的，他们觉得，如果要对当前有所认识，就不得不理解过去。[77]或许，这是为那些希望剖析北冰洋的人而展露的非常规历史的一个自然效果，如此产生的历史与叙事经常富于洞见并打动人心。然而，随着如今北冰洋终于正在变成一个元地理学计划，并被卷入全球性的环境议题、人权议题和地缘政治中，我们可以相应地看到，一种专业历史编纂学正如何逐渐浮现。这恰逢其时，而且就其本身而言正是历史作为一项事业所怀有之沉默耐心的证据——缓慢地，但肯定是在用某种有意义的、必定会立刻引起争论的叙事覆盖地球的每个空间。

👉 深入阅读书目

获得关于北冰洋作为一个共同空间之整体描述的最快方法是借助地球　293
物理学的文献。合适的开端是 Rüdiger Stein and Robie W. Macdonald, eds.,
The Organic Carbon Cycle in the Arctic Ocean (Berlin, 2004) 第一章，其中提供了关于北冰洋在过去几个冰期循环中的地理学、海洋学和气候变化方面的广泛意见，依据 21 世纪伊始时的知识状态。来自北冰洋委员会的两份顶级报告提供了一份评论，可以获取，主要针对近期和发生着的、有威胁性的北极环境变化的几种趋势和议题加以评论。*The Arctic Resilience Report* (Oslo and Stockholm, 2016) 有范围广阔的议题，对北冰洋的讨论很简略，它是关于北极的陆地概念、（或许可称）大气概念和地理概念如何形成的一个优秀指示器。另一份报告，*Arctic Ocean Review — Final Report* (Oslo and Akureyri, Iceland, 2015)，把北冰洋置于舞台中心，且尤其聚焦于海事管理。*Arctic Climate Impact Assessment Report* (Cambridge, 2004) 因其对气候作用于北极陆地和沿海社群之效果的全面涵盖而依然有用。

Paul Arthur Berkman, *Environmental Security in the Arctic Ocean: Promoting*

Co-operation and Preventing Conflict (London, 2010) 是一篇像书一样厚重的英国政府文件系列报告，提供了对日后所关心事务的简明但全面的背景，关于管理、安全和法律体系分别有独立篇章，在一个大体属于当代的框架之下包藏了对冷战时代的一些突破。Suzanne Lalonde and Ted L. McDorman, eds., *International Law and Politics of the Arctic Ocean: Essays in Honor of Donat Pharand* (Leiden, 2015) 也聚焦于法律体系，但特别着力于加拿大位于北极的群岛和美国与加拿大之间关于西北通道入口的争端。此书中有对过去 100 年的可靠报道，比如 P. Whitney Lackenbauer and Peder Kikkert, "The Dog in the Manger — and Letting Sleeping Dogs Lie: The United States, Canada and the Sectoral Principle, 1924–1955", pp. 216–239。同样聚焦于法律议题的还有 Klaus Dodds and Richard C. Powell, eds., *Polar Geopolitics: Knowledges, Resources and Legal Regimes* (Cheltenham, 2014)，及 Leif Christian Jensen and Geir Hønneland, eds., *Handbook of the Politics of the Arctic* (Cheltenham, 2015)，后者包含一些探究当前领土条约及领土争端之历史背景的论文。对斯匹次卑尔根法律史的依然有用且非常全面的介绍，见 Geir Ulfstein, *The Svalbard Treaty: From Terra Nullius to Norwegian Sovereignty* (Oslo, 1995)。

294

旧的北极史倾向于是自然史或地方史，或以探险史为焦点。位于这一长期历史编纂学传统之尾声时刻的作品有 Pierre Berton, *Arctic Grail: The Quest for the Northwest Passage and the North Pole, 1818–1909* (New York, 1988)。一部更晚近的关于整个区域的广泛历史且以资源、科学和环境为焦点，见 John McCannon, *A History of the Arctic: Nature, Exploration and Exploitation* (London, 2012)。

Sverker Sörlin, ed., *Science, Geopolitics and Culture in the Polar Region — Norden beyond Borders* (Farnham, 2013) 也是一部涵盖广泛的论文集，收录的论文涉及外交史、海上资源、文化遗产和身份认同形成，尤其关于包括格陵兰岛在内的北欧国家，但也涉及俄罗斯。Carina Keskitalo, *Negotiating the Arctic: The Construction of an International Region* (New York, 2004) 涉及对作为一个地理学宏大计划之北极的讨论。

关于北冰洋作为俄国史暨苏联史之一个维度的两部有用书籍，见

John McCannon, *Red Arctic: Polar Exploration and the Myth of the North in the Soviet Union, 1932–1939* (Oxford, 1999)，及 Paul R. Josephson, *The Conquest of the Russian Arctic* (Cambridge, MA, 2014)。

北极的科学史是近些年来谈论较多的一个历史线索，例如 Trevor Levere, *Science and the Canadian Arctic: A Century of Exploration, 1818–1918* (Cambridge, 1993)，明显聚焦于加拿大；Michael T. Bravo and Sverker Sörlin, eds., *Narrating the Arctic: A Cultural History of Nordic Scientific Practices* (Canton, MA, 2002)，覆盖整个北极区域；Ronald E. Doel, Kristine C. Harper and Matthias Heymann, eds., *Exploring Greenland: Cold War Science and Technology on Ice* (New York, 2016)，聚焦于格陵兰岛。

关于北极海洋学史的优秀入门书可见 Keith R. Benson and Helen M. Rozwadowski, eds., *Extremes: Oceanography's Adventures at the Poles* (Sagamore Beach, MA, 2007)；Robert Marc Friedman, "Contexts for Constructing an Ocean Science: The Career of Harald Ulrik Sverdrup (1888–1957)", in Keith Rodney Benson and Philip F. Rehbock, eds., *Oceanographic History: The Pacific and beyond* (Seattle, WA, 2002), pp. 17–27；Simone Turchetti and Peder Roberts, eds., *The Surveillance Imperative: Geosciences during the Cold War* (New York, 2014)；Julia Lajus and Anatolii Pantiulin, "Soviet Oceanography and the Second International Polar Year: National Achievements in the International Context", in Christiane Groeben, ed., *Places, People, Tools: Oceanography in the Mediterranean and beyond* (Naples, 2013), pp. 69–84。

对 20 世纪北极科学的综述，见 Ronald E. Doel, Robert Marc Friedman, Julia Lajus, Sverker Sörlin and Urban Wråkberg, "Strategic Arctic Science: National Interests in Building Natural Knowledge —— Interwar Era through the Cold War", *Journal of Historical Geography*, 42 (2014): 60–80。

对北极环境史的兴趣日增，Dolly Jörgensen and Sverker Sörlin, eds., *Northscapes: History, Technology, and the Making of Northern Environments* (Vancouver, BC, 2013) 所含各章的范围从北极诸岛的化石采集史到俄国的北极工业政策。Andrew Stuhl, *Unfreezing the Arctic: Science, Colonialism, and the*

295

Transformation of Inuit Lands (Chicago, IL, 2016) 把阿拉斯加作为其实证基础，但也就如何将海事科学家及陆地科学家同各个社群（如本地人民、捕鲸人和采油工）联系起来提供了革新路径。

Angela Byrne, *Geographies of the Romantic North: Science, Antiquarianism, and Travel, 1790-1830* (New York, 2013) 研究北极和亚北极的文化及审美欣赏并包含来自海上旅行和收集活动的有用观察。关于北极世界的印象和形象有丰富的文献，例如 R. G. David, *The Arctic in British Imagination 1818-1914* (Manchester, 2000)。

关于北极气候变化之历史维度的作品在近些年日益受到重视，这类作品还夹杂着关于海冰、沿海社群、海平面变化议题和其他海洋维度议题的信息，见 Kirsten Hastrup and Martin Skrydstrup, eds., *The Social Life of Climate Change Models: Anticipating Nature* (New York, 2013)；Igor Krupnik, Claudio Aporta, Shari Gearheard, Gita J. Laidler and Lene Kielsen Holm, eds., *SIKU: Knowing Our Ice* (Heidelberg, 2010)；Miyase Christensen, Annika E. Nilsson and Nina Wormbs, eds., *Media and the Politics of Arctic Climate Change: When the Ice Breaks* (New York, 2013)。

注　释

[1] Peregrine Horden and Nicholas Purcell, "The Mediterranean and the 'New Thalassology'", *American Historical Review,* 111 (2006): 722–740.

[2] Kären Wigen, "Introduction"（为关于海洋与历史的一期特刊而写）, *American Historical Review,* 111 (2006): 717–721。

[3] International Hydrographic Bureau, *Limits of Oceans and Seas,* 3rd edn. (Monte Carlo, 1953), pp. 11–12, 地图见 p. 43。

[4] International Hydrographic Bureau, *Limits of Oceans and Seas,* 4th edn. (Monte Carlo, 1986), pp. 189–215, 地图见 p. 5。

[5] E. C. H. Keskitalo, *Negotiating the Arctic: The Construction of an International Region* (New York, 2004).

[6] Barry Lopez, *Arctic Dreams: Imagination and Desire in a Northern Landscape,* new edn. (London, 1987), p. 138.

[7] C. A. Bayly, Sven Beckert, Matthew Connelly, Isabel Hofmeyr, Wendy Kozol and Patricia Seed, "*AHR* Conversation: On Transnational History", *American Historical Review,* 111 (2006): 1441–1464；引文见 1444（锡德的话）和 1446。也见 Akira Iriye, *Global and Transnational History: The Past, Present, and Future* (Basingstoke, 2012)。

[8] 尽管事实上对许多海洋学家而言，问题恰恰是它应被如何定义成一个地中海。例如可见 Günther Dietrich, *General Oceanography: An Introduction* (Oxford, 1980)。

[9] Susanna Hecht, *The Scramble for the Amazon and the Lost Paradise of Euclides da Cunha* (Chicago, IL, 2013).

[10] R. G. Collingwood, *The Idea of History* (Oxford, 1946).

[11] John Agnew, *Geopolitics: Re-visioning World Politics,* 2nd edn. (London, 2003).

[12] Timo Koivurova, "Limits and Possibilities of the Arctic Council in a Rapidly Changing Scene of Arctic Governance", *Polar Record,* 46 (2010): 146–148.

[13] Erica Paglia, "The Northward Course of the Anthropocene: Transformation, Temporality and Telecoupling in a Time of Crisis" (PhD diss., KTH, Division for History of Science, Technology and Environment, Stockholm, 2016).

[14] Angela Byrne, *Geographies of the Romantic North: Science, Antiquarianism, and Travel, 1790–1830* (New York, 2013), p. 88.

[15] Michael Harbsmeier, "Bodies and Voices from Ultima Thule: Inuit Explorations of the Kablunat from Christian IV to Knud Rasmussen", in Michael T. Bravo and Sverker Sörlin, eds., *Narrating the Arctic: A Cultural History of Nordic Scientific Practices* (Canton, MA, 2002), pp. 37–71；Jørgen Ole Bærenholdt, *Coping with Distances: Producing Nordic Atlantic Societies* (Oxford, 2007). 关于近代早期北冰洋收藏的一个例子，见 Ole Worm, *Musei Wormiani Historia* (Leiden, 1655)，这本综合性作品中包括海事古董和标本。

[16] Julia Lajus, "Colonization of the Russian North: A Frozen Frontier", in Christina Folke Ax, Niels Brimnes, Niklas Thode Jensen and Karen Oslund, eds., *Cultivating the Colonies: Colonial States and Their Environmental Legacies* (Athens, OH, 2011).

[17] D. Bogoyavlenskiy and A. Siggner, "Arctic Demography", in N. Einarsson, J. N. Larsen, A. Nilsson and O. R. Young, eds., *Arctic Human Development Report* (Copenhagen, 2004), pp. 27–41.

[18] 正如最近在下面这篇文章中的重构：Claudio Aporta, Michael Bravo and Fraser Taylor, "Pan Inuit Trail Atlas", http://paninuittrails.org (2014) (2017 年 5 月 2 日访问)，此文立足档案资源、田野资源和历史资源。

[19] Bruce Henderson, *True North: Peary, Cook and the Race to the Pole* (New York, 2005).

[20] John McCannon, *A History of the Arctic: Nature, Exploration and Exploitation* (London, 2012).

[21] Igor Krupnik, ed., *Early Inuit Studies: Themes and Transitions, 1850s–1980s* (Washington, DC, 2016).

[22] Dolly Jörgensen and Sverker Sörlin, "Making the Action Visible: Introduction", in Jörgensen and Sörlin, eds., *Northscapes: Science, Technology, and the Making of Northern Environments*

(Vancouver, BC, 2013), pp. 1–14; Bravo and Sörlin, eds., *Narrating the Arctic.*

[23] 见菲利普·施坦贝格（Philip Steinberg）贡献的诸多文章，包括 Philip Steinberg, "Mediterranean Metaphors: Travel, Translations, and Oceanic Imaginaries in the 'New Mediterraneans' of the Arctic Ocean, the Caribbean, and the Gulf of Mexico", in J. Anderson and K. Peters, eds., *Water Worlds: Human Geographies of the Ocean* (Farnham, 2014), pp. 23–37；Steinberg, "U.S. Arctic Policy: Reproducing Hegemony in a Maritime Region", in Robert W. Murray and Anita Dey Nuttall, eds., *International Relations and the Arctic: Understanding Policy and Governance* (Amherst, NY, 2014), pp. 165–190。

[24] Fridtjof Nansen, *In Northern Mists: Arctic Exploration in Early Times,* trans. Arthur G. Chater, 2 vols. (London, 1911).

[25] Igor Krupnik, Claudio Aporta, Shari Gearheard, Gita J. Laidler and Lene Kielsen Holm, eds., *SIKU: Knowing Our Ice* (Heidelberg, 2010).

[26] Knud Rasmussen, *Polarforskningens Saga,* in Aage Krarup Nielsen, ed., *Jordens Erobring* (《征服世界》), VI (Copenhagen, 1932)。

[27] Adolf Erik Nordenskiöld, *Facsimile-Atlas to the Early History of Cartography with Reproductions of the Most Important Maps Printed in the XV and XVI Centuries,* trans. Johan Adolf Ekelöf and Clements R. Markham (New York, 1889); Adolf Erik Nordenskiöld, *Periplus: An Essay on the Early History of Charts and Sailing Directions,* trans. Francis A. Bather (Stockholm, 1897).

[28] V. Stefansson, *The Northward Course of Empire* (New York, 1922); Gísli Pálsson, *Travelling Passions: The Hidden Life of Vilhjalmur Stefansson,* trans. Keneva Kunz (Winnipeg, MB, 2005).

[29] 一个早期的并具有标志性的例子，见 E. Sargent, *The Wonders of the Arctic World: A History of All the Researches and Discoveries in the Frozen Regions of the North* (Philadelphia, PA, 1873)。

[30] Eva Marie Stolberg, "'From Icy Backwater to Nuclear Waste Ground': The Russian Arctic Ocean in the Twentieth Century", in Charlotte Mathieson, ed., *Sea Narratives: Cultural Responses to the Sea, 1600 — Present* (London, 2016), pp. 111–133.

[31] S. K. Frank, "Arctic Science and Fiction: A Novel by a Soviet Geologist", *Journal of Northern Studies,* 1 (2010): 67–86.

[32] Philip E. Steinberg, *The Social Construction of the Ocean* (Cambridge, 2010).

[33] Robert Park, "Adapting to a Frozen Coastal Environment", in Timothy Pauketat, ed., *The Oxford Handbook of North American Archaeology* (Oxford, 2012), pp. 113–123; S. Funder and K. Kjær, "Ice Free Arctic Ocean, an Early Holocene Analogue", *Eos, Transactions of the American Geophysical Union,* 88 (2007): 52; Peter Rowly-Conwy, ed., "Arctic Archaeology", *World Archaeology,* 30 (1999): 3 (特刊)。

[34] Bjørnar Olsen, *Bosetning og samfunn i Finnmarks forhistorie* (Oslo, 1994); Grahame Clark, *The Earlier Stone Age Settlement of Scandinavia* (Cambridge, 2009).

[35] Hein B. Bjerck, "Stone Age Settlement on Svalbard?: A Re-evaluation of Previous Finds and the Results of a Recent Field Survey", *Polar Record,* 36 (2000): 97–112 .

[36] P. Schledermann and K. M. McCullough, "Inuit-Norse Contact in the Smith Sound Region", in James H. Barrett, ed., *Contact, Continuity, and Collapse: The Norse Colonization of the North Atlantic* (Turnhout, 2003), pp. 183–205.

[37] Alfred Crosby, *Ecological Imperialism* (Cambridge, 1985); Gustaf Utterström, "Climatic Fluctuations and Population Problems in Early Modern History", *Scandinavian Economic History Review,* 3 (1955): 3–47.

[38] Timothy P. Bridgman, *Hyperboreans: Myth and History in Celtic-Hellenic Contacts* (New York, 2005). 林奈的冬季知识见他为 Carl Renmarck, *De praestantia orbis Sviogothici* (Uppsala, 1747) 写的序。

[39] 对奥劳斯·马格努斯北冰洋知识的最佳分析，见 Kurt Johannesson, *Götisk renässans: Johannes och Olaus Magnus som politiker och historiker* (Uppsala, 1982)。也见 Michael Roberts, *The Early Vasas* (Cambridge, 1969)。

[40] Samuel Morison, *The European Discovery of America: The Northern Voyages* (New York, 1971).

[41] 麦肯齐的日志引自 Byrne, *Geographies,* pp. 106–107。

[42] Joost C. A. Schokkenbroek, *Trying-out: An Anatomy of Dutch Whaling and Sealing in the Nineteenth Century, 1815–1885* (Amsterdam, 2008)；Thor Bjorn Arlov, *A Short History of Svalbard* (Oslo, 1994). 哈德逊的第一次北冰洋航行，见 Dagomar Degroot, "Exploring the North in a Changing Climate: The Little Ice Age and the Journals of Henry Hudson, 1607–1611", *Journal of Northern Studies,* 9 (2015): 77–79。

[43] 对斯瓦尔巴捕鲸业的标准报告，见 Arlov, *A Short History of Svalbard*。

[44] 俄国人的狩猎，见 Margarita Dadykina, Alexei Kraikovski and Julia Lajus, "Mastering the Arctic Marine Environment: Organizational Practices of Pomor Hunting Expeditions to Svalbard (Spitsbergen) in the Eighteenth Century", *Acta Borealia* (2017)，截至本文写作时还在刊印过程中，有 2017 年 5 月 8 日网络版，数字对象标识：10.1080/ 08003831.2017.1322265 (2017 年 5 月 31 日访问)。

[45] Pernille Ipsen and Gunlög Fur, "Introduction to Scandinavian Colonialism", *Itinerario,* 33 (2009): 7–16.

[46] Dag Avango, Louwrens Hacquebord and Urban Wrakberg, "Industrial Extraction of Arctic Natural Resources since the Sixteenth Century: Technoscience and Geo-economics in the History of Northern Whaling and Mining", *Journal of Historical Geography,* 44 (2014): 15–30; Dag Avango, Louwrens Hacquebord, Ypie Aalders, Hidde De Haas, Ulf Gustafsson and Frigga Kruse, "Between Markets and Geo-politics: Natural Resource Exploitation on Spitsbergen from 1600 to the Present Day", *Polar Record,* 47 (2010): 29–39.

[47] Shari Fox Gearheard, Lene Kielsen Holm, Henry Huntington, Joe Mello Leavitt, Andrew R. Mahoney, Margaret Opie, Toku Oshima and Joelie Sanguya, eds., *The Meaning of Ice: People and Ice in Three Arctic Communities* (Hanover, NH, 2013).

[48] Paglia, "The Northward Course of the Anthropocene".

[49] A. L. Rice, "The Oceanography of John Ross' Arctic Expedition of 1818: A Reappraisal", *Journal of the Society for the Bibliography of Natural History,* 7 (1975): 291–319.

[50] Helen M. Rozwadowski, *Fathoming the Ocean: The Discovery and Exploration of the Deep Sea* (Cambridge, MA, 2005), pp. 30–32, 94.

[51] T. Vinje, "Barents Sea Ice Edge Variation over the Past 400 Years", *Extended Abstracts, Workshop on Sea-Ice Charts of the Arctic* (Seattle, WA, 1999); Dimitry V. Divine and Chad Dick, "Historical Variability of Sea Ice Edge Position in the Nordic Seas", *Journal of Geophysical Research — Atmospheres,* 111(C01001) (2006).

[52] J. E. Walsh and W. L. Chapman, "Twentieth-century Sea Ice Variations from Observational Data", *Annals of Glaciology,* 33 (2001): 444–448.

[53] Leonid Polyak, Richard B. Alley, John T. Andrews, Julie Brigham-Grette, Thomas M. Cronin, Dennis A. Darby, Arthur S. Dyke, Joan J. Fitzpatrick, Svend Visby Funder, Marika Holland, Anne E. Jennings, Gifford H. Miller, Matt O'Regan, James Savelle, Mark Serreze, Kristen St John, James W. C. White and Eric Wolff, "History of Sea Ice in the Arctic", *Quaternary Science Reviews,* 2 (2010): 1757–1778.

[54] M. T. Bravo, "Preface: Legacies of Polar Science", in Jessica M. Shadian and Monica Tennberg, eds., *Legacies and Change in Polar Sciences: Historical, Legal and Political Reflections on the International Polar Year* (Aldershot, 2009), pp. xiii–xvi.

[55] A. E. Nordenskiöld, *Den andra Dicksonska expeditionen till Grönland: Dess inre isöken och dess ostkust: Utförd år 1883 under befäl af AE Nordenskiöld* (Stockholm, 1885); T. Örtenblad, "Om Sydgrönlands drifved", *Bidrag till Kungl. Vetenskapsakademiens Handlingar,* 6 (1881).

[56] J. K. Wright, "The Open Polar Sea", *Geographical Review,* 43 (1953): 338–365; S. Sörlin, and J. Lajus, "An Ice Free Arctic Sea?: The Science of Sea Ice and Its Interests", in M. Christensen, A. E. Nilsson, and N. Wormbs, eds., *Media and the Politics of Arctic Climate Change: When the Ice Breaks* (New York, 2013), pp. 70–92; B. Luedtke, "An Ice-free Arctic Ocean: History, Science, and Scepticism", *Polar Record,* 51(2) (2015): 130–139.

[57] N. Wormbs, R. Döscher, A. E. Nilsson and S. Sörlin, "Bellwether, Exceptionalism, and Other Tropes: Political Coproduction of Arctic Climate Modeling", in Matthias Heymann, Gabriele Gramelsberger and Martin Mahony, eds., *Cultures of Prediction: Epistemic and Cultural Shifts in Computer-based Atmospheric and Climate Science* (New York, 2017), pp. 133–155.

[58] Stefansson, *Northward Course of Empire* ; S. Sörlin, "Cryo-history: Ice, Snow, and the Great Acceleration", in Julia Herzberg, Christian Kehrt and Franziska Torma, eds., *Snow and Ice in the Cold War: Histories of Extreme Climatic Environments* (New York and Oxford: Berghahn Books, in press).

[59] Krupnik et al., *SIKU: Knowing Our Ice*; Kirsten Hastrup, "The Icy Breath: Modalities of Climate Knowledge in the Arctic", *Current Anthropology,* 53 (2012): 226–244; Hastrup, "Anticipation on Thin Ice: Diagrammatic Reasoning", in Hastrup and M. Skrydstrup, eds., *The Social Life of*

Climate Change Models: Anticipating Nature (New York, 2013), pp. 77–99.

[60] Kirsten Hastrup, *Thule: Paa tidens rand* (Copenhagen, 2015).

[61] D. J. Cavalieri, C. L. Parkinson and K. Y. Vinnikov, "30-year Satellite Record Reveals Contrasting Arctic and Antarctic Decadal Sea Ice Variability", *Geophysical Research Letters,* 30 (2003): 18; Nina Wormbs, "Eyes on the Ice: Satellite Remote Sensing and the Narratives of Visualized Data", in Miyase Christensen, Annika E. Nilsson and Nina Wormbs, *Media and the Politics of Arctic Climate Change,* pp. 52–69.

[62] R. V. Bekryaev, I. V. Polyakov and V. A. Alexeev, "The Role of Polar Amplification in Long-term Surface Air Temperature Variations and Modern Arctic Warming", *Journal of Climatology,* 23 (2010): 3888–3906.

[63] Andrew Stuhl, *Unfreezing the Arctic: Science, Colonialism, and the Transformation of Inuit Lands* (Chicago, IL, 2016).

[64] N. M. Knipowitsch, "O termicheskikh usloviiakh Barentseva moria v kontse maia 1921 goda", *Bulleten' Rossiiskogo gidrologicheskogo instituta,* 9 (1921): 10–12; N. N. Zubov, "The Circumnavigation of Franz Josef Land", *Geographical Review,* 23 (1933): 394–401, 528; Terence Armstrong, *The Russians in the Arctic* (London, 1958); J. Lajus and S. Sörlin, "Melting the Glacial Curtain: The Politics of Scandinavian-Soviet Networks in the Geophysical Field Sciences between Two Polar Years, 1932/33–1957/58", *Journal of Historical Geography,* 42 (2014): 44–59.

[65] Lauge Koch, *The East Greenland Ice, Meddelelser om Grønland,* 103, 3 (Copenhagen, 1945); Aleksandr Kolchak, "The Arctic Pack and the Polynya", in American Geographical Society of New York, *Problems of Polar Research* (New York, 1928), pp. 125–141; F. Malmgren, "On the Properties of Sea-ice", in H. U. Sverdrup, ed., *Norwegian North Polar Expedition with the "Maud" 1918–1925: Scientific Results* 1, 5 (Bergen, 1927); E. H. Smith, "Ice in the Sea", chapter 10 of *Physics of the Earth V: Oceanography* (Washington, DC, 1932), pp. 384–408; N. A. Transehe, "The Ice Cover of the Arctic Sea, with a Genetic Classification of Sea Ice", *Problems of Polar Research* (New York, 1928), pp. 91–123; A. Maurstad, *Atlas of Sea Ice: Geofysiske Publikasjoner,* 10, 11 (Oslo, 1935).

[66] "North Pole Drifting Stations (1930s–1980s): History", 由美国马萨诸塞州伍兹·霍尔海洋学研究所（Woods Hole Oceanographic Institute, Massachusetts, USA）网上发表：www.whoi.edu/beaufortgyre/history/history_drifting.html (2017 年 5 月 31 日访问)。也见 A. F. Treshnikov, "Results of the Oceanological Investigations by the 'North Pole' Drifting Stations", *Polar Geography,* 1 (1977): 22–40。

[67] J. E. Sater, *Arctic Drifting Stations* (Washington, DC, 1964).

[68] *Report of the Ice Observing and Forecasting Program, 1958* (Washington, DC, 1958), p. 2.

[69] Peder Roberts, "Scientists and Sea Ice under Surveillance", in S. Turchetti and P. Roberts, eds., *The Surveillance Imperative: Geosciences during the Cold War* (New York, 2014), pp. 125–145.

[70] P. A. Siple, *Proposal for Consideration by the US National Committee (IGY).* 1 May 1953, C1,

USNC-IGY (Washington, DC, 1953).

[71] Marcus Carson, ed., *Arctic Resilience Report* (Stockholm, 2016).

[72] Dipesh Chakrabarty, "The Climate of History: Four Theses", *Critical Inquiry*, 35 (2009): 299–327.

[73] Nina Wormbs and Sverker Sörlin, "Arctic Futures: Agency and Assessing Assessments", in Lill-Ann Körber, Scott MacKenzie and Anna Westerståhl Stenport, eds., *Arctic Environmental Modernities: From the Age of Polar Exploration to the Era of the Anthropocene* (London, 2017), pp. 263–285. 关于这种想法，见 E. Swyngedouw, "Depoliticized Environments: The End of Nature, Climate Change and the Post-political Condition", *Royal Institute of Philosophy Supplement* (2011): 69。

[74] 关于这方面的证据，可见 Krupnik et al., *SIKU: Knowing Our Ice*。

[75] Smith, "Ice in the Sea", 404.

[76] M. T. Bravo, "The Humanism of Sea Ice", in Krupnik et al., *SIKU: Knowing Our Ice*, pp. 447–448.

[77] 例如可见上文引过的 Michael Bravo、Kirsten Hastrup 和 Igor Krupnik 的作品。

第十一章　南大洋

亚历山德罗·安东尼洛

来自南大洋表面的水和风不受陆地干扰、不停地自西面围绕南极296
大陆拍打。南极辐合带将南大洋的冷水大幅度地束缚在该大洋北缘，
并围出一个海洋生态系统，其典型特征是物种比温暖地方稀少，且此
地兽类和鸟类居民之间只有简单又短暂的生态关系。这个大洋经历巨
大的季节性变奏，比如冬季水面结成极厚的海冰，而这些冰一到夏季
便大体消退。有极少数小岛点缀在这个大洋里，非常少，但对海豹和
鸟类而言是重要的过境站点。随着 4 000 万年前到 2 000 万年前之间，
南极陆块、南美陆块与澳大利亚陆块之间因缓慢的地壳构造运动而出
现了通道，南大洋开始形成它现在的结构，这过程中确立了南极绕极
流和南极洲热绝缘，导致南极洲缓慢成长出巨大冰原。[1]

　　自 18 世纪以来，南大洋出现了显著的人类活动。但晚至 20 世纪
60 年代和 70 年代，"南大洋"对于环绕南极洲的冷海而言，还是一个
使用起来不确定也不一致的名字。欧洲探险家最早于 18 世纪开始进入
该大洋的自然地带，且自那以来许多年里，对这个大洋有各种命名，
如"南极海""南极洋""南方诸海""南方诸洋""冰海"，或者被当作大
西洋、印度洋或太平洋的南向延伸。有时候，关于该大洋的这些名字
是被排他性使用的，另一些时候则各个名称并用；有时候这些名称所

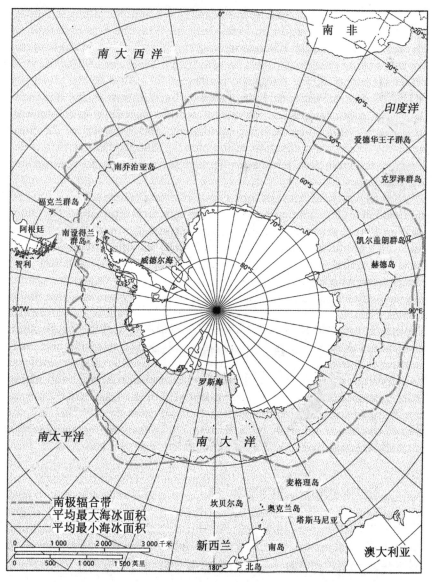

地图 11.1 南大洋

指代的范围用自然特征加以限制，另一些时候则武断地以经纬度界划。
南大洋这个名字其实今天还有争议，理由如，该名字是澳大利亚人指
冲刷澳大利亚南方海岸之水域的俗名。

这个大洋名称的变换所明确诉说的不只是定义上的辩论，还有它的历史。自从欧洲人海外探险活动之始，"南方诸洋"一词就指示一个较大的区域，一个巨大的探险及想象的地带。随着领土空间在近代时期凭借发现活动和政治的变化而被合理化，对专一性就有了更大要求。20 世纪 70 年代以来，环绕南极大陆、北与南极辐合带相接的冷水域在大多语言中通常都名之以"南大洋"。关于生物学条件、海洋学条件和大气条件的更多科学确定性以及地缘政治的发展都提供了名称的稳定化，尽管在不同国家之间以及科学用法和大众用法之间仍存在命名法的摩擦。

作为一个沿海地带不利于永久定居的大洋，南大洋历史的包容量恐怕少于其他巨大的且有更多定居者的海盆。虽然它常常被卷入更宏大的帝国及地缘政治的战略计划中，但它不常是这些计划的中心。无论如何，该大洋已经是个让人极度渴望的目的地，而且与它的约会都被协调安排并锲而不舍。本章以编年方式安排，在三个重大主题之下考虑该大洋的历史。首先，把该大洋作为一个开发、资源和商业（主要是一波又一波的猎海豹、捕鲸和捕鱼）的场所来探讨。其次，把该大洋作为地理学、科学和环境思考的对象和一个敏感的对象来考虑。最后，本章揭示持续存在的关于该大洋在国际秩序和全球秩序中之地位的问题，这些问题不仅存在于外交论坛中，也存在于关乎科学和市民社会的不那么正式的国际性中。这些主题彼此关联，因为该大洋中的和关于该大洋的重要活动中，每一个都不可分割且互为本质。

人类早期的接近

随着南大洋在 18 世纪后期和 19 世纪早期日渐被探索，它迅速卷入重要的探险活动和帝国冒险，也迅速成为人类的一个亲密领域，人们费力并力争对自然环境加以开发。由于寻找南方陆地（其实是寻找古代和近代早期思想中的"南方未知陆地"）的活动日益找到的是大敌其口的海洋，于是关于陆地的希望退却了，让位于关于海洋的替代希望。欧洲航海家进入该区域的航行——著名的有英国的詹姆斯·库克（他 1773 年领导了第一次有记载的低于南极圈的航行）和法国的路易-安托万内·德·布干维尔（Louis-Antoine de Bougainville，他推动建立了 1764—1767 年间福克兰群岛的第一个殖民地）——突然引发了对其海洋财富和世界贸易潜能的更深厚商业兴趣。[2] 在该区域首次协调一致的人类活动是血腥压榨性质的，因为涉及杀死海狗以谋皮，后来又杀死象海豹炼它们的油，也杀死露脊鲸和抹香鲸。杀死动物获取毛皮和外皮当然是一种与人类自身一样古老的实践，但它也是一种对近代早期北美和北太平洋的帝国扩张而言有中心地位的活动，约翰·理查德（John Richards）曾言简意赅地称这种发展是"世界狩猎"。[3]

南大洋的海豹猎人最早大多来自（独立前以及独立后）北美的新英格兰各港口和英国。整个 19 世纪，美洲的海豹猎人始终持续出场，加上来自澳大利亚、新西兰和南非各殖民地的少量短暂造访的海豹猎人。海豹猎人最初与捕鲸产业捆绑，但几年之内就开始了单猎海豹的航行。以 1775 年的福克兰群岛为开端，猎海豹成为南方一项更协调一致的产业，而捕鲸虽然确实在南大洋也有，但此时它集中在北极和更温暖的水域。

贯穿南大洋和亚南极区岛屿的海豹猎人的运动是机会主义式的，并受繁荣—萧条循环式开发驱动。有些幸运的海豹猎人能发现海狗和象海豹上去繁殖和脱毛的海滩，尤其是在夏季那几个月；这些幸运的海豹猎人会在有竞争者也发现这种猎场之前铆足劲头，尽可能多地猎杀海豹，而当如此残忍无情地剥夺完海豹之后，就转移到另一个海滩。虽说海豹猎人是殖民和发现的先锋，但不管怎样他们倾向于对他们的发现和运动保密，保护他们珍贵的商业优势。协调一致的捕猎海豹活动于 18 世纪 70 年代中期开始于福克兰群岛，并且乘风破浪，于 1786 年之后移师南乔治亚岛（South Georgia），1792 年之后在智利西面的胡安费尔南德斯群岛（Juan Fernandez islands），大约 1810 年之后在澳大利亚和新西兰南面的麦格理（Macquarie）、奥克兰（Auckland）和坎贝尔（Campbell）各岛。繁荣—萧条循环式猎海豹最明显的经历发生在 1819 年南设得兰群岛（South Shetland Islands）被发现以后，1820 年到 1822 年的两个夏季就几乎彻底毁灭了这些岛屿上的海狗栖息地。[4]此后有过两次捕猎海豹高峰，首次是 19 世纪 40 年代在南印度洋的爱德华王子群岛（Prince Edward Islands）和克罗泽群岛（Crozets）（这时期也能看到猎杀南方露脊鲸的短暂繁荣期），后来是 50 年代，也在南印度洋的凯尔盖朗群岛和赫德岛（Heard Island）。捕猎海豹活动的早期高峰主要对海狗感兴趣，后来在 19 世纪中叶（并持续到 20 世纪）的高峰则对象海豹感兴趣。[5]18 世纪 80 年代到 19 世纪 30 年代之间，南大洋有 500 万只到 700 万只海豹被杀死，具体数字取决于列表方式。[6]

　　海豹狩猎的产品即毛皮、外皮和脂油被卖往新旧市场。毛皮和脂油当然是老产品，早就在北美和欧洲找到足够稳定的市场。能将粗毛和细绒分离的毛皮新加工方式在 18 世纪后期发展起来，使产品得以改善，也使既有市场扩张。[7]海豹毛皮还是独立战争后的美国贸易者敲开中国市场的核心产品。从 1784 年到 19 世纪前几十年，源源不断的货物被卖往中国。中国是个必要的市场，因为海豹产品在美国市场已经饱和，而英国市场的情况接近美国的。美国与英国的国内市场在这时期以后重新显出重要性。[8]

　　此期的猎海豹和捕鲸生活既血腥又艰难，但它们也是有着特定的社群、生活方式和身份认同的产业。海豹猎人在南极洲与亚南极区那些分散的岛屿上形成小而短暂的社群。若说这是一个外在于主权范围和国际法律秩序的世界，那么它们也是与其他特定社会秩序和经济秩序有联结的社群。海豹猎人或短暂造访海岸地带或在此建立长期聚落。他们的聚落都是最简单的建筑，用当地的石头、海滨找到的鲸骨、海豹的皮以及船帆建造。有时这些建筑是无支撑的，经常倚靠洞穴或其他当地地形而建。考古证据显示出，局部地区及横贯整个大洋上的都是相对无等级性的社区，有着同质化的建筑风格和技术。在有些岛屿，似乎海豹猎人为自己建造相互分隔的住家区域和工作区域。[9]

　　这些是临时并极度孤立的社群，没有长期占据或定居的意图。迄

300

301

今所知，这些聚落只有男人，尽管女人在船籍港也参与这项产业，或者偶尔也在船上参与。不管有多少限制和艰难，海豹猎人都有着具备当时之海上文化气息的自身的文化和机构。本·麦迪逊（Ben Maddison）强调过，他们是一种"全球性海上无产阶级"的一分子，这个阶级虽然在指挥结构之下并有工作压力，但行使自己的权利也显示自己的工人阶级文化。[10]土著人民面临帝国扩张和殖民化时，也在海洋上以及猎海豹和捕鲸产业中找回自己的空间。丽奈特·拉塞尔（Lynette Russell）追踪了澳大利亚的土著男女在回应殖民主义时如何"行使选择"，包括加入在南方海洋的猎海豹和捕鲸航行。[11]倘若说猎海豹和捕鲸跻身于令扩张中的市场巩固的首批全球性企业，那么它们在某种程度上也允许一些人进行改变环境的选择和流动。因此，这时的南方海洋同新兴的帝国扩张和资本主义扩张有着复杂纠葛。

关于鲸和捕鲸的大洋

在 19 世纪 50 年代的猎海豹高峰之后，规模小但源源不断的猎海豹和捕鲸航行继续向南大洋开进。20 世纪开始前后，欧洲、澳大利亚和日本的探险者都在敏捷地穿越南大洋进入南极大陆，这时恐怕没人会当真预期短短几年之内就要出现一个意义重大的捕鲸产业，这项产业将在该世纪中叶给一些公司带来巨大的利润，代价则是大须鲸近乎灭绝。数世纪来，鲸在世界其他大洋早已是商业猎物，尤其是在格陵兰岛附近的北极的海中，鲸脂中提炼的油和鲸大嘴上的须被投入各种工业和家庭用途。北极捕鲸猎场到 19 世纪早期时几近枯竭。[12]19 世纪在南大洋或其附近只有很少的捕鲸活动，但到了 19 世纪后期，捕鲸人开始意识到鲸数量的真实规模。

20 世纪伊始，南大洋既没产生重要捕鲸产业，也没人预期此地会有重要捕鲸产业发展并繁荣几十年。19 世纪后期出现过南极捕鲸业的繁荣期，尤其是在挪威和澳大利亚的殖民地，这既有商业原因，也有民族主义原因。[13]虽说鲸产品的市场确实还在，但 1900 年前后对这些产品的需求没对该产业的大规模增产构成充满希望的基础。这恰恰就是图内森（J. N. Tønnessen）和约翰逊（A. O. Johnsen）开启他们那有权威且依然未被超越之现代捕鲸史的问题意识——鲸油价格在下跌，而且它们看上去没什么用。图内森暗示，就算 19 世纪 60 年代之后的技术发展（主要是手榴弹鱼叉和蒸汽动力小船）为现代捕鲸提供基础，但在 1900 年捕鲸量可能处于 300 年来的最低点。[14]

　　南极捕鲸产业始于一小撮人的煽动，且事实上处于鲸油低价的背景下。[15]当挪威捕鲸人卡尔·安东·拉尔森（Carl Anton Larsen）领导新组建的阿根廷渔业公司（Compañía Argentina de Pesca）于 1904 年 12 月在南乔治亚岛附近射杀第一头鲸时，该产业的象征性开端到来了。五年之内，其他几家公司加入了阿根廷渔业公司的行列，且南方的脂油产品规模比北方大了。[16]鲸油在 1904 年不是一种过于有希望的产品，因为它的价格低，而且没有针对为它增值做出重大革新。这局面很快就改变了，并帮助维持南大洋的这项年轻产业。20 世纪第一个十年发现了将液态油氢化为固态脂肪的流程，并发展成一项可以工业化的技术。与此同时，人们对现代产业工人膳食中的脂肪缺乏有着普遍忧虑。氢化技术使鲸油可以被纳入人造黄油，起初是很小的比例，然后随着技术的改善而份额增加。这补充了既有的用途。氢化也使得鲸油变成一种突出的国际化商品，因为与国内市场常见的其他动物脂肪相比，它便宜且能储存数年而不腐败。[17]

　　捕鲸作为一项以大洋与陆地相结合为基础的企业而发轫。船只在陆地附近捕捉鲸（主要是在南乔治亚岛周边），然后把它们带上岸加工。[18]在第一个十年，座头鲸是主导性捕捉品种，从第一次世界大战到 20 世纪 30 年代后期，蓝鲸成为主要的猎物。该产业最大的技术变化在 1923 年到来，那时发明了艉滑道，加上其他发展，使得鲸可以被带上浮动工厂船的甲板，并出现了十足的远洋捕鲸。到 1929 年，远洋捕鲸大约占南极捕鲸的 90%，而且船队持续在南极的整个范围内扩散。[19]

303

从第一次世界大战前夕到 20 世纪 30 年代早期，捕鲸差不多只是盎格鲁人-挪威人关心的事。挪威和英国的资本为这项产业注资，操作船只的几乎只有挪威人，这些人的船籍港是挪威的桑德福德（Sandefjord），而英国科学家是鲸和大洋的主要研究者。不过，正如佩德·罗伯茨（Peder Roberts）所阐明的，英国人和挪威人对大洋的视野并不完全一致。挪威人对大洋的投入是商业性和工业性的，由一群民族主义工业家领导，他们出于利润和个人的贪婪而看上这个领域，不是出于英雄主义的探索事业。[20]正是挪威人对产业和利润的追逐导致甚至迫使英国人表明他们对这个大洋的立场。在工业时代来临前，对南大洋的南大西洋区块那些岛屿的主权和控制不明晰也悬而未决。英国对该区域的帝国倾向在很大程度上通过它对福克兰群岛的态度和针对这些岛屿同阿根廷起的争端而明确，阿根廷人称这些岛屿为马尔维纳斯群岛（Malvinas）。[21]英国政府乐于通过收税和出租南乔治亚岛的土地建滨海站点而收获捕鲸的财政利益。他们运用这些资金"发展"福克兰群岛及其附属地区，也包括派遣重要的科学航行并为之提供装备（见下文讨论）。[22]到 20 世纪 20 年代早期，一些英国政策制定者关心该区域作为一个整体的问题，包括迄今还没怎么探索过的南极大陆，这导致 1926 年出台了一项帝国政策，还特别加上关于澳大利亚和新西兰的主权问题，称整个南极应当是英国的，但这份欲求没能实现。[23]

盎格鲁人-挪威人对这项产业和这个大洋的支配权从 20 世纪 20 年代后期和 30 年代早期开始受到挑战。最直接的挑战是，该产业有了新的重要从业者。1933 年起在纳粹党政府执掌下的德国指望断绝对脂肪的进口，并重振自己的产业以寻求为战争做准备。日本 1934 年起派船去南大洋，并在几年之内就在油料市场上占有了实质性份额。而苏联尽管没有到达南极，却也开始发展自己的捕鲸产业。[24]日益成长的养护意识和国际主义者意识以一种不那么直接且较初级的方式也影响着盎格鲁人-挪威人的支配权。鲸资源正在被过度开发这一清晰浮现的事实通过国联（League of Nations）和国际海洋探索委员会（International

Council for the Exploration of the Sea）而被干预，不仅作为一个环境问题，也作为一个影响到恰当来讲属于全人类的资源的问题，而且应当由国际协议来影响该问题。[25]

这些新从业者和浮现中的问题将捕鲸业和南大洋推入国际化领域及外交领域。国联培育了国际海洋探索委员会及其鲸委员会（1926 年成立），并通过 20 世纪 20 年代后期的工作而带来 1931 年的《日内瓦捕鲸管制公约》（Geneva Convention for the Regulation of Whaling），这是首份关于捕鲸的国际协议。[26]尽管英国和挪威占捕鲸产量的 90%，但有 26 个国家签署了这份公约。1932 年继之而来一份非正式的工业出产协议，包括首次对捕鲸和炼油桶数使用配额制。[27]这些协议虽然涉及保护鲸的议题，但从根本上依旧是通过保护鲸来维持此项产业的协议。当 1937 年日内瓦公约过期，便制作了一份新协议，即《伦敦协议》，将 1931 年公约的各方面同随后出现的各协议结合起来。[28]

两次世界大战之间最有意义的科学工作（也是在南大洋第一个持续性的长期研究计划）是英国政府在为捕鲸业服务中所开展的。由英国殖民部下属的一个委员会组织的“发现”号调查活动于 1925—1939 年间部署了三艘船（还有 1950—1951 年间的最后一艘大型客轮）去南大洋，最初集中于南大西洋区块。[29]这些调查是纯科学研究、产业支持性研究和旨在支持帝国战略之殖民发展的混合体。它们肯定是以鲸为中心点的，因为相关暗示是，在这些航行的初始阶段被密切研究的磷虾常常被描述为“鲸的食物”。当然有对自然海洋学和海洋有机体生物学的扩展研究。这些研究的一个效果是把南大洋区域化为一个单一和统一的整体，尼尔·麦金托什（Neil Mackintosh）声称，这个大洋的地层在它整个范围内延伸，他确实表明，这是“‘发现’二号在全部工作中所证明的最重要的单项事实”。[30]以鲸为标志的项目也继续揭示出，鲸的数量有着区域性分割。关于它们的长期重要性，格雷汉姆·伯内特（Graham Burnett）曾力主，因为与产业界有“共谋关系”，“发现”号的调查“训练出了一代……‘屁股决定脑袋的鲸类学者’”——在一定程度上与产业界相容并对产业界提供给他们供其工作

306

的标本感到舒适的科学家。对伯内特来说，该传统直到战后年代和新的国际捕鲸委员会成立时都阴魂不散（见下文讨论）。[31]

"发现"号的调查对于英国政府在两次世界大战之间建立同南大洋的关系也有核心作用。派遣科学研究者是展示兴趣的一种策略，而且通过努力的幅度将其他想要追求自身同南大洋之深刻关系的国家，尤其是阿根廷挤了出去。阿德里安·豪金斯（Adrian Howkins）把这些策略范畴化为"环境权威"，该思想意为"出产关于一种环境的有用科学知识，会有助于合法化对该环境的政治控制"。[32]佩德·罗伯茨着眼于"发现"号调查以何种方式标志着英国同南极区域之关系的转移，从费力的英雄主义努力移开，转为广泛的且理性化的含专门知识的殖民发展推进。[33]在科学家兼探险家道格拉斯·莫森（Douglas Mawson）的游说下，澳大利亚政府也用类似但不那么激烈的方式投入南大洋，调度专门知识和科学证明其在场与获取是正当的。[34]

第二次世界大战打断了捕鲸产业，一如它打断其他许多事物。考虑到对脂肪的需求以及需要重振受战争蹂躏的经济与工业，捕鲸在战后全面新生。此外，它的新生还是在一个新近创建的外交体制即国际捕鲸委员会管辖之内，该委员会由 1946 年签署的《国际捕鲸管制公约》（International Convention for the Regulation of Whaling）创立。[35]1946 年的公约保留了此前那些国际协议中的许多思想和手段，尽管也有一种不断增长的意识，认为鲸必须得到更妥善的保护。以更多的养护为重心，出现此种决心部分是美国在组织谈判和主导谈判方面发挥影响的结果。之前几十年间，美国的养护思想获得显著发展，美国海洋生物学家雷明顿·凯洛格（Remington Kellogg）对美国官方思想有影响力。格雷汉姆·伯内特和科克·多尔西（Kurk Dorsey）皆强调，《国际捕鲸管制公约》和国际捕鲸委员会早年的特征都是有新颖性和希望精神的。因为公海是国际化空间，所以该产业有巨大的希望在科学家指引下得到理性管理。[36]

整个 20 世纪 50 年代，人们痛苦地清楚看到，鲸的数量几近全面沦陷。捕获量持续低于早已很低的配额，该项产业在根本上没有经济效益，被各种政府性激励和补贴所支撑。对于如何回应这一事实，没什么共识，因为每个捕鲸国都想让自己的立场最大化。就连国际捕鲸委员会的科学家们也有分歧。捕获量配额、船只尺寸、对具体品种的捕捉禁令或者保护特定海洋等议题都是讨论的内容。而且除了对鲸数量的焦虑，国际捕鲸委员会内部还有一种有分歧的担忧，将导致该组织崩溃且最终出现捕鲸混战。国际捕鲸委员会最初15年的工作（既就其政治意味而言，也就其科学委员会的工作而言）被一个所有大鲸都被剥夺一空的南大洋的幽灵所萦绕。为通过配额数量议题，国际捕鲸委员会将评估鲸数量动态的任务派给其科学委员会。最终报告于1963年上交，清楚证明数量在下降，但依然没采取行动。[37]

对于国际捕鲸委员会有个持久问题，不仅历史学家问，来自社会科学和生物科学的学者也问：它为何会失败？一种回应是，本着加勒特·哈丁（Garrett Hardin）的"公域悲剧"的精神，捕鲸证明了不加控制的开放资源是种诅咒。多尔西对捕鲸现代史的总结有着强烈的此种隐意："捕鲸人意识到他们在竭泽而渔，他们力图将值得他们信任的同行组织起来，他们也尽其所能地摧毁局外人。而且最终他们决定，一头鲸都不留给其他不够谨慎的捕鲸人。"[38]图内森的回答也类似：20世纪50年代，日本、苏联与荷兰的需求垄断了关于低配额的协议（这配额不管怎么看都依然太高）。伯内特在他关于鲸科学和鲸科学家的更大规模研究中以不同方式阐释问题。关于国际捕鲸委员会的诸多分析视缺乏科学知识为难题之由，伯内特应对这类分析时力主，存在一种长期发展和短期发展的复杂纠葛，科学和政治之间的边界因此而易变。国际捕鲸委员会的头十年里，（大多）科学家对政治敏感并对科学专门知识在一个国际管制制度中的前景感到乐观；他们试图以合作方式塑造产业，但到头来因为没能令产业收束脾性而幻灭。[39]伯内特还进一步暗示，国际捕鲸委员会做决议的困难被传递给科学家，于是政治决议被弄成科学决议，而非通常所想的科学被政治化了。不管怎么阐释国际捕鲸委员会的失败，在一种意义上，对鲸的数量而言它可能无论如何都缓不济急；同时，尽管鲸产品依旧在国际市场销售，但工艺技术的变化正在缩减需求。

从 20 世纪 60 年代初起，捕鲸在人类关于南大洋的故事中的主导地位开始退却。1963 年，更多的鲸在南大洋以外被杀死，而且到了 1968 年，只有苏联人和日本人依然在南大洋捕鲸。[40]对于 20 世纪南大洋上捕获鲸的数量的一个近期估算是近 200 万头。[41]国际捕鲸委员会的工作转向其他海洋的捕鲸，而且大量的公众和科学注意力被移向南极大陆而非南大洋。然而捕鲸的终结并非人类开发这个大洋的欲望终结。在其后 20 年里，科学的、商业的和外交的关注转到南大洋的其他居民。

当代秩序，保护与管理

挪威捕鲸人的著名评论是，南纬 40 度以下没有法律，50 度以下没有上帝，因此根本上的要求就是海洋。[42]虽然南大洋依旧如从前一样充满风暴，但关于南大洋的当代历史是一部在整个大洋上以规则和协作（并有争议地）寻找国际秩序为事实特征的历史。这一秩序的核心是在一些国际机构和外交组织支持之下的对环境与资源的管理与保护。该大洋的当代纪元开始于 20 世纪 70 年代（以 50 年代为前身），此期有对关乎海洋和全球公域之国际秩序的挑战，有科学知识和环境知识的新发展，也有大量来自世界各地的新行为人。20 世纪 80 年代早期的两项主要协议中对此有清晰表达，即 1980 年签署《南极海洋生物资源养护公约》(Convention on the Conservation of Antarctic Marine Living Resourse) 及由此而设立的该公约下属的永久委员会（1982 年得到批准），然后是 1982 年通过国际捕鲸委员会而对商业捕鲸进行永久性冻结。[43]这些发展标志了外交、科学和商业的注意力重心转移到海洋生态系统，将环境的和环保主义者的关心置于前景，并将世界海洋的极大区域置于密切管理之下。

20 世纪 50 年代后期以来的协调性科学工作日渐证明了各类鱼的

数量分布，特别是南极磷虾这种海洋生态系统中的主要浮游动物，它为新的水产业提供了希望，并复活了南大洋的产业。尽管在 20 世纪前半叶，非鲸亦非海豹的水产业间或被科学家和探险家引出，但捕鲸才是这时期能够吸纳资本、劳动力和想象的产业。从 60 年代早期起，随着捕鲸的快速衰退，以苏联为首的几个国家开始认真探索其他水产业，既通过研究，也通过在海上试验捕鱼装置和处理技术。先是苏联研究人员，然后是日本的、波兰的、民主德国与联邦德国的研究人员，都看到磷虾和其他鱼类的巨大潜能。[44]

　　这些调查与试验所发生在几种制造出冲突的语境下，需要外交家和科学家共同解决冲突。从外交方面看，这些新水产业影响了南极条约体制的平衡。调查水产业的那些国家（当时只有联邦德国例外）是南极条约的缔约方，此协议于 1959 年由 12 个国家签署，力图以此和平解决因对南极大陆之领土要求而生的分歧，是一份"冻结"领土和主权议题的条约。[45]条约部分地回应了科学国际主义的宏论，科学国际主义鼓舞了 1957—1958 国际地球物理年的大规模研究。虽然国际地球物理年的项目以南极大陆为中心，但南大洋依旧以某些方式追上国际主义者的精神，并被融入随国际地球物理年而继续开展的科学工作中。条约特别排除了公海和鲸，但它的缔约方日益担忧南大洋的发展。他们对彼此和平关系的继续感到忧心，质问在这种发展中孰赢孰输，他们也日益想知道环境影响究竟几何。[46]

　　潜在的新水产业也提出了关于管理南大洋的问题，此问题不可避免地与全面管理世界海洋捆绑在一起。"全球公域"和"人类共同遗产"这类思想的发展、海床的开发度、排他性经济带的创建、大陆架延伸部分的身份，还有 1973 年之后为了一部全面新海洋法（《联合国海洋法公约》）而通过联合国进行的谈判，都大力倚重参与南大洋事务的那些外交家、科学家和市民社会成员。[47]联合国全面新海洋法谈判格外定格了南大洋那种国际性或全球性特征的局限，因为这些谈判通过在其他人当中的不结盟运动而挑动一群新近去殖民化的国家抱团反对那个小得多的群体——富裕的、工业发达的并主导南大洋事务的那些国家。

从环境和科学的视角看去，遭过度捕猎的鲸的幽灵笼罩着这些讨论。鲸的命运在 1975 年年中被人想起，当时，尚且年轻的绿色和平组织在北太平洋的活动遭遇苏联捕鲸船队一事于几周之后就被外交家们插入南极事务中，为海洋资源养护提供正当理由。[48]其他主要的环境语境有，"生态系统"思想日益显著和居于主导，不仅体现在资源管理领域，也体现在萌生于全球市民社会中的更广阔的环境文化中。磷虾被看成最有希望的猎物，但科学家让人注意一个事实，即磷虾是南极海洋生态系统中的根基物种，几乎所有其他动物都与之有某种非常直接的关系，对磷虾的任何过度开发都将影响到其他不开发物种。[49]

鉴于这些政治、经济和智识的压力，泛泛而言出现了两项发展。首先，南极科学研究委员会（Scientific Committee on Antarctic Research）这个具有支配性的国际架构中的科学家开始创建一个国际研究框架，用以发展关于南极海洋生态系统的数据和知识。他们以"南极海洋系统和储量生物调查"的名号将他们的力量组织起来。该项目在整个 20 世纪 80 年代都在运转，不仅就南大洋的诸多方面生成大量新数据，也生成了对南大洋的协调一致的国际科学关系。[50]

第二项发展从这些科学运动中获取养分，但也有某种独立性。南极条约的缔约国看到了在南大洋缺少规则的难题，并从 1975 年开始为正式回应而谈判。谈判路径中的新奇之处是，这些谈判盯着生态系统和物种间的生态关系，以之为要达成协议的核心主题之一。条约缔约方离开了集中于管理单一鱼类数量的传统水产业约定模式，而偏爱一种承认鱼是互相关联事物的管理模式，这样他们就是在塑造国际法制史。经过几轮谈判之后，15 个国家（加上欧洲经济共同体）在 1980 年 5 月签署了《南极海洋生物资源养护公约》。这份公约在国际法律史和环境史上都是新颖的，因为它的条款二规定要把生态系统置于养护行动的中心。我在他处曾经力陈，除了这项规定中的科学智慧，某些条约缔约方的科学家和外交家们也都活力十足地致力于生态系统层次的养护，因为该条款能对两个集团参与方——南极科学研究委员会的科学家们和食品与农业组织那些更具有资源思维的水产官员们——都要求权力方面和制度方面的支配力；条约缔约方作为一个集体反对发展中国家的新国际经济秩序议程；条约缔约方组成的养护阵营反对更具开发思维的阵营。[51]

自公约 1982 年开始生效以来的各年间，工作和争执都分为几个领域。渔业公司对南大洋的兴趣没有减少，这时期巴塔哥尼亚美露鳕和南极美露鳕及磷虾的捕获量一直显著。捕获量限制、装置管制、生态系统监测和保护指南，作为副渔获的海鸟，非法的、无报告的和不受管制的捕鱼及盗渔，还有海洋保护区，都在推动《南极海洋生物资源养护公约》各缔约方的外交努力和科学努力。看起来，缔约方和科学家们已令南极海洋生物资源养护公约取得成功，肯定避免了鲸在早期国际捕鲸委员会下面的命运。[52]

《南极海洋生物资源养护公约》的结构从南极条约体制中产生，后者没有供讨论鲸的规定，把这些事务留给了国际捕鲸委员会。从 20 世纪 60 年代后期起，鉴于多数国家已经离开了捕鲸产业，并且有鲸数量下降的无可辩驳的证据，一些国家和新兴的国际环境组织开始呼吁对捕鲸实行全面禁令。在短短几年里，关于鲸的理念和公众意识发生急剧变化，鲸从被开发的资源被重新想象为有感情、有情绪的与人类更亲近的生物，需要全面保护。[53]公众认识的改变与科学思想发展的结合，强有力地令一些政府做出行动。虽然 20 世纪 60 年代已经禁止捕猎蓝鲸和座头鲸，但美国政府又于 1973 年在斯德哥尔摩举行的联合国人类环境大会和国际捕鲸委员会年度会议上同时倡议，十年内暂停捕猎所有鲸。国际捕鲸委员会经过十年工作，先是力图改革决定配额的科学流程，然后是全面禁止捕鲸，终于在 1982 年通过无限期暂停决议。[54]关于配额和暂停期的辩论涉及在所有海洋的捕鲸活动（如早已提过的，1963 年起主要的捕鲸在南大洋以外从事），但它们毕竟也对南大洋有显著影响。

虽然有商业暂停期，但日本捕鲸船队打着《国际捕鲸管制公约》特许规定的名头，从 1987 年起出于"科学意图"继续在南大洋狩猎。

多数西方的科学家、政府和公众都怀疑其科学理据，以数种方式对抗日本政府。一些国际环境组织在日本人于南大洋上捕鲸的场所进行抗议。绿色和平组织在20世纪80年代后期追上南大洋的日本捕鲸人，呈现出"提供目证"的一种格外坚定的形式，这种形式追随该组织奠基人中几位贵格派信徒的信仰，对于绿色和平组织的行动主义模式有核心意义。绿色和平组织的积极分子们用这种做法将全球大量注意力吸引到南大洋，而且也因为他们亲自在场，将之前在这个大洋上有过的政府行动和商业行动同一种被激活的、非仅纸面的全球公域意识结合起来。[55] 2005年到2014年之间，由绿色和平组织一位早期领导人保罗·沃森（Paul Watson）于1977年创建和运营的海洋守护者协会（Sea Shepherd Conservation Society）不仅仅在海上对抗过日本捕鲸人，还对抗过南大洋上的非法捕鱼操作。海洋守护者协会通过大量宣传，包括一次电视实况转播，彰显出这时期关于该问题的反捕鲸方同亲捕鲸方之间一道更深的堑壕。

更靠近今天的时代里，也有其他国际团体已经被著录在南大洋捕鲸的故事中。澳大利亚政府面对持续不断的国内压力，在新西兰支持下于2010年提请联合国国际法院裁决日本"科学捕鲸"的合法性。[56]法院多数认为，JARPA II[1] 不能被认为是公约许可下的科学活动。关于此裁决的很多媒体报道和公众讨论都误读了JARPA II案件的明确焦点，把此次裁决妆点为对所有捕鲸活动的禁止。联合国国际法院的多数法官以他们的方式延续了一种倾向，即令南大洋的科学工作享有特权以牺牲其他形式人类参与为代价，同时，作为必然结果，也延续了那种裁决何为善科学的倾向。

就在日本人于南大洋上的小规模捕鲸继续吸引公众和政府注意力的同时，更大一群行为人开始以更大的强度追求南大洋的其他经济资源。过去几十年里，旅游也已成长为一项有价值的经济活动。除了

---

1 JAPRA是"日本在南极研究捕鲸"（Japan's research whaling in the Antarctic）计划的简称，2005年启动了一个升级计划，简称JAPRA II。——译者注

南极的冰原和该区域独一无二的野生动植物，南乔治亚岛捕鲸产业荒废的遗迹也是游客航行日程的标准组成。游客数目虽然仅以数万计，但南大西洋和南极半岛区域活动的集中度已经给陆地和海洋带来与日俱增的环境破坏可能性。在《南极海洋生物资源养护公约》警觉目光的注视下，捕获量显著的磷虾和美露鳕已经上岸卸货，支持着一项重要产业。与这些经济努力纠缠在一起的是一股地缘政治推力，要不断改善和巩固在该大洋上的秩序和权力意识。不仅如此，养护和开发之间的争执依然故我地继续，没有明显的赢家，不过就在最近的 2016 年 10 月，罗斯海（Ross Sea）上创建了一片海洋保护区，这暗示养护思维下的路径当前占优势，或至少被委婉地容忍。当胜利者们在贩卖关于科学真理和环境保护不言而喻之正确性的宏论时，留给当代历史学家的工作是发问：长期和短期的变化与持续性如何导致了这种结果？已确立的思想、实践和认同结构对未来的塑造有多么慢？

结　论

　　南大洋虽然远离人类，但无论如何都是可观的人类活动的一个场所，它的产品——物质的和智识的——已经影响了许多社会、文化和环境。若说人类访问和定居该大洋的数量比在其他大洋明显要少，那么这些人和这些活动的商业意图可以迎头赶上，弥补数量的不足——这种商业意图已经毁灭了物种并深化了生态影响。开发自然资源只是这个大洋整部历史之连续性中最明显的内容。另一种连续性围绕着关于接近度和距离的意识而旋转。面朝南大洋的特定国家和社群认为它是本地的，但该大洋也这么经常地招待来自遥远地方的访客。这个大洋已经目睹过我们（是现代消费社会的"我们"）允许（其实是期待）工人们为提供一些新的消费品而去忍受的风险和距离。这个大洋的产品也很经常地被与它们的源泉远隔——海豹的毛皮似乎没有被标记为

315

来自南大洋；用鲸油制的人造黄油没有被标记为"南极的"，而且当公司会谈或外交会谈考虑鲸时，它们太过频繁地被从它们特有的环境中抽离；苏联磷虾酱的广告或包装上没有本可能导致销量激增的南大洋的特征；而且巴塔哥尼亚美露鳕和南极美露鳕的现代捕获物被重贴标签，标记为"智利海鲈鱼"。作为对照，国际地球科学家团体在最近几十年里已经证明了南大洋同地球系统其他部分之间的深刻联结。历史与未来也在它们的接近度和距离之间流动。在近期的环境运动中，南大洋被刻画为"最后的"大洋，与其他所有大洋比较，相对未被触动，这诚然是历史的一种选择意识。这个大洋的希望有时也依赖对过去进行策略性遗忘。而且，这个大洋在气候变化下的未来似乎比从前更接近了。

对这场大规模持续开发的反对是相当晚近的变化之一。自 20 世纪 60 年代捕鲸活动开始衰落以来，南大洋日益在各种论坛中被争论——国际的和外交的论坛、政府的和非政府的论坛、科学的和环境的论坛。而且因为这种争论，南大洋成为一个被持续注意和监管的主题。争论的核心是关于接近该大洋之正确方式的问题：应当把南大洋上的捕鱼船清理一空对其加以保护，还是应该继续开发？

此处讲的故事中有许多元素已经人所周知，但有些还乏人问津，并需要继续研究；还有一些可能永远不会为人所知，因为缺乏可靠的证据。正如历史卷入商业事业时总会有的，与从自然资源中赚钱相联系的细节可能欠缺，可能隐晦——虽然有些捕鲸历险留下了档案，但现存的猎海豹历险记录很稀少，且现代渔业公司看起来几乎没可能公开它们的记录，假如它们还有所记录的话。我们必须还要记得着眼于南大洋自身。在过去 20 年里或差不多这么久，南大洋已经被发现是令人惊奇的生物多样性的家园。而且，被主要气候变化——温度升高、海洋酸化、因冰原大量融化和暴风雨天气所导致的海洋盐度降低——所影响的未来当然会影响我们如何理解过去。

👉 深入阅读书目

关于事件、参与者和参考资料，有两部重要的参考书可以查阅：Robert Headland, *A Chronology of Antarctic Exploration: A Synopsis of Events and Activities from the Earliest Times until the International Polar Years, 2007–09* (London, 2009); Beau Riffenburgh, ed., *Encyclopedia of the Antarctic,* 2 vols. (New York and London, 2007)。

关于南大洋和南极历史的主导性作品貌似依旧是集中于探险和科学上之"第一次"及英雄壮举的作品。这些作品虽然长于叙事，但缺少历史学家的概念化和分析性考虑。关于 1900 年之前主要科学努力和探险努力的叙事性强的两本书，见 Alan Gurney, *Below the Convergence: Voyages toward Antarctic, 1699–1839* (New York, 1997); Alan Gurney, *The Race to the White Continent* (New York, 2000)。循此脉络的两部值得查阅的经典文本，见 Hugh Robert Mill, *The Siege of the South Pole: The Story of Antarctic Exploration* (London, 1905); E. W. Hunter Christie, *The Antarctic Problem: An Historical and Political Study* (London, 1951)。

关于南极的通史中可以看到南大洋的元素，见 David Day, *Antarctica: A Biography* (Oxford, 2012); Tom Griffiths, *Slicing the Silence: Voyaging to Antarctica* (Sydney, 2007)，后一本书尤其敏感于环境史和文化史的关注点。Adrian Howkins, *The Polar Regions: An Environmental History* (Cambridge, 2016) 也在极地区域的背景下并在环境史的框架中注意到南大洋。

对科学史的概论，见 G. E. Fogg, *A History of Antarctic Science* (Cambridge, 1992)。

猎海豹历史的最佳入门书，见 Briton Cooper Busch, *The War against the Seals: A History of the North American Seal Fishery* (Kingston, 1985); Rhys Richards, *Sealing in the Southern Oceans, 1788–1833* (Wellington, NZ, 2010); A. B. Dickinson, *Seal Fisheries of the Falkland Islands and Dependencies: An Historical Review* (St. John's, NL, 2007)。考虑到书面材料的不足，对南极猎海豹的

317

考古文献也值得查阅，见 Michael Pearson and Ruben Stehberg, "Nineteenth Century Sealing Sites on Rugged Island, South Shetland Islands", *Polar Record*, 42 (2006): 335–347。

J. N. Tønnessen and A. O. Johnsen, *The History of Modern Whaling*, trans. R. I. Christophersen (Berkeley, CA, 1982) 依然是关于南大洋捕鲸史第一站的权威性著作，此本是挪威语四卷本著作的节译本。

投身于当前国际史、环境史和科学史之概念化问题的两部近期作品，见 D. Graham Burnett, *The Sounding of the Whale: Science and Cetaceans in the Twentieth Century* (Chicago, IL, 2012); Kurkpatrick Dorsey, *Whales and Nations: Environmental Diplomacy on the High Seas* (Seattle, WA, 2013)。

关于两次世界大战之间的捕鲸和科学研究各方面，也见 Peder Roberts, *The European Antarctic: Science and Strategy in Scandinavia and the British Empire* (New York, 2011)。

南大洋的当代史还没有被历史学家集中研究，但有些来自其他社会科学学科的学者已对之投以明显注意。来自国际政治视角的（尽管有点陈旧），见 Peter J. Beck, *The International Politics of Antarctica* (London, 1986)。来自地理学视角的（尤其是批评性地缘政治视角的），见 Sanjay Chaturvedi, *The Polar Regions: A Political Geography* (Chichester, 1996); Klaus Dodds, *Geopolitics in Antarctica: Views from the Southern Ocean Rim* (Chichester, 1997)。近期的一部环境史视角著作，见 Alessandro Antonello, "Protecting the Southern Ocean Ecosystem: The Environmental Protection Agenda of Antarctic Diplomacy and Science", in Wolfram Kaiser and Jan-Henrik Meyer, eds., *International Organizations and Environmental Protection: Conservation and Globalization in the Twentieth Century* (New York and Oxford, 2016), pp. 268–292。

Polar Record（1931 年创刊）和 *The Polar Journal*（2011 年创刊）是关于极地事务的两份主要刊物，包括许多专家撰写的详细谈论南大洋历史的文章。此外，*Polar Record* 也包含关于南大洋历史的大量当时的原始资料。剑桥大学的斯科特极地研究所藏有一份关于极地区域的详尽书目，易于查阅。

涉及南极和南大洋的政府和外交方面的一份重要文件汇编，见 W. M.　*318*
Bush, ed., *Antarctica and International Law: A Collection of Inter-state and
National Documents* (London, 1982)。国际捕鲸委员会的网站 (www.iwc.int)
和南极海洋生物资源养护委员会的网站 (www.ccamlr.org) 也是原始材料的
有价值来源，包括规章、报告、会议材料和科学材料。

注　释

[1] George A. Knox, *Biology of the Southern Ocean* (Boca Raton, FL, 2007); Beau Riffenburgh, ed., *Encyclopedia of the Antarctic* (New York and London, 2007), pp. 234–239, 344–346, 741–743, 883–887.

[2] Kenneth J. Bertrand, *Americans in Antarctica 1775–1948* (New York, 1971), ch. 2; David Mackay, *In the Wake of Cook: Exploration, Science and Empire, 1780–1801* (Wellington, 1985), ch. 2; Christopher Hodson, *The Acadian Diaspora: An Eighteenth-century History* (New York, 2012), ch. 4.

[3] John F. Richards, *The Unending Frontier: An Environmental History of the Early Modern World* (Berkeley, CA, 2003).

[4] A. G. E. Jones, "British Sealing on New South Shetland, 1819–1826, Part I", *The Great Circle,* 7 (1985): 9–20; Jones, "British Sealing on New South Shetland, 1819–1826, Part II", *The Great Circle,* 7 (1985): 74–85.

[5] Robert Headland, *A Chronology of Antarctic Exploration: A Synopsis of Events and Activities from the Earliest Times until the International Polar Years, 2007–09* (London, 2009); A. Howard Clark, "The Antarctic Fur Seal and Sea Elephant Industries", in George Brown Goode, ed., *The Fisheries and Fishery Industries of the United States* (Washington, DC, 1887), pp. 400–467; Rhys Richards, *Sealing in the Southern Oceans 1788–1833* (Wellington, NZ, 2010); Briton Cooper Busch, *The War against the Seals: A History of the North American Seal Fishery* (Kingston, ON, 1985).

[6] 500 万这个数字来自 Busch, *The War against the Seals*；700 万这个数字来自 Richards, *Sealing in the Southern Oceans*。

[7] Bertrand, *Americans in Antarctica,* p. 7.

[8] Bertrand, *Americans in Antarctica*; Edouard A. Stackpole, *The Sea-hunters: The New England Whalemen during Two Centuries 1635–1835* (Philadelphia, PA and New York, 1953); Edouard A. Stackpole, *Whales & Destiny: The Rivalry between America, France, and Britain for Control of the Southern Whale Fishery, 1785–1825* (Amherst, MA, 1972); James Kirker, *Adventures to China: Americans in the Southern Oceans 1792–1812* (New York, 1970).

[9] Michael Pearson and Ruben Stehberg, "Nineteenth Century Sealing Sites on Rugged Island, South Shetland Islands", *Polar Record,* 42 (2006): 335–347; Andrés Zarankin and María Ximena Senatore, "Archaeology in Antarctica: Nineteenth-century Capitalism Expansion Strategies", *International Journal of Historical Archaeology,* 9 (2005): 43–56; Zarankin and Senatore, *Historias de un pasado en blanco: Arqueología histórica antártica* (Belo Horizonte, 2007); Angela McGowan, "On Their Own: Towards an Analysis of Sealers' Sites on Heard Island", *Papers and Proceedings of the Royal Society of Tasmania,* 133 (2000): 61–70.

[10] Ben Maddison, *Class and Colonialism in Antarctic Exploration, 1750–1920* (London, 2014).

[11] Lynette Russell, *Roving Mariners: Australian Aboriginal Whalers and Sealers in the Southern Oceans, 1790–1870* (Albany, NY, 2012), p. 10.

[12] Richard Ellis, *Men and Whales* (New York, 1991); Gordon Jackson, *The British Whaling Trade* (London, 1978).

[13] R. W. Home, Sara Maroske, A. M. Lucas and P. J. Lucas, "Why Explore Antarctica?: Australian Discussions in the 1880s", *Australian Journal of Politics and History,* 38 (1992): 386–413.

[14] J. N. Tønnessen and A. O. Johnsen, *The History of Modern Whaling,* trans. R. I. Christophersen (Berkeley, CA, 1982), pp. 227–228, chs. 1–2. 这是 1959—1970 年间出版的四卷本挪威语作品的英文节译本。正如前言所解释的，除了关于芬马克（Finnmark）捕鲸的篇章，此书都是图内森的作品。

[15] 必须指出，一般来讲，捕鲸产业提到该区域时更多称南极，而非南大洋。

[16] Tønnessen and Johnsen, *The History of Modern Whaling,* ch. 10; Ian. B. Hart, *Pesca: The History of the Compañía Argentina de Pesca Sociedad Anonima of Buenos Aires* (Salcombe, 2001); Wray Vamplew, *Salvesen of Leith* (Edinburgh and London, 1975).

[17] Tønnessen and Johnsen, *The History of Modern Whaling,* ch. 14.

[18] Robert Headland, *The Island of South Georgia* (Cambridge, 1984), pp. 110–126.

[19] Tønnessen and Johnsen, *The History of Modern Whaling,* chs. 15 and 20–21.

[20] Peder Roberts, *The European Antarctic: Science and Strategy in Scandinavia and the British Empire* (New York, 2011), ch. 3.

[21] Tønnessen and Johnsen, *The History of Modern Whaling,* pp. 178–182; Headland, *South Georgia,* pp. 237–241.

[22] Roberts, *The European Antarctic,* ch. 2.

[23] Peter J. Beck, "Securing the Dominant 'Place in the Wan Antarctic Sun' for the British Empire: The Policy of Extending British Control over Antarctica", *Australian Journal of Politics and History,* 29 (1983): 448–461.

[24] Tønnessen and Johnsen, *The History of Modern Whaling,* ch. 23.

[25] Mark Cioc, *The Game of Conservation: International Treaties to Protect the World's Migratory Animals* (Athens, GA, 2009), pp. 126–127.

[26] Cioc, *The Game of Conservation,* pp. 127–129; Tønnessen and Johnsen, *The History of Modern*

Whaling, pp. 399–400.

[27] Tønnessen and Johnsen, *The History of Modern Whaling*, p. 403.

[28] Cioc, *The Game of Conservation*, pp. 135–137.

[29] Ann Savours, *The Voyages of the Discovery: The Illustrated History of Scott's Ship* (London, 1992), pp. 173–216; Alister Hardy, *Great Waters: A Voyage of Natural History to Study Whales, Plankton and the Waters of the Southern Ocean in the Old Royal Research Ship Discovery with the Results Brought up to Date by the Findings of the R.R.S. Discovery II* (London, 1967); John Coleman-Cooke, *Discovery II in the Antarctic: The Story of British Research in the Southern Seas* (London, 1963).

[30] N. A. Mackintosh, "The Work of the *Discovery* Committee", *Proceedings of the Royal Society B*, 137 (1950): 144.

[31] D. Graham Burnett, *The Sounding of the Whale: Science and Cetaceans in the Twentieth Century* (Chicago, IL, 2012) p. 29 and ch. 2.

[32] Adrian Howkins, *Frozen Empires: An Environmental History of the Antarctic Peninsula* (New York, 2017), p. 8.

[33] Roberts, *The European Antarctic*, ch. 2.

[34] Marie Kawaja, "Australia in Antarctica: Realising an Ambition", *The Polar Journal*, 3 (2013): 31–52；新西兰此时与南大洋的关系更加有限，虽然肯定以鲸为重点，但按照 Malcolm Templeton, *A Wise Adventure: New Zealand in Antarctica 1920-1960* (Wellington, 2000), ch. 2，其特征是"意图不明"。

[35] Cioc, *The Game of Conservation*, pp. 139–142.

[36] Burnett, *Sounding of the Whale*, ch. 4; Kurkpatrick Dorsey, *Whales and Nations: Environmental Diplomacy on the High Seas* (Seattle, WA, 2013), ch. 3.

[37] Burnett, *Sounding of the Whale*, pp. 456–503; Dorsey, *Whales and Nations*, pp. 184–194.

[38] Dorsey, *Whales and Nations*, p. 13.

[39] Burnett, *Sounding of the Whale*, ch. 5.

[40] Tønnessen and Johnsen, *The History of Modern Whaling*, chs. 31–34.

[41] Robert C. Rocha Jr., Phillip J. Clapham and Yulia V. Ivashchenko, "Emptying the Oceans: A Summary of Industrial Whaling Catches in the 20th Century", *Marine Fisheries Review*, 76 (2015): 37–48. 罗查（Rocha）的统计数字 2 053 956 是指整个南半球的，但它大体上由南极地区的数字构成。

[42] Tønnessen and Johnsen, *The History of Modern Whaling*, p. 158.

[43] 英国与阿根廷之间关于福克兰群岛／马尔维纳斯群岛的冲突也发生在 1982 年，且它遗留的问题恐怕更复杂，但与《南极海洋生物资源养护公约》和国际捕鲸委员会的发展相比，在某种程度上国际性要逊色些。福克兰群岛在接下来几年里的发展，尤其是同水产业的关系有翔实内容，但还要求做更多历史分析。这方面的一部重要作品，见 Klaus Dodds, *Pink Ice: Britain and the South Atlantic Empire* (London, 2002), chs. 8–10。

[44] Alessandro Antonello, "Protecting the Southern Ocean Ecosystem: The Environmental Protection Agenda of Antarctic Diplomacy and Science", in Wolfram Kaiser and Jan-Henrik Meyer, eds., *International Organizations and Environmental Protection: Conservation and Globalization in the Twentieth Century* (New York and Oxford, 2016), pp. 268–292, pp. 275–276.

[45] 该条约的最初 12 个签约国是阿根廷、澳大利亚、比利时、智利、法国、日本、新西兰、挪威、南非、英国、美国和苏联。

[46] Antonello, "Protecting the Southern Ocean Ecosystem". 南大洋在 1959 年左右关于南极的谈判与外交中的有限地位，见 Alessandro Antonello, "Nature Conservation and Antarctic Diplomacy, 1959–1964", *The Polar Journal*, 4 (2014): 335–353。

[47] Clyde Sanger, *Ordering the Oceans: The Making of the Law of the Sea* (Toronto, 1987).

[48] Antonello, "Protecting the Southern Ocean Ecosystem", 281.

[49] Ibid., 275–276.

[50] Ibid., 277–281; G. E. Fogg, *A History of Antarctic Science* (Cambridge, 1992).

[51] Antonello, "Protecting the Southern Ocean Ecosystem".

[52] 一些学科已经密切关注这些发展，但历史学家还没有广泛研究当代阶段。堪称起点的作品，见 Stuart Kaye, Marcus Haward and Rob Hall, "Managing Marine Living Resources, the 1970s–1990s", in Marcus Haward and Tom Griffiths, eds., *Australia and the Antarctic Treaty System: 50 Years of Influence* (Sydney, 2011), pp. 164–180; Andrew J. Constable, William K. de la Mare, David J. Agnew, Inigo Everson and Denzil Miller, "Managing Fisheries to Conserve the Antarctic Marine Ecosystem: Practical Implementation of the Convention on the Conservation of Antarctic Marine Living Resources (CCAMLR)", *ICES Journal of Marine Science: Journal du Conseil*, 57 (2000): 778–791。

[53] Dorsey, *Whales and Nations*, ch. 6; Burnett, *Sounding of the Whale*, ch. 6.

[54] Dorsey, *Whales and Nations*, ch. 7; Tønnessen and Johnsen, *The History of Modern Whaling* 有一些直到 1978 年的细节; Michael Heazle, *Scientific Uncertainty and the Politics of Whaling* (Seattle, WA, London and Edmonton, 2006)。

[55] Stephen Knight, *Icebound* (Auckland, 1988); Paul Brown, *The Last Wilderness: Eighty Days in Antarctica* (London, 1991). 关于绿色和平组织的起源，见 Frank Zelko, *Make It a Green Peace! The Rise of Countercultural Environmentalism* (Oxford, 2013)。

[56] Malgosia Fitzmaurice and Dai Tamada, eds., *Whaling the Antarctic: Significance and Implications of the ICJ Judgement* (Leiden, 2016).

索 引 *

＊ 索引中的页码为原书页码，即本书边码。

图书在版编目(CIP)数据

海洋史 ／（美）大卫·阿米蒂奇，（澳）艾莉森·巴
什福德，（斯里）苏吉特·西瓦迅达拉姆主编；吴莉苇译.
上海：格致出版社：上海人民出版社，2025. -- ISBN
978-7-5432-3589-2

Ⅰ.P7-091

中国国家版本馆 CIP 数据核字第 2024DX1091 号

责任编辑　顾　悦
装帧设计　钟　颖

本书地图系原书插附地图，审图号：GS(2024)4574 号。

海洋史

［美］大卫·阿米蒂奇　　［澳］艾莉森·巴什福德　　［斯里兰卡］苏吉特·西瓦迅达拉姆　主编
吴莉苇　译

出　　版	格致出版社
	上海人民出版社
	(201101　上海市闵行区号景路 159 弄 C 座)
发　　行	上海人民出版社发行中心
印　　刷	上海商务联西印刷有限公司
开　　本	635×965　1/16
印　　张	24.5
插　　页	3
字　　数	339,000
版　　次	2025 年 1 月第 1 版
印　　次	2025 年 1 月第 1 次印刷
ISBN 978 - 7 - 5432 - 3589 - 2/K · 237
定　　价	118.00 元